住房城乡建设部土建类学科专业“十三五”规划教材
“十二五”普通高等教育本科国家级规划教材
高校建筑学专业指导委员会规划推荐教材
清华大学985名优教材立项资助

建筑初步

（第四版）

ARCHITECTURE PRELIMINARY

清华大学　田学哲　郭　逊　主编

中国建筑工业出版社

图书在版编目（CIP）数据

建筑初步/田学哲，郭逊主编. —4版. —北京：中国建筑工业出版社，2019.3（2024.6重印）
住房城乡建设部土建类学科专业“十三五”规划教材
“十二五”普通高等教育本科国家级规划教材　高校建筑学专业指导委员会规划推荐教材
ISBN 978-7-112-23182-9

Ⅰ. ①建… Ⅱ. ①田… ②郭… Ⅲ. ①建筑学—高等学校—教材 Ⅳ. ①TU

中国版本图书馆CIP数据核字（2019）第007506号

责任编辑：陈　桦　王　惠　王　跃
责任校对：姜小莲

为了更好地支持相应课程的教学，我们向采用本书作为教材的教师提供课件，有需要者可与出版社联系。

建工书院：https://edu.cabplink.com/index

邮箱：jckj@cabp.com.cn　电话：01058337285

住房城乡建设部土建类学科专业“十三五”规划教材
“十二五”普通高等教育本科国家级规划教材
高校建筑学专业指导委员会规划推荐教材
清华大学985名优教材立项资助
建筑初步（第四版）
清华大学　田学哲　郭　逊　主编
*
中国建筑工业出版社出版、发行（北京海淀三里河路9号）
各地新华书店、建筑书店经销
北京建筑工业印刷厂制版
北京市密东印刷有限公司印刷
*
开本：787×1092毫米　1/16　印张：18½　字数：412千字
2019年5月第四版　2024年6月第六十二次印刷
定价：55.00元（赠教师课件）
ISBN 978-7-112-23182-9
（33258）

第四版前言

《建筑初步》第三版为“十二五”普通高等教育国家级规划教材，出版于2010年。本书从第一版至今已使用了38年，先后印刷45次，共102万余册。为了进一步适应学科发展的需要，并与教学改革的深入相适应，编写组成员决定对第三版的部分内容进行增补和修订。2013年7月开始，至2018年11月完成。

在第二版全面修订、第三版进一步调整的基础上进行的本次修订，努力坚持三个“保持不变”：

1. 原版教材的结构、体系保持不变；

2. 原版教材的整体性、连贯性保持不变，为此对不修订部分只做改正错误的工作；

3. 原版教材的版面形式保持不变，因图文并茂的版面形式，有利于初学者的理解和学习，已沿用至今。

本次增补和修订内容：

1. 第1章　修订第1.4节　建筑与环境，突出与建筑相关的环境问题；

2. 第2章　第2.1节　增补2.1.4中国传统民居建筑概述、2.1.5中国古典园林简介，进一步完善中国古典建筑的内容；

3. 第2章　第2.3节　增补新的建筑实例，与学科进步相适应；

4. 附录　更新部分学生作业，体现教学改革成果。

本次修订中王丽莉、景晨曦、苏程、程培风、王梓安承担了封面及部分插图的绘制工作，在此向他们表示感谢！

本书配有部分课件PPT，教师可加QQ群471131157下载。

编者于2018年11月

主编人：田学哲　郭　逊

增补与修订编写分工：

第1章　第1.4节　修订　郭　逊
第2章　第2.1节2.1.4，2.1.5　增补　胡戎叡
第2章　第2.3节　增补　俞靖芝
附录　修订　卢向东

第三版前言

《建筑初步》第二版为普通高等教育“九五”国家级规划教材，出版于1999年，迄今已使用了10年，先后印刷37次，共63.2万余册。本书经申报“十一五”国家级规划教材并获批准后，于2007年秋开始进行第三版的修订，本教材还获得国家“985工程”清华大学教学建设项目资助。经过编写组成员两年多来的共同努力，修订工作完成于2010年。在此对2009年去世的原书主编田学哲教授深表敬意。

修订内容及编写分工如下：

修订内容（以第二版中章节序号为准）：

1. 第一章 “建筑概论”重点修改第二节、第四节。
2. 第三章 “表现技法初步”全部更新，章节标题改为“建筑设计表达技法”。
3. 第五章 “形态构成”重点修改第四节、第五节，章节顺序调至第4章。
4. 第四章 “建筑方案设计方法入门”全部内容更新，章节顺序调至第5章。

编者　2010年5月

*　*　*

主编人：田学哲　郭　逊

编写分工：第1章：田学哲

第2章：第2.1节　胡允敬（单德启配图）

第2.2节　田学哲

第2.3节　俞靖芝

第3章：俞靖芝

第4章：卢向东

第5章：郭　逊

第二版前言

《建筑初步》自 1982 年 7 月发行以来，先后印刷 9 次，共 21 万余册，至今已经历了 16 个年头，原有内容需要修改，新的内容有待补充，这次借建设部“九五”重点教材修订的机会，对本书进行了全面修订，兹将修订原则与内容说明如下：

一、修订原则

（1）近十几年来，随着学科领域的发展以及教学改革的深入，建筑初步的教学内容无论在广度或深度上比过去均有较大的增加，如相当多的学校在本课中加入了形态构成和小设计作业；在建筑基本知识和理论方面，普遍要求增加新的内容和知识面，如建筑与环境的关系以及对国际建筑界发展的基本了解等。在这次修订中，我们充分考虑了这一情况，但同时也注意到建筑初步作为低年级的专业基础教材，不应也不可能代替后续课程的学习，因此要恰当掌握分寸，要有明确的针对性，并注重基本知识和能力的培养。

（2）原版编写中，尽量把一些解释性内容，用插图说明，使正文、插图、图注和版面构图四者有机结合；采用手绘插图有利于初学者表现技法的学习。这次修订仍保持这一特点。

（3）本次修订凡新增内容，均独立成章或成节，对原有内容择其需要，整章或整节进行重写，其余内容则在保持原版面不变的原则下，对文字或插图予以局部修改，并尽量做到使修订后的全书内容保持整体性和连贯性。

二、修订内容

（1）第一章“建筑概论”增加“建筑空间”一节，说明空间是建筑功能的集中体现，简要介绍建筑空间的处理手法，增强初学者对建筑空间艺术的理解。

（2）第一章“建筑概论”增加“建筑与环境”一节，强调建筑与环境关系的重要性，分析建筑设计中各有关环境要素，结合当代环境科学的发展介绍有关学科发展知识。

（3）第二章第三部分“西方近代建筑简介”重写，分析现代建筑的产生背景，简要介绍现代建筑的代表人物及其作品，二战以后建筑流派的多元化发展概况。

（4）第四章“建筑方案设计方法入门”重写，介绍建筑设计学习的特点，分析建筑设计中功能、空间、流线、造型、环境等诸要素的相互关系；通过典型题目介绍方案设计方法步骤，指出各设计阶段中需要注意的问题。

（5）增加第五章“形态构成”，针对建筑学专业的特点和需要，介绍形态构成方法；强调在掌握方法的同时，注重造型能力的提高；结合作业实例，进行评析。

(6) 原书其余部分版面基本不变，仅对局部文字或插图进行更新或调整。

建筑学科不断发展，教学改革日益深入，各个学校在近十几年来都取得了丰富的成果，积累了宝贵的经验，并逐步形成自己的教学特色，虽然我们在这次修订中努力跟上这种发展形势，但由于实践和理论水平的限制，书中肯定还有许多错误和不足之处，在此我们恳切希望读者和有关同志提出批评，予以指正。

编者　1998 年 7 月

*　*　*

主 编 人：田学哲
主 审 人：王炜钰
编写分工：第一章：田学哲
第二章：第一节　胡允敬（单德启配图）
第二节　田学哲
第三节　俞靖芝
第三章：单德启
第四章：郭　逊
第五章：卢向东

第一版前言

“建筑初步”是建筑学专业的一门基础课程，学生在这门课程的学习中，主要是通过讲课及反复的作业练习，从掌握基本表现方法开始，到自己动手进行简单的或模仿性的设计课题，为以后的建筑设计做好准备。学生在完成这些作业的同时，结合各类作业尽可能广泛地接触到一些建筑的基本知识和理论，这对启发学生的学习兴趣，增强学习的主动性都是有好处的。本书便是本着这一目的编写的。作为低年级的教学参考用书，我们采用了图文结合的方式，力求做到简明一些，通俗一些，希望它能帮助初学者对建筑知识和理论有些基本了解，在形象上有些具体概念。

对于建筑学的基础教学，各个学校都在进行探讨和改革，教学内容和方法也不尽相同，取得了不少新的经验。由于编者实践经验和理论水平的限制，书中缺点错误，更所难免，恳切希望读者及有关同志给予批评指正。

本书在编写过程中，曾得到天津大学、同济大学、华南工学院、西安冶金建筑学院、北京建工学院、重庆建工学院、哈尔滨建工学院以及浙江大学等校的大力支持。天津大学童鹤龄同志担任了本书的主审工作。在编写过程中，还得到我系吴良镛、胡允敬、王炜钰、关肇邺、陈志华、高亦兰、吴焕加、徐伯安、殷一和、梁鸿文等同志的帮助和指导，在此一并表示衷心的感谢。

编者　1981 年 10 月

*　　*　　*

主 编 人：田学哲（清华大学）
主 审 人：童鹤龄（天津大学）
编写分工：第一章：田学哲
　　　　　第二章：第一节　胡允敬（文字）、单德启（配图）
　　　　　　　　　第二节、第三节：田学哲
　　　　　第三章：单德启
　　　　　第四章：田学哲

此外，傅克诚同志曾为本书第二章第三节，俞靖芝同志为第二章第二节提供了初稿，均在以后的编写中作了参考。周燕珉、宫力维、高健、沈惠身、王洪顺等同志协助了本书的出版工作。

目 录

第1章
建筑概论

Chapter 1
General Outline on Architecture

- 怎样认识建筑
  - 建筑及其范围
  - 建筑技术和建筑艺术
  - 建筑和社会
- 建筑的基本构成要素
  - 建筑的功能
  - 物质技术条件
  - 建筑形象
- 建筑空间
- 建筑与环境

1.1 怎样认识建筑

1.1.1 建筑及其范围

衣、食、住、行是人类日常生活中的四大问题。住就离不开房屋，建造房屋是人类最早的生产活动之一。早在原始社会，人们就用树枝、石块构筑巢穴躲避风雨和野兽的侵袭，开始了最原始的建筑活动。

社会前进了，出现了宅院、庄园、府邸和宫殿，供生者亡后“住”的陵墓以及神“住”的庙堂。生产发展了，出现了作坊、工场以至现代化的大工厂。商品交换产生了，出现了店铺、钱庄乃至现代化的商场、百货公司、交易所、银行、贸易中心。交通发展了，出现了从驿站、码头直到现代化的港口、车站、地下铁道、机场。科学文化发展了，又出现了从书院、家塾直到近代化的学校和科学研究建筑。

“建筑自身也在发展”，房屋早已超出了一般居住范围，建筑类型日益丰富；建筑技术不断提高；建筑的形象发生着巨大的变化；建筑事业日新月异。

然而总体说来，从古至今建筑的目的总不外是取得一种人为的环境，供人们从事各种活动。所谓人为，是说建造房屋要工要料，而房屋一经建成，这种人为的环境就产生了。它不但提供给人们一个有遮掩的内部空间，同时也带来了一个不同于原来的外部空间。

一个建筑物可以包含有各种不同的内部空间，但它同时又被包含于周围的外部空间之中，建筑正是这样以它所形成的各种内部的、外部的空间，为人们的生活创造了工作、学习、休息等多种多样的环境。

某些特殊的工程，像纪念碑、凯旋门以及某些桥梁、水坝等的艺术造型部分，也属于建筑的范围。

它可以在一定程度上防止气候变化的干扰，它有长、宽、高三个方向的尺寸，居住者可按需要将它划分为起居、操作、休息等不同部分。

它可能和周围的树木、道路、围墙组成院落，也可能和其他房屋一起形成街道、村镇……

内部空间　联合国总部入口大厅

内部空间　广州站母子候车室

外部空间　江南园林中的庭院

外部空间　威尼斯圣马可广场

上海虹口公园鲁迅墓

它们实际上是一件庞大的纪念品或装饰品，但也用建筑的方法去建造，用建筑艺术的手法去处理，它们可能没有供人使用的内部空间，但却为人们带来了一个新的室外环境。

武汉长江大桥桥头堡

房屋的集中形成了街道、村镇和城市。城市的建设和个体建筑物的设计在许多方面基本道理是相通的，它实际上是在更大的范围内为人们创造各种必需的环境，这种工作叫做城市设计，随着历史的进程，城市在人类生活中的作用日益突出，城市规划已经成为建筑学科中的一个重要分支。

一个城市好像一个放大的建筑物。车站、机场是它的入口，广场是它的过厅，街道是它的走廊……

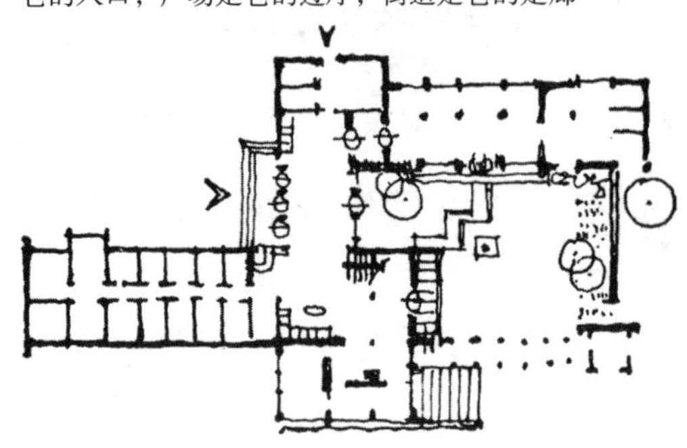

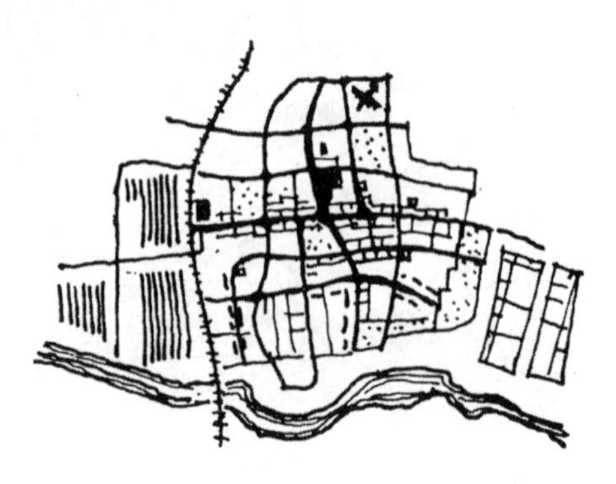

城市规划包括城市选址、人口控制、资源利用、功能分区、道路交通、绿化景观以及城市经济、城市生态环境等一系列内容。

观察一下我们的周围，从一个房间的布置，到一幢房屋或一个广场的设计，乃至一座城市的规划，都和人、人的生活有着这样或那样的紧密联系。人们需要建筑，人们关心建筑的未来，建筑必然在人们不断的实践中得到发展。

有人预料建筑物将会愈来愈高，建筑功能将日益复杂。也有人主张建筑只需为使用者提供一个外壳，其内部由他们自己按需要用工厂化的组件进行分隔。

有人曾经畅想，未来的建筑群，甚至整座城市，可以处于同一个人工控制的环境之中；而现在，生态问题却已经现实地摆在我们的面前……

没有谁能够准确地预测未来的建筑将会如何，但是几千年的实践却已证明，建筑和社会的生产方式、生活方式有着密切的联系，和社会的科学技术水平、文化艺术特征有着密切的联系，它像一面镜子一样反映出人类社会生活的物质水平和精神面貌，反映出它所存在的那个时代风格。

1.1.2 建筑技术和建筑艺术

人们常用“大兴土木”来表明建造房屋不是件轻而易举的事情，它意味着要耗费大量的材料、人力，并需要一定的技术。

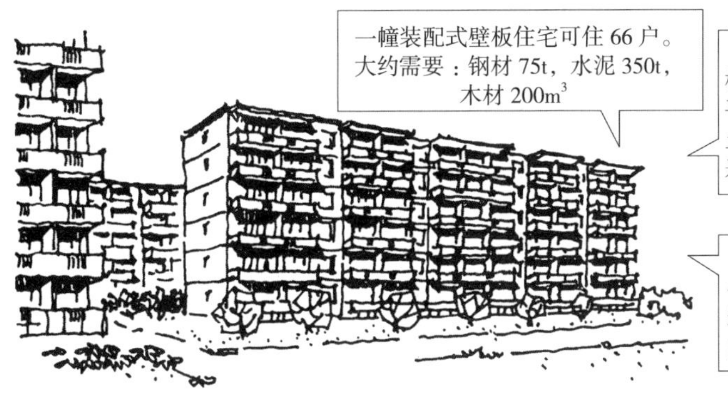

图中粗略的统计表明，建筑是一种技术工程，它和机电、道路、水利等工程一样，是为着某种使用上的目的，而需要通过物质材料和工程技术去实现的，所以它是人类社会的一项物质产品。

可是建筑又有不同于其他工程的特点，建筑的目的在于为人的各种活动提供良好的环境，一个人一生的绝大部分时间都是在与建筑有关的各种空间（包括室内室外的）中度过的，建筑所表现的造型风格、环境气氛、空间意境乃至其材料

A　北京天坛皇穹宇入口

B　苏州拙政园海棠春坞书房入口

两个建筑的入口

你可能觉得它们都是美观的，但你不会把 A 认为是一个书房的入口，因为它给人的感受是肃穆而威严，而 B 则使人感到亲切宁静。

两组建筑群形成的空间

它们都会使人感到宏伟庄重，但 A 的庄重中带有压抑感；B 则显得开阔。

A　北京故宫午门

B　天安门广场

色彩、装饰细节等，莫不给人以潜移默化的熏陶和影响，从而丰富着他们的艺术素养。所以，人们在要求建筑满足功能、使用合理的同时，也必然会对其寄予自己的审美期望。也就是说人对建筑既有物质的要求，又有精神的要求。

建筑正是以它的形体和它所构成的空间给人以精神上的感受，满足人们一定的审美要求，这就是建筑艺术的作用。

建筑艺术不同于音乐、绘画、雕刻等其他艺术，建筑有实用的价值，它耗费大量的人力物力，建筑艺术正是以这种实用和技术为基础的，建筑艺术是人类艺术宝库中的一个独特的组成部分。

建筑既满足人们的物质需要，又满足人们的精神需要；它既是一种技术产品，又是一种艺术创作。

1.1.3 建筑和社会

下图提出了这样一个问题：为什么同样是商业建筑，它们的外观却如此不同。

清末的当铺，门口悬挂专门的标志（幌子），铺面围有木栅和铁栏。

现代的某市区百货商店，底层设有大片的陈列橱商和钢筋混凝土挑檐。

你会想到材料的不同，技术水平的不同，服务内容的不同，人们审美观点的不同……总之，它们所处的社会、时代不同。

建筑与社会的生产方式、思想意识以及地区的自然条件有关，这就是本节的内容。

1）社会生产方式的变化使建筑不断发展——几个有代表性的建筑物

埃及　吉萨金字塔群

古埃及奴隶主的陵墓，其中最大的一座高 146m，正方形底座边长 230m，全部用规则的石灰岩块砌成。建造这样巨大的建筑在以部族为单位的原始社会是不可想象的，只有在奴隶社会，才有可能提供那样大量而集中的劳动力。数十万奴隶使用简陋的工具，被迫分批进行集中劳动，历时 30 年修建了人类历史上第一批巨大的纪念性建筑。耸立在荒漠中的金字塔，以其庞大无比的简单几何形象作为奴隶主绝对权力的象征，深刻地反映了奴隶社会的生产关系。

法国　巴黎圣母院

欧洲中世纪封建社会的宗教建筑。它使用了石、金属、彩色玻璃等多种材料，采用了一种叫骨架券和飞券结构的建造技术，这说明封建社会比奴隶社会的生产力又得到了发展，能够为建筑提供较多的材料和技术。而建筑内外的许多繁琐装饰，又多少反映了那个社会的工匠手工业劳动特点。

天堂是基督徒最向往的去处，高耸的尖塔，密集的垂直线条，阳光与彩色玻璃窗所造成的飘渺虚幻的室内气氛，正好体现了这种超世脱俗的愿望。中世纪的教堂曾经是当时居民的生活中心，是城镇的标志和象征。

北京　故宫

一进进院落，一座座厅堂，都围绕着一条明确的中轴线进行布局。它华丽壮观，壁垒森严，又等次分明。作为封建社会的最高统治中心，它生动地反映出社会的阶级关系，同时又说明了社会生产力对建筑的限制。当时的技术造就了豪华的殿堂，建筑的绝大部分采用了天然材料，沿用了数千年之久的木结构构架形式。

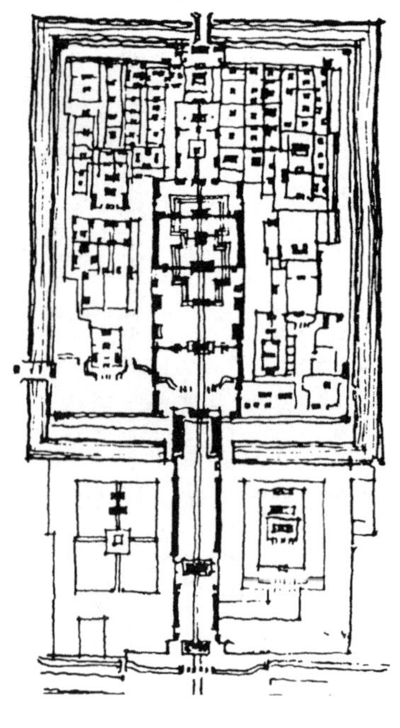

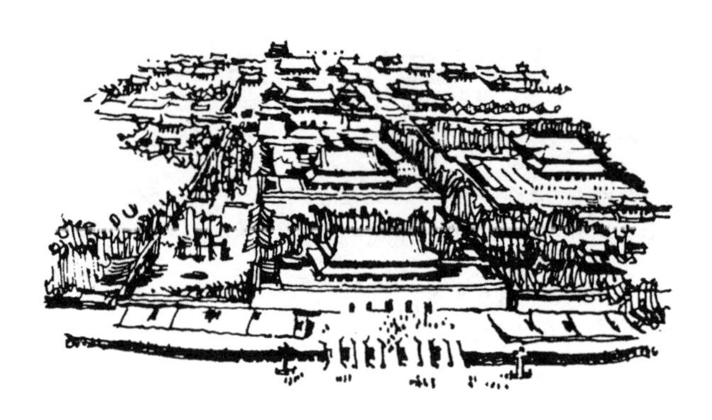

纽约　世界贸易中心

近代资本主义社会的超高层建筑，共 120 层，高 412m。可容纳三万人同时办公，建筑使用了型钢、钢筋混凝土、铝合金、玻璃以及各种电器设备，它用近百部电梯解决垂直交通问题。整个建筑两年内施工完毕，表现了现代资本主义社会高度发展的技术力量。商业贸易建筑在城市中的急剧发展，各种企业托拉斯的摩天大楼，争高斗妍，表现出现代化国际都会的城市特色。但该建筑在 2001 年 9 月 11 日被恐怖主义分子用飞机撞毁。

2）社会思想意识和民族文化特征对建筑的影响

在阶级社会中，统治阶级的思想意识总是居于主导地位，建筑也必然会受到这种思想意识的影响。这在我国长期的封建社会中，表现得十分明显，帝位的世袭制度，官爵的等级制度都可以从建筑中找到反映。

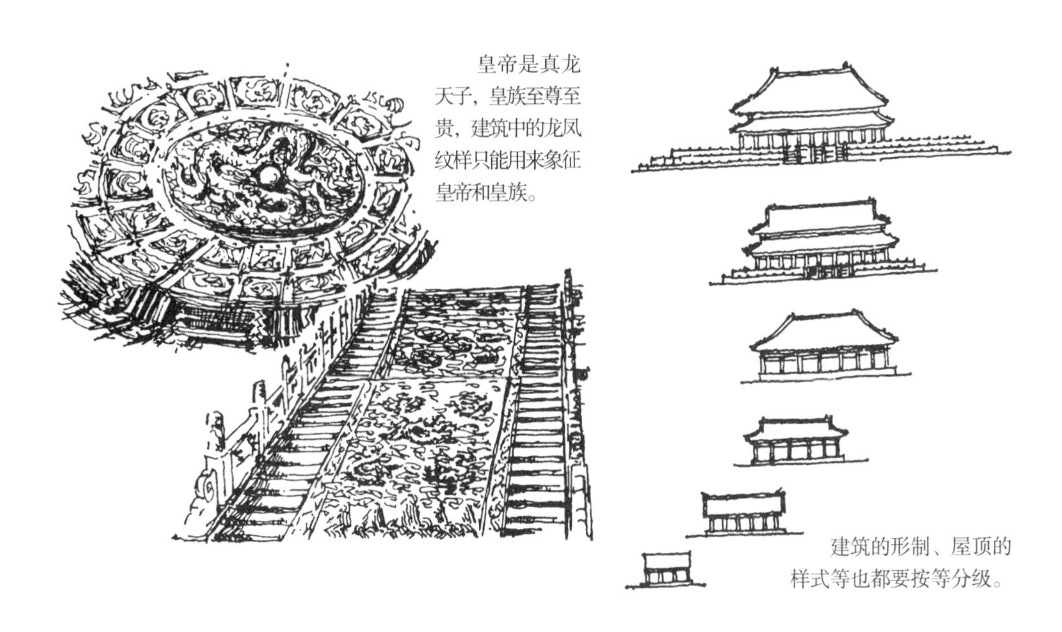

皇帝是真龙天子，皇族至尊至贵，建筑中的龙凤纹样只能用来象征皇帝和皇族。

建筑的形制、屋顶的样式等也都要按等分级。

社会制度的变革，常常是以一场曲折激烈的思想意识斗争为前奏，有时它会波及文化艺术的各个领域。在欧洲的文艺复兴运动中，新兴的资产阶级曾以复兴古希腊、古罗马文化为武器，反对中世纪教会的封建统治，从而给那个时期的建筑发展带来了巨大的影响。

古罗马潘泰翁庙

意大利圆厅别墅

古希腊、古罗马建筑重新受到重视，建筑师们热衷于对古典建筑的研究，并结合新的条件创造了许多优秀的建筑作品。

罗马第度凯旋门。外形方整厚重，高大的女儿墙上是一组奔驰的战车——炫耀帝国的强大。

古埃及建筑中的浮雕

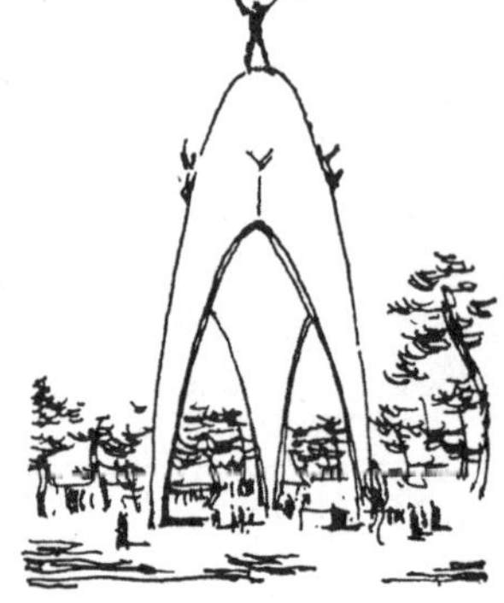

日本广岛原子弹受难纪念碑。用三点支撑的曲面体模拟弹壳，雕像双手高举飞鸽——广岛人民为日本军国主义的扩张付出了代价。

古希腊建筑中的女郎柱

纪念性建筑常常集中地体现出时代或社会的思想意识特点，它记载着建造者对某些重大事件、人物等的态度和评价。

民族或地区的文化特征都是在长期的社会发展中形成的，在一定的历史条件下，建筑和雕刻、绘画等常常形成艺术上的统一风格，在西方古代建筑中，雕刻几乎是一个不可分割的组成部分。在我国传统建筑中，则常常通过匾额、楹联强调建筑的主题，用题名的方式点出整个建筑环境的诗情画意，表现了建筑与文学艺术间的密切联系。

巴西近代建筑中的雕刻

我国古建筑中的雕刻

广州白云山庄入口匾额

苏州园林的门头题字

宗教几乎无一例外地给世界各民族的建筑带来过影响，它力图通过建筑形象表现宗教意识，从而给一些民族或地区的建筑增添了特色。

然而各民族的文化又是在不断地相互沟通、相互交融中形成的。在我国，汉族与各兄弟民族的建筑之间，曾有许多结合完美的实例。

基督教堂——俄罗斯

佛教石塔——古印度

清真寺——埃及

北京北海——藏族的喇嘛塔与汉族的楼、台、亭、榭融为一体，相映生辉。

3）地区自然条件的影响

民族的和地区的自然条件对建筑的形成和发展也有一定影响。在技术不发达的古代，气候条件和自然资源的限制尤为明显，从而使各地区的建筑在结构形式，功能使用和艺术风格等各方面无不表现出自己的特点。这种强烈的地区特征正是人们利用自然、改造自然的记录。

一些地区以石材为骨架

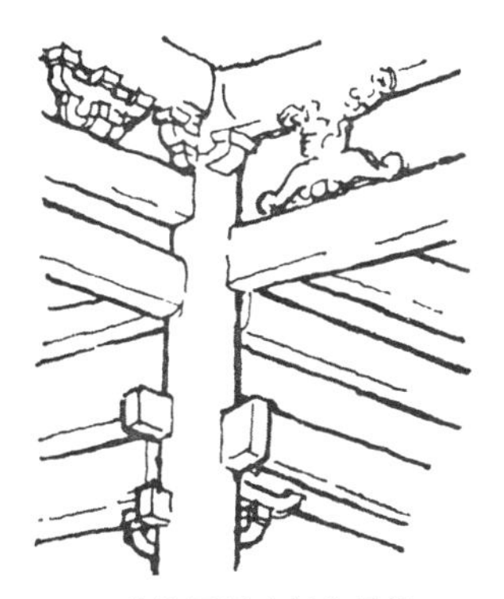

一些地区以木材为骨架

一些地区采用拱券结构

我国江浙地区民居

英国某小型旅馆

建筑与周围自然环境的结合，造成了丰富多彩的地方特色，即使在同一个国家或民族内，处于山区和处于水乡的建筑也会表现出不同的风貌。地区气候的差异更会直接影响到建筑的内部布局和外观形象。

多雨地区屋顶陡峭　干燥地区屋顶平缓

寒冷地区建筑封闭　闷热地区建筑开敞

1.2　建筑的基本构成要素

在第 1.1 节的学习中，我们了解到建筑要满足人的使用要求，建筑需要技术，建筑涉及艺术。建筑虽因社会的发展而变化，但这三者却始终是构成一个建筑物的基本内容。公元前 1 世纪罗马一位名叫维特鲁威的建筑师曾经称实用、坚固、美观为构成建筑的三要素。本节即对这三个方面分别进行简要的介绍，以使初学者进一步了解怎样认识建筑。

1.2.1　建筑的功能

建筑可以按不同的使用要求，分为居住、教育、交通、医疗……许多类型，但各种类型的建筑都应该满足下述基本的功能要求。

1）人体活动尺度的要求　人在建筑所形成的空间里活动，人体的各种活动尺度与建筑空间具有十分密切的关系，为了满足使用活动的需要，首先应该熟悉人体活动的一些基本尺度。

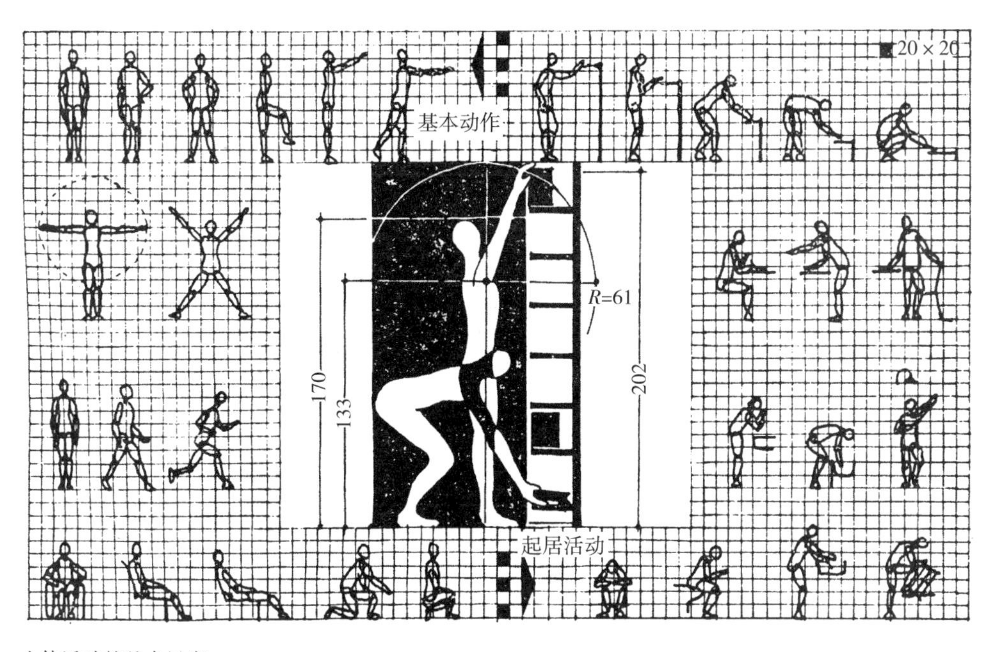

人体活动的基本尺度

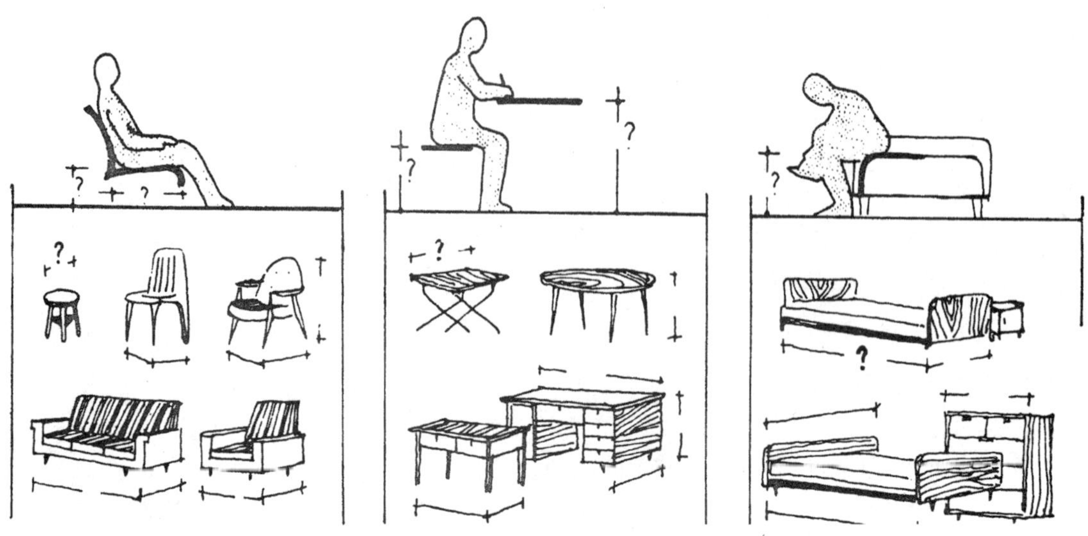

家具尺寸反映出人体的基本尺度——建筑学的同学应该知道这些尺寸

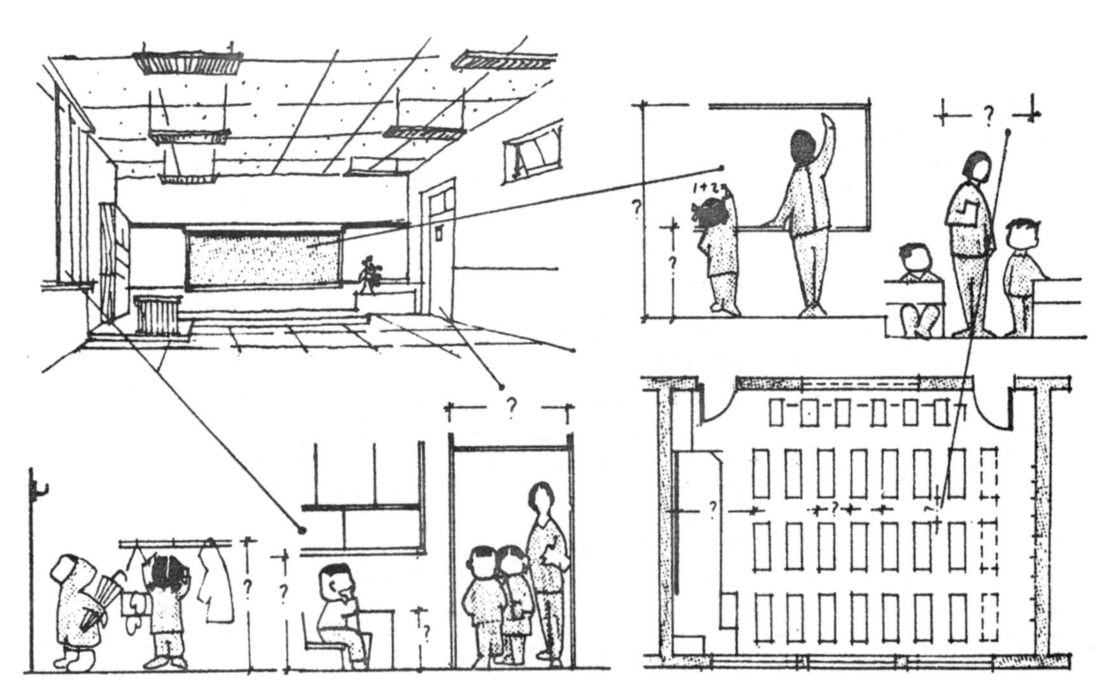

建筑与人体的基本尺度——设计小学生教室时所要考虑的问题（《中小学设计规范》GB 50099—2011 规定，小学普通教室 1.36m²/ 座）

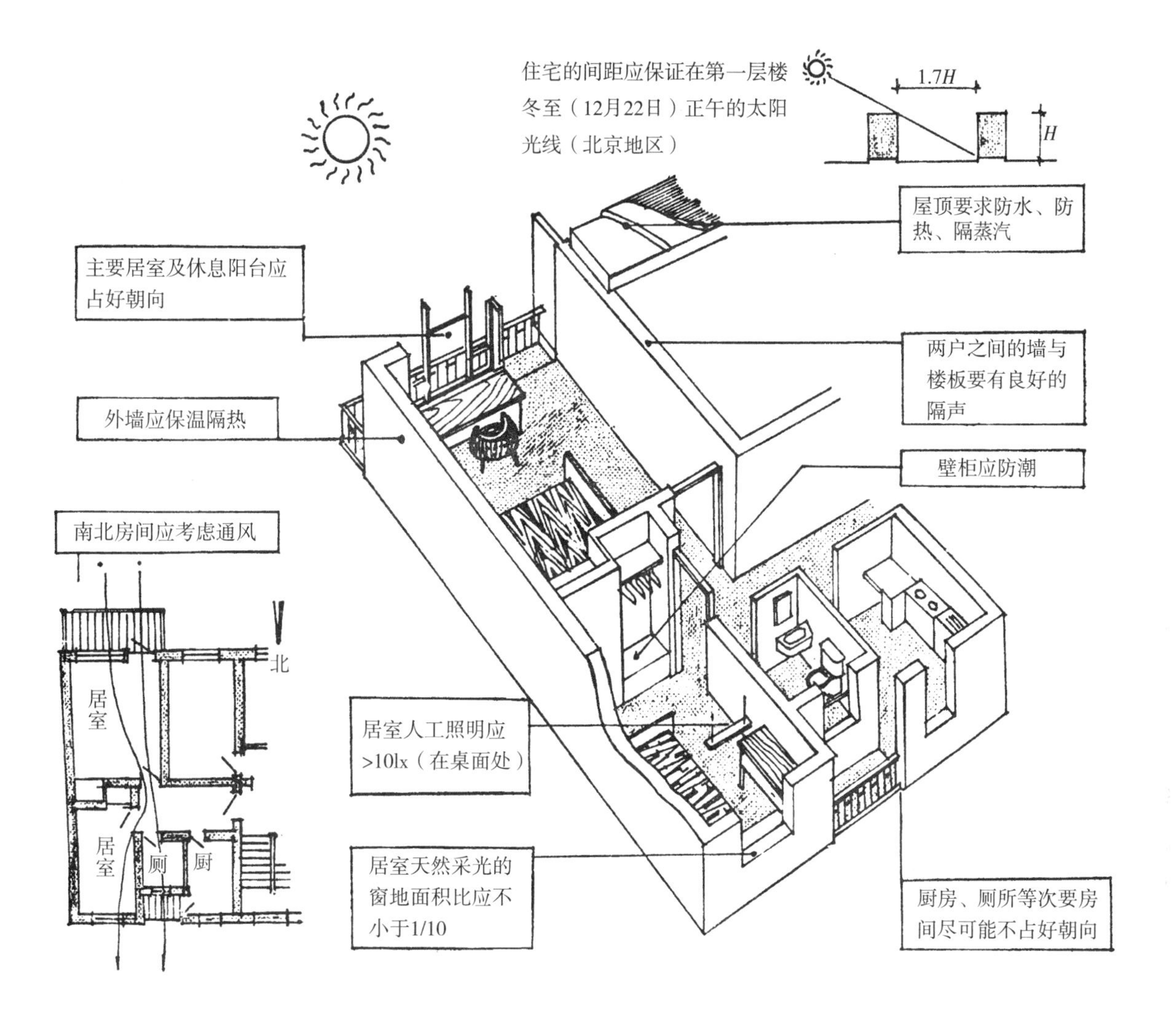

2）人的生理要求 主要包括对建筑物的朝向、保温、防潮、隔热、隔声、通风、采光、照明等方面的要求，它们都是满足人们生产或生活所必需的条件。

随着物质技术水平的提高，满足上述生理要求的可能性将会日益增大，如改进材料的各种物理性能，使用机械通风辅助或代替自然通风等。

3）人的活动对空间的要求

建筑按使用性质的不同，可以分为居住、教育、演艺、医疗、交通等多种类型，无论哪一种类型的建筑，都包含有使用空间和流线空间这两个基本组成部分，并需要这两者合理组织与配合，才能全面地满足建筑的功能使用要求。

（1）使用空间应具备以下条件：

大小和形状：这是空间使用最根本的要求，如一间卧室需要十几平方米的矩形空间，而一个观众厅则可能需要 1000m^2，并且需要以特殊的形状来满足视和听的要求。

空间围护：由于围护要素的存在，才能使得这一使用空间与其他空间区别开来，它们可以是实体的墙，透明或透空的隔断，也可以是柱子等。

活动需求：使用空间中所进行的活动，决定了它的规模大小以及动静程度等，如起居室，应满足居家休息、看电视、弹琴等日常活动的需求；而一个综合排练厅，则应满足戏曲、舞蹈、演唱等多种活动的要求。

空间联系：某一使用空间如何与其他空间进行联系，是通过门或券洞、门洞，或是利用其他过渡性措施，如廊子、通道和过厅等；其封闭或开敞的程度如何，也是联系强弱的重要体现。

技术设备：对于空间的使用，有时需要某种技术设备的支持，以满足通风、特殊的采光照明、温度、湿度等要求，如学校建筑中的美术教室、化学试验室、语言教室等都是具有特殊功能的空间。

（2）流线指使用者在建筑的各空间之间的通行线路。流线空间包括两方面的含义：其一是实际使用所要求的具体通行能力，在建筑设计规范中就对疏散通道每股人流的宽度，电梯、自动扶梯的运输能力等均有规定；规范对中小学走廊乃至教室门扇的宽度等也有具体的条文规定。其二是应顾及人在心理或视觉上的主观感受，如对建筑的主要入口或重要场所的入口加以强调，对主要通道和次要通道的建筑处理有所区别等，均出自这样的考虑。

有些建筑的使用是按照一定的顺序和路线进行的，为保证人们活动的有序和顺畅，建筑的流线组织和疏散效率显得十分重要。如交通建筑设计的中心问题就是考虑旅客的活动规律，以及整个活动顺序中不同环节的功能特点和不同要求。

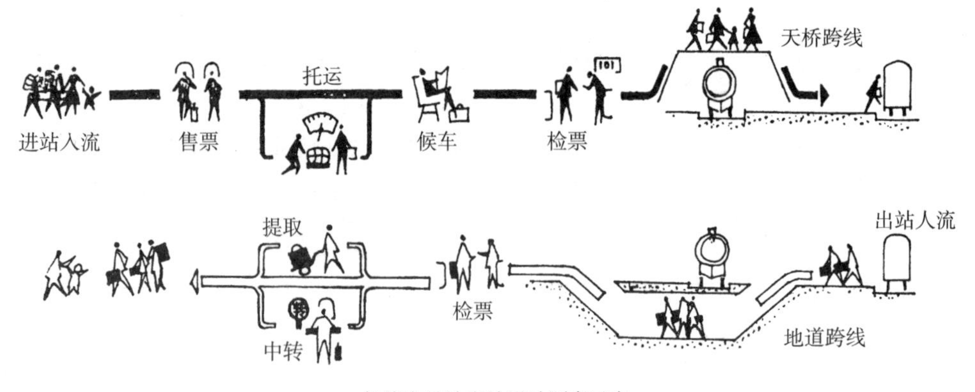

一般旅客进站出站活动顺序示意

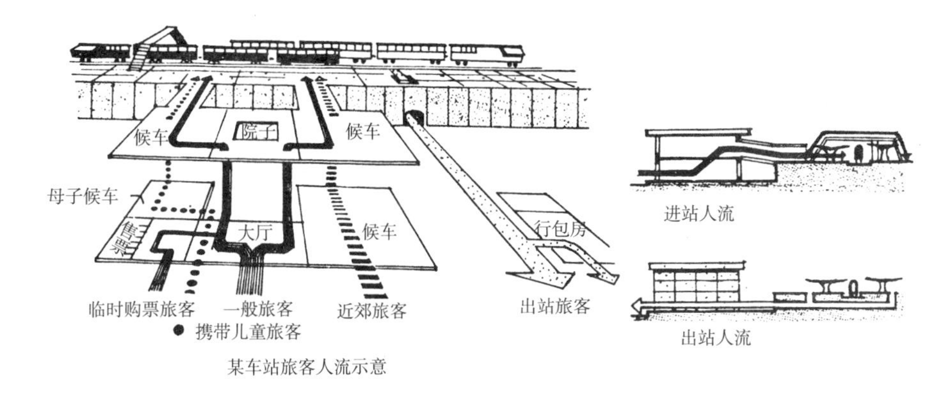

某车站旅客人流示意

各种类型的建筑在使用上常具有不同的特点，如影剧院建筑的看和听，图书馆建筑的出纳管理，一些实验室对温度、湿度的要求等，它们直接影响着建筑的功能使用。

工业建筑是很特殊的建筑类型，许多情况下厂房的大小和高度可能并不取决于人的活动，而是取决于设备的数量和大小；其中的设备和生产工艺对建筑的要求有时比人的生理要求更为重要，两者甚至互相矛盾，如食品厂的冷冻车间，纺织厂对湿度的要求等；而建筑的使用过程也往往是以产品的加工顺序和工艺流程来确定的。这些都是工业建筑设计中必须解决的功能问题。

1.2.2 物质技术条件

建筑的物质技术条件主要是指房屋用什么建造和怎样去建造的问题。它一般包括建筑的材料、结构、施工技术和建筑中的各种设备等。

1）建筑结构

结构是建筑的骨架，它为建筑提供合理使用的空间并承受建筑物的全部荷载，抵抗由于风雪、地震、土壤沉陷、温度变化等可能对建筑引起的损坏。结构的坚固程度直接影响着建筑物的安全和寿命。

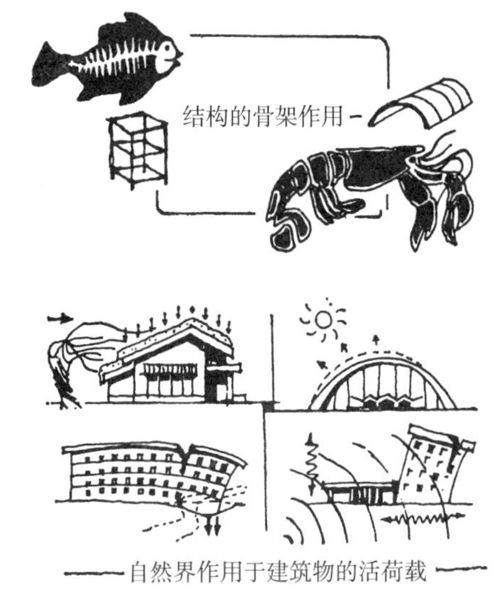

自然界作用于建筑物的活荷载

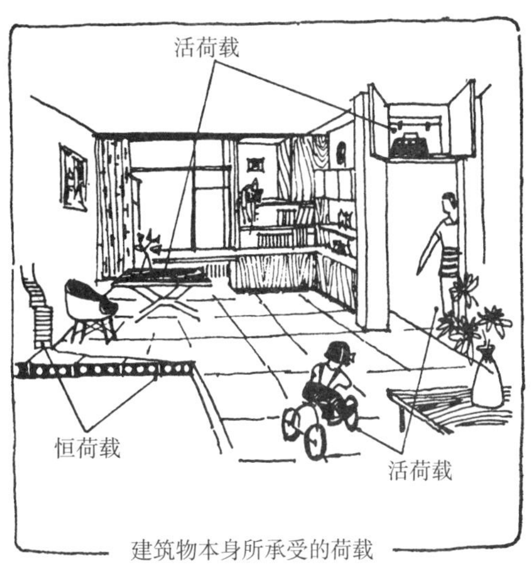

建筑物本身所承受的荷载

人民大会堂中央大厅的混凝土梁板结构

我国古代的砖拱券。砖块砌筑成弧线，利用挤压力形成稳固的拱形可以代替梁板的作用。

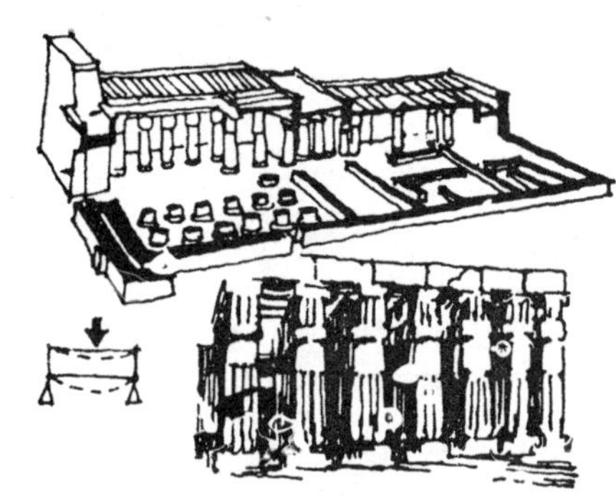

埃及神庙中的石材梁板结构。梁把重量传给柱或墙，梁是受弯的构件。

近代某室内游泳池的钢筋混凝土拱

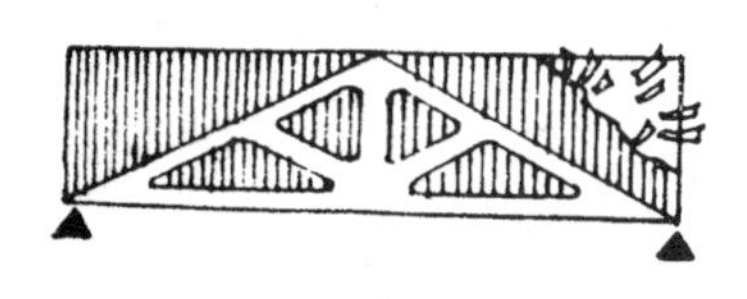

A

设想把梁的某些部分挖去，而形成一种由杆件组成的格构体系——桁架。

桁架中的杆件不像梁那样受弯，它只受拉力或压力。

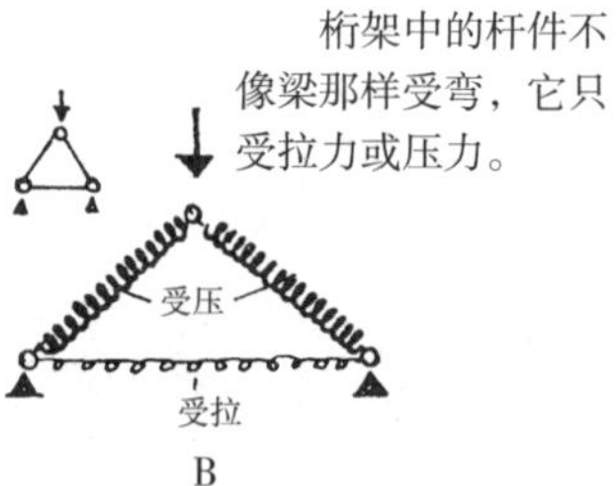

B

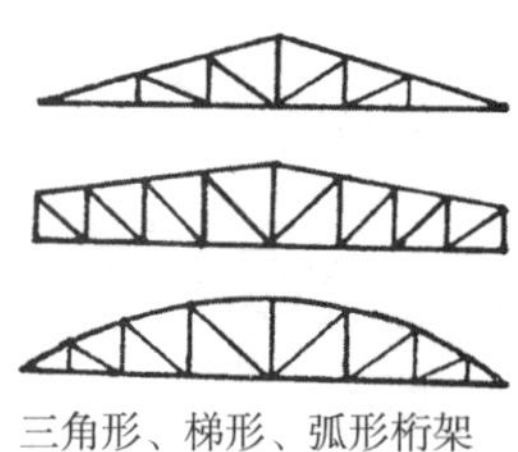

三角形、梯形、弧形桁架

柱、梁板和拱券结构是人类最早采用的两种结构形式，由于天然材料的限制，当时不可能取得很大的空间。利用钢和钢筋混凝土可以使梁和拱的跨度大大增加，它们仍然是目前所常用的结构形式。

随着科学技术的进步，人们能够对结构的受力情况进行分析和计算，相继出现了桁架、刚架和悬挑结构。

如果我们观察一下大自然，会发现许多非常科学合理的“结构”。生物要保持自己的形态，就需要一定的强度、刚度和稳定性；它们往往是既坚固而又最节省材料的。钢材的高强度、混凝土的可塑性以及多种多样的塑胶合成材料，使人们从大自然的启示中，创造出诸如壳体、折板、悬索、充气等多种多样的新型结构，为建筑取得灵活多样的空间提供了条件。

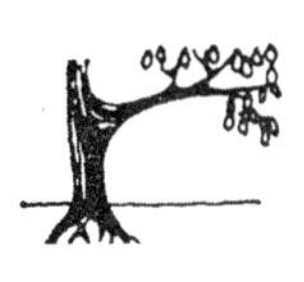

悬挑结构利用力的平衡作用，只在一侧设有支点，因而可以取得更为灵活的空间。钢或钢筋混凝土的悬挑结构可以用作各种雨罩、棚廊、看台等。

刚架结构是介于拱和梁之间的一种结构形式，它把梁和柱连成一个整体，可以得到比一般梁跨度更大的空间，但它又不像拱那样具有弯曲的外形。

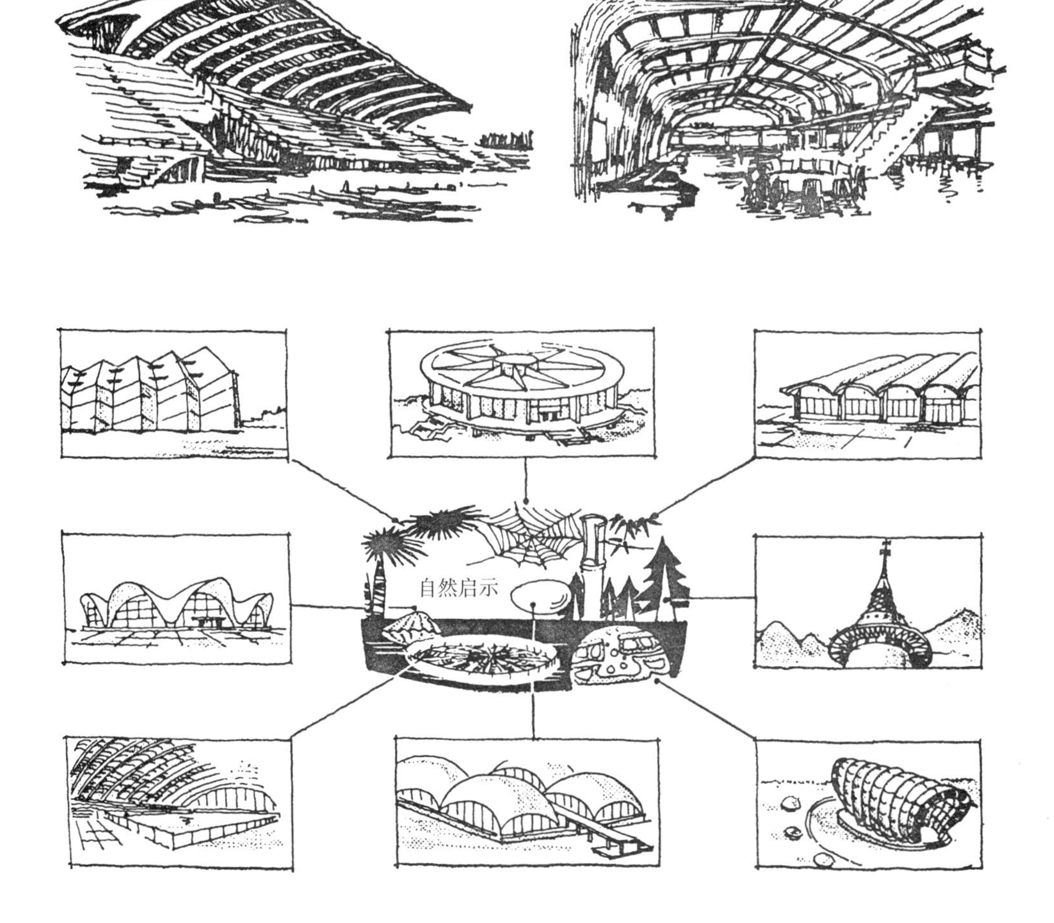

框架体系——用梁和柱组成的立体支架来承受重量，墙只起隔断作用。

我国古代建筑的木构架是世界上成熟较早的框架体系。目前较为理想的框架材料是钢筋混凝土、钢或铝合金，它们能够建造几十层乃至上百层的高楼大厦。

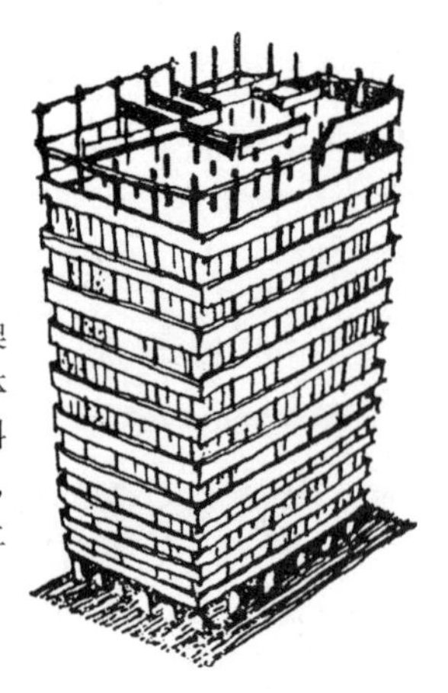

承重墙结构一般由砖、石砌成。各种混凝土的大型砌块和墙板则是比较先进的承重墙体材料。

承重墙体系——墙既起承重作用又起分隔作用。

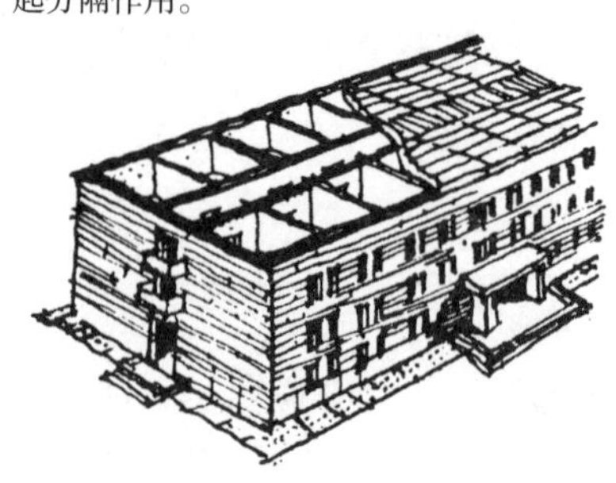

无论采用上述哪一种结构形式建造房屋，最终都要把重量传给土壤。一般情况下，房屋重量的传递有两种方式，即通过墙传到基础或通过梁和柱传到基础，这就是通常所说的承重墙体系和框架体系。

2）建筑材料

仅以上介绍就可看到建筑材料对于结构的发展有多么重要的意义，砖的出现，使得拱券结构得以发展，钢和水泥的出现促进了高层框架结构和大跨度空间结构的发展，而塑胶材料则带来了面目全新的充气建筑。

同样，材料对建筑的装修和构造也十分重要，玻璃的出现给建筑的采光带来了方便，油毡的出现解决了平屋顶的防水问题，而胶合板和各种其他材料的饰面板则正在取代各种抹灰中的湿操作。

建筑材料基本可分为天然的和非天然的两大类，它们各自又包括了许多不同的品种。为了“材尽其用”，首先应该了解建筑对材料有哪些要求以及各种不同材料的特性。

以塑料做屋顶的展览建筑（瑞士国际博览会）

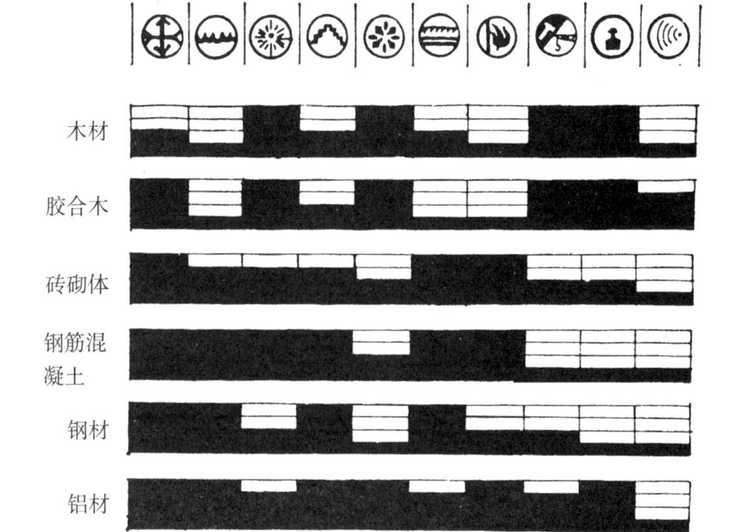

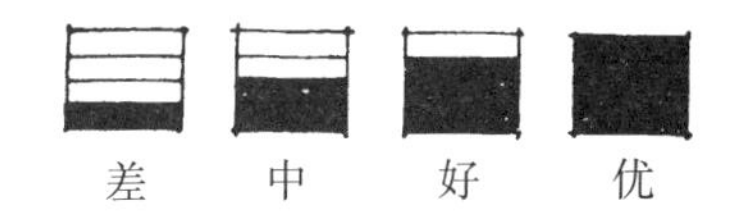

几种材料特性的比较

右表可以归纳为：强度大，自重小，性能高和易于加工，这是建筑对材料的理想要求。上表虽然是一个极其概略的比较，但可以给我们两点启示：

对“老”材料的“翻新”可改进它们的性能，见表中胶合木与木材的比较。其他如实心砖→空心砖，混凝土→加气混凝土，玻璃→钢化玻璃、吸热玻璃等。

尚不存在“全材”。但现在正出现越来越多的复合材料。如混凝土中加入钢筋，以增加抗弯的能力，铝材或混凝土材内设置泡沫塑料、矿棉等夹心层可提高隔声和隔热效果等。当然，在选用任何材料时，都应该注意就地取材，都不能忽视材料的经济问题。

强度——在各种力（如拉力、压力等）作用下如何？

防潮——在干湿变化的条件下如何？

胀缩——在温度变化的条件下如何？

耐久性——在时间变化的条件下如何？

装饰效果——色彩、质感以及品种变化的多少？

维修——是否易于维护和修理？

耐火程度——属于易燃烧？难燃烧？不燃烧？

加工就位——加工的难易？要求工具？是否易于安放？

重量——用人工还是用机械移动？

隔热隔声——保暖、隔热效果？吸声？反射？共振？……

3）建筑施工

建筑物通过施工，把设计变为现实。建筑施工一般包括两个方面：

施工技术：人的操作熟练程度，施工工具和机械、施工方法等。

施工组织：材料的运输、进度的安排、人力的调配等。

由于建筑的体量庞大，类型繁多，同时又具有艺术创作的特点，许多世纪以来，建筑施工一直处于手工业和半手工业状态，只有在20世纪初，建筑才开始了机械化、工厂化和装配化的进程。

装配化、机械化和工厂化可以大大提高建筑施工的速度，但它们必须以设计的定型化为前提。近年来，我国一些大中城市中的民用建筑，正逐步形成了设计与施工配套的全装配大板、框架挂板、现浇大模板等工业化体系。

建筑设计中的一切意图和设想，最后都要受到施工实际的检验。因此，设计工作者不但要在设计工作之前周密考虑建筑的施工方案，而且还应该经常深入现场，了解施工情况，以便协同施工单位，共同解决施工过程中可能出现的各种问题。

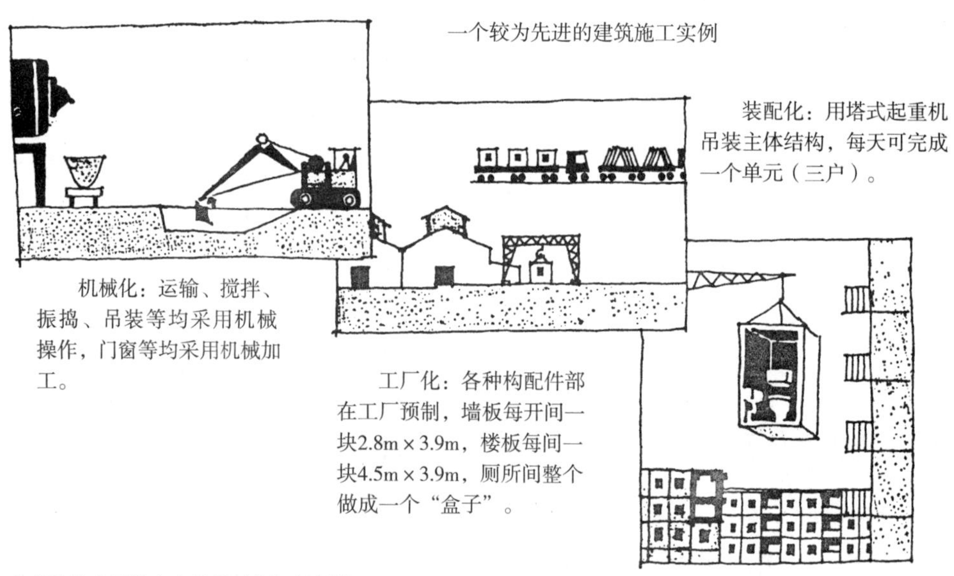

北京劲松小区住宅十号楼的框架挂板施工。

1.2.3　建筑形象

建筑形象可以简单地解释为建筑的观感或美观问题。

如前所述，建筑构成我们日常生活的物质环境，同时又以它的艺术形象给人以精神上的感受。我们知道，绘画通过颜色和线条表现形象，音乐通过音阶和旋律表现形象。那么，什么是建筑形象的表现手段呢？

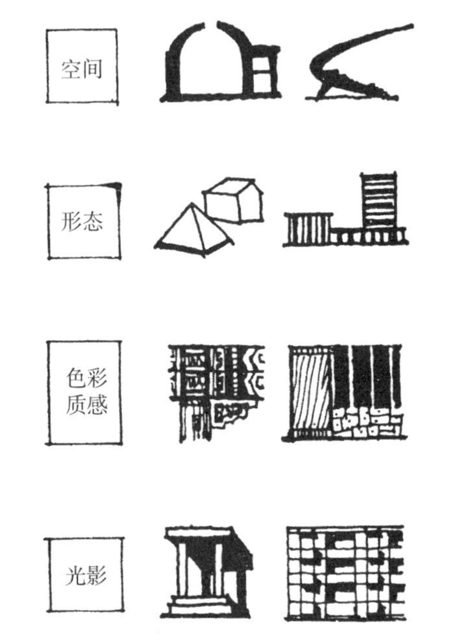

建筑有可供使用的空间，这是建筑区别于其他造型艺术的最大特点。

和建筑空间相对存在的是它的实体所表现出的形态。

建筑通过各种实际的材料表现出它们不同的色彩和质感。一幅画却只能通过纸、笔和颜料再现对象的色彩和质感。

光线和阴影（天然光或人工光）能够加强建筑的形体起伏和凹凸感觉，从而增添它们的艺术表现力。

……这些就是构成建筑形象的基本手段。古往今来，许多优秀的匠师正是巧妙地运用了这些表现手段，从而创造了许多优美的建筑形象。

和其他造型艺术一样，建筑形象的问题涉及文化传统、民族风格、社会思想意识等多方面的因素，并不单纯是一个美观的问题。但是一个良好的建筑形象，却首先应该是美观的。为了便于初学者入门，下面介绍在运用这些表现手段时应该注意的一些基本原则。

它们包括：比例、尺度、均衡、韵律、对比等。

1）比例

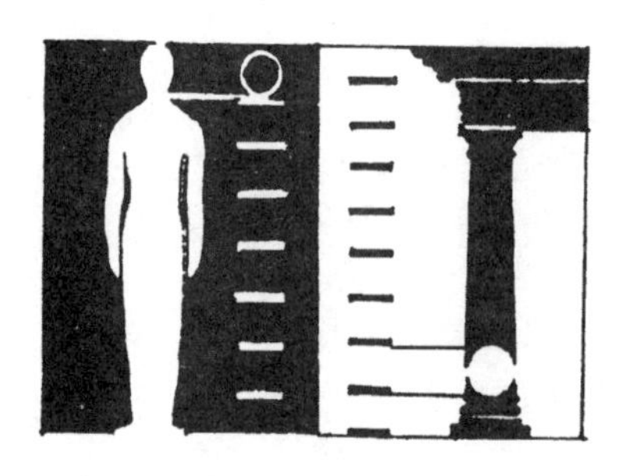

指建筑的各种大小、高矮、长短、宽窄、厚薄、深浅等的比较关系。建筑的整体，建筑各部分之间以及各部分自身都存在这种比较关系，犹如人的身体有高矮胖瘦等总的体形比例，又有头部与四肢，上肢与下肢的比较关系，而头部本身又有五官位置的比例关系。

建筑形象所表现的各种不同比例特点常和它的功能内容、技术条件、审美观点有密切关系。关于比例的优劣很难用数字作简单的规定。所谓良好的比例，一般是指建筑形象的总体以及各部分之间，某部分的长、宽、高之间，具有和谐的关系。要做到这一点，就要对各种可能性反复地进行比较，力求做到高矮匀称，宽窄适宜，这就是我们通常所说的“推敲”比例。

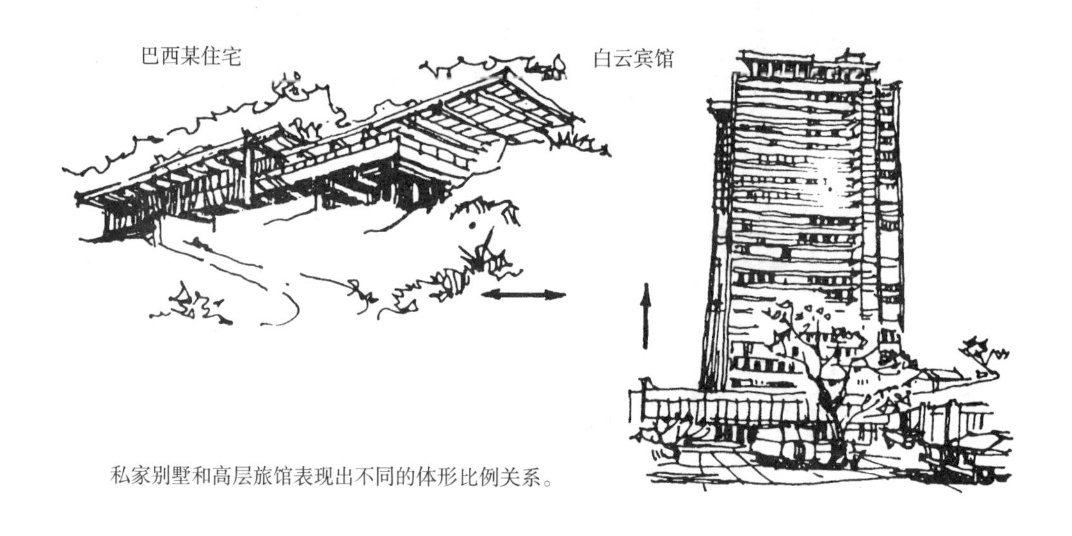

私家别墅和高层旅馆表现出不同的体形比例关系。

我国古代木构建筑与西方古典石构建筑所表现的不同比例关系。

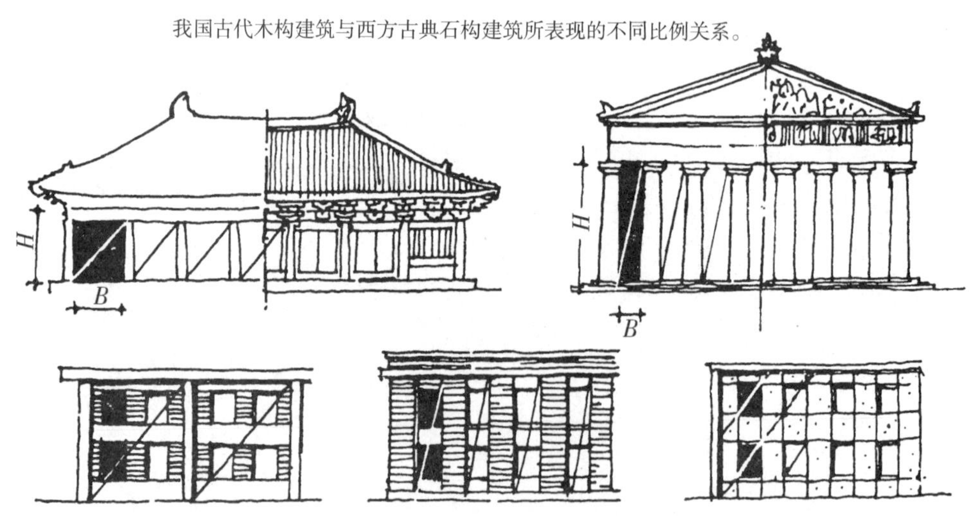

建筑开间相同，窗户面积相同，采用不同处理手法，取得不同比例效果。

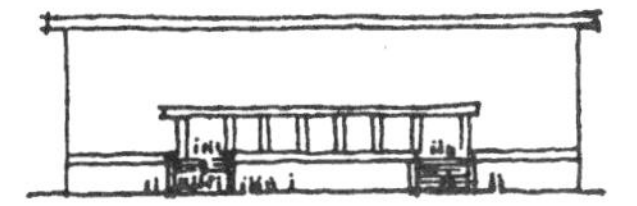
人们从熟悉的台阶踏步可以推测建筑物的大小。

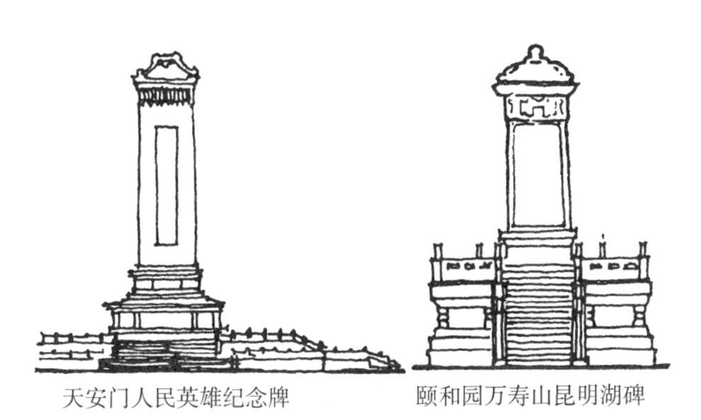
天安门人民英雄纪念牌　　颐和园万寿山昆明湖碑

人民英雄纪念碑采用了我国传统的石碑形式，但并没有将它们简单地放大，而是仔细地处理了尺度问题——基座采用两重栏杆，加大碑身比例……因而显示了它的实际尺寸。

2）尺度

主要是指建筑与人体之间的大小关系和建筑各部分之间的大小关系，而形成的一种大小感。

建筑中有一些构件是人经常接触或使用的，人们熟悉它们的尺寸大小，如门扇一般高为2~2.5m，窗台或栏杆一般高为90cm等。这些构件就像悬挂在建筑物上的尺子一样，人们会习惯地通过它们来衡量建筑物的大小。

在建筑设计中，除特殊情况外，一般都应该使它的实际大小与它给人印象的大小相符合，如果忽略了这一点，任意地放大或缩小某些构件的尺寸，就会使人产生错觉，或是实际大的看着“小”了，或是实际小的看着“大”了。

意大利圣彼得教堂

清华大学礼堂

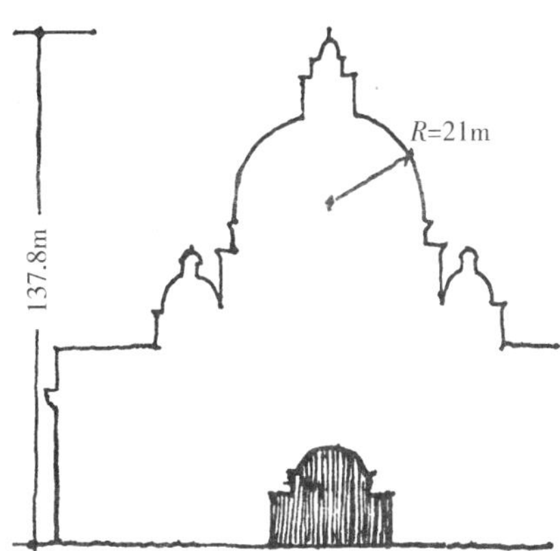

人们不会想到它们的大小相差如此悬殊，圣彼得教堂把建筑中的构件按比例放大很多，以至显得比它的实际尺寸“小”了。

3）对比

事物总是通过比较而存在的，艺术上的对比手法可以达到强调和夸张的作用。对比需要一定的前提，即对比的双方总是要针对某一共同的因素或方面进行比较。如建筑形象中的方与圆——形状对比；光滑与粗糙——材料质地的对比；水平与垂直——方向的对比……其他如光与影、虚与实的对比等。在建筑设计中成功地运用对比可以取得丰富多彩或突出重点的效果，反之，不恰当的对比则可能显得杂乱无章。

在艺术手法中，对比的反义词是调和，调和也可以看成是极微弱的对比。在艺术处理中常常用形状、色彩等的过渡和呼应来减弱对比的程度。调和手法容易使人感到统一和完美，但处理不当会使人感到单调呆板。

虚与实的对比，突出了建筑的入口部分。

斜线、曲线、垂直线与水平线的方向对比。

水平与垂直的强烈对比，但由于水平方向的屋顶完全被割断，破坏了建筑的统一感。

弧形券洞通过方形的过渡与整体形象更为和谐。

设想把灯和通风口改为方形或长方形，则……

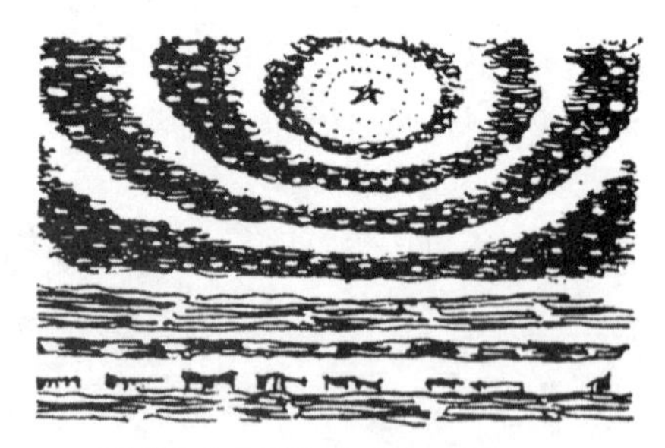

圆形的中央徽饰通过椭圆形的过渡，与扇形大厅的挑台和屋顶取得统一。

4）韵律

如果我们认真观察一下大自然，大海的波涛，一颗树木的枝叶，一片小小的雪花……，会发现它们有想象不到的构造，它们有规律的排列和重复的变化，犹如乐曲中的节奏一般，给人一种明显的韵律感。建筑中的许多部分，或因功能的需要，或因结构的安排，也常常是按一定的规律重复出现的，如窗子、阳台和墙面的重复，柱与空廊的重复等，都会产生一定的韵律感。

人民大会堂门廊，水平方向的韵律感。

云南崇圣寺千寻塔垂直方向的韵律感。

意大利某体育馆的装配式屋顶结构，富于韵律感。

居住建筑的阳台、凹廊在阳光下表现出韵律感。

美国华盛顿机场，悬索屋顶的倾斜支架与大片玻璃交替重复。

颐和园乐寿堂院墙，灯窗与栏杆不同疏密的重复，节奏轻快活泼。

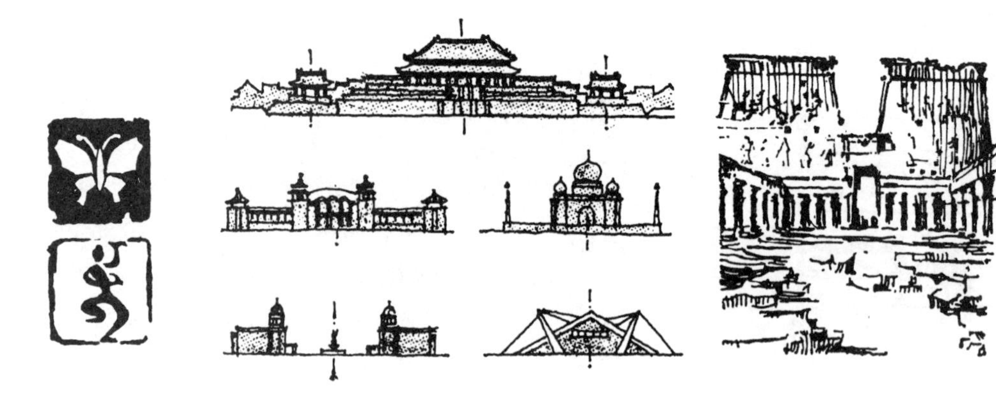

5）均衡

建筑的均衡问题主要是指建筑的前后左右各部分之间的关系，要给人安定、平衡和完整的感觉。均衡最容易用对称布置的方式来取得，也可以用一边高起一边平铺，或一边一个大体积另一边几个小体积等方法取得。

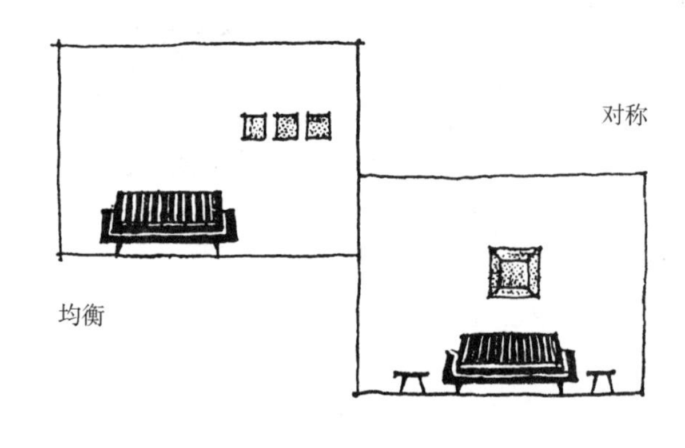

这两种均衡给人的艺术感受不同，一般说前者较易取得严肃庄重的效果，而后者较易取得轻快活泼的效果。

初学者特别需要注意的是无论求得哪一种均衡，都应该从立体的效果上去考虑。

6）稳定

主要是指建筑物的上下关系在造型上所产生的一定艺术效果。人们根据日常生活经验，知道物体的稳定和它的重心位置有关，当建筑物的形体重心不超出其底面时，较易取得稳定感。上小下大的造型，稳定感强烈，常被用于纪念性建筑。有些建筑则在取得整体稳定的同时，强调它的动态，以表达一定的设计意图。

建筑造型的稳定感还来自人们对自然形态（如树木、山石）和材料质感的联想。随着建造技术的进步，取得稳定感的具体手法也不断丰富，如在近代建筑中还常通过表现材料的力学性能、结构的受力合理等，以取得造型上的稳定感。

列宁墓通过稳定的造型和石料的质感，表现出纪念性建筑的永恒性。

某木材公司使人联想到一棵粗壮的大树，造型虽上大下小仍具稳定感。

1937年国际博览会原苏联馆，造型稳定而又富于动态感。

巴西某俱乐部，雨篷穿过大玻璃窗与室内挑廊相连，形体轻巧而稳定。

上述有关建筑形式美的基本原则，是人们在长期建筑实践中的积累和总结，这些原则对于建筑艺术创作有着重要的理论意义，它有助于我们更为积极和自觉地对建筑美观问题进行探讨。需要指出的是，人们的社会审美标准并不是一成不变的，随着历史的发展，人们对美的价值取向也在发生着缓慢的变化。如上面所述关于稳定感，随着建筑技术的进步，今人和古人就会有不同的认识和理解。特别是自现代建筑兴起以来，关于建筑形式美的探讨已经有了相当大的发展，有些问题已经难以用传统的构图原则进行解释，如变异、减缺、重构等艺术手法在建筑创作中的运用；“形态构成”作为一门新兴的学科，对建筑形式美正在产生着明显的影响。有关这方面的内容将在第 4 章中另作介绍。

本节对建筑的功能、技术和形象作了分别的简述。对于一个建筑师来说，更重要的课题是如何处理这三者间的关系。实际上当初学者开始第一个设计时，这种矛盾便产生了。当然，思想方法、业务水平的提高，会有助于解决这些矛盾，但无论如何，它们却是客观存在的。

总的说来，上述三者之间，功能要求是建筑的主要目的，材料结构等物质技术条件是达到目的的手段，而建筑的形象则是建筑功能、技术和艺术内容的综合表现。也就是说三者的关系是目的、手段和表现形式的关系。其中功能居于主导地位，它对建筑的结构和形象起决定的作用。结构等物质技术条件是实现建筑的手段，因而建筑的功能和形象要受到它一定的制约。例如：体育馆建筑要求有遮盖的巨大空间，供运动比赛之用，正是这种功能要求决定了体育馆建筑需要采用大跨度的结构作为它的骨架，从而也决定了一座体育馆建筑的外形轮廓不可能是一个细高体或板状体。但是，如果没有一定的结构和施工技术，体育馆的功能要求就难以实现，也无从表现它的艺术形象。

那么，建筑的艺术形象是不是完全处于被动地位呢？当然不是这样。同样的功能要求，同样的材料或技术条件，由于设计的构思和艺术处理手法的不同，以及所处具体环境的差异，完全可能产生出风格和品味各异的艺术形象。

建筑既是一项具有切实用途的物质产品，同时又是人类社会一项重要的精神产品。建筑与人们的社会生活有着千丝万缕的联系，从而使其成为综合反映人类社会生活与习俗，文化与艺术，心理与行为等精神文明的载体。所以，建筑艺术问题，并不仅仅是单纯的美观问题，它所具有的精神感染力是多方面的，是持久的和具有广泛群众基础的。作为这样一种精神产品，它应当反映我们的时代和生活，为广大人民群众所喜爱；同时也要求它具有单个产品之间的差异性和创造性，这正是建筑艺术的魅力所在。

功能、技术、形象三者的关系是辩证统一的关系。这在我们今后的建筑设计练习中和建筑历史的学习中，将会得到进一步的验证。

1.3　建筑空间

1.3.1　空间和人对空间的感受

在大自然中，空间是无限的，但是在我们周围的生活中，我们可以看到人们正在用各种手段取得适合于自己需要的空间。

一把伞给他们带来了一个暂时的空间，使他们感到与外界的隔绝……

一块毛毯，可以使全家人感到有了自己的小天地……

观众为讲演者围合了一个使他兴奋的空间，当然，人散了，这个空间也就消失了……

阳光下的一面墙，把空间分为向阳和背阴两部分，它们会给人不同的感受……

座椅布置方式不同，产生的空间效果也不同，它影响人的心理——面对面的旅客很快就熟悉起来了……

——空间就是容积，它是和实体相对存在的。
——人们对空间的感受是借助实体而得到的。
——人们常用围合或分隔的方法取得自己所需要的空间。
——空间的封闭和开敞是相对的。
——各种不同形式的空间，可以使人产生不同的感受。

1.3.2 建筑空间

建筑空间是一种人为的空间。墙、地面、屋顶、门窗等围成建筑的内部空间；建筑物与建筑物之间，建筑物与周围环境中的树木、山峦、水面、街道、广场等形成建筑的外部空间。建筑以它所提供的各种空间满足着人们生产或生活的需要。

初学者常常容易从建筑的实体部分——如它的形状、式样、颜色、质地等去观察建筑，当他谈到对某个建筑的艺术感受时，很少想到这些感受和建筑空间的关系，因为他还缺乏对空间的观察能力和想象能力。

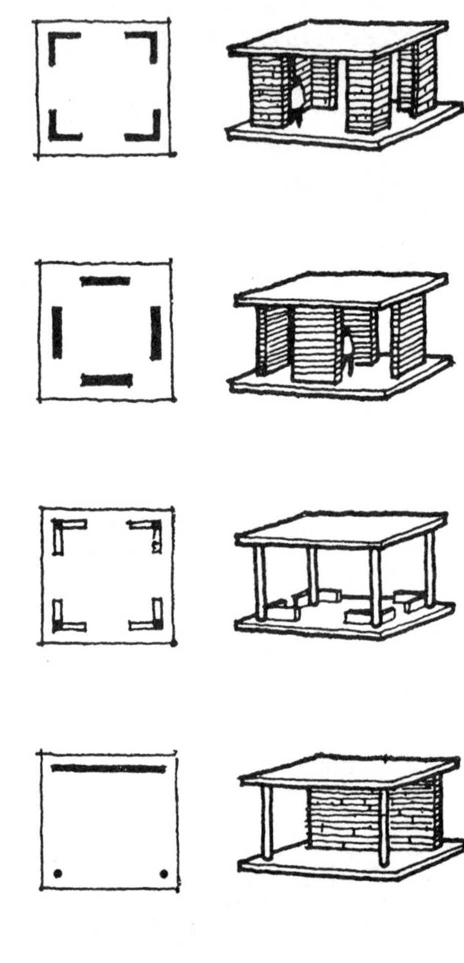

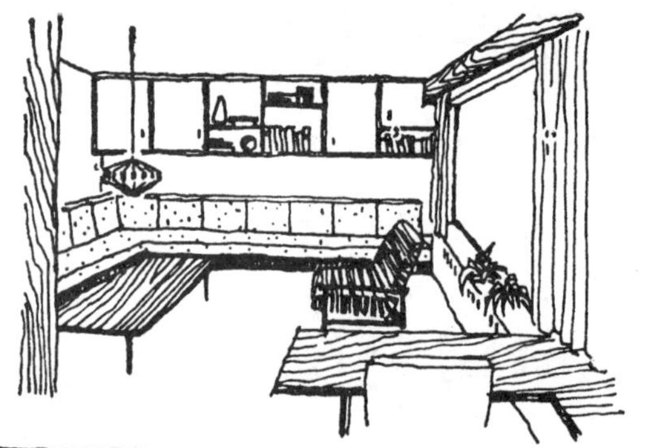

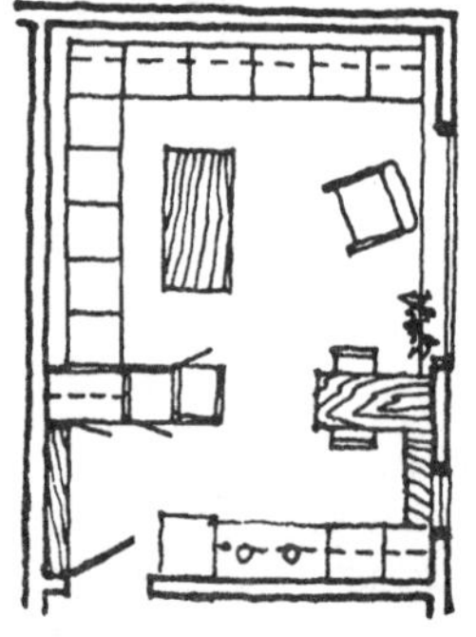

应该加强对空间的想象能力，从空间想平面，从平面想空间。

从右图中的平面图去想象它们的空间形状，比较空间的开敞和封闭。如果它是个休息亭，会有怎样不同的效果。

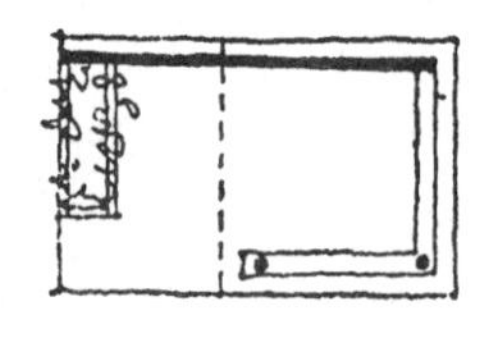

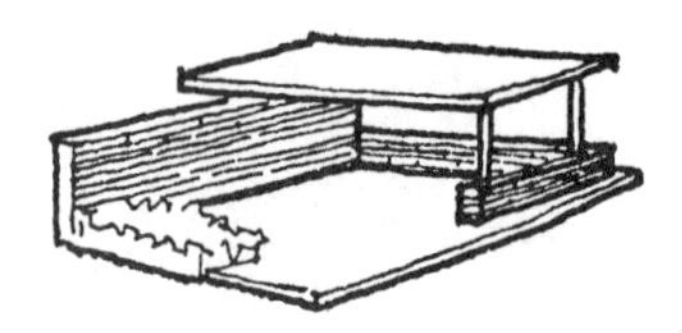

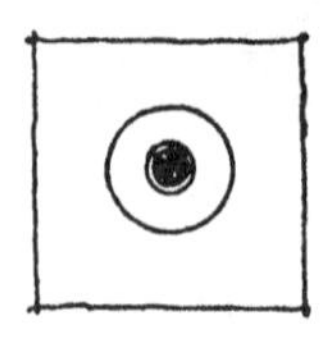

取得合乎使用的空间是建造建筑物的根本目的，强调空间的重要性和对空间的系统研究是近代建筑发展中的一个重要特点。近代建筑日趋复杂的功能要求，建造技术和材料的重大突破，为建筑师们对建筑空间的探讨提供了更多的可能，从而使得近代建筑在空间功能和空间艺术两方面取得了新的进展和突破。

首先，近代建筑类型繁多、功能多样，要解决好建筑的使用问题，就必须对其各个组成部分进行周密的分析，通过设计把它们转化为各种使用空间。就一定意义而言，各种不同的建筑类型，实际是根据其功能关系的不同，对内部各空间的形状、大小、数量、彼此关系等所进行的一系列全面合理的组织与安排。而墙体、地面、顶棚等则是获得这些空间的手段。因而可以说，建筑的空间组织乃是建筑功能的集中体现。

其次，在建筑艺术表现方面，古典建筑更倾向于把建筑视为一种造型艺术，在建筑的实体处理上，如建筑的式样风格、形体组合、墙面划分以至装饰细节等方面取得了极高的成就。近代建筑则更加强调建筑的空间意义，认为建筑是空间的艺术；是由空间中的长、宽、高向度与人活动于其中的时间向度所共同构成的时空艺术。空间是建筑艺术最重要的内涵；是它区别于其他艺术门类的根本特征。

不同时代的室内空间比较。英国贝尔顿住宅，1689年（左）：各房间相对独立，强调围合感，突出墙面顶棚的装饰效果。捷克吐根哈特住宅，1936年（右）：休息、用餐、工作同处一个空间，以一片弧形墙面和一段直墙面进行分割，强调空间的沟通和材料的对比。

1.3.3 建筑空间与建筑功能

建筑空间是建筑功能的集中体现。建筑的功能要求以及人在建筑中的活动方式，决定着建筑空间的大小、形状、数量及其组织形式。

1）空间的大小与形状

由墙、地面、顶棚所围合的单个空间是建筑中最基本的使用单元，其大小与形状是满足使用要求的最基本条件，如果把建筑比作一种容器，那么这容器所包容的便是空间和人对空间的使用，根据功能使用合理地决定空间的大小与形状是建筑设计中的一个基本任务。

（1）由于平面形状决定着空间的长、宽两个向量，所以在建筑设计中空间形式的确定，大多由平面开始。在平面设计中首先考虑该空间中人的活动尺寸和家具的布置（参见第 1.2.1 节建筑的功能）。

矩形（包括方形）平面是采用最为普遍的一种，矩形平面的优点是结构相对简单，易于布置家具或设备，面积利用率高。

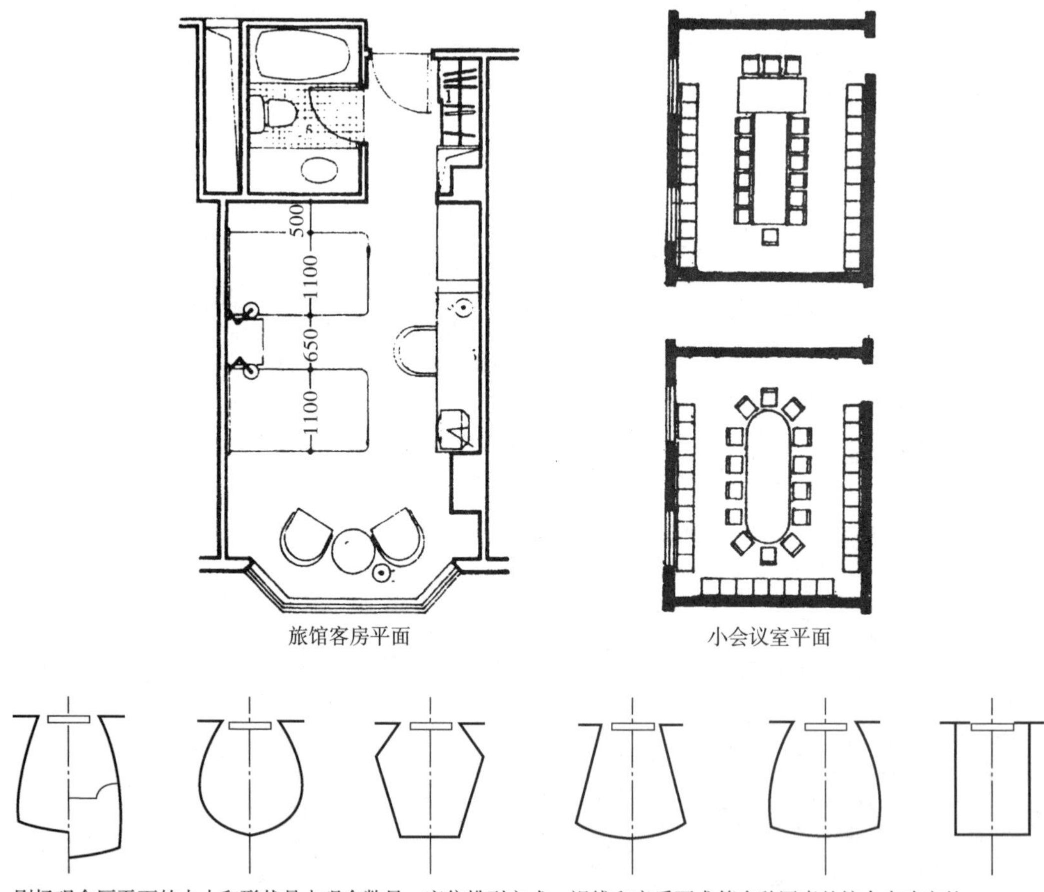

旅馆客房平面

小会议室平面

剧场观众厅平面的大小和形状是由观众数量、座位排列方式、视线和音质要求等多种因素的综合来确定的。

圆形、半圆形、三角形、六角形、梯形等，以及某些不规则形状的平面，多用于特定情况的平面设计中。如圆、椭圆形可用于过厅、餐厅等；大的圆形平面用于体育或观演空间。三角形、梯形、六角形等平面的采用则常与建筑的整体布局和结构柱网形式有关。

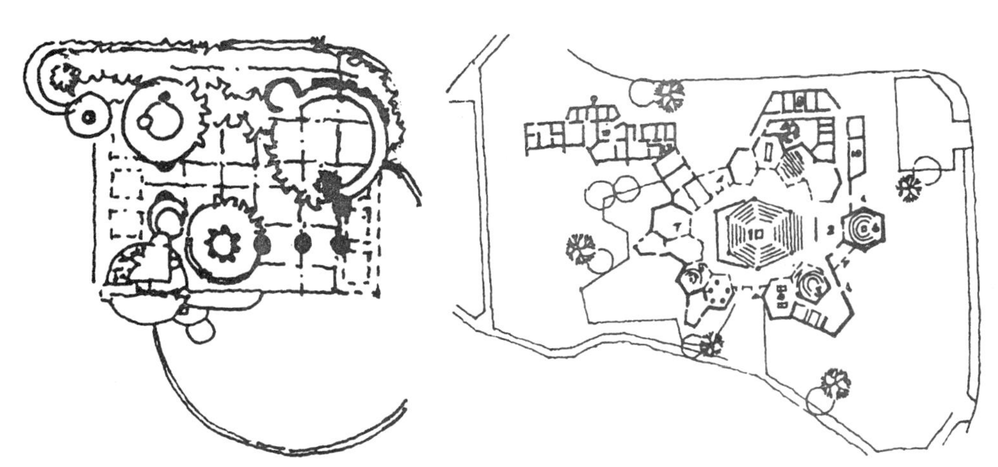

美国加州杰斯特住宅方案设计。赖特，1938年。起居室、餐室、卧室均采用圆形平面。

德国某教区中心。其观众厅、多功能厅、会议室、健身房、活动室等均采用六角形平面。

(2) 在一般建筑中，空间的剖面大多数也以矩形为主，剖面的高度直接影响建筑中楼层的高度。在多层或高层建筑设计中，层高是一项重要的技术经济指标。在公共建筑中某些重要空间的设计，如大厅、中庭、观众厅、购物大厅等，其剖面形状的确定是一项至关重要的设计内容，它或与特殊的功能要求有关，或出于设计人对空间艺术构思的考虑。

应当注意不能孤立地对待单一空间大小和形状的确定，因为它们还要受到整个建筑的朝向、采光、通风、结构形式以及建筑的整体布局等多种因素的影响和制约。当众多单个空间处于同一建筑中时，如何对它们进行合理的组织，同样是我们在建筑设计中必须解决的问题。

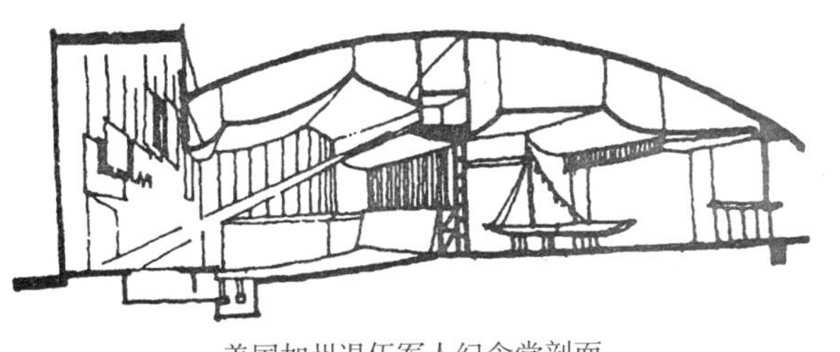

美国加州退伍军人纪念堂剖面

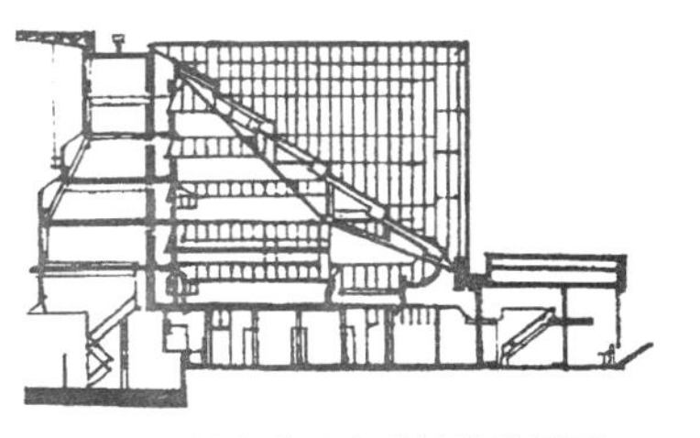

英国剑桥大学历史系教学楼剖面

2）空间组织

依照什么样的方式把这些单一空间组织起来，成为一幢完整的建筑，这是建筑设计中的核心问题。决定这种组织方式的重要依据，就是人在建筑中的活动。按照人的活动要求，可以对不同的空间属性作如下的划分：

（1）流通空间与滞留空间：如教学楼设计中，走廊为流通空间，教室为滞留空间，前者要求畅通便捷，后者则要求安静稳定，能够合理地布置桌椅、讲台、黑板等，以便进行正常的教学活动。

（2）公共空间和私密空间：如旅馆设计中，餐厅、中庭等为公共空间，客房为私密空间，商店、餐饮、娱乐、健身、会议以及客房部分的走廊等又可被分为不同程度的半公共或半私密空间。这些不同性质的空间应适当划分，私密区应避免大量的人流穿行，公共空间内则应具有良好的流线组织和适当的活动分区。

（3）主导空间与从属空间：如剧场中的观众厅为主导空间，休息厅、门厅等为从属空间。观众厅为观众最主要的活动场所，它的形状、大小和位置的决定，对整个设计起着决定性的作用。各从属空间则应视其与主导空间的关系来确定其在建筑布局中的位置。如门厅、休息厅应与观众厅保持最紧密的联系，卫生间和管理用房等则应相对隐蔽。

就空间的组织形式而言，又可大致划分为以下几种关系：

（1）并列关系：各空间的功能相同或近似，彼此没有直接的依存关系者，常采用并列式组织。如宿舍楼、教室楼、办公楼等多以走廊为交通联系，各宿舍、教室或办公室分布在走廊的两侧或一侧。

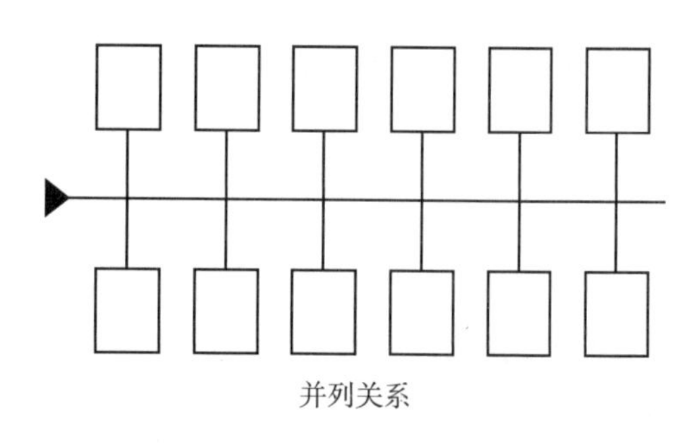

并列关系

（2）序列关系：各空间在使用过程中，具有明确的先后顺序者，多采用序列关系，以便合理地组织人流，进行有序的活动。如候车楼、候机楼以及大型纪念性、展示性建筑等。

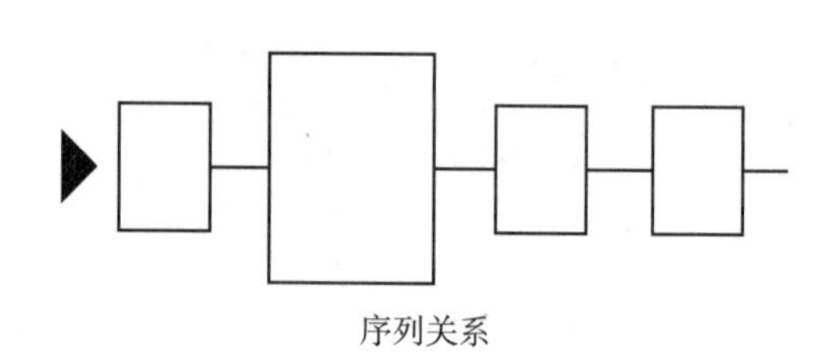

序列关系

(3) 主从关系：各空间在功能上既有相互依存又有明显的隶属关系，多采用这种方式。其各种从属空间多布置于主空间周围，如图书馆的大厅与各不同性质的阅览室和书库，以及住宅中起居室与各卧室和餐室、厨房的关系等。

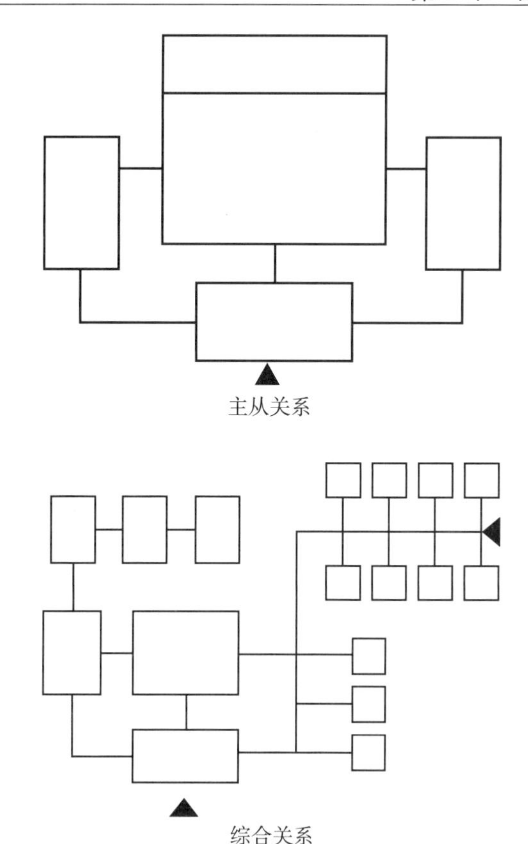

主从关系

(4) 综合关系：在实际建筑中，常常是要求以某一种形式为主，同时兼有其他形式的存在。如大型旅馆中，客房部分为并列关系，大厅及其周围的商店、餐饮、休息等为主从关系，厨房部分则可能表现为序列关系。又如单元住宅就各单元而言为并列关系，而各单元内部则表现为以起居室为中心的主从关系。

综合关系

需要强调的是，上述各种分类主要是帮助初学者对建筑中的空间组织与功能关系有一个基本的、理性的认识，掌握这些内容对建筑设计中合理地解决功能问题是有益的。但这些认识并不能代替建筑设计自身，因为决定一项建筑设计成败的还有其他诸如环境、技术、艺术等多种因素，即使仅就建筑功能而言，也还有许多具体内容是本章所未涉及的。

1.3.4　建筑空间处理手法

在建筑设计中，根据功能需要组织空间是完全必要的，但是，一个好的建筑设计并不等于是建筑功能关系的图解。在同样的功能要求下，由于采用不同的空间处理手法，仍可表现为不同的结果和不同的性格特点。这是因为建筑的功能要求与某些科技产品的功能要求不尽相同，它的服务对象是人，而人的活动是多种多样的；人的行为与建筑环境之间并不存在唯一对应的答案。同时，还要看到建筑环境也会反过来对人的行为产生一定的影响。人们对建筑的衡量尺度除其功能性以外，还有心理行为、艺术审美等方面的要求，一个优秀的建筑，在功能、艺术、技术诸方面应该是融为一体的。因此，在符合功能要求这个大前提之下，建筑师对建筑空间艺术的驾驭能力是影响建筑设计质量的一个十分重要的因素。学习前人所积累的关于建筑空间的处理手法，将有助于我们设计能力的提高和对建筑的全面认识。

1）空间的限定

空间和实体是互为依存的，空间通过实体的限定而得以存在。不同的实体形式，会给空间带来不同的艺术特点。为了理解方便，以下按实体在空间限定中所采用的不同方式结合实例进行说明。

(1) 垂直要素限定：通过墙、柱、屏风、栏杆等垂直构件的围合形成空间，构件自身的特点以及围合方式的不同可以产生不同的空间效果。

住宅起居室——以各种不同的墙面材料、固定家具作为垂直界面，具有较强的围合感和私密性。

我国民居中用木隔断分割空间，它所显示的轻巧感增加了与邻室的空间联系。

以廊柱作垂直限定，空间界限模糊，既分又合，融为一体。

加拿大多伦多市政厅，奈维尔设计（1958年）。以两幢高层建筑围合中间的会议部分，限定出一个明显的圆柱形空间，围合的开口前大后小，围中有透，使建筑空间与城市空间相沟通，为城市景观增添了魅力。

（2）水平要素限定：通过不同形状、材质和高度的顶面或地面等对空间进行限定，以取得水平界面的变化和不同的空间效果。

运用帐篷结构限定一个开敞轻松的室外休闲空间。

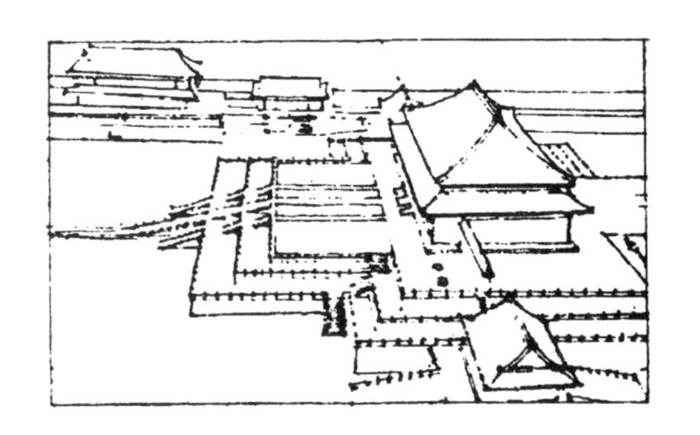

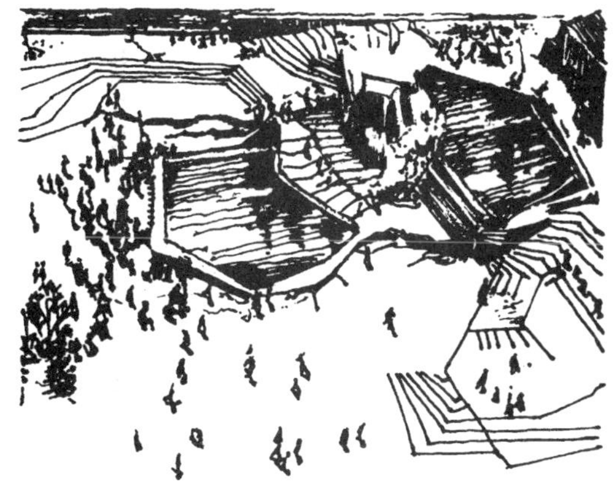

美国波特兰市的Love joy广场。以两个多边形水池为中心，通过密集的折线台阶将不同高度的地坪组织成一个有机的整体，表现出明显的韵律感和自由流畅的气氛。

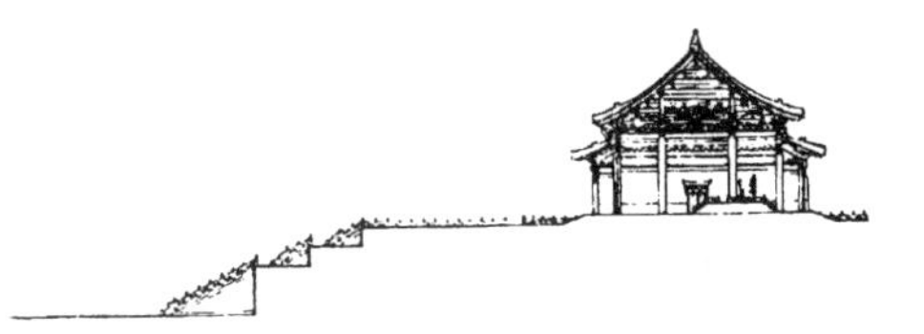

故宫太和殿以三层凸起的汉白玉台基层层内收，强调其庄重雄伟与强烈的稳定感，同时也扩大了建筑的空间领域。

屋室的地面局部下沉，两侧栏杆以及地面材料的改变，形成一个更为安定和亲切的空间。

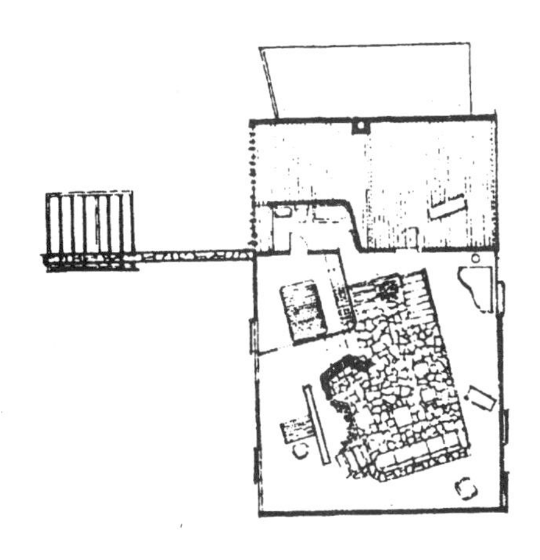

（3）各要素的综合限定：空间是一个整体，在大多数情况下，是通过水平和垂直等各种要素的综合运用，相互分配，以取得特定的空间效果，其处理手法是多种多样的。

美国新奥尔良意大利广场，查尔斯·穆尔设计。广场中的柱廊、大门与铺地以同 圆心呈放射形布置，形成垂直与水平的向心性综合限定，强化了广场的纪念性母题。

英国剑桥大学历史系馆阅览大厅，是依傍于L形教学楼夹角间的巨大内庭，折形玻璃屋顶将内庭围合成1/4锥台形空间。

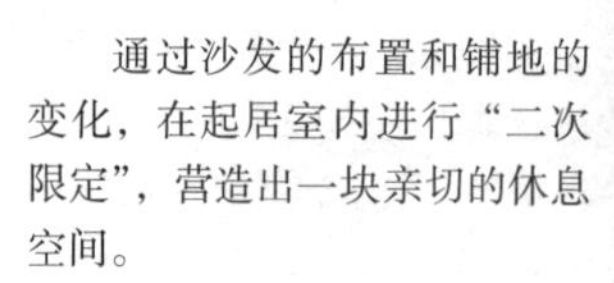

通过沙发的布置和铺地的变化，在起居室内进行“二次限定”，营造出一块亲切的休息空间。

某建筑大厅室内，其楼梯、跑马廊、顶棚及部分墙面均采用弧形处理，强化了这一交通空间的功能特性。

2）空间形状与界面处理

界面在限定空间的过程中，必然涉及两个问题，一是所限定空间的形状，一是对界面本身如何处理。空间的形状和界面的处理是决定空间性格、品质的重要因素。

建于18世纪的英国锡荣府邸，其客厅为高大的矩形空间，四周墙面布置有古典柱式、壁炉、门套、雕刻等豪华装饰，顶棚和地面纹样细腻丰富。

弗兰克·劳埃德·赖特于1935年设计的流水别墅，其起居室垂直界面结合功能分区，前部以大片玻璃为主，后部以粗石墙为主，形成强烈的对比。

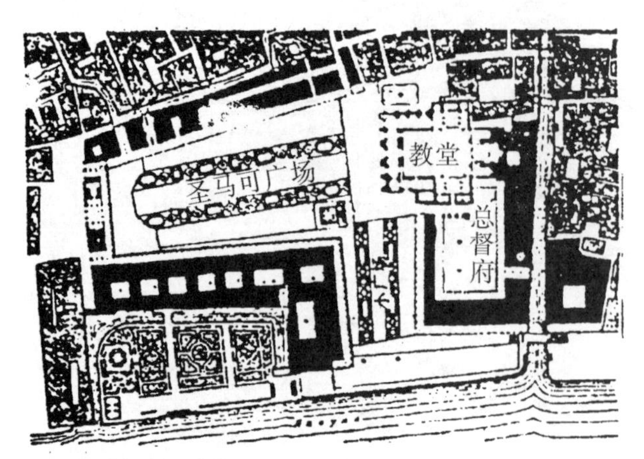

威尼斯圣马可广场

广场转折处的钟塔以其高耸的体量成为这一群体的轴心。

广场一端朝海开放，两个石柱起着限定空间的作用。

3）空间的围与透

围合与通透是处理两个或多个相邻空间关系的常用手法，围与透是相对的，围合程度愈强，则通透性愈弱；反之亦然。空间关系中围与透不同程度的处理，为建筑空间艺术的表现提供了广阔的天地。

威尼斯圣马可广场周围各建筑的墙面均以拱券为母题，富有很强的韵律感和连续感，有力地突出了广场的曲尺形空间。

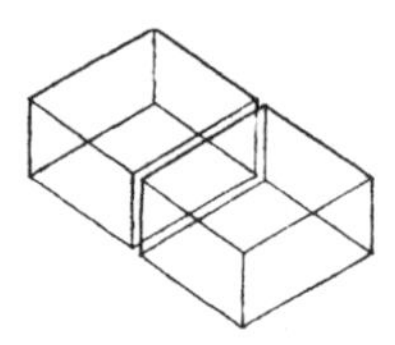
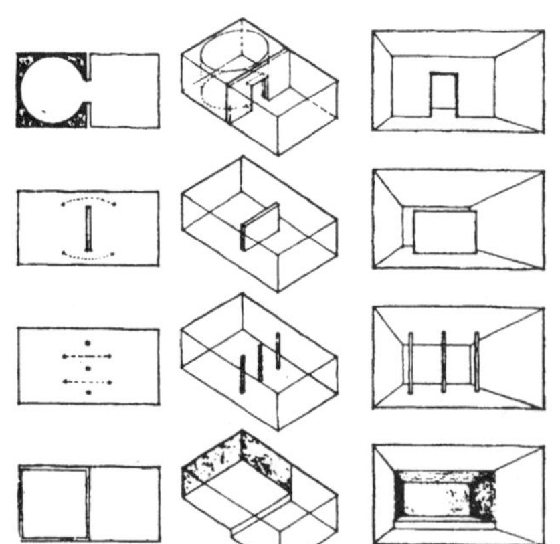

相邻空间不同程度的围合与通透

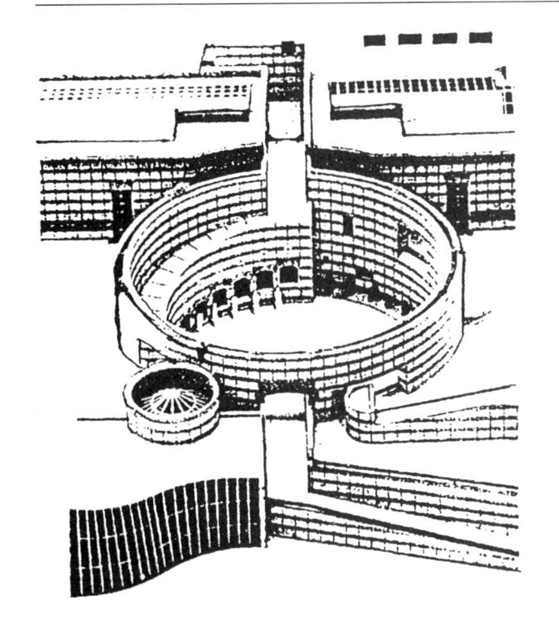

我国的四合院民居，通过房、廊、墙、门等多种元素的运用，以围为主，围中有透，形成一个气氛亲切的半私密空间。

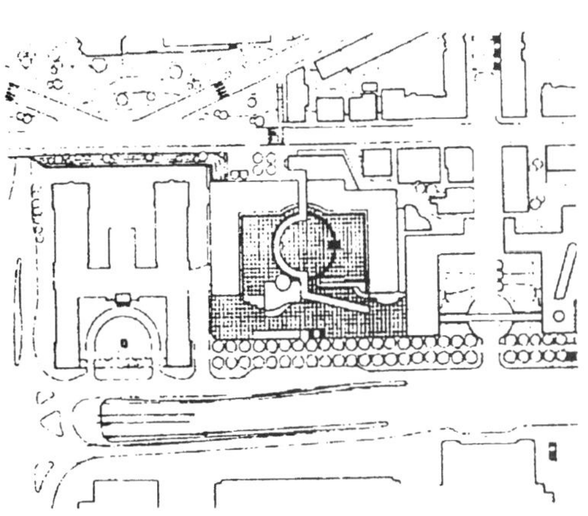

斯图加特美术馆，斯特林设计。中央是一个规整封闭的圆形庭院，巨大的弧形坡道为这一空间带来了流动感……

无锡南长街清名桥。半圆形拱桥，空间通透，使水街景色得以延续。

日本熊本市幼儿园活动室。采用整面墙的隔断式推拉门，可使室内外空间连成一体。

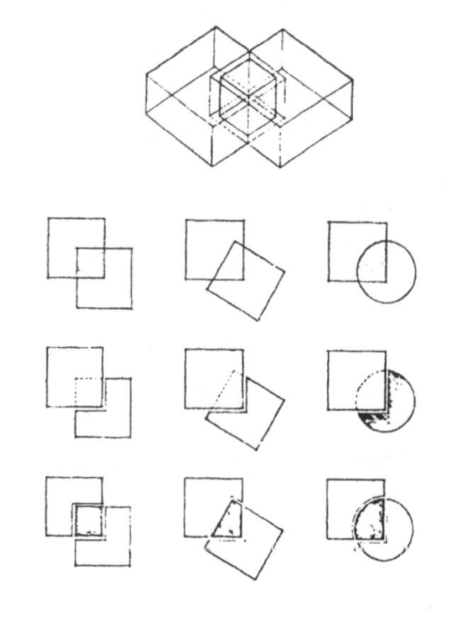

4）空间的穿插与贯通

界面在水平方向的穿插、延伸，可以为空间的划分带来更多的灵活性，使得被划分的各局部空间具有多种强弱程度不同的联系；增加空间的层次感和流动感。空间穿插中的交接部分，可因处理手法的不同，产生不同的效果。

两个空间的相互穿插所呈现出的三种状态：
—— 两个空间共有一部分空间；
—— 一个空间被另一个空间所减缺；
—— 产生出第三个独立空间。

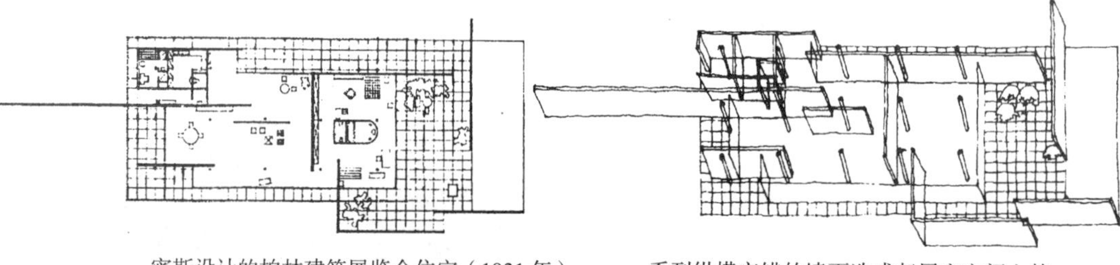

密斯设计的柏林建筑展览会住宅（1931 年）—— 一系列纵横交错的墙面造成起居室空间上的穿插与流动。

华盛顿国家美术馆东馆大厅（1981 年，设计：贝聿铭）。在三角形为母题的巨大空间内，以不同高度的通廊造成强烈的空间穿插，丰富了空间的变化。

旧金山商业中心广场，是一个极富穿插感的室外空间。架空廊道和室外楼梯上下错落，与建筑和下沉庭院互为穿插，是广场立体步行交通体系的合理反映。

空间的贯通是指根据建筑功能和审美的需要，对空间在垂直方向所做的处理，现代建筑技术的进步为大型建筑空间在垂直方向的处理提供了充分的手段。空间的上与下多层次的融合与贯通已经成为建筑师处理大型空间的一项重要手段。

底特律文艺复兴中心内院大厅。弧形跑马廊和挑台，通高的柱和纵横交错的桥，空间左右穿插，上下贯通。

北京昆仑饭店餐饮街，利用斜坡形玻璃顶和挑台，形成一个上下贯通的流动空间。

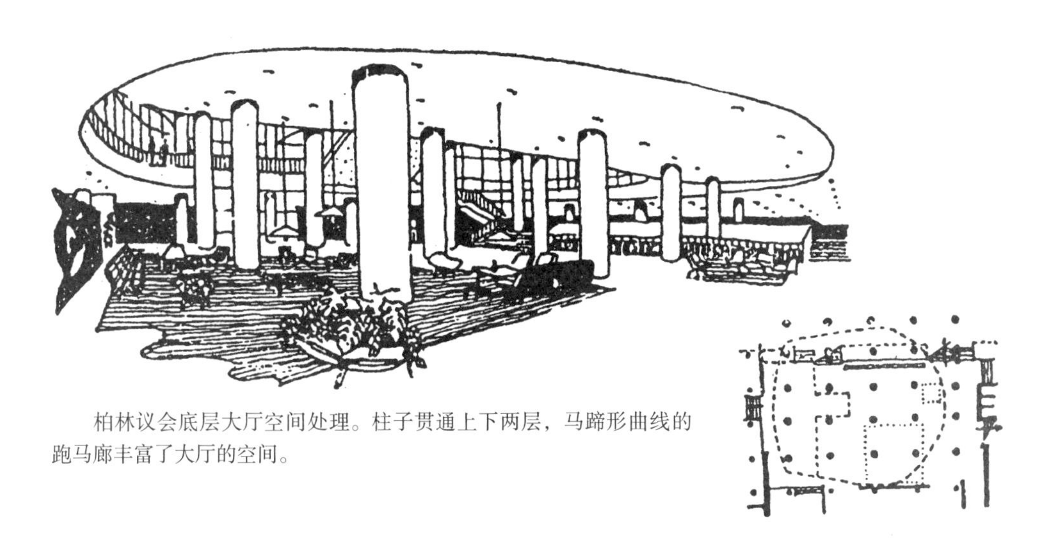

柏林议会底层大厅空间处理。柱子贯通上下两层，马蹄形曲线的跑马廊丰富了大厅的空间。

5）空间的导向与序列

空间导向是指在建筑设计中通过暗示、引导、夸张等建筑处理手法，把人流引向某一方向或某一空间，从而保证人在建筑中的有序活动。墙、柱、门洞口、楼梯、台阶以及花坛、灯具等都可作为空间导向的手段。就建筑艺术而言，导向处理是人与建筑的一种对话，人们在建筑师所采用的一系列建筑语言的启发引导下，产生了与建筑环境的共鸣，把他在建筑中的活动与建筑艺术欣赏有机地结合起来。

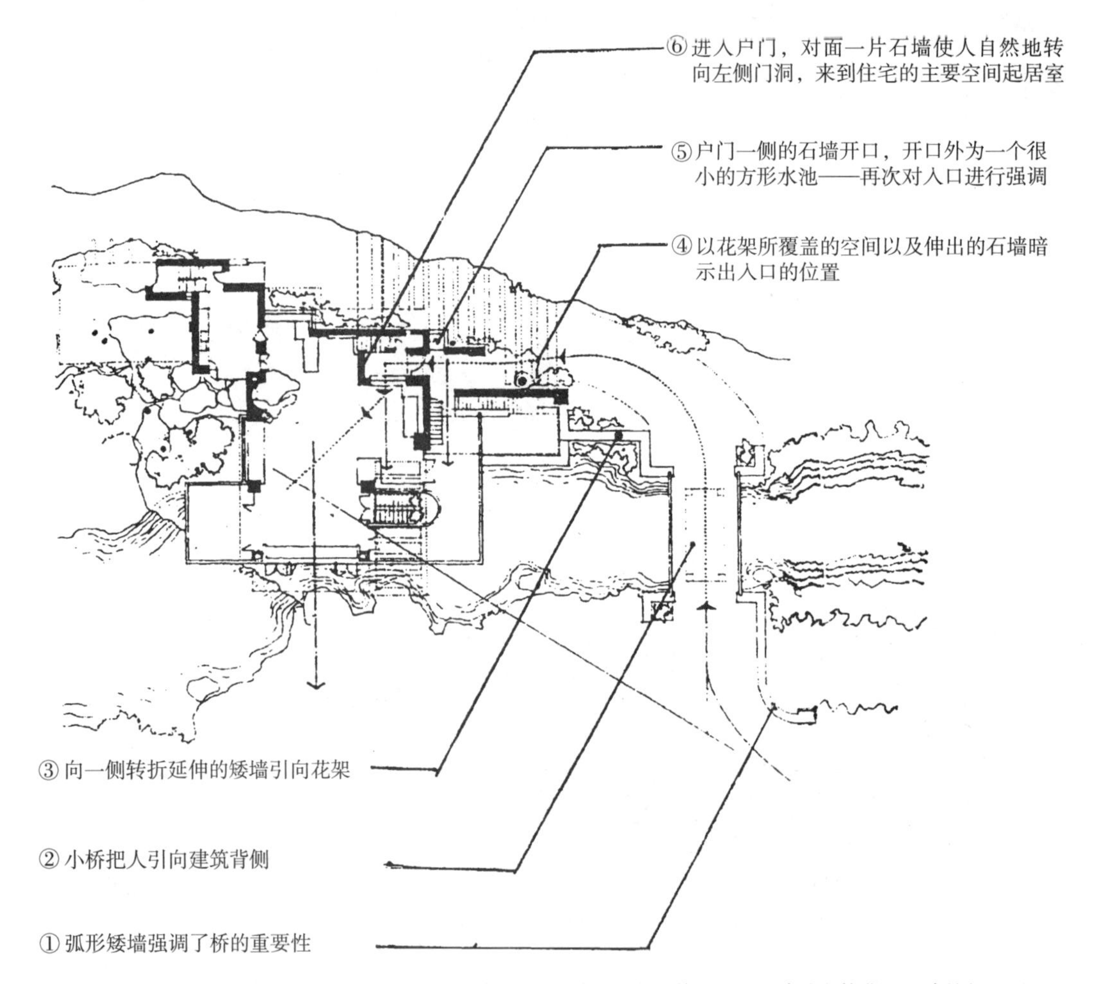

弗兰克·劳埃德·赖特设计的流水别墅（1935年）。由于其入口处于建筑主体背后，建筑师运用了一系列的空间处理来加强对入口的导向。

某旅馆中庭，台阶和透空栏杆把人流引向中庭下沉空间，中庭一侧的棚架和攀缘植物暗示此处还有另一个相对隐蔽和安静的空间。

对于某些具有复杂空间关系的建筑或建筑群而言，序列是建立空间秩序的一项重要手段，一个完整的空间序列就像一首大型乐曲一样，通过序曲和不同的乐章，逐步达到全曲的高潮，最后进入尾声；各乐章有张有弛，有起有伏，各具特色，但又都统一在主旋律的贯穿之下，构成一个完美和谐的整体。在大型公共建筑乃至建筑群和城市设计中，也存在着类似的情况。空间序列处理是保证建筑空间艺术在丰富变化中取得和谐统一的一种重要手段，这里，时间是序列构成中一个极为重要的因素。当人们在具有三度空间的建筑环境中活动时，随着时间的推移，使他获得的乃是一个连续而又不断变化的视觉和心理体验。正是这种时间上的连续和空间上的变化，构成了建筑艺术区别于其他艺术门类的最大特征，空间的导向和序列就是建筑这一时空艺术的具体体现。

太和殿宏伟的体量构成这一序列的高潮。

天安门、端门、午门造成了形体和空间上的类似与重复。

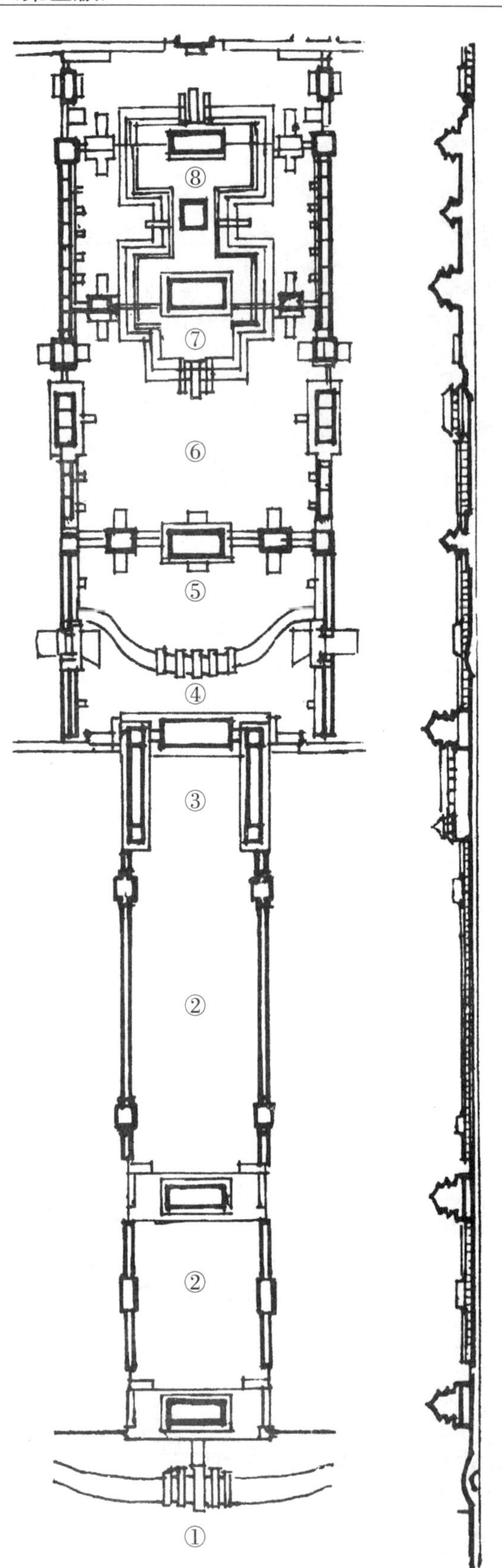

北京故宫主轴线上的外三殿所形成的时间—空间序列：

① 金水桥是这一空间序列的“前奏”；

② 天安门、端门、午门及其所处的狭长院落造成了形体和空间上的反复“收”、“放”和相似重复；

③ 午门以其三面围合的空间预示着另一“乐章”的开始；

④ 新“乐章”开始，金水桥又一次重复“前奏”，但院落空间变大变宽；

⑤ 太和门在“收”的同时，通过台阶的上和下，预示高潮的到来；

⑥ 进入形状重复但规模扩大的太和殿主院落；

⑦ 太和殿宏伟的体量、高大的台基、开阔的空间，构成这一序列的高潮；

⑧ 中和殿、保和殿及其院落，在形体和空间的相似重复中逐渐减弱，接近“尾声”。

1.4　建筑环境

建筑离不开其所处的环境。

任何一个拟建的建筑都有它的用地（即地段），这个地段会有一定的形状、大小、地形、地貌，景观、朝向等，这些因素共同构成了该建筑的地段环境的现实条件。它作为建筑设计的前提条件之一，对建筑的空间、形式与功能有着直接的影响。在地段环境的应对中，建筑处于主导的地位，满足建筑自身需求是其主要目的。

我们知道，任何建成区中的建筑都不是孤立存在的，必然归属于某一功能场所：一个居住区、办公区，或一个广场、街道等等。这个场所的功能类型、空间结构，以及现有建筑的具体尺度、形式等因素，共同构成了该建筑的场所环境。由于建筑只是场所的一个局部，在场所环境应对中，场所居于比较主导的地位，满足场所的完整性、统一性等整体需求是其主要任务。

建筑还会归属于某一地域文化范畴，如华北地区、江南地区等。这个区域内有着相近的地理条件，特有的传统文化和地方的建筑形式。这些因素构成了该建筑的地域文化环境。在全球文化融合的背景之下，要求新建筑传承地域文化，尤其是传承那些地方建筑之基因，是保持地域特色、实现文化认同所一致需要的。

本节将重点介绍地段环境应对问题，简要介绍场所环境和地域环境。

环境应对的基本原则是趋利避害，它体现在三个方面：一是积极应对不利因素，如不良朝向、恶劣气候条件等，以满足最基本的生活需求；二是充分利用有利因素，如阳光、景观等，以提高空间的使用品质；三是尊重并积极协调现有环境，谋求创造更为完善、更高水平的人居环境。

半坡氏族聚落穴屋复原图（右），从中可以发现，为适应寒冷环境，先民已经懂得用茅草覆盖半地下的穴居，并在内部设置火塘等应对方法。又如姜寨氏族聚落复原图（下），为便于生活和利于防卫，选择靠近水源的高地建造聚落。内部众多穴居大小不一，彼此独立，但皆遵循了在小组团的基础上再围合形成公共大空间的组织模式，即对场所环境的营造。

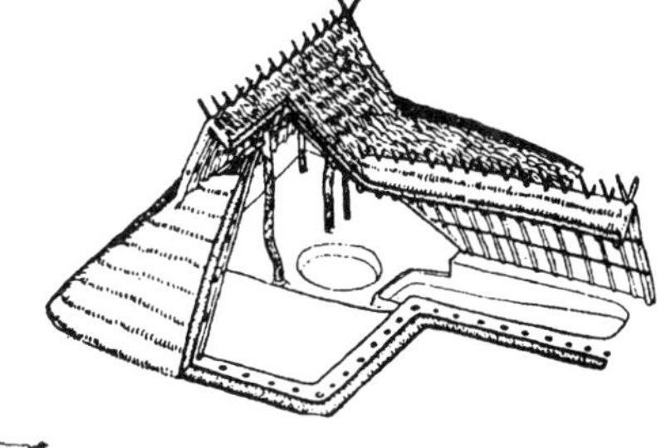

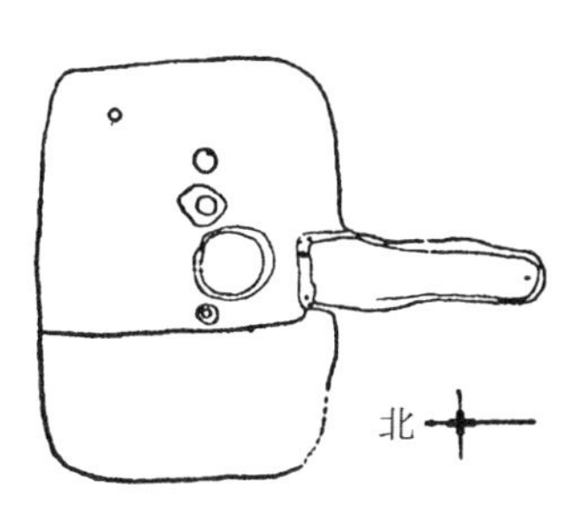

1.4.1 建筑的地段环境

地段环境是与建筑联系最为直接、关系最为密切的外在条件。如前所述，地段环境所包含的诸多因素，都会对建筑的功能布局、空间设计、形式处理以及流线组织等产生重要影响，这些都需要我们去一一应对。在此，首先介绍普遍性问题——如朝向、地段形状等；以及那些比较有特点、利于启发设计构思的因素——不同地形的应对（平坦地段、山地地段）和不同地貌特征的应对（有保留树木的地段、与水体有关联的地段）。

1）普遍性问题

（1）朝向。对一般建筑来说，冬天能避免风寒并有充分的阳光，夏天能防止曝晒并能通风散热，是最基本的功能需求，这就关系到朝向问题。以北方建筑为例，南向是最好的朝向，因为这个方向有最为充足的阳光，并与夏季主导风向基本一致，可以利用南北向空气对流达到除湿消暑的目的。东向次之，而西向、北向最为不利，因为夏天有西晒，冬天有西北风寒之困扰。

因此，北方的建筑，在可能的条件下应尽量按照南北向布置，并把主要空间安排在南侧，次要用房、辅助用房可以安排在其他方向。建筑的主入口、主广场等，在可能的条件下也应该尽量利用有利朝向，避免不利朝向。

需要注意的是，朝向的应对不能只顾及功能需求一个方面，它应该是对空间、形式、功能等多种需求的综合应对、整体满足的结果。

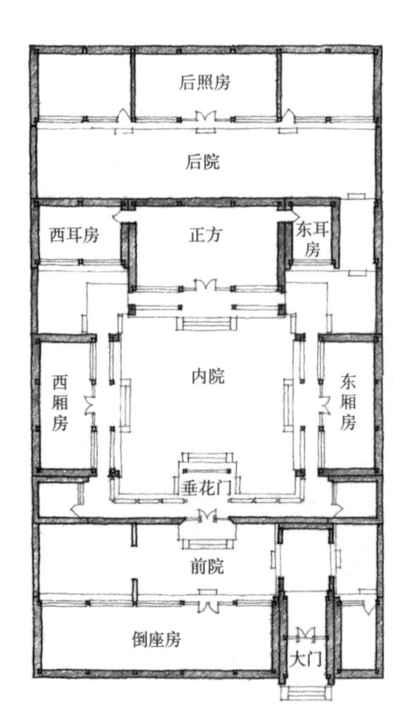

北京传统四合院（左）。用地形状往往南北向长于东西向，但绝大部分用房都是按照面南背北、尽量减少东西向的原则布置的。中央庭院四面围合，但其界面南低北高且仅为一层，可以四季充满阳光。大门亦多设于南向。

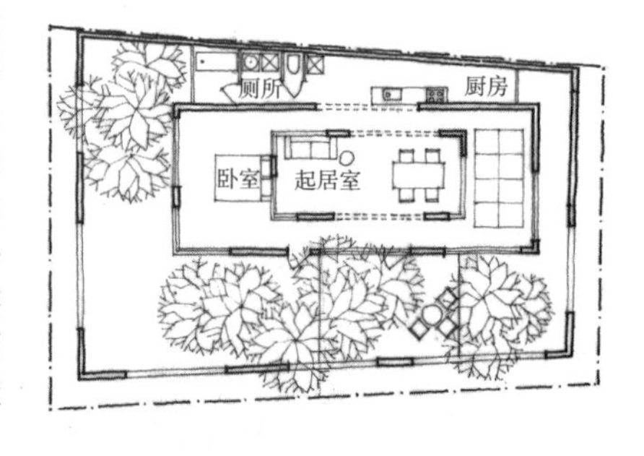

HOUSE N 住宅（右）。在一块梯形地段上，建筑体量面南背北横向展开，获得较大的向阳面。起居室、卧室等主要用房安排在南侧，厨房、厕所等辅助用房设置在北侧。

（2）用地形状。用地形状对建筑的影响主要体现在两个方面：

第一，用地形状是地段环境的重要形式特征，建筑形态若能与之相协调，对于实现与地段环境的融合是十分有利的。最常用、也是最有效的方法是顺应用地形状来组织并确立建筑的平面轮廓。可以是绝对顺应，即两者边界成平行关系；也可以是相对顺应，即建筑的轮廓趋势与用地边界相吻合。

第二，为形成必要的外部空间，如前广场、后勤入口空间、绿化空间等，以及为满足城市规划设计条件的要求，需要建筑对用地边界做出必要的退让。

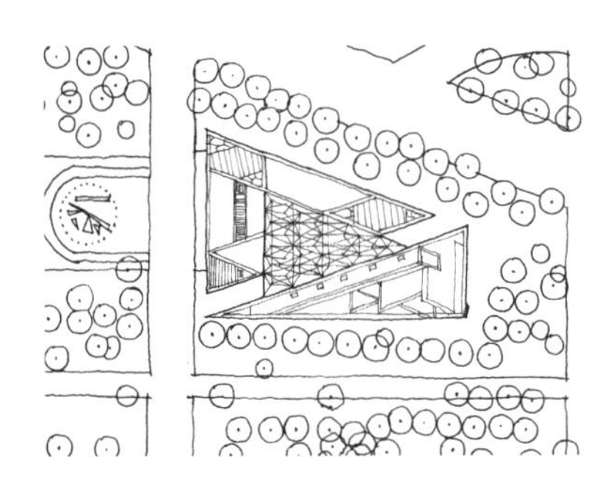

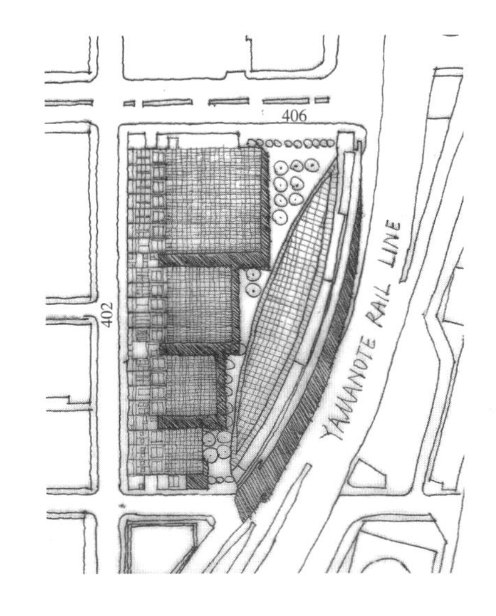

美国国家美术馆东馆（上）。采用了与用地轮廓相顺应的方式。其东、南、北三面皆做了相应的退让，西侧因面向小广场而退让较小。

东京国际会议中心（右）。建筑平面大轮廓与地段形状呈顺应关系。其东西两面退让较小，南北两面留有较大开口以解决人流集散问题。

2）平坦地段

现实中，人们会更倾向于选择那些地势平坦的地段布置建筑并进行建设。主要原因在于平坦地段交通便捷、建设难度低、施工土方量小且经济高效。在建筑设计上，该类型地段最具利用价值的是它的水平空间的延展性和灵活性。

(1) 延展性：在用地允许的条件下，平坦地段能在多个方向上表现出更大的扩建、扩展可能性。因此，平坦地段尤其适合那些需要分期建设、有不断扩建可能性的建筑或建筑群。他们可以根据不同的需求，在不同的时期，选择不同的位置、方向进行建设。此外，平坦地段的延展性与匀质性更容易塑造并形成一种张弛有度、水平舒缓的空间审美意象，这是其他地形所不具有的。

(2) 灵活性：平坦地段的灵活性主要体现在三个方面：

一是建筑布局上的灵活性。无论是大型建筑内部的功能分区，还是建筑群的总体布局，各个部分既存在着形状及方向的灵活性（可方可长，可南可北），也存在着位置选择的灵活性（可上可下，可左可右）。这对于兼顾功能、空间、形式、环境等不同需求，而获得理想的平面布局、总体布局都是十分有益的。

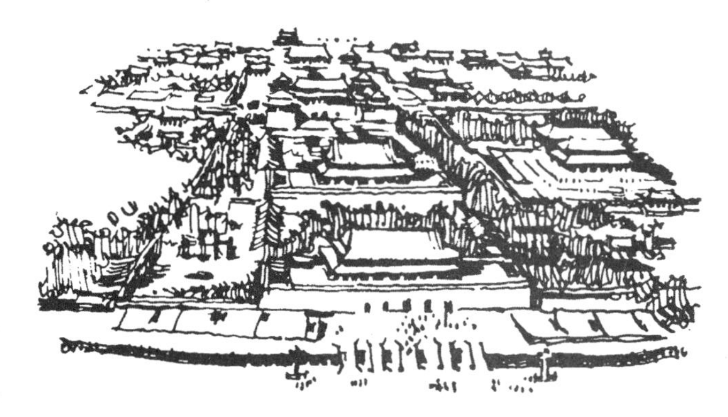

正是平坦地段的延展性，造就了世界上最宏伟的宫殿建筑群——北京紫禁城，以及世界上最壮观的城市轴线与空间序列——北京中轴线。

二是流线组织的灵活性。包括入口位置的灵活性（可东可西、可南可北），便于人、车、物不同流线的组织；也包括内、外流线形式的灵活性（可曲可直，可简捷可变化），容易形成适合不同功能需求的理想流线模式。

三是容易形成高品质的外部空间。正是由于总体布局的灵活性，在满足各单体需求的基础上，更容易围合形成高品质的外部空间，可以是规整而稳定的，也可以是自由而流动的。

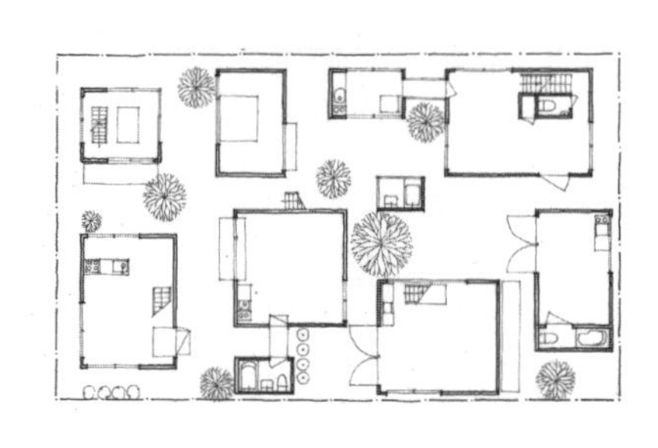

西泽立卫设计的森山邸（左），妹岛和世设计的金泽21世纪美术馆（右）。这两个案例在功能布局、流线组织及公共空间处理上，皆利用并体现了平坦地段的灵活性特点。

3）山地地段

(1) 山地特点

山地环境的诸多特点皆源自地势高度及变化。其一观景。可以凭借山坡乃至山顶的高度及高度变化，既可以远眺，又可以近观，甚至俯瞰四周景观，这是山地地段的最大优势所在。其二清净。凭借高度可以有效拉开与地面喧嚣环境的距离，易于形成安静、私密的空间氛围。其三创意。山地环境隐含着丰富的构思素材，如挺拔雄伟的山峰、蜿蜒起伏的山岭、极具方向感的山坡以及山上的植被，都是启发并形成与环境相协调、具有个性的建筑方案构思的极佳素材。

布达拉宫选址山顶，以建筑为峰，通过强调各体块及窗洞等细节上的竖直特征，营造出巍峨挺拔的动人气魄。红白金三色的巧妙运用，进一步凸显出高原雪峰的设计立意。

古长城作为军事建筑，选择沿山体最为险要之处—山脊而布置，形成顺应山形走势，蜿蜒起伏之态势。节奏排列的烽火台以及城墙垛口等细部处理则在中观和微观两个层面上进一步丰富了长城的形象。

与平坦地形相对应，山地地形的起伏变化，与人们工作、生活需要大量使用水平面存在明显的矛盾。建筑设计中往往通过不同高程的水平空间组合，来解决场地的高差问题。许多应对山地的优秀建筑之构思，正是在深入思考如何更好地利用山地地形的过程中产生的。

（2）常见布置形式

① 平行于等高线布置。即建筑长向与等高线相顺应。如此布置的优点在于工程土方量较小，建造经济。对地形改造较小，利于山体保护。缺点是建筑进深受限，不能满足较大进深的需求，其限制程度会随着山坡坡度的加大而增加。

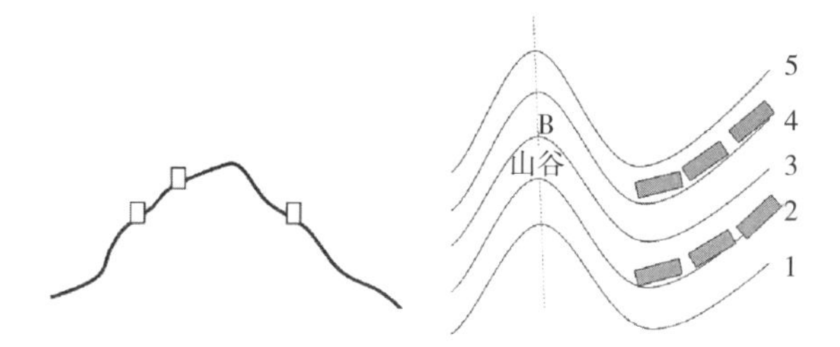

平行于等高线布置之平面及剖面示意图

② 垂直于等高线布置。即建筑长向与等高线相垂直。该类型可以再细分为架起式、筑台式两种，以适应不同条件与需求。

A. 架起式：通过架起加悬挑的方式，可以在较小改造地形的前提下形成一定纵深的基层空间，多适用于小型建筑。其凌空而起的形象会给人以很深的印象。

B. 筑台式：通过加筑成台或削减山坡成台，形成有一定纵深的基层空间。与架起相比较对地形的改造更大，但与山体的结合亦更为稳固，适合小型及中型建筑的建设。由此形成的建筑与山体的关联更为密切。

在现实中，架起式和筑台式常常被结合使用。

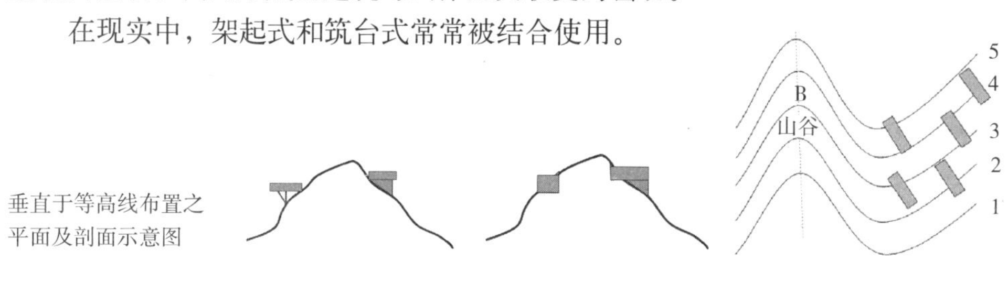

垂直于等高线布置之平面及剖面示意图

左右两个案例皆采用了架起结合悬挑的布置形式。峨眉山雷音寺是垂直等高线架起的方式，其凌空的木穿斗结构和山势形成强烈对比，愈显建筑轻盈活泼。

六甲山集合住宅，选择错台式手法，很好地协调了建筑体量与山坡形态之间的冲突关系，并创造出宽敞的屋顶露台观景空间。

道格拉斯住宅，采用筑台式布置形式。设计者通过对建筑体量、尺度，及建筑于山体位置的精心推敲，完美地兼顾了观赏湖景与保持山林地貌特征两方面需求。

4）与水体有关联的地段

其中包括那些接近水体、与水为邻，以及能观赏到水景的地段。

与水体有关联的地段其优势与特点可以概括为以下三点：

(1) 优质景观。无论是河流、湖泊还是海洋，皆能给人带来美的享受，这既得益于水体的镜像功能——天光云影、星光渔火皆可映入其镜；也得益于其四季分明的形态变化——或冰天雪地、或水天一色，皆能如诗如画。水景的迷人魅力亦与人先天的亲水性密不可分。

正是水体这一优势特点，使古今中外皆以水体作为重要的筑园、造景之素材与手段。在中国古典园林的理水中，本着因地制宜的原则，特别注重对现状水体形状、大小等主要特点的把握，再加以优化完善，结合山石、植被、建筑小品等元素，共同营造出带有人文意境的、更高品质的景观。

中国古典园林中水体是最为重要的造景方法与手段之一，有象征湖泊的集中水面，也有江河特征的蜿蜒水流。

高品质水景所在的位置与方向，往往决定了建筑主体的向背与虚实处理。比如道格拉斯住宅，正是由于西侧密执安湖景的存在，宁肯西晒也要采用西虚东实，面向景观长向展开，并通过设置一二层平台和屋顶露台，以实现多部位、多角度、多层次观赏湖景之目的。同理，流水别墅的体块虚实也是依据溪流及其上下游方向而组织的。桥式别墅的形式虽然与流水别墅有很大不同，但是其应对水景的策略却是相同的，即尽量借取上下游两个方向的景色。悉尼歌剧院突出于水面，其主体的朝向与港湾出海方向是完全一致的。

（2）创意素材。水体的品性清澈、透明，其岸线曲折、灵动。与水相关联的环境还能给人以丰富、生动的联想，联想到帆船、水鸟、贝壳等，这些对于启发生成与环境密切关联的建筑方案构思都是极为有益的。

滨水别墅。贴近水面建设，充分满足人的亲水性需求，并利用水之倒影营造出宁静而典雅的氛围。

桥式别墅。桥形与溪流有着直接场景关联。在尊重地貌现状的条件下充分满足居住、动线需求，并能尽览上下游景观，难能可贵。

流水别墅坐落于熊跑溪北岸，其应对措施有二：一是借鉴溪岸岩石形象及其叠落关系，构筑建筑单元的基本形与组织关系。二是将建筑体量悬挑于溪流之上，便于居者聆听潺潺的流水之声，并在外观上形成溪流宛如源自建筑之态势，使流水成为该建筑形象不可分割的一部分。

（3）被观需求：对于那些位于水畔的地段，由于水面相对低平，视野开阔，在带来较好的观景条件的同时，使得该建筑兼具被观的条件与需求。这就对建筑形象设计提出了更高的要求。

此外，滨水环境特有的水陆风具有调节改善居室环境的作用，应该在设计中加以充分利用。

扬帆起航的巨轮形象，使得悉尼歌剧院与其所在的港湾环境有着生动而紧密的视觉关联。突入水面、四面被观的地段位置，进一步强化了其标志性建筑的作用。其整体形象，包括轮廓线和屋面处理就显得尤为重要。

5）有保留树木的地段

（1）树木于建筑的意义

① 构成屏障。成片或成行的树木具有防风降噪、遮阳成荫和阻隔外界视线干扰的作用，为建筑构成幽静、舒适、私密的环境；

② 形成景观。树木形态完整且独具个性，既有不断生长、扩展的态势，又有四季变幻的特点，单棵树、多棵树、成片树皆可成景。另外，树木所独有的声音，无论是风声、雨声，还是鸟鸣、蝉鸣，都具有欣赏价值。

③ 限定空间。通过树干、树形的“设置”，树冠的“覆盖”，以及树列的“围合”作用，使地段拥有更强的空间感，易于形成高品质建筑空间。

设计中需要特别关注该类型地段的两个不足之处：一是用地被分割。由于树木分布自由，用地常常被树木分割而破碎。为保留原有树木，建筑布置适合分散而不宜集中。二是视野受阻。主要是受到树冠所在高度的影响，以及层叠树干的影响。在树木比较密集的地段，建筑多为低平的单层正是基于这个原因。

（2）常见布置形式

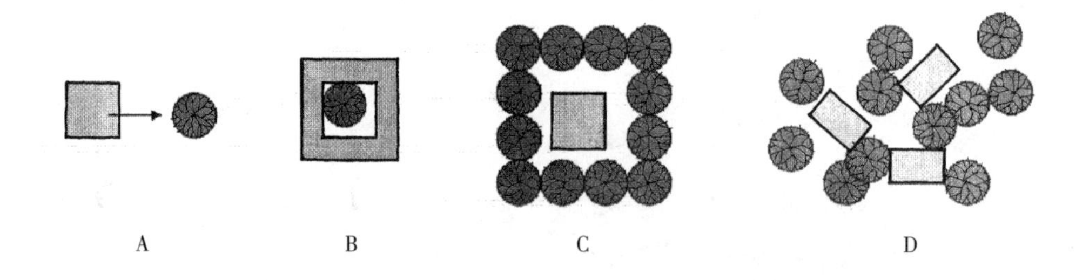

A. 树木与建筑分离，树木构成建筑的外部对景，建筑向树木定向开放。
B. 树木被建筑包含，树木构成建筑的内院景观，建筑向内院开放。
C. 建筑被树木包围，树木构成建筑的围护屏障，建筑可以向四面开放。
D. 建筑穿插于林间，树林与建筑形成“你中有我”“我中有你”的自由和谐关系。

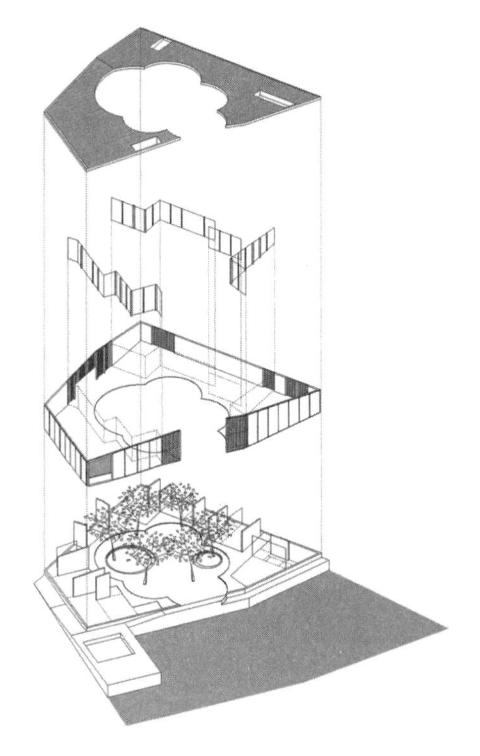

甘迪亚儿童大学是一个利用地段现有树木而构建中心庭院的典型案例。四周布置的各职能空间皆向庭院开放，阳光、绿树、庭院相互交融，相得益彰，为儿童营造出适宜的活动空间。

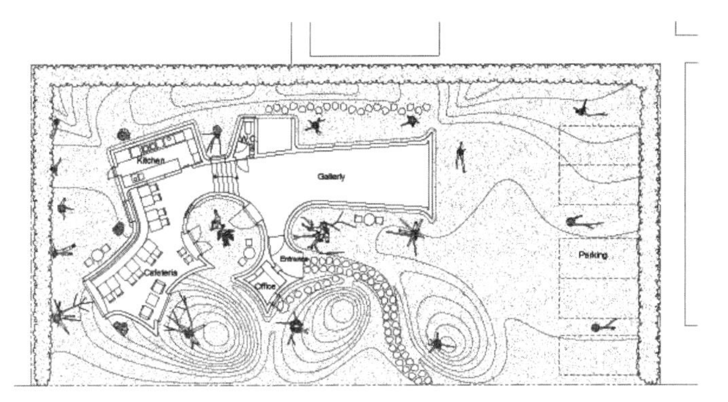

日本栃木县小山市 ROKU 博物馆。为适应树林环境，采用了灵活多变的枝形平面，建筑在树木之间自由转折与延伸，形成丰富而多样的外部空间。在剖面处理上，屋顶轮廓与相邻的树冠形态紧密贴合，构筑出一幅自然与人工高度和谐有机的画面。

需要特别指出的是，任何地段的应对都应在深入调研的基础上，本着因地制宜的原则，尊重地段的特点、发挥地段的优势。只有这样才能设计出兼具个性特点与经济实用的建筑方案。另外，应对那些较小体量、较小尺度的水体、山体环境时，选择与之相适宜、相匹配的建筑体量与尺度，是尊重并保护其地形、地貌特征的最好方法。

1.4.2 建筑的场所环境

如前所述，建成区内的所有建筑皆归属于某一功能场所，如居住区、办公区、商业区，或街道、广场、公园绿地等。这个场所的功能类型、空间结构，以及现有建筑的体量尺度与形式风格等因素，共同构成了该建筑的场所环境。

由于建筑是作为场所的一个局部而存在的，在场所环境的应对中，场所居于比较主导的地位，满足场所的完整性、统一性等整体需求是其主要目的。对建筑设计而言，场所环境应对的基本任务是将新建筑合理而贴切地织补、拼贴、镶嵌进所属场所的功能、结构与形式之中，使之成为该场所不可或缺的一员。

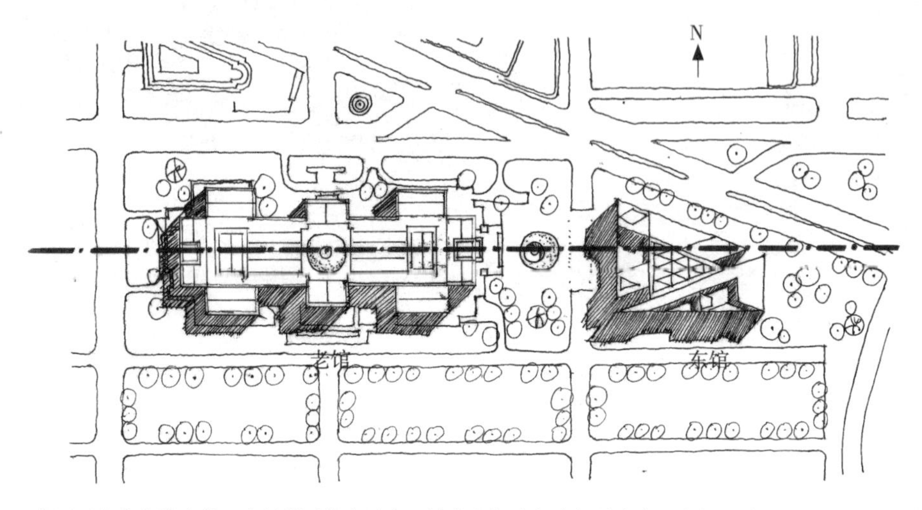

美国国家美术馆东馆。在场所环境应对中，首先应解决与南侧城市中心广场的关系，因为东馆是隶属于广场的一个组成部分。然后还需要解决与左邻右舍——西侧老馆的关系，它代表的是现有建筑因素的制约与影响。

1）场所环境应对的重点

（1）功能类型。不同的功能场所会给人以不同的心理感受。比如人们对公园和居住区就有着两种截然不同的心理期待：公园是休闲场所，它应该是开放的、活泼的；居住区是居家场所，它应该有私密性兼具舒适性。人们对特定场所的心理期待，直接影响着建筑单体的设计定位。塑造得体的、符合场所心理需求的建筑形式，是场所环境应对的目的之一。

（2）空间结构。任何场所皆能呈现出一定的空间结构形式，它们是将建筑单体组织在一起，并形成一定的功能秩序和形式秩序所需要的。比如组团式、院落式、行列式或自由式等。其中道路、轴线与公共空间都是空间结构形式的重要组成部分与形式体现。如何实现新建筑与场所空间结构的对接，是场所环境应对最为关键的一环。这就要求在设计中正确把握场所的空间结构特点，据此调整新建筑的形状、位置、方向、界面等，从多个方面去适应场所的空间结构，也包括与相关道路、轴线与公共空间的关联与对话。

（3）现有建筑因素。让新建筑真正融入场所环境之中，实现与现有建筑，尤其是那些主导性建筑的形式关联是非常必要的。其中体量尺度的统一、形式风格与材质颜色的合理应对是设计的重点与难点。

2）场所环境应对典型案例

(1) 清华大学图书馆 1~4 期设计

第一期（1919 年）用地西临礼堂广场东干道的北向延伸段，小河以北，正对东西向干道。美国建筑师墨菲没有采用南北向布置，而是依托南北干道，将建筑面西正对东西向干道而立。以西晒为代价实现了与校园空间结构的对接。第二期（1931）由杨廷宝主持设计。他将一期体块 45° 镜像生成南北向的二期主体，并使中轴与南北向干道中心线相重合。然后垂直于 45° 镜像轴线设置新旧建筑间的连接体，形成图书馆新的主入口。至此，不仅形成更为完整的前广场，而且通过 45° 轴线实现了与校园中轴线的连接与对话，使之成为校园轴线序列的重要组成部分。

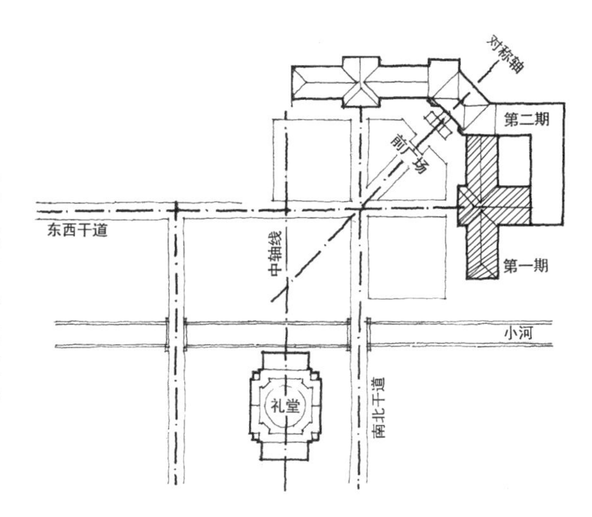

第三期（1991 年）和第四期（2016 年）皆由关肇邺主持设计。其用地位于老馆之西，横跨校园主轴线和一条连接学生生活区与教学区的交通干道。设计在解决新旧间功能与形式对接的同时，还须兼顾校园公共空间的连贯性与图书馆职能空间的完整性。具体措施：首先保留原有道路并限定为步行，以尽量减少对图书馆职能的干扰，并实现校园空间轴线及历史文脉的延续；其次是在完善一、二期前广场的基础上，增设中央庭院和东北角集中绿地，形成三段式的外部空间布局。在加强图书馆的中心性与领域感的同时，也为校园轴线序列画上了一个圆满句号。

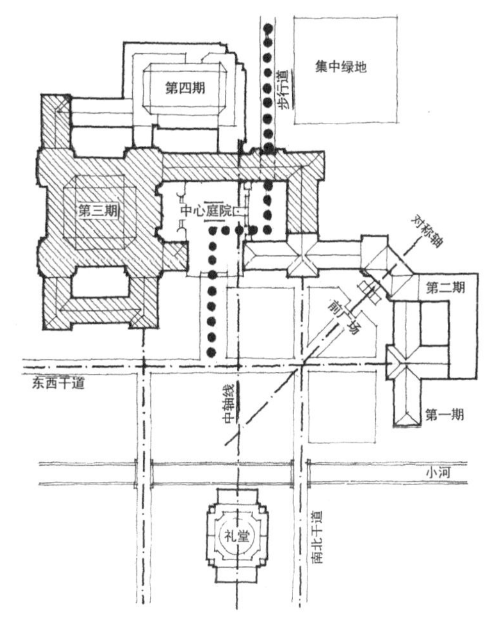

图书馆的各期扩建设计皆注重了从体量尺度、形式风格和材质色彩等多个方面与已有建筑的协调与统一。在此基础上，时代对形式的影响，因间隔时间长短的不同，各期的呈现也有所不同。这也是该建筑值得学习和研究的一个重要特点。

（2）苏州博物馆设计

苏州博物馆场所环境应对的策略可以概括为两点，即沿用和改造。由于博物馆位于苏州老城传统街坊之中，设计者在新建筑大的布局上沿用了传统街坊的格局与形式，包括其肌理形态与尺度大小，以应对西南两面的古老街道，及东侧的传统民居，实现了与所处场所的连接与融合。在此基础上，通过一定的改造，形成与博物馆功能相适应的单元形态与组织关系。通过设置轴线，开辟宽大的入口内院，以强调其公共性与开放性。

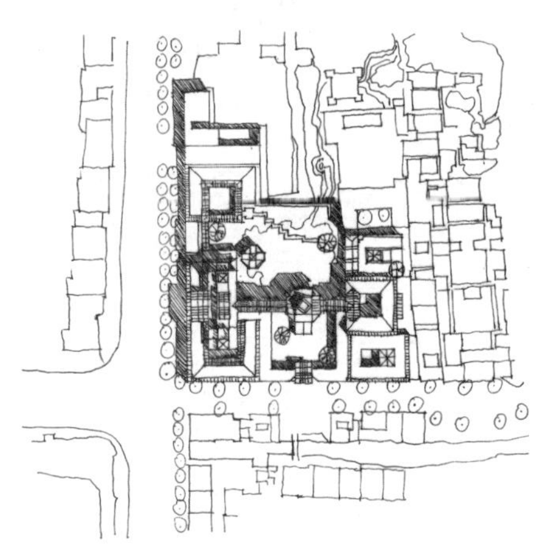

在内部庭院组织上，依然采用了沿用和改造相结合的做法。即沿用传统园林的要素与手法，通过改造，形成中央水院，并与北侧的拙政园相呼应。另外，为了尊重古城风貌，新建筑的材质、颜色，乃至建筑轮廓形式多提炼于当地传统建筑。

（3）英国伯明翰市图书馆

伯明翰市政广场轴线位置上矗立着博物馆和纪念钟塔（右中）。20 世纪 80 年代在广场一侧兴建了图书馆，并引起人们的争议（右下）。争议的焦点在于新建筑与广场主体建筑是否实现了真正的融合。对建筑师来说，在一个历史性场所内进行重大建筑物的设计，实现新老之间的和谐相处，确是一项十分艰巨的任务。因为现代建筑与古典建筑在风格、形式上相差巨大，材质、色彩上也难以实现完全统一。可以有所作为的唯有在体量与尺度的处理上，这也是为许多成功案例所证明的。但该案例恰恰忽视了这一点，这是引起争论的根本原因。

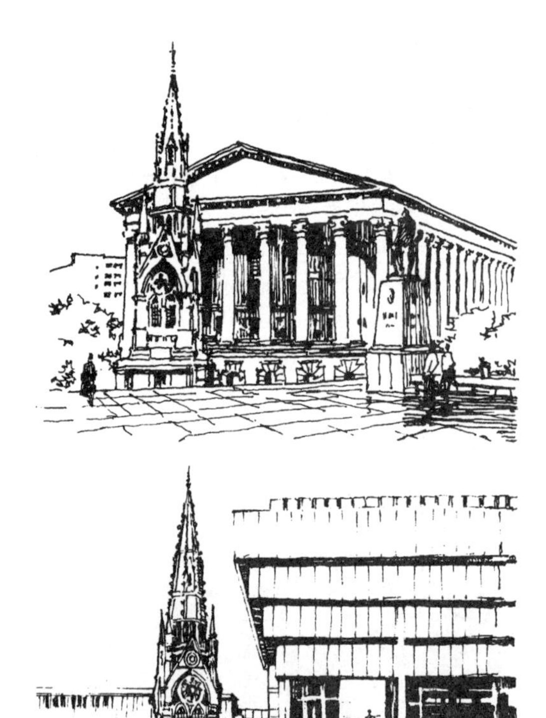

1.4.3 建筑的地域文化环境

地域文化是由民族特色与地理特点，历经千百年相融合而形成的一种文化传统，它因具有鲜明的地域特征和生命活力而传承至今。其中，气候条件与物产资源（包括建筑材料），作为地理环境的重要因素，对地域文化的形成，包括对地方传统建筑形式的影响，起着举足轻重的作用。

如云南傣族地区湿热多雨，他们用当地盛产的竹材建造竹楼。为了通风排湿将竹楼底层架空并开敞四壁。为了避雨遮阳则选用坡顶并加深挑檐。而四川藏民居住在干冷的山区，他们开采山石建造碉楼。为抵御严寒，砌筑的石壁厚重而封闭。因干燥少雨而采用更省材、省工的平屋顶形式。这两种建筑形式的形成都是自然而然的结果，也是一个漫长而渐进的过程。其间，若出现更为经济实用的材料等变因，其形式可能会有新的变化，从而产生出新的文化传统。

云南傣族竹楼

四川藏族碉楼

现代建筑重视传承地域文化基因，其原因是多方面的。其中有生活习惯的原因：北京四合院、苏州园林、徽州民居等诸多经典建筑形式依然为当地居民所喜爱；也有经济、技术方面的原因：传统建材依然盛产，传统工艺依然实用，地方气候依然如故；更有文化方面的因素：对故乡、故土的热爱与眷恋，对文化认同感的不息追求等等。这一切都在验证着地域文化强大的生命活力。随着建筑历史的发展，地域文化必将继续发挥其重要作用。

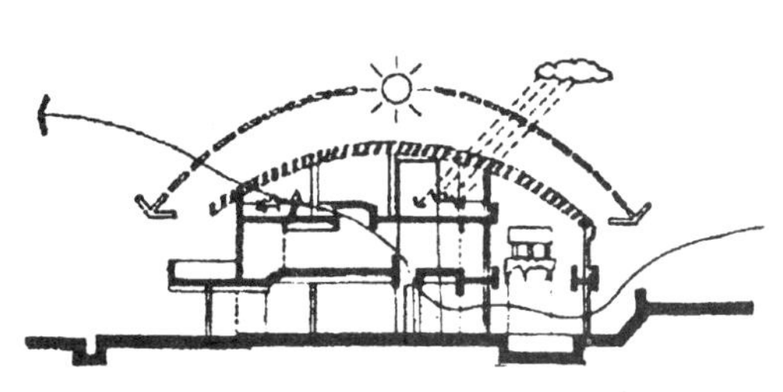

马来西亚建筑师杨经文为自己设计的住宅。为应对当地湿热环境，设置了屋顶花园和大面积遮阳格栅，以减少阳光直射和屋顶热辐射。利用风塔并对楼板进行特殊的构造处理，以利于通风排湿。这栋因应当地特殊气候而特别打造的现代建筑，却凸显出浓厚的地方性。

王澍认为传统的建筑材料和传统的建造工艺蕴含着地域文化基因。利用废弃的老旧砖瓦和传统的砌筑工艺，再融合现代造型手法，完全可以营造出既具地域文化特征，又具时代感的优秀建筑作品。其代表作宁波博物馆正体现了这一理念。

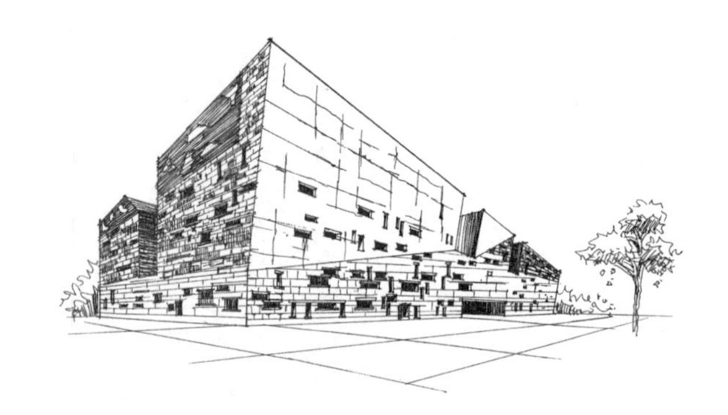

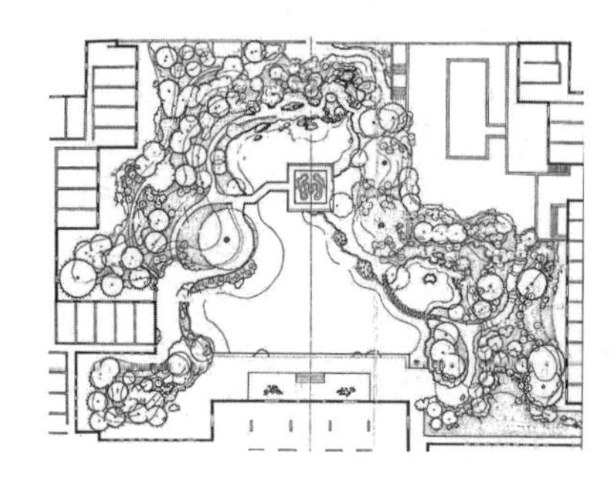

（左）香山饭店主庭院平面图。（右）香山饭店鸟瞰图。贝聿铭为了营造兼具现代感与中国文化特征的建筑空间与形式，在保持整体现代格局的前提下，大量借鉴了江南传统建筑的色彩、符号与工艺，如粉墙灰瓦，菱形窗，磨砖对缝工艺，以及小桥流水等传统园林要素。

阿尔瓦·阿尔托在其山纳特赛罗镇中心主楼设计中，谋求创造出一种植根于本土的建筑风格，将乡土的自然条件、地形和地方传统材料，与现代的形式融汇在一起，形成一种原始且真实的表现形式。他通过设置突出的塔楼形象和居于中心地位的市民广场，以表现他的另一追求——塑造能再现城市价值的标志。

第 2 章
建筑基础知识

Chapter 2
Basic Knowledge of Architecture

- 中国古典建筑基本知识
  - 中国古代建筑概述
  - 中国古代建筑基本特征
  - 清式建筑做法名称
  - 中国传统民居建筑概述
  - 中国古典园林简介
- 西方古典建筑基本知识
  - 西方古典建筑概述
  - 西方古典柱式
  - 柱式的组合
- 西方现代建筑简介
  - 现代主义建筑的产生
  - 现代主义建筑的代表人物及其理论
  - 现代建筑的多样发展

2.1 中国古典建筑基本知识

2.1.1 中国古代建筑概述

我国是一个幅员广阔、历史悠久的多民族国家，我国古代文化曾经在世界历史上有着极其丰富而辉煌的成就，我国古代建筑也是其中的一部分。

我们的祖先和世界上古老的民族一样，在上古时期都是用木材和泥土建造房屋，但后来很多民族都逐渐以石料代替木材，唯独我们国家以木材为主要建筑材料已经有五千多年历史了，它形成了世界古代建筑中的一个独特的体系。这一体系从简单的个体建筑到城市布局，都有自己完善的做法和制度，形成一种完全不同于其他体系的建筑风格和建筑形式，是世界古代建筑中延续时间最久的一个体系。

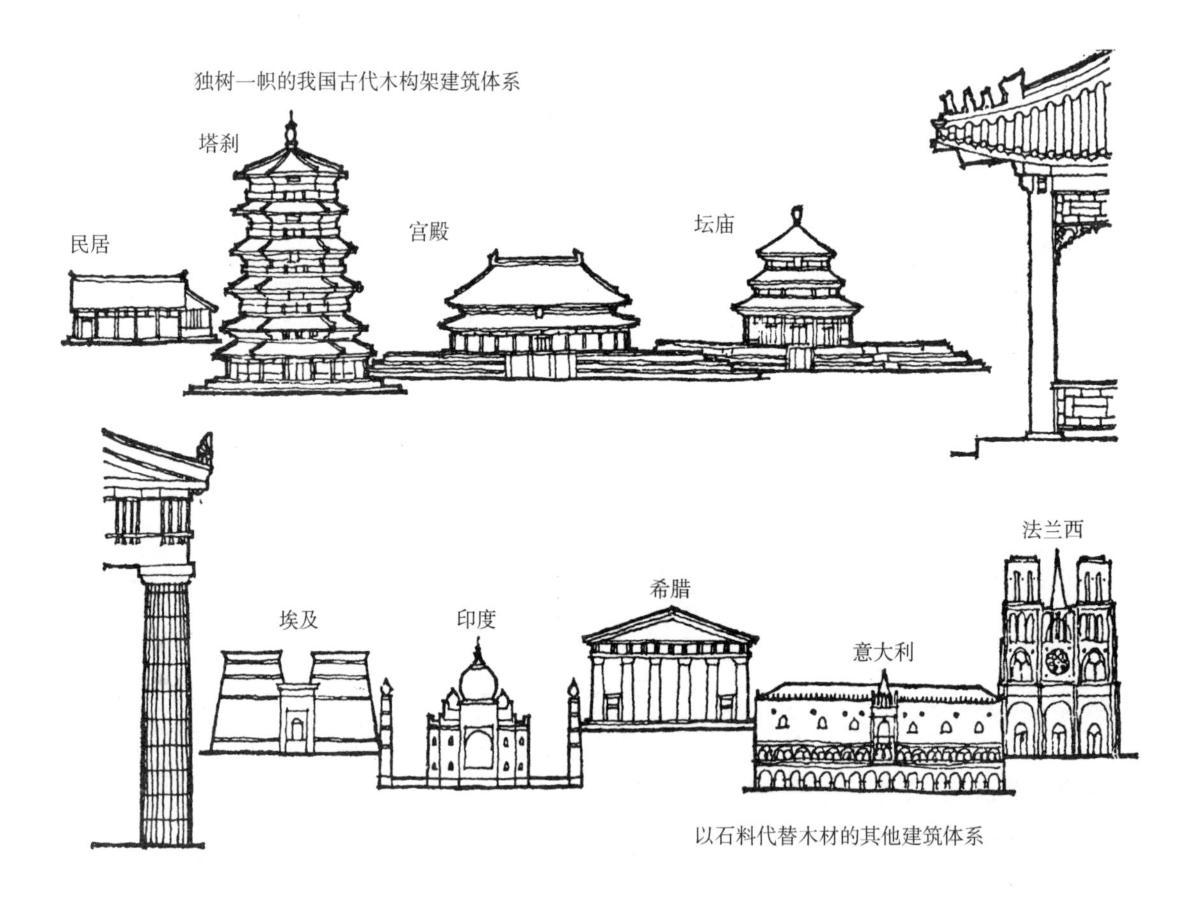

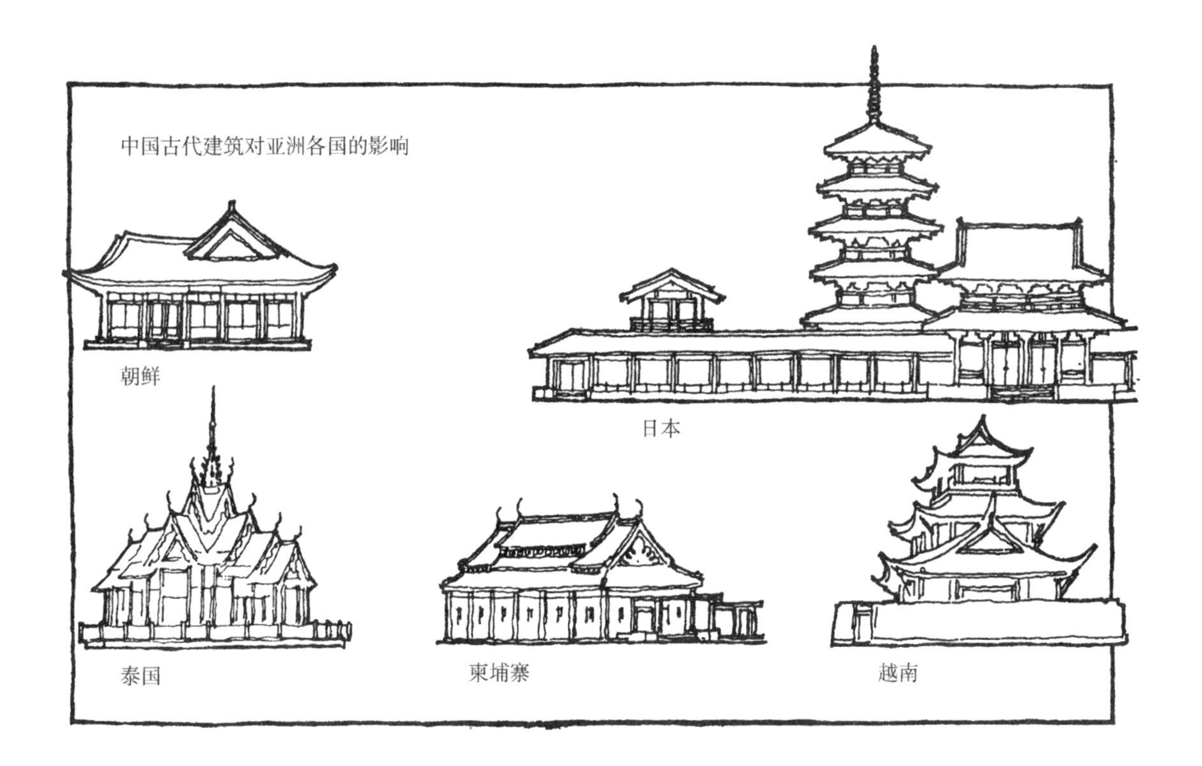

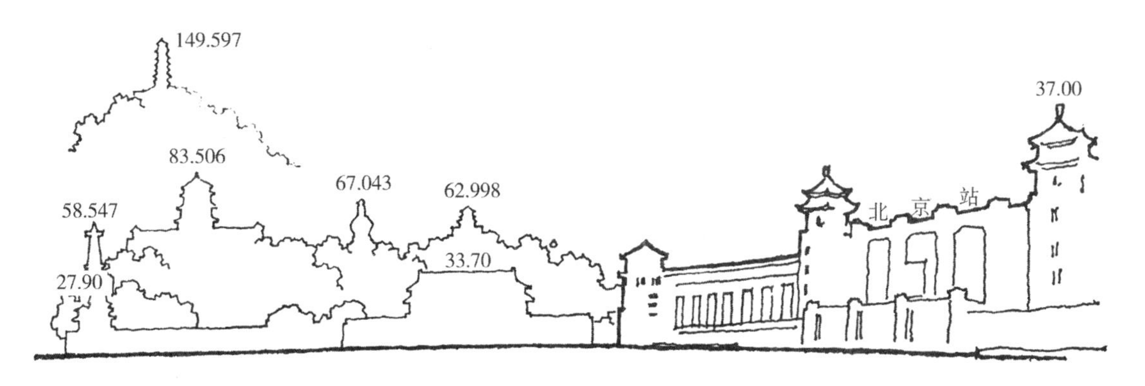

这一体系除了在我国各民族、各地区广为流传外，历史上还影响到日本、朝鲜和东南亚的一些国家，是世界古代建筑中传布范围广泛的体系之一。

我国古代建筑在技术和艺术上都达到了很高的水平，既丰富多彩又具有统一的风格，留下了极为丰富的经验，学习这些宝贵的遗产，对今后的设计和创作，可以作为启发和借鉴。

1）我国古代建筑的发展演变

我国古代建筑的发展演变，可以从近百年以前上溯到六七千年以前的上古时期。

在河南安阳发掘出来的殷墟遗址，是商代后期的都城，那时是我国的奴隶社会，距今已有四千多年了。遗址上有大量夯土的房屋台基，上面还排列着整齐的卵石柱础，留有木柱的遗迹。我国传统的木构架形式在那时已经初步形成。

从公元前 5 世纪末的战国时期到清代后期，前后共有两千四百多年，是我国封建社会时期，也是我国古代建筑逐渐成熟、不断发展的时期。

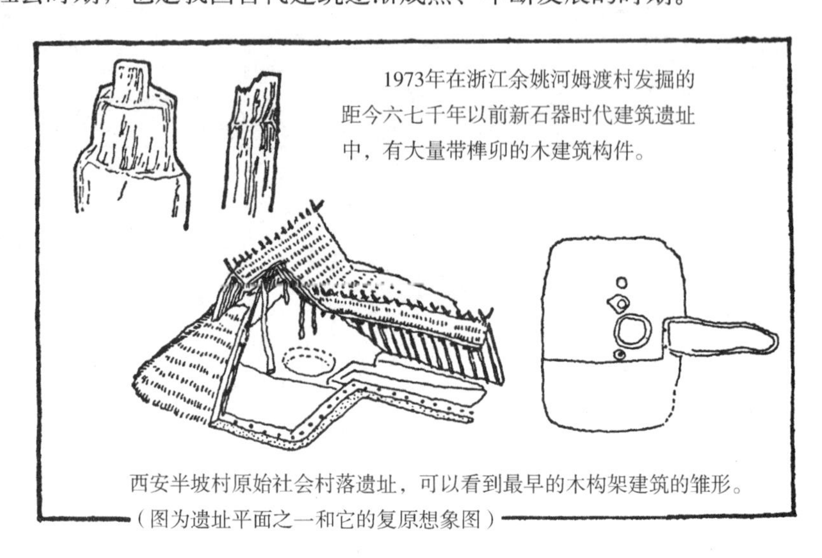

1973年在浙江余姚河姆渡村发掘的距今六七千年以前新石器时代建筑遗址中，有大量带榫卯的木建筑构件。

西安半坡村原始社会村落遗址，可以看到最早的木构架建筑的雏形。（图为遗址平面之一和它的复原想象图）

秦汉时期，我国古代建筑有了进一步发展。秦朝统一时曾修建了规模很大的宫殿。现存的阿房宫遗址是一个横阔一公里的大土台，虽然当时的建筑并没有完全建成，但现在还能大致看出主体建筑的规模。

从下图各种文物中可以看到，秦汉时期已有了完整的廊院和楼阁。建筑

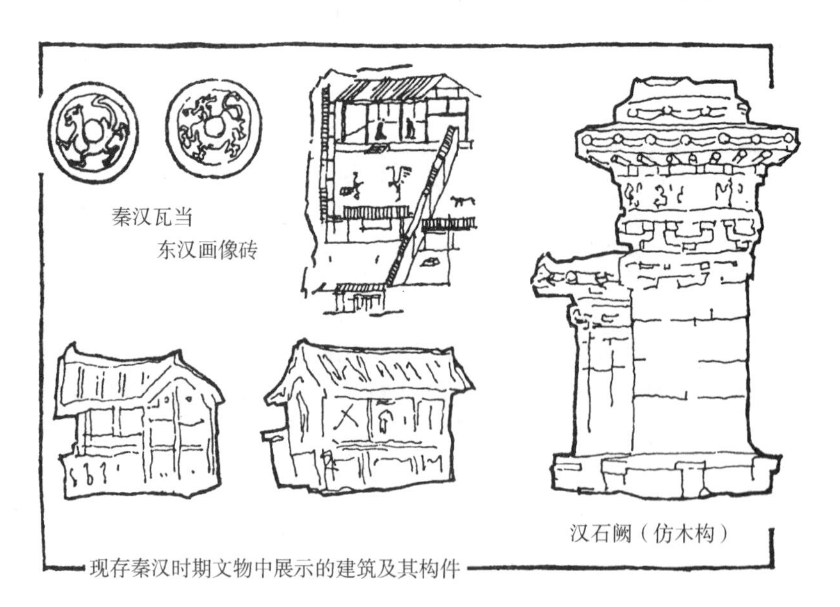

现存秦汉时期文物中展示的建筑及其构件

可分为屋顶、屋身和台基三部分，和后代的建筑非常相似；结构的做法如梁柱交接处斗栱和平坐、栏杆的形式都表现得很清楚，说明我国古代建筑的许多主要特征都已在此时期形成。

在魏晋南北朝时期（公元 220~589 年），由于佛教广为传播，使寺庙、塔和石窟建筑得到很大发展，产生了灿烂的佛教建筑和艺术。

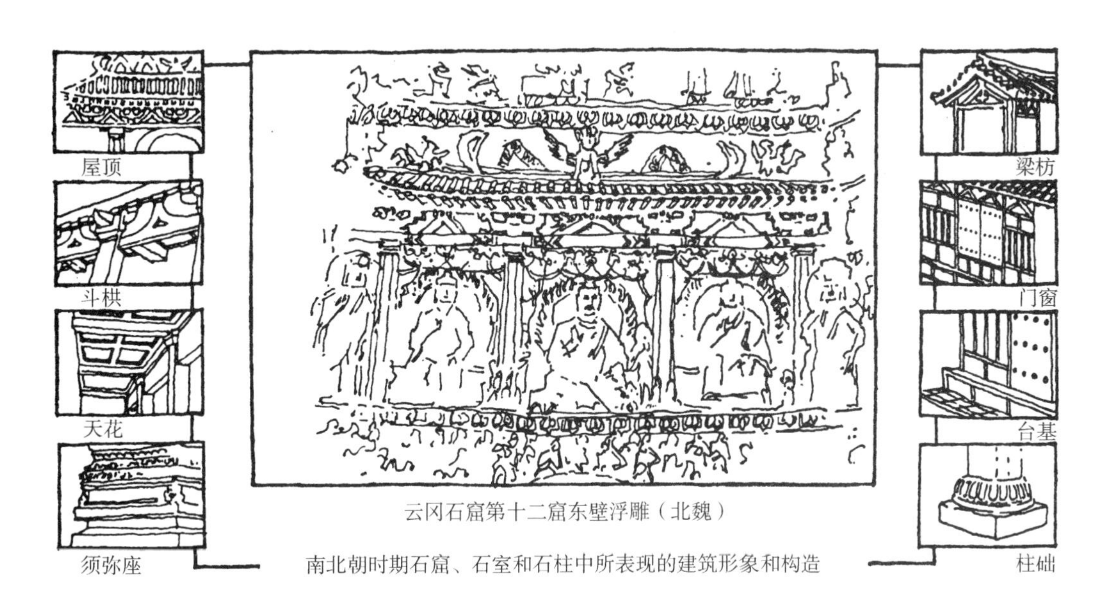

云冈石窟第十二窟东壁浮雕（北魏）

南北朝时期石窟、石室和石柱中所表现的建筑形象和构造

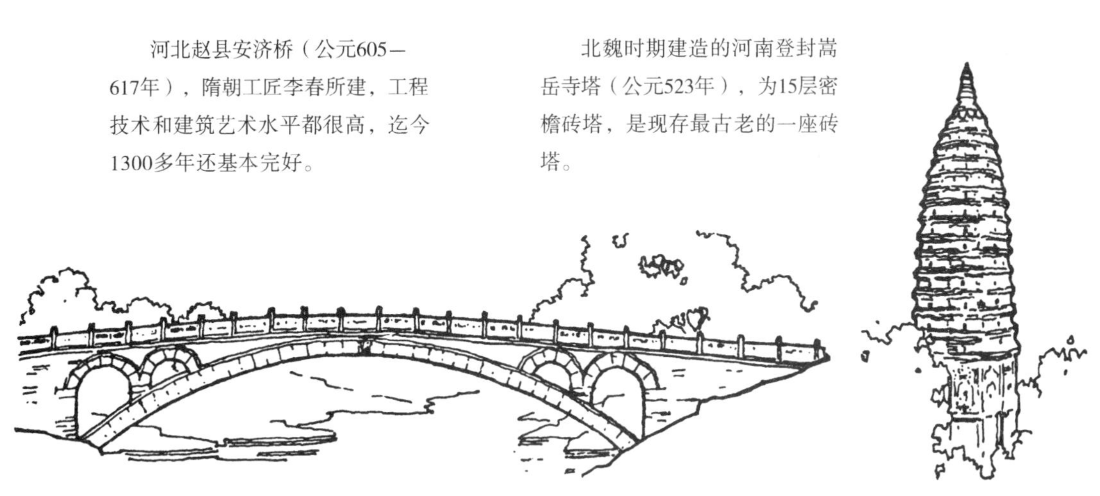

河北赵县安济桥（公元605—617年），隋朝工匠李春所建，工程技术和建筑艺术水平都很高，迄今1300多年还基本完好。

北魏时期建造的河南登封嵩岳寺塔（公元523年），为15层密檐砖塔，是现存最古老的一座砖塔。

唐代是我国封建社会最繁盛的时期，这一时期的农业、手工业的发展和科学文化都达到了前所未有的高度，是我国古代建筑发展的成熟时期。

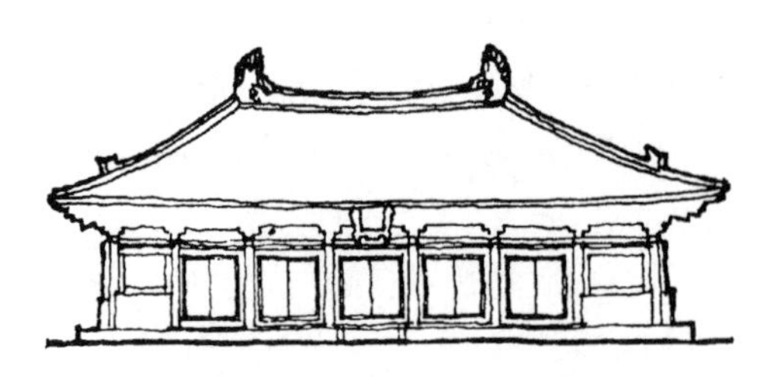

山西五台山佛光寺大殿（公元857年），是我国保存的最早、最完整的木构架之一。它的造型端庄浑厚，反映出唐代木构架的形象特征。

唐代以后形成五代十国并列的形势，直到北宋又完成了统一，社会经济再次得到恢复发展。这时期总结了隋唐以来的建筑成就，制定了设计模数和工料定额制度，编著了《营造法式》，由政府颁布施行，这是一部当时世界上较为完整的建筑著作。

辽、金、元时期的建筑，基本上保持了唐代的传统。

山西应县佛宫寺释迦塔，辽代（1056年）建，为我国现存最古老的木塔，高66.6m，历经900多年和几次大地震，迄今仍然巍然屹立，充分表现了我国古代建筑达到高度的技术水平。

河南登封告成镇观象台，元代郭守敬建造，为我国现存最古老的天文台，测日影长短以度天象。台为砖筑，平面呈正方形。

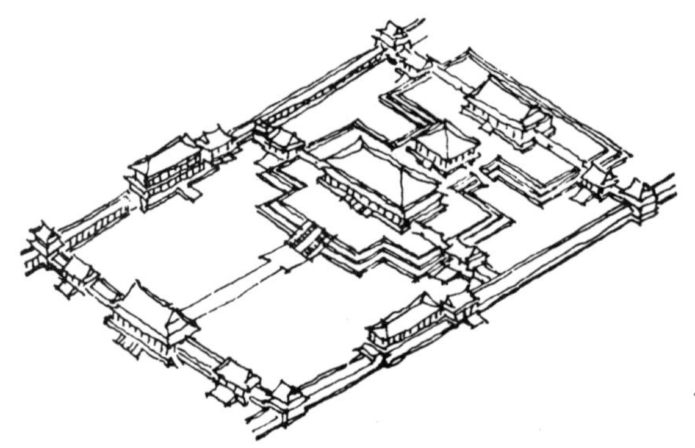

北京故宫规模宏伟，布局整齐严肃，主次分明，是我国古代建筑优秀作品之一，图为故宫三大殿鸟瞰。

天坛，明清时期建造的故宫、天坛、颐和园、明陵等，都是我国古代匠师们智慧和技巧的结晶。

明清时期又一次形成了我国古代建筑的高潮。这一时期的建筑，有不少被完好地保存到现在。

近百年来，由于我国社会制度发生了根本的变化，封建制度解体，新的功能使用要求和新的建筑材料、技术，促使建筑传统形式发生深刻的变化，但是古代建筑中的某些设计原则、完美的建筑艺术形象，在今后的建筑发展中仍将得到继承和发扬。

2）我国古代建筑的地方特点和多民族风格

我国幅员辽阔，不同地区的自然条件差别很大。长期以来，不同地区的劳动人民就根据当地的条件和功能的需要来建造房屋，形成了各地区建筑的地方特点。

由于各地区采用不同的材料和做法，建筑外形更是多种多样。

我国是一个多民族的国家，汉族人口占90%以上，此外还有50多个少数民族，各民族聚居地区的自然条件不同，建筑材料不同，生活习惯不同，又有各自的不同宗教和文化艺术传统，因此在建筑上表现出不同的民族风格和地方特点。

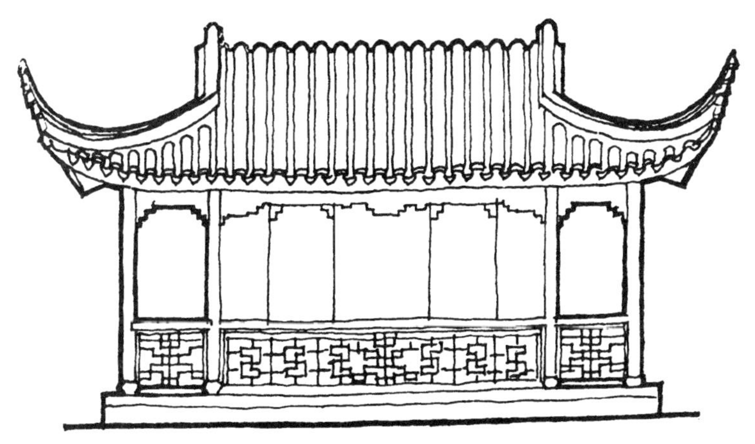

南方地区气候温暖，墙较薄，屋面较轻，木材用料也比较细，建筑外形相应轻巧玲珑。

北方寒冷地区的墙较厚而屋面较重，用料比例相应粗壮，建筑外形也就显得浑厚稳重。

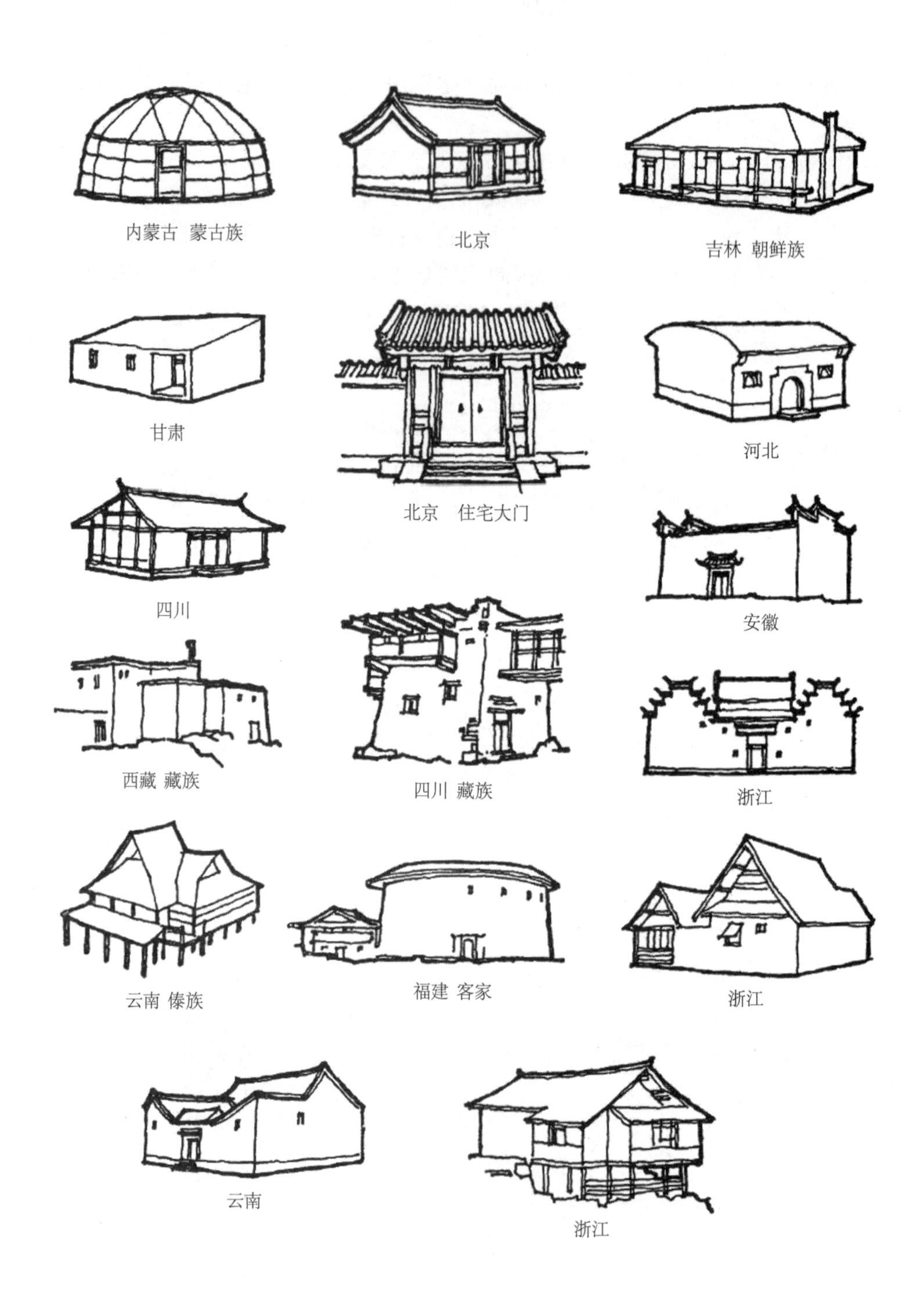
内蒙古 蒙古族
北京
吉林 朝鲜族
甘肃
北京 住宅大门
河北
四川
安徽
西藏 藏族
四川 藏族
浙江
云南 傣族
福建 客家
浙江
云南
浙江

新疆喀什香妃墓

内蒙古呼和浩特舍利图召

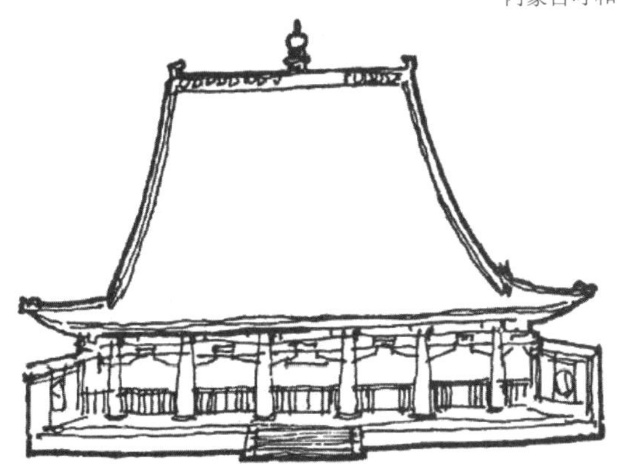

甘肃临夏大河家清真寺

西藏拉萨大昭寺大经堂

云南芒市傣族庙宇

我国古代建筑所包括的内容十分丰富多彩，其中以宫殿、庙宇占主要地位，这些建筑都运用并发展了民间建筑的丰富经验，是广大劳动人民智慧的结晶。

故宫三大殿坐落在约25000多平方米的三层汉白玉须弥座台基上，仅雕龙望柱就有1460个，太和殿高35m多、宽63m，由72根十几米高、1m多直径的贵重木料支架而成，室内外金碧辉煌。

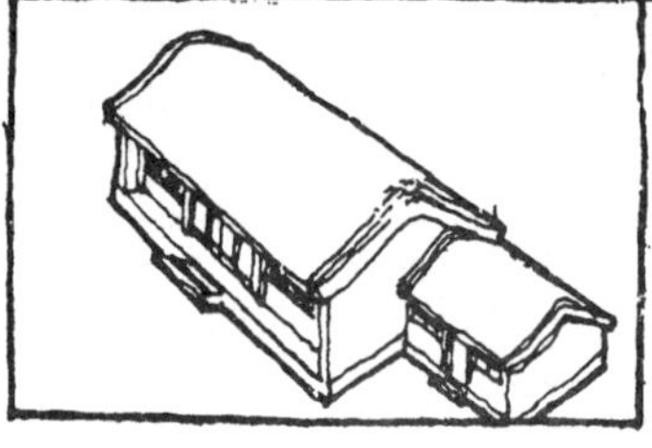

而普通的一家民房，也不过处在几十平方米的院落之中，青砖板瓦，十数根细木料作为立柱。这种鲜明的对比，说明了我国古代建筑的等级差别。

我国古代长期实施封建社会的体制，建筑也都遵循严格的等级制度，如建筑物的规模、大小、用料、色彩以至装饰纹样都有一定的规定，不得随意乱用。历代宫廷都有专门掌管建筑的部门，制定各种规章制度和各类建筑的作法，作为管理施工和估算的依据。清代工部颁布的《工程做法则例》就是一部各类建筑做法的著作，也是明清以来官式建筑做法的总结。

我国早期的木构架建筑大多已不复存在，现存的古代建筑，多数是近五六百年以来明清时代建造的，在我国古代建筑中具有一定的代表性，本章介绍的中国古代建筑基本知识，即以清代的官式建筑为主要内容。

2.1.2 中国古代建筑基本特征

1）建筑外形的特征

中国古代建筑外形上的特征最为显著，它们都具有屋顶、屋身和台基三个部分，而各部分的造型与世界上其他建筑迥然不同，这种独特的建筑外形，完全是由于建筑物功能、结构和艺术的高度结合而产生的。

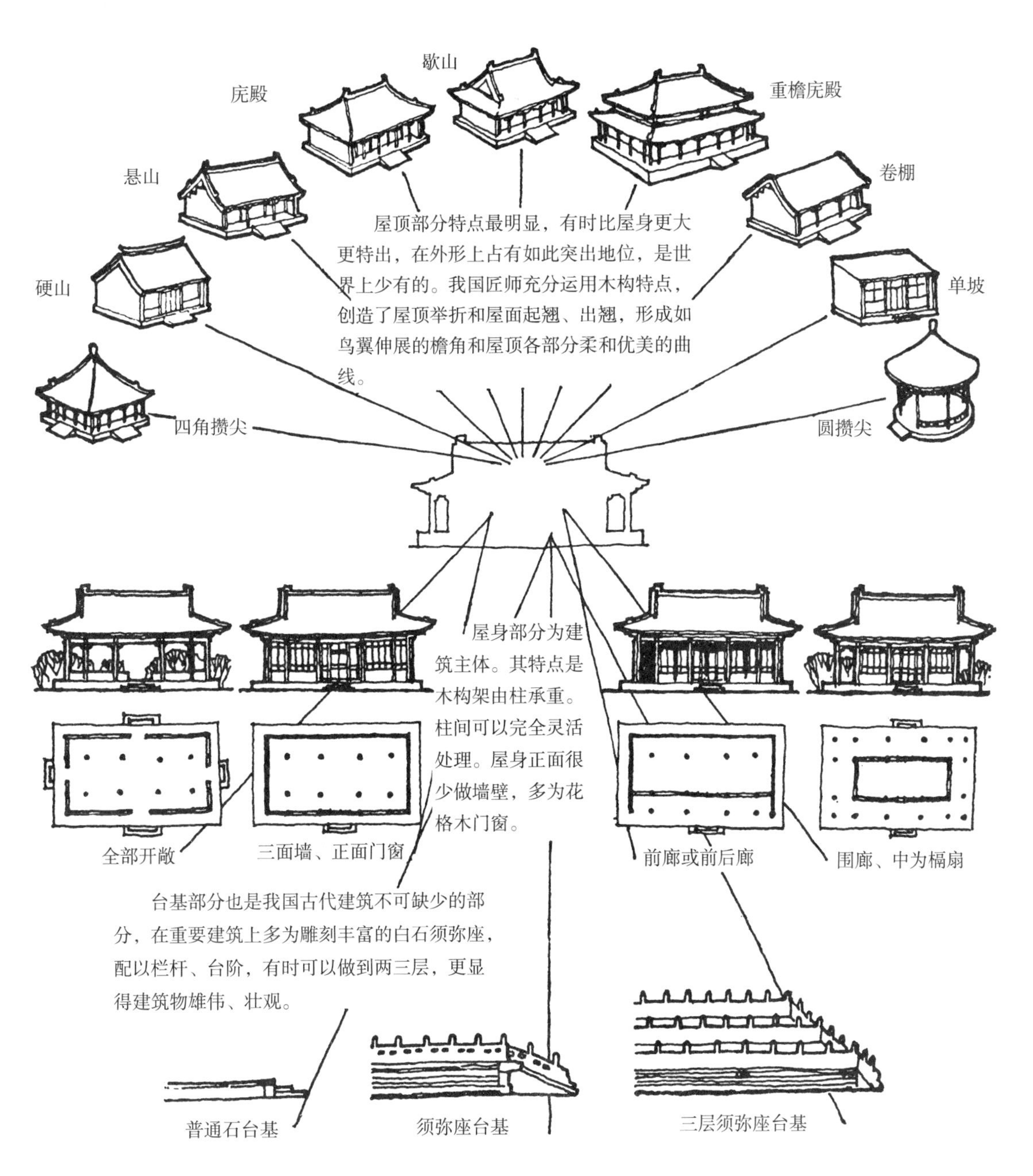

中国古代建筑屋顶、屋身和台基的外形

2）建筑结构的特征

中国古代建筑主要采用的是木构架结构，木构架是屋顶和屋身部分的骨架，它的基本做法是以立柱和横梁组成构架，四根柱子组成一间，一栋房子由几间组成。

屋顶部分也是用类似的梁架重叠，逐层缩短，逐级加高，柱上承檩，檩上排椽，构成屋顶的骨架，也就是屋顶坡面举架的做法。

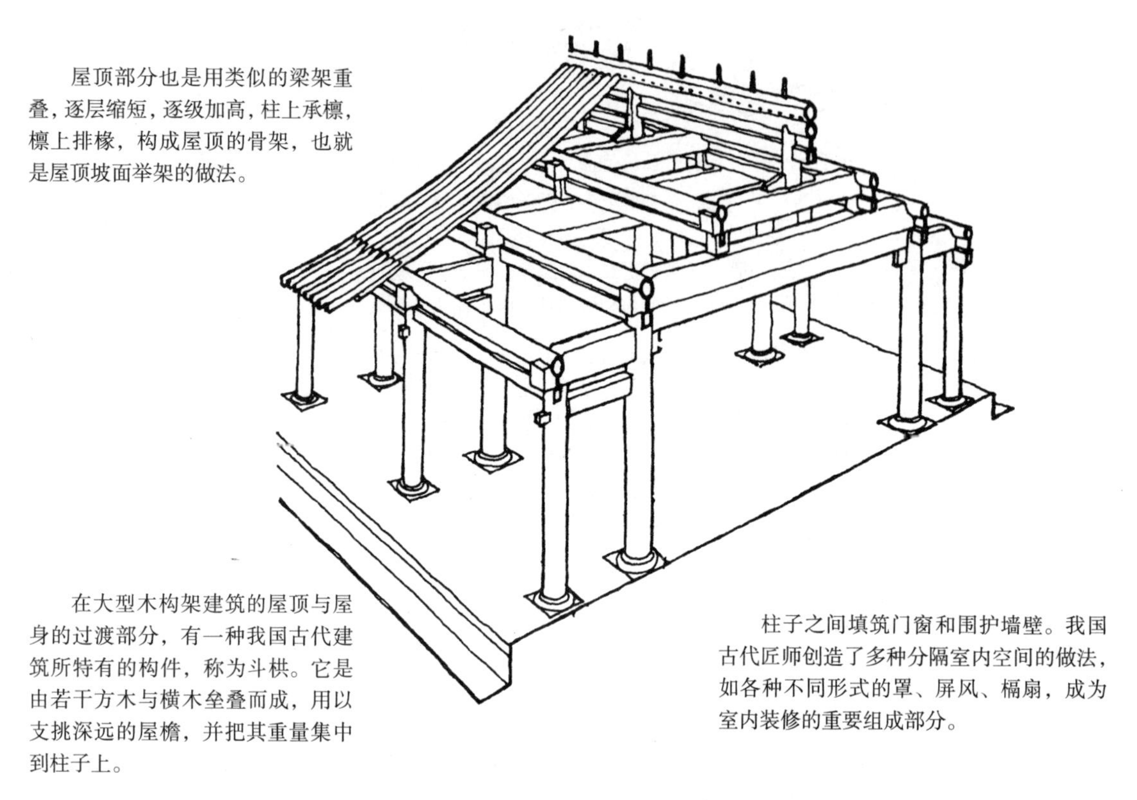

在大型木构架建筑的屋顶与屋身的过渡部分，有一种我国古代建筑所特有的构件，称为斗栱。它是由若干方木与横木垒叠而成，用以支挑深远的屋檐，并把其重量集中到柱子上。

柱子之间填筑门窗和围护墙壁。我国古代匠师创造了多种分隔室内空间的做法，如各种不同形式的罩、屏风、槅扇，成为室内装修的重要组成部分。

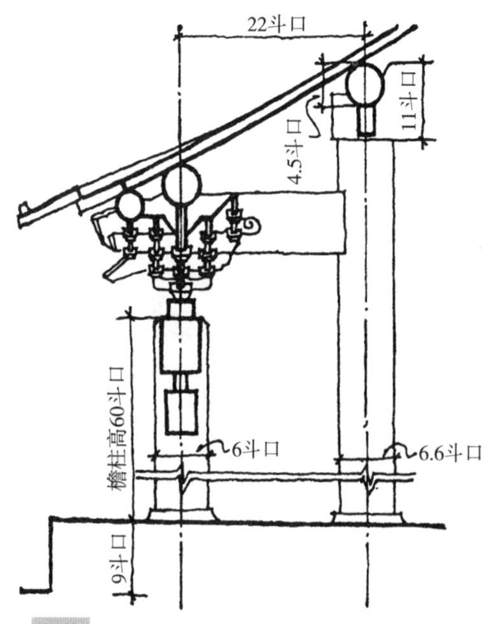

我国古代建筑中的斗栱不仅在结构和装饰方面起着重要作用，而且在制定建筑各部分和各种构件的大小尺寸时，都以它作为度量的基本单位。

以斗口为度量单位举例

坐斗上承受昂翘的开口称为斗口，作为度量单位的“斗口”是指斗口的宽度。

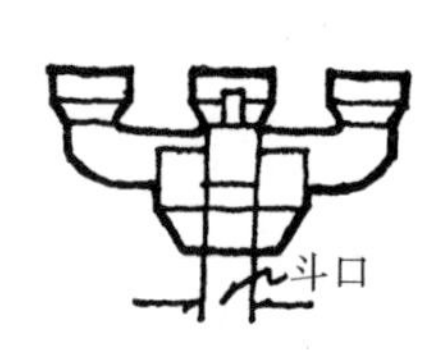

斗栱在我国历代建筑中的发展演变比较显著。早期的斗栱比较大，主要作为结构构件。唐、宋时期的斗栱还保持这个特点，但到了明、清时期，它的结构功能逐渐减少，变成很纤细的装饰构件。因此，在研究中国古代建筑时，又常常以斗栱作为鉴定建筑年代的主要依据。

中国古代建筑的重量都由构架承受，而墙并不承重。我国有句谚语叫做“墙倒屋不塌”，它生动地说明了这种木构架的特点。

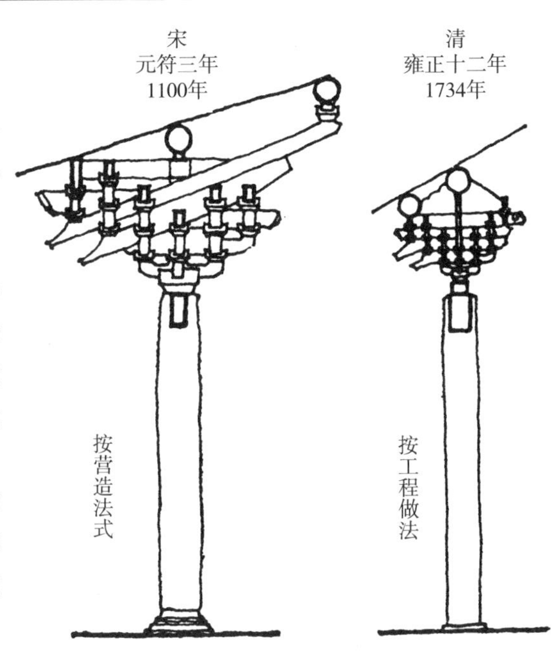

宋代和清代的斗栱比较（比例尺相同）

3）建筑群体布局的特征

中国古代建筑如宫殿、庙宇、住宅等，一般都是由单个建筑物组成的群体。这种建筑群体的布局除了受地形条件的限制或特殊功能要求（如园林建筑）外，一般都有共同的组合原则，那就是以院子为中心，四面布置建筑物，每个建筑物的正面都面向院子，并在这一面设置门窗。

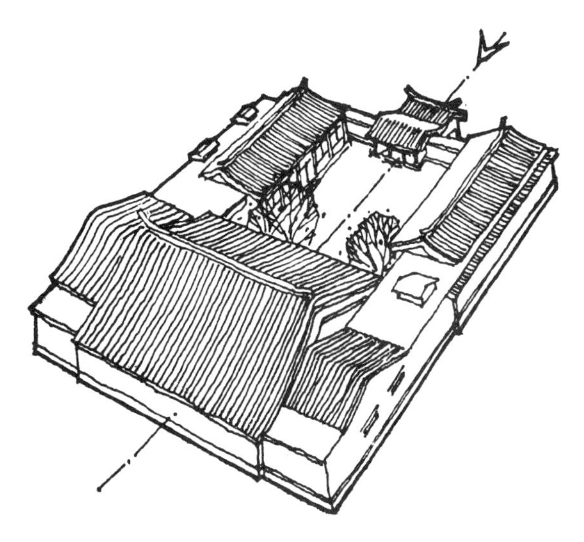
四合院住宅，建筑面向院子布置，正房在中轴线上，两侧厢房相对而立。

规模较大的建筑则是由若干个院子所组成。这种建筑群体一般都有显著的中轴线，在中轴线上布置主要建筑物，两侧的次要建筑多作对称的布置。个体建筑之间有的用廊子相连接，群体四周用围墙环绕。北京的故宫、明十三陵都体现了这种群体组合的组合原则，显示了我国古代建筑在群体布局上的卓越成就。

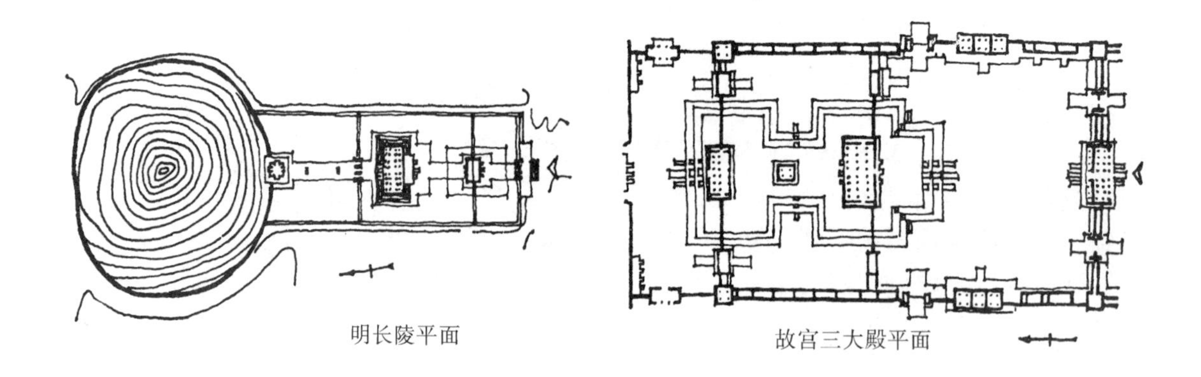

4）建筑装饰及色彩的特征

中国古代建筑上的装饰细部大部分都是由梁枋、斗栱、檩椽等结构构件经过艺术加工而发挥其装饰作用的。我国古代建筑还综合运用了我国工艺美术以及绘画、雕刻、书法等方面的卓越成就，如额枋上的匾额、柱上的楹联、门窗上的棂格等，都是既丰富多彩、变化无穷，又具有我国浓厚的传统的民族风格。

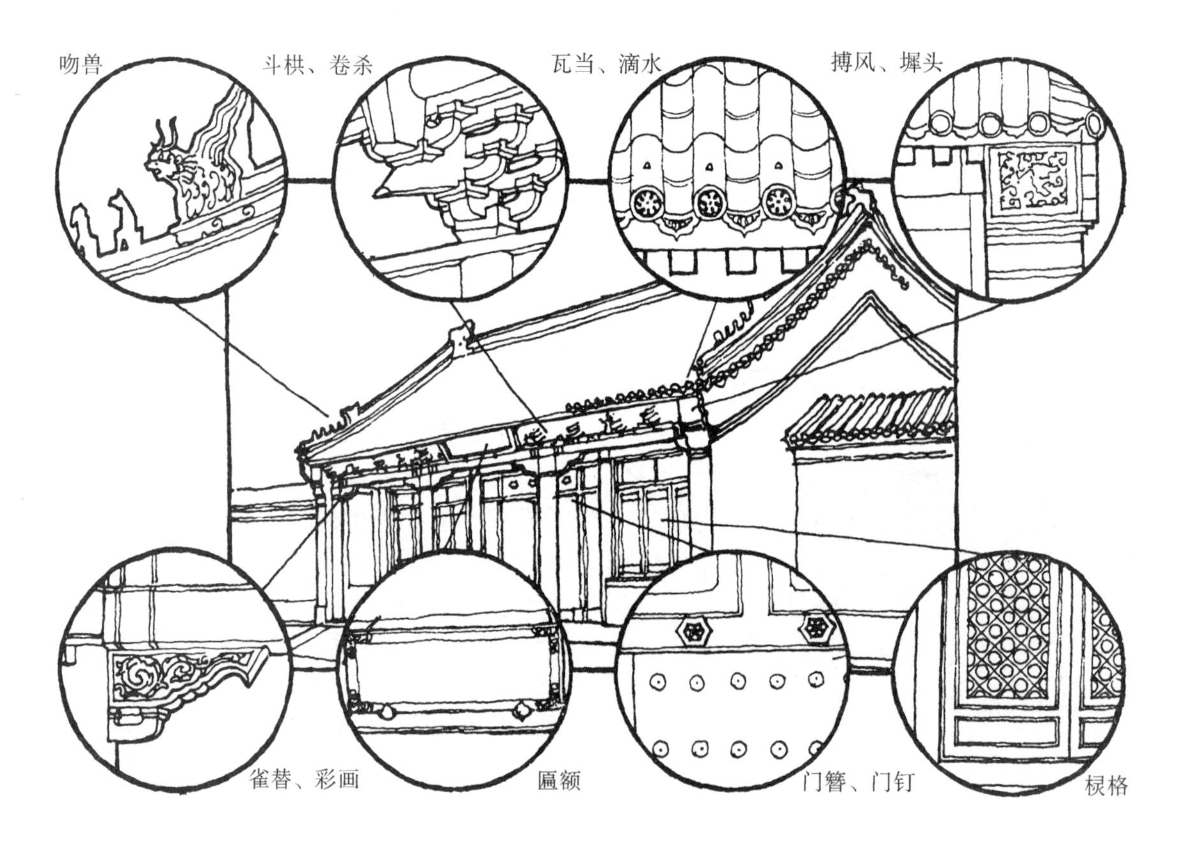

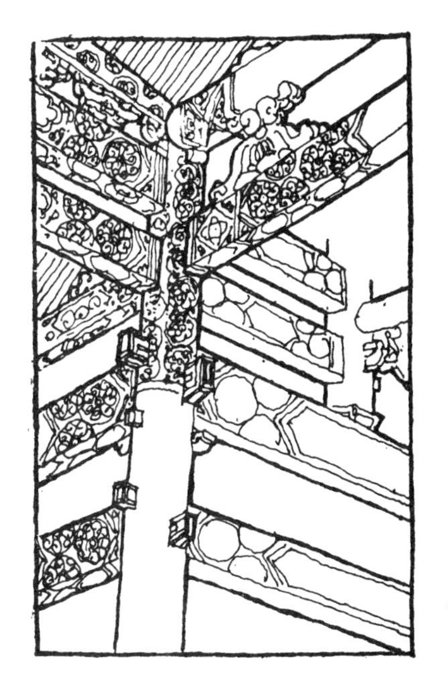

内檐旋子彩画。旋子彩画以旋子花为主题。

外檐和玺彩画。和玺彩画以龙凤锦纹为主题只限于用在宫殿建筑上。

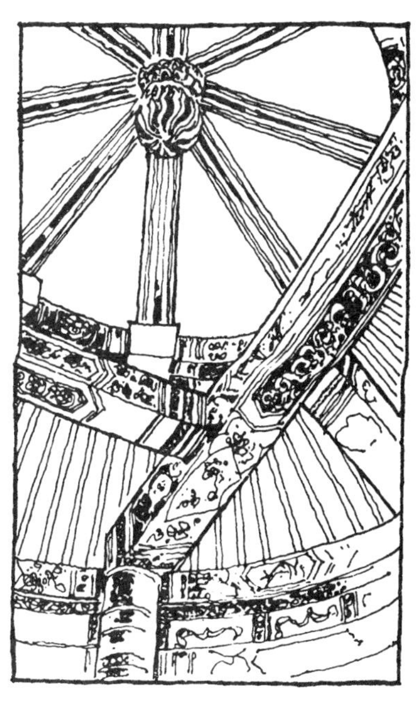

苏式彩画以山水、花卉、禽鸟为主题，在园林建筑和住宅中应用得比较广泛。图为小亭梁架上的彩画。

色彩的运用也是我国古代建筑最显著的特征之一，如宫殿庙宇中用黄色琉璃瓦顶、朱红色屋身，檐下阴影里用蓝绿色略加点金，再衬以白色石台基，各部分轮廓鲜明，使建筑物更显得富丽堂皇。在建筑上使用这样强烈的色彩而又得到如此完美的效果，在世界建筑中也是少有的。色彩的使用，在封建社会中也受到等级制度的限制，在一般住宅建筑中多用青灰色的砖墙瓦顶，或用粉墙瓦檐、木柱，梁枋门窗等多用黑色、褐色或木本色，倒也显得十分雅致。

彩画是我国建筑装饰中的一种重要类型，所谓“雕梁画栋”正是形容我国古代建筑的这一特色。明清时期最常用的彩画种类有和玺彩画、旋子彩画和苏式彩画。它们多做在檐下及室内的梁、枋、斗栱、天花及柱头上。彩画的构图都密切结合构件本身的形式，色彩丰富，为我国古代建筑增添了无限光彩。

2.1.3 清式建筑做法名称

1）平面

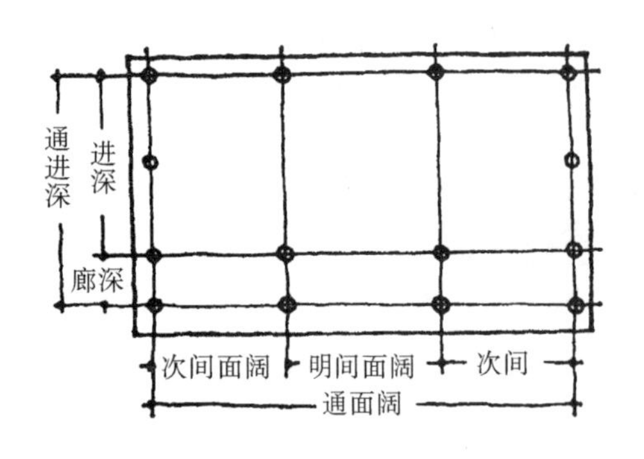

建筑物的平面形式一般都是长方形。度量长的一面称面阔，短的一面称进深。木构架结构的柱子是平面上的重要因素，四根柱子围成的面积称为间，建筑物的大小就以间的大小和多少来决定。一般单体建筑有三间、五间，较大的建筑有七间、九间，有时做到十一间。

平面形式除长方形外，还有正方形、圆形、十字形等，庭院建筑中还有六角形、八角形、扇面形等多种多样的形式，以满足观赏和休息的要求。

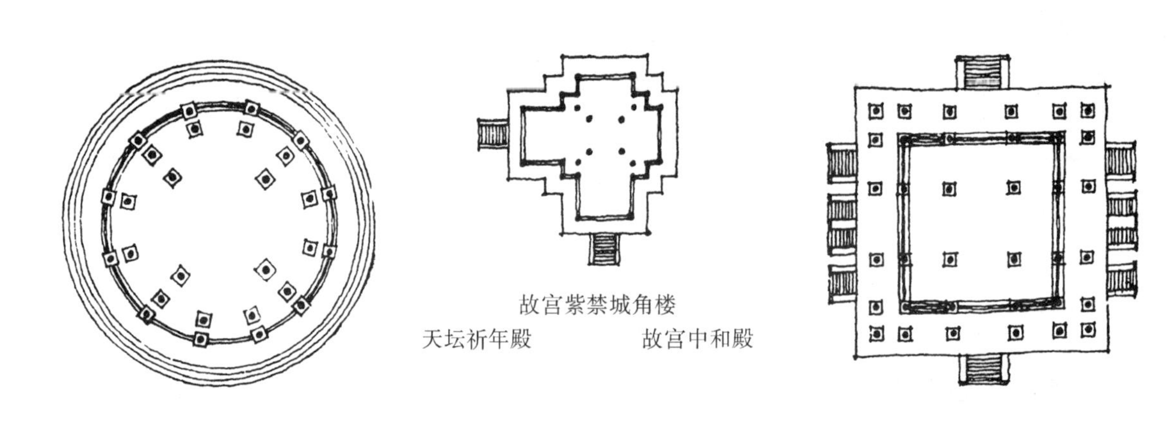

故宫紫禁城角楼

天坛祈年殿　　故宫中和殿

在建筑群体布置中，主要的建筑物多居中、向南，称为正殿或正房，两侧可加套间称耳房，正殿、正房前左右对立着的称为配殿或厢房，由建筑围成一个院子，如果只有三面有房屋就叫三合院，四面都有房屋叫四合院。规模较大的建筑通常是由很多院子组成的。

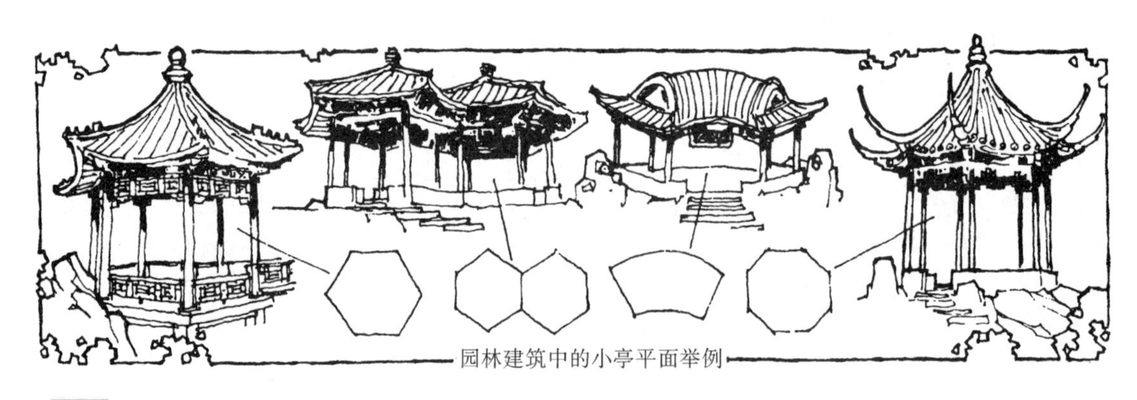

园林建筑中的小亭平面举例

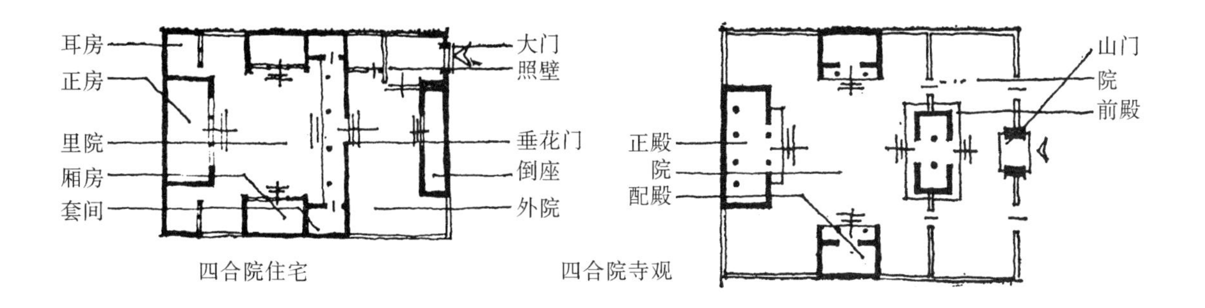

四合院住宅　　四合院寺观

2）木构架

清式建筑的木构架分为两类，有斗栱的称为大式，没有斗栱的称为小式。

（1）柱

檐下最外一列柱子称为檐柱。

檐柱以内的称为金柱。

山墙正中一直到屋脊的称为山柱。

在纵中线上，不在山墙内，上面顶着屋脊的是中柱。

立在梁上下不着地，作用与柱相同的称为童柱，也称瓜柱。

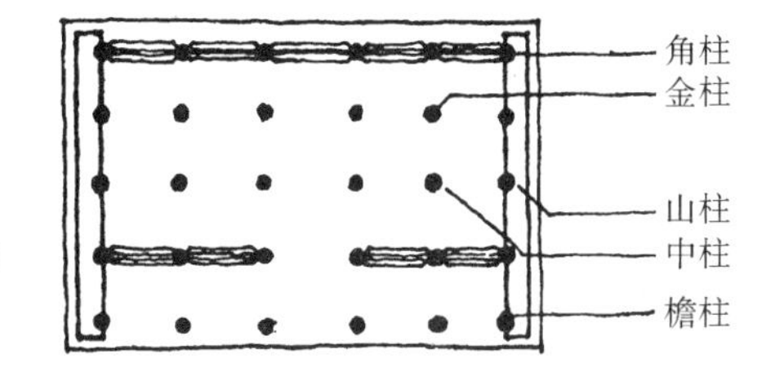

（2）间架

间架是木构架的基本构成单位。

间架由下而上的构成顺序及各部件名称见下图。

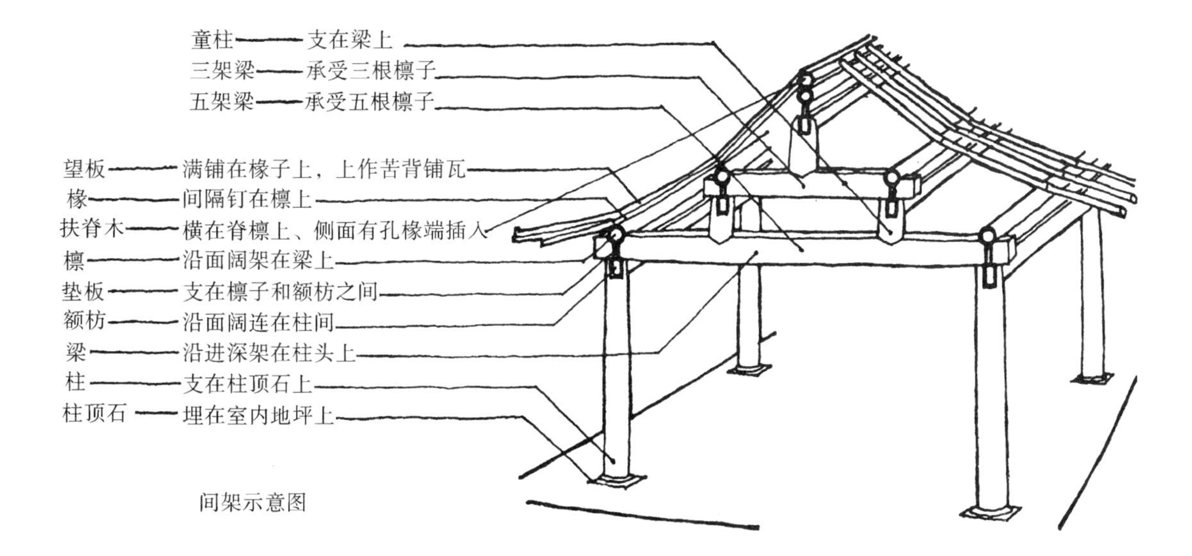

间架示意图

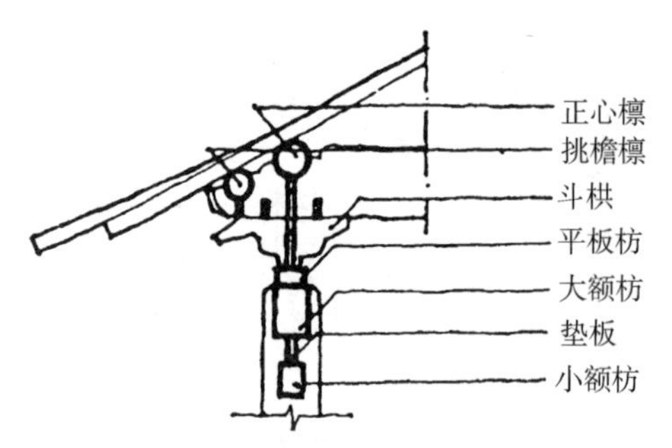

有斗栱的大式作法，一般都是规模较大的建筑，其作法是柱上有两层额枋，大额枋的上皮与柱头平。檩有挑檐檩和正心檩，在正心檩与平板枋之间，大额枋与小额枋之间均有垫板，大额枋上放平板枋，平板枋上放斗栱。

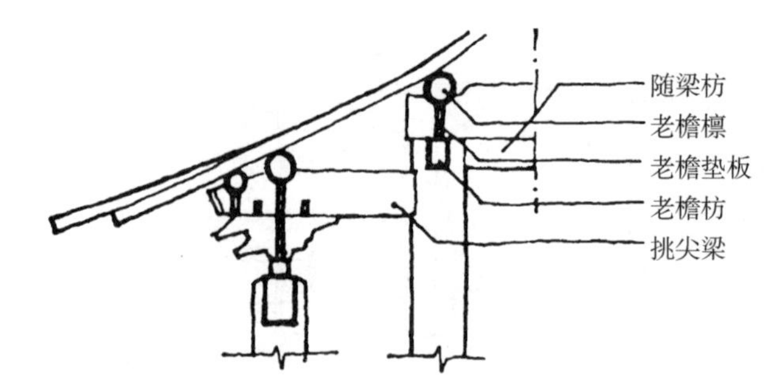

建筑带有廊子的作法是：最外一列柱叫檐柱，其后一列柱叫老檐柱，在檐柱与老檐柱之间加一短梁称为挑尖梁。它的作用是加强廊子的结构。这时在横梁下面往往还加一条随梁枋，也是为了加强间架的结构。

间架的梁架大小，是以承受檩子的数目来区分的，三檩叫做三架，五檩叫做五架，较大的殿宇可以做到十九架。梁的名称也是以其上承受檩子的数目来定的，最下面的长梁俗称大柁，向上类推是二柁、三柁等。

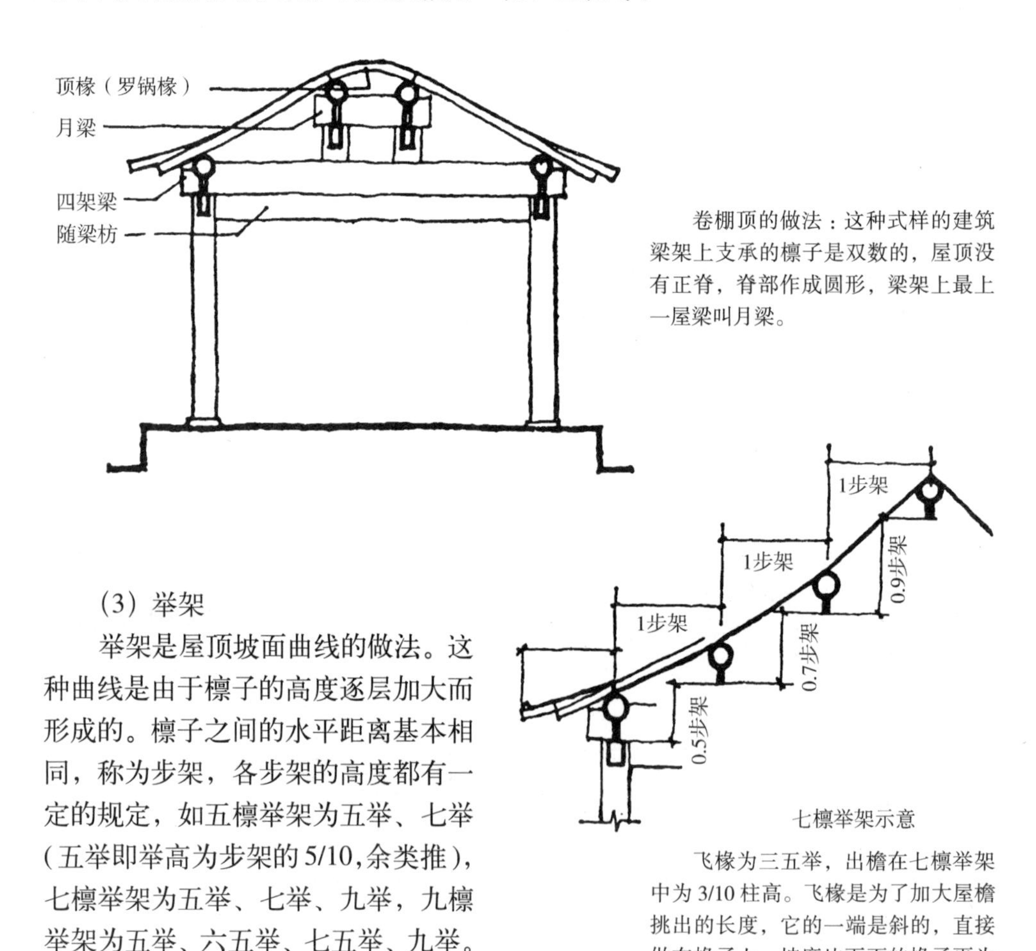

卷棚顶的做法：这种式样的建筑梁架上支承的檩子是双数的，屋顶没有正脊，脊部作成圆形，梁架上最上一屋梁叫月梁。

七檩举架示意

飞椽为三五举，出檐在七檩举架中为3/10柱高。飞椽是为了加大屋檐挑出的长度，它的一端是斜的，直接做在椽子上，坡度比下面的椽子更为平缓。

（3）举架

举架是屋顶坡面曲线的做法。这种曲线是由于檩子的高度逐层加大而形成的。檩子之间的水平距离基本相同，称为步架，各步架的高度都有一定的规定，如五檩举架为五举、七举（五举即举高为步架的5/10，余类推），七檩举架为五举、七举、九举，九檩举架为五举、六五举、七五举、九举。

（4）不同形式的屋顶做法

木构架因屋顶形式不同，其做法也有些变化，差别就在屋顶两端山墙的做法上。

●硬山顶：两端山墙略高于屋面，山墙内各有一组梁架，只是中间多一根山柱，上面托着脊檩。所有的檩头和木构件都砌在山墙内，向内的一面露出墙面。屋顶后坡有不出檐的做法，椽子只架到檐檩上而不伸出，后墙一直砌到檐口将椽头封住，称为封护檐。

●悬山顶：结构与硬山顶大致相同，只是所有的檩子都伸出山墙以外，檩头上钉搏风板。山墙可将梁架全部砌在墙内，也可以随着各层梁柱砌成阶梯形，称为五花山墙。

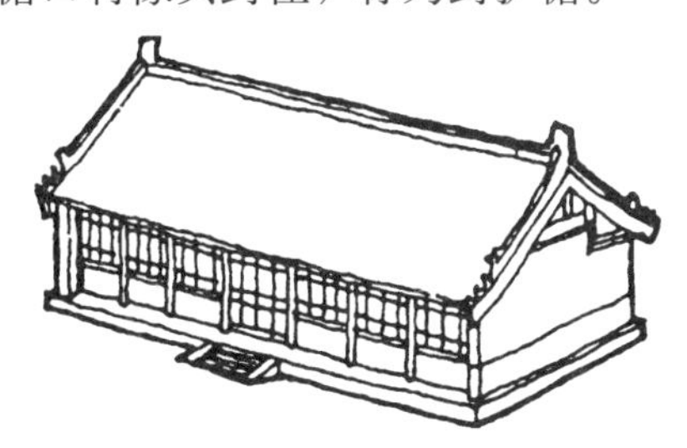

●庑殿顶：即四坡顶，它有一条正脊和四条垂脊，前后坡的构架和两坡顶一样，左右两坡也有同样的梁架檩枋，而且檩子和前后坡的檩子等高。当檩端的位置下面没有柱子时就做童柱，立在顺扒梁上，顺扒梁与前后坡的梁垂直，它的

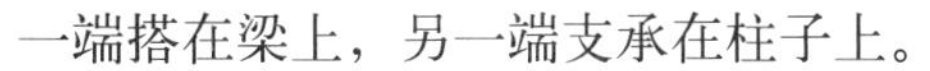

一端搭在梁上，另一端支承在柱子上。

有时为了加长正脊，将脊檩伸出梁架之外，悬挑的一端用一种童柱（称雷公柱）支承，这种加长正脊的做法叫做推山。推山的做法使庑殿屋顶更加丰富，无论从哪一面看它，垂脊都是一条优美的曲线。

●歇山顶：歇山顶可以看做是悬山顶和庑殿顶的结合。构架上的差别，主要是在山花与山坡屋面的交接上。

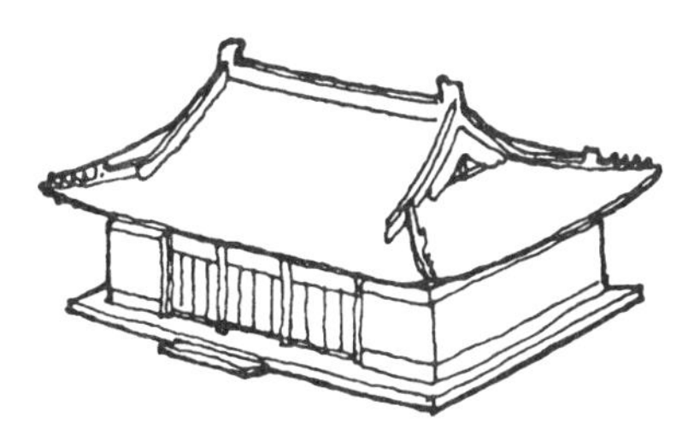

歇山顶的做法是在山坡屋顶的椽尾处设一横梁叫采步金，这根梁上有一排圆孔，是固定

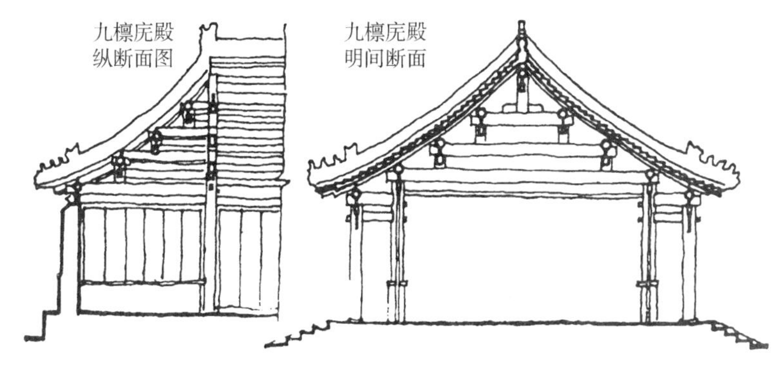

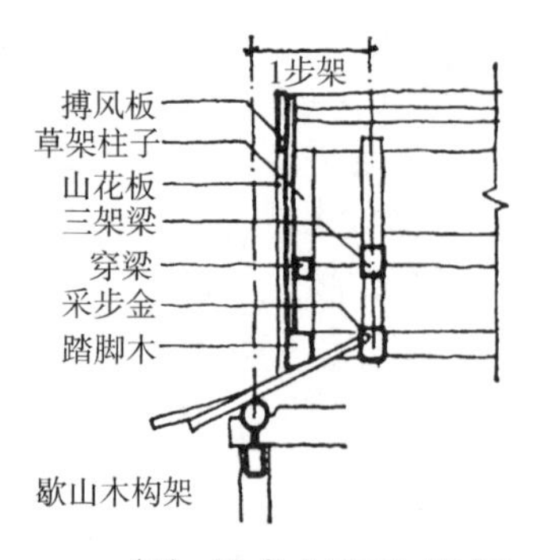

歇山木构架

椽尾用的。采步金两端架在扒梁上，在采步金上也要做梁架来支承檩子，在伸出的檩子下面所立的小矮柱叫做草架柱子。这些小柱立在一根叫做踏脚木的横梁上，横梁被固定在椽子上。在草架柱子上钉山花板，在檩头上钉搏风板。

以上四种屋顶构架做法是不同形式屋顶的基本做法，除此之外如重檐顶、攒尖顶等，做法还有所不同。

(5) 檐角起翘和出翘

我国古代建筑屋檐的转角处，不是一条水平的直线，而是四角微微翘起，叫做“起翘”。屋顶的平面也不是直线的长方形,而是四角向外伸出的曲线,叫做“出翘”。“起翘”和“出翘”都是因处理角梁和椽子的关系而形成的。角梁是屋顶转角处的斜梁，上下倾斜，在平面上也成45°角，它的两端搭在两层檩子的转角处。角梁有两层，上称仔角梁，下称老角梁，它们的关系和飞椽及椽子一样，但角梁要比椽子大得多。为了使它们的上皮取齐，以便铺钉望板，所以便将靠近角梁的椽子渐次抬高，在这些被抬高的椽子下面垫一块固定在檩子上的三角形木头，叫做枕头木。枕头木上刻有放置椽子的凹槽，同时这些椽子也渐次改变角度，向角梁靠拢，因而形成“起翘”。角梁的长度又比椽子长得多，转角部分的椽子，在改变角度的同时，也逐渐加长，因而形成“出翘”。

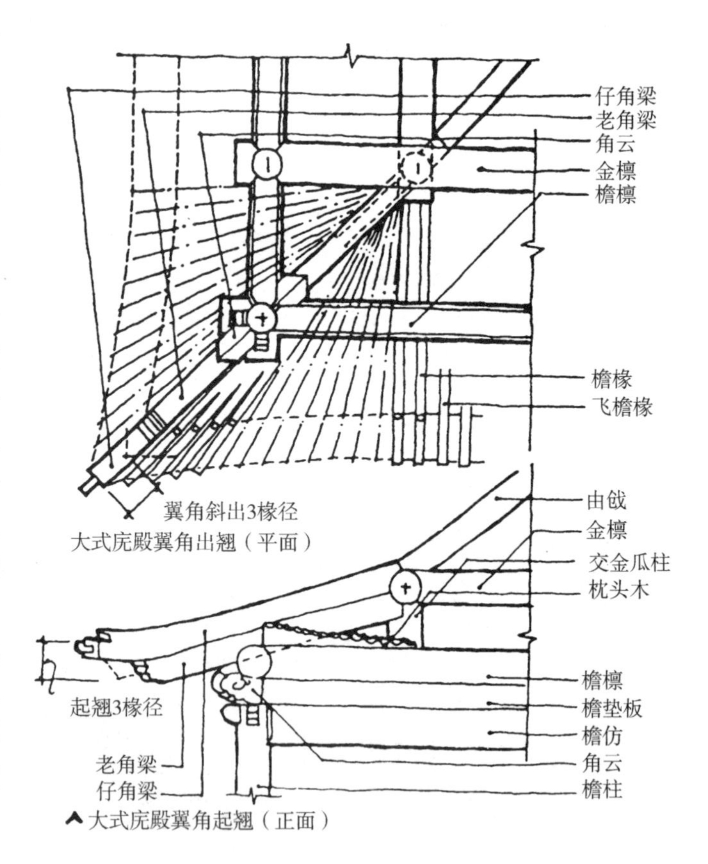

大式庑殿翼角出翘（平面）

▲大式庑殿翼角起翘（正面）

（6）斗栱

●斗栱的作用和类型。斗栱是中国古代较大的建筑上柱子与屋顶之间的过渡部分，其功用是支承上部挑出的屋檐，将其重量直接地或间接地传到柱子上。斗栱由于位置不同而被分为柱头科、平身科和角科三种类型。

●斗栱的构件组成。一组斗栱叫做一攒，一般斗栱是由五种主要的分构件组成。

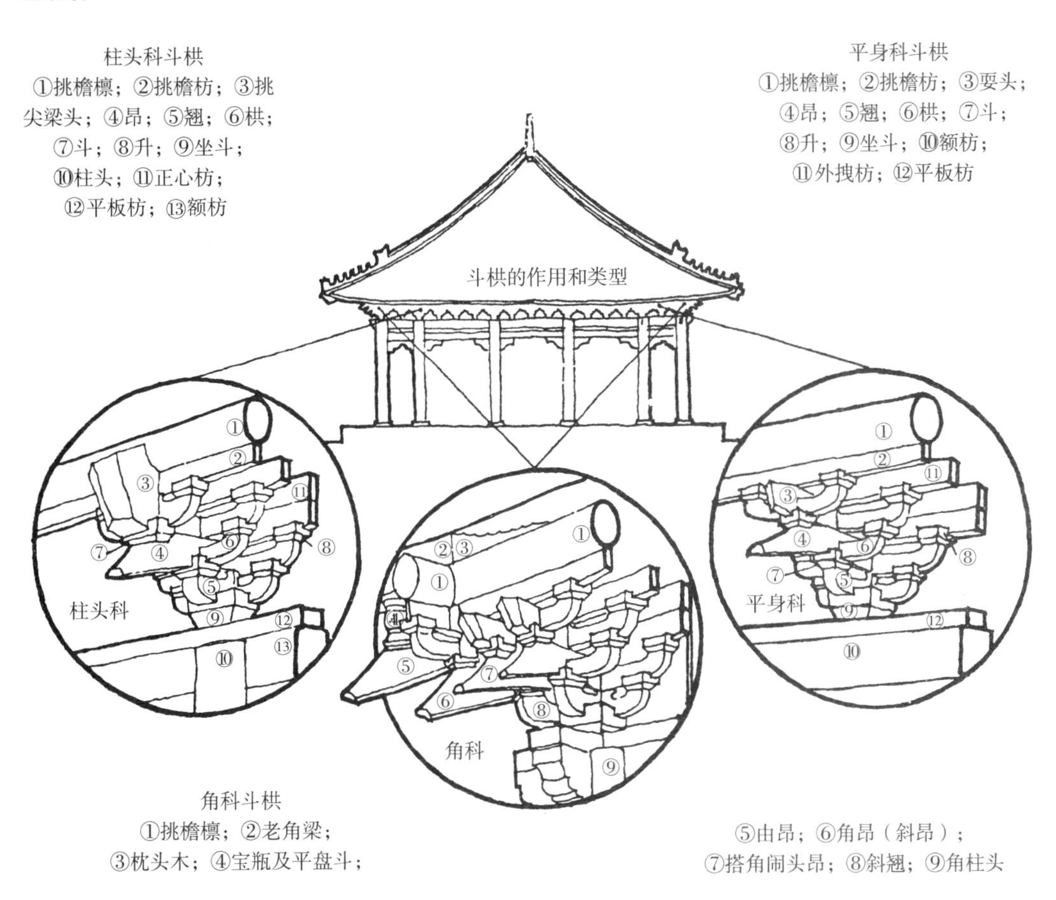

斗栱的作用和类型

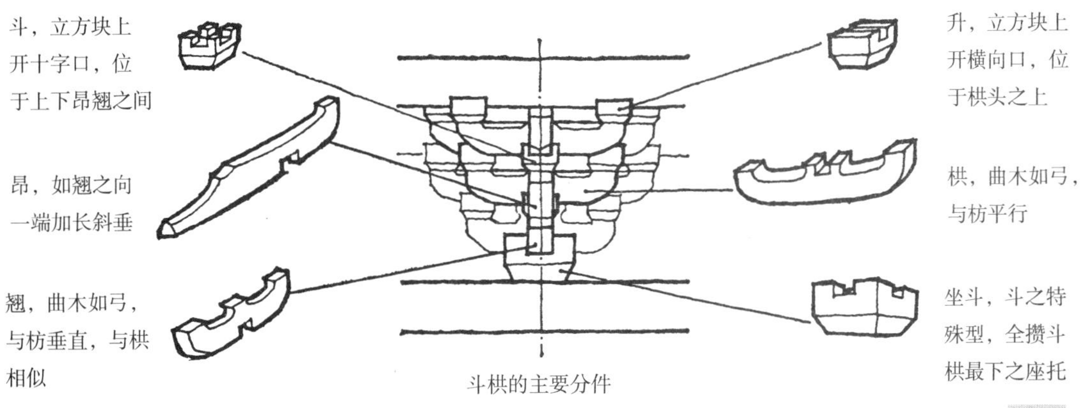

斗栱的主要分件

●斗栱的出踩。由于支承距离不同，斗栱有很简单的“一斗三升”，也有较复杂的形式。“一斗三升”里外各加一层栱，就增加了一段支承距离，叫做“出踩”，即多了两踩，成为三踩斗栱；较复杂的斗栱有五踩、七踩、九踩乃至十一踩。

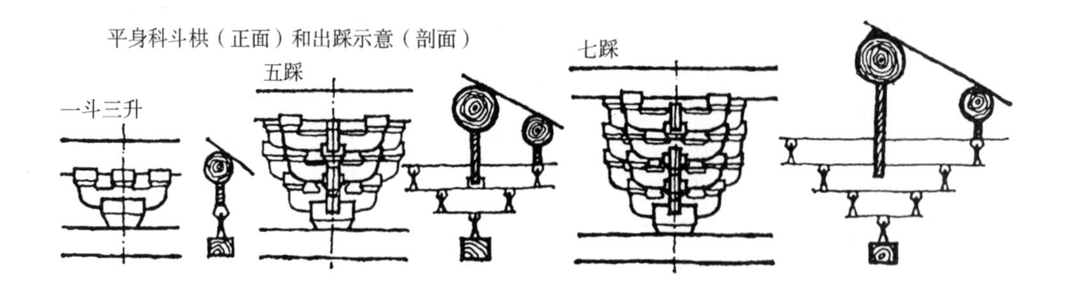

3）装修

分为内檐装修和外檐装修。外檐装修主要是指做在外墙（檐柱之间）的门窗等。内檐装修包括分隔室内空间的各种槅断、门窗以及天花、藻井等。

（1）门窗

门窗的做法和近代建筑的木门窗相似，由门窗框（称为框槛）和门窗扇两部分组成。

●槅扇、槛窗式

多用在较大或较为重要的建筑上。槅扇门、槛窗都作成槅扇式样，可打开。横披是固定的窗扇。

●槅扇、支摘窗式

多用在住宅和较为次要的建筑上。支摘窗分里外两层，里层下段多装玻璃，外层上段可以支起，下段固定。槅扇门有一可装两个门扇或槅子的帘架框。它固定在荷叶斗和荷叶礅上，可以根据需要拆装。

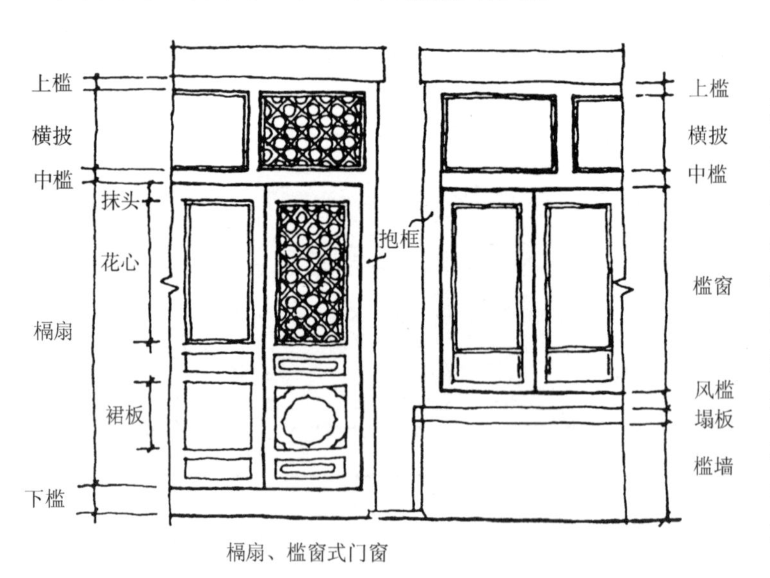

槅扇、槛窗式门窗

（2）大门

大门的做法和槅扇略有不同，因门扇宽度往往小于柱间距离，所以在中槛和下槛（又叫门槛）之间加门框。门框和抱框之间镶上被称为余塞板的木板，在上槛与中槛之间所镶的木板叫做走马板。

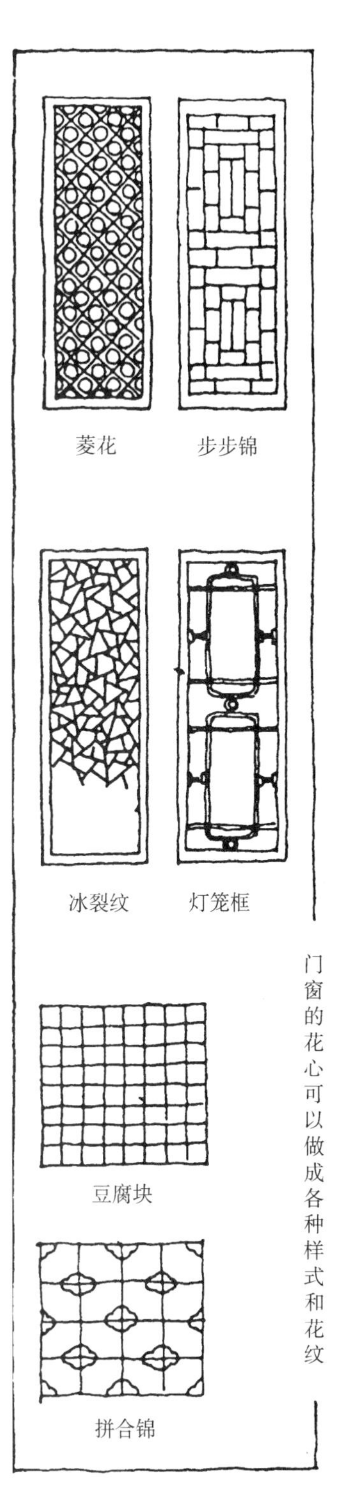

门窗的花心可以做成各种样式和花纹

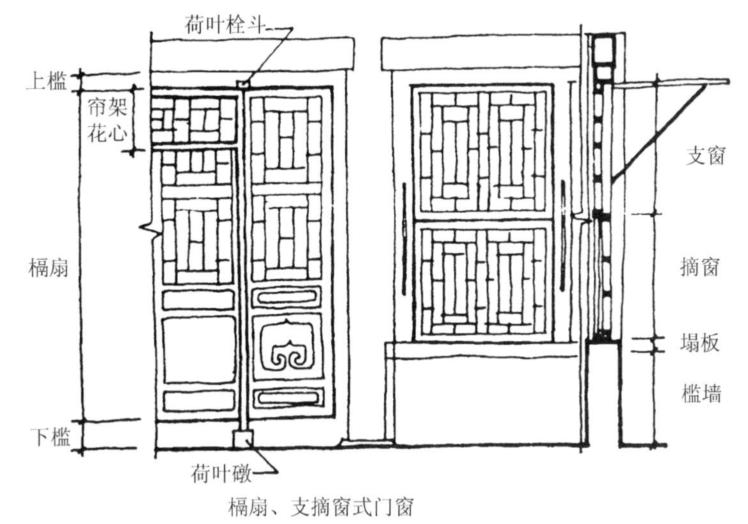

槅扇、支摘窗式门窗

门扇上下有轴，下轴立在门枕石上，门枕石压在下槛下面，露在外面的部分常雕刻成抱鼓石或其他形状；上轴穿在连楹的两个洞里。连楹是一条横木，用门簪固定在中槛朝内的一面，门簪外露部分作成六角形，富有装饰趣味。

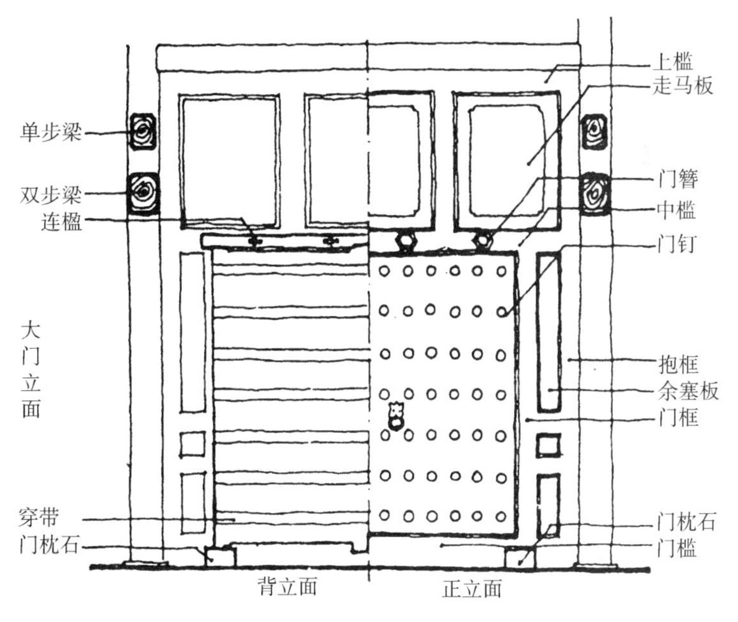

大门立面

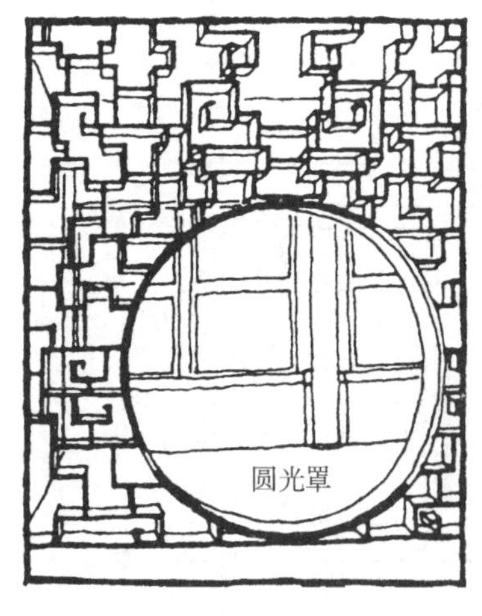

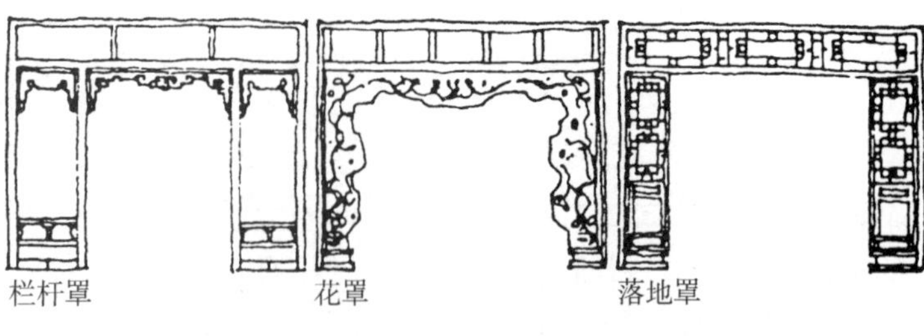

（3）罩

罩是分隔室内空间用的装修，就是在柱子之间做上各种形式的木花格或雕刻，使得两边的空间又连通又分割，常用在较大的住宅或殿堂中。

（4）天花、藻井

天花即现代建筑中的吊顶或顶棚。宫殿庙宇等大型建筑中的天花做法是用木龙骨做成方格，称为支条，上置木板称为天花板，在支条和天花板上，都有富丽堂皇的彩画。

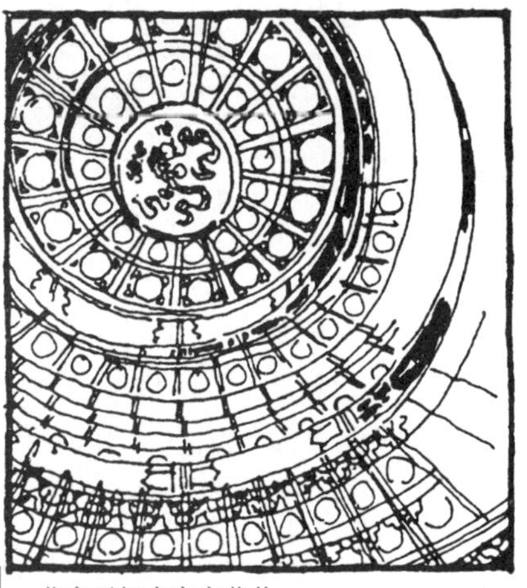
北京天坛皇穹宇藻井

鸡腿罩

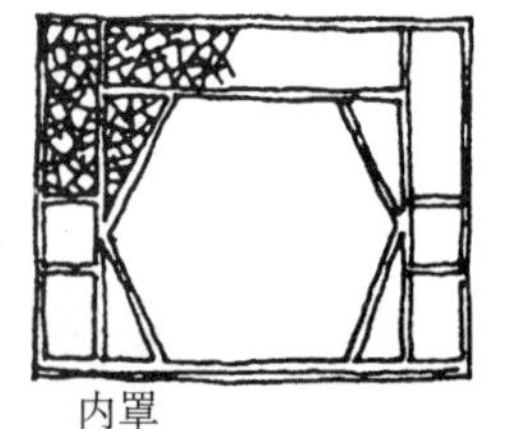
内罩

北京故宫保和殿天花

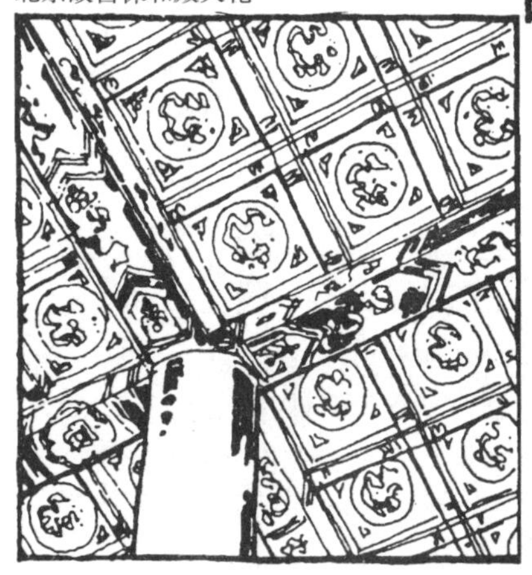

藻井是一种特殊的天花形式，它被运用在最尊贵的建筑中、天花最尊贵的位置之上，如宫殿宝座或寺庙佛像的上方，一般建筑是不准许用藻井的。藻井是顶棚向上凹进的部分，形状有八角、圆形、方形等，多用斗栱和极为精致的雕刻组成，是我国古代建筑中重点的室内装饰。

炕罩

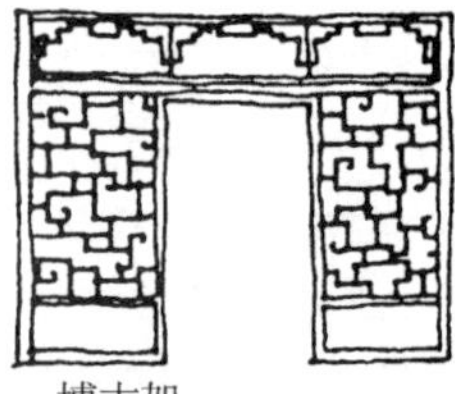
博古架

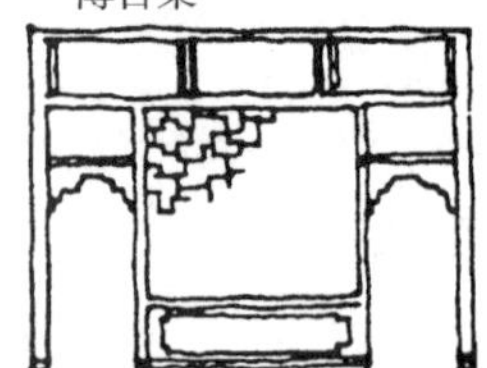
太师壁

4）台基、台阶

台基是全部建筑物的基座，即为周边砌砖墙、中间填土、上面墁砖的台子。

在台基之内，按柱子的位置用砖砌磉礅，磉礅之上放柱顶石（即柱础），磉礅之间砌成与它同高的砖墙，称为拦土，将台基内分为若干方格，格内填土，上面墁砖。当有门窗时，拦土就是安放门窗的基墙。

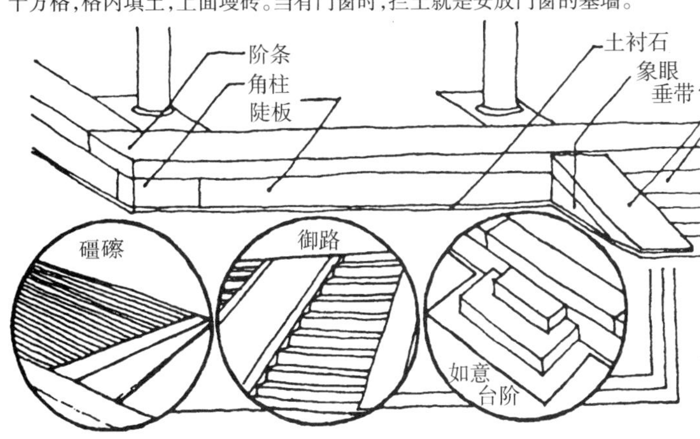

垂带式台阶按坡度斜放垂带石，其下面三角形部分称为象眼，象眼下面也有土衬石，踏垛最下一级与土衬石平，称为砚窝石。供车马行驶的礓礤和宫殿的御路也是台阶的一种形式。

台基四周在室外地平线以下，先用石板平垫，其上皮比室外地坪略高，称为土衬石。土衬石的外边比台基的宽度稍为宽些，露出的部分称金边。台基四周转角处有角柱石，四周沿边平铺的石条称为阶条石，阶条之下是陡板石。在次要的和简陋的建筑中，这些部分有时也用砖块砌筑而成。

大建筑物的台基很高，往往会在四周做石栏杆，其做法是在台基的阶条石上放地袱，地袱之上立望柱，望柱之间放栏板。若在台阶两旁设栏杆，就将地袱放在垂带上，栏板也跟着做成斜形。垂带栏杆末端多以抱鼓石支托望柱。

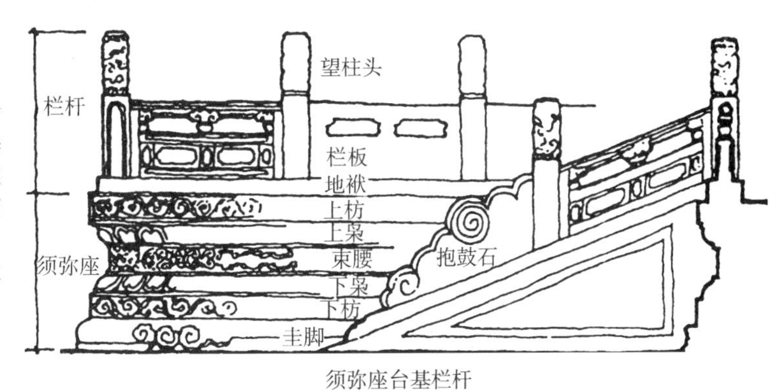

须弥座台基栏杆

须弥座是带有雕刻线脚的石台基，多用于较大和较重要的建筑物。

柱门

5）墙壁

中国古代木构架建筑都是由柱子承重，墙壁是不承重的，墙壁将柱子完全包在墙内，但在有柱子的地方，墙的里皮做成八字形，一部分露出柱子，其作用是使木料能够通风防腐，外露的柱子部分被称为柱门。

约柱高 1/3 处墙的下段比较厚，称为裙肩，上有腰线石。腰线石上的墙比较薄。

硬山墙的两端要出礤子，称为墀头。墀头的裙肩两端竖立着角柱石，其上方的压砖板与腰线石相连接。墀头上部安挑檐石，其上皮与檐枋下皮平。挑檐石上挑出两层砖，上立戗檐花砖，砖面上雕刻各种花纹装饰。在戗檐砖的位置，沿山墙面的山尖斜上形成搏风，其上皮与瓦面平。在大式的硬山墙上，沿着搏风还做一排瓦檐，被称为排山勾滴。

山墙墀头

6）屋顶瓦作

屋顶瓦作也分为大式、小式两类，大式的特点是用筒瓦骑缝，脊上有吻兽等装饰，小式无吻兽装饰。

屋脊是屋顶上不同坡面的交界，其主要作用在于防漏。它是由各种不同形状的瓦件拼砌而成的，上有线脚，端部有重点装饰，如正脊两端的吻兽（又称正吻），垂脊和戗脊端部的垂兽和一列仙人走兽。仔角梁头上还套上一个瓦件，叫做套兽。

在攒尖屋顶上没有正脊，但有各种不同形状的宝顶。

这些富有装饰性的瓦件能起到保护木构架或与木构架固定的作用。

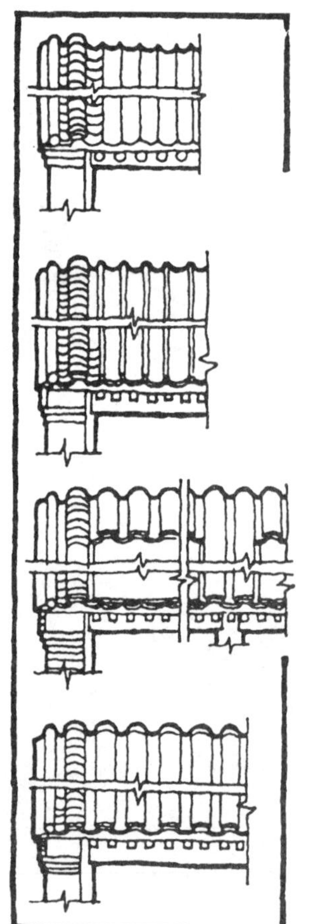
各种民居屋顶瓦作

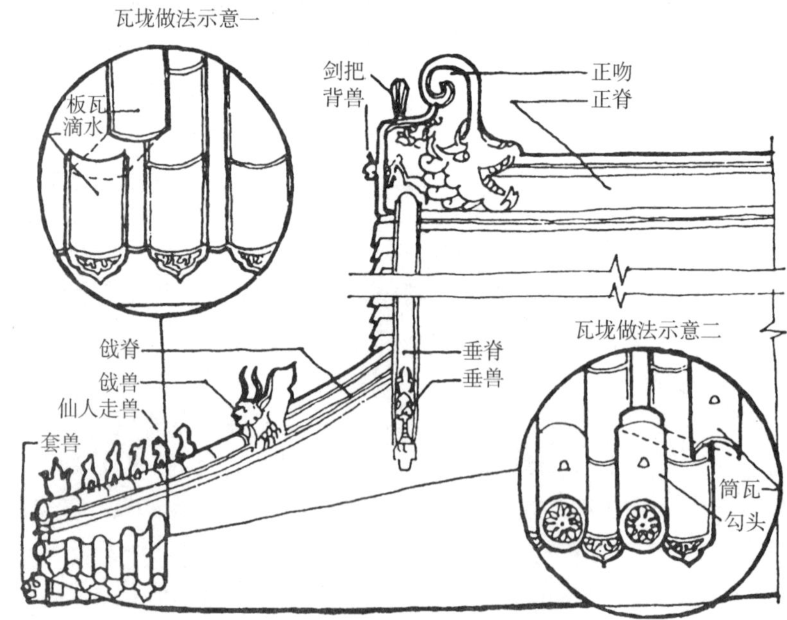

歇山屋顶琉璃瓦作件

彩画纹样举例：宝相牡丹纹

7）彩画

彩画主要做在梁枋上。它的布局是将梁枋分为大致相等的三段，中段称枋心，左右两段的外端称箍头，枋心和箍头之间称藻头。

彩画的主要色彩和内容，在大额枋与小额枋上以及相邻的开间上，都是间隔变化的，如大额枋上画龙，相应的小额枋上画锦，前者蓝底，后者绿底；又如明间蓝底画龙，间隔的次间绿底则画锦。

苏式彩画是将檩、垫、枋三部分的枋心连成一片，形成一个半圆形，称为搭袱子（也称包袱皮），里面的彩画也是一个完整的布局。

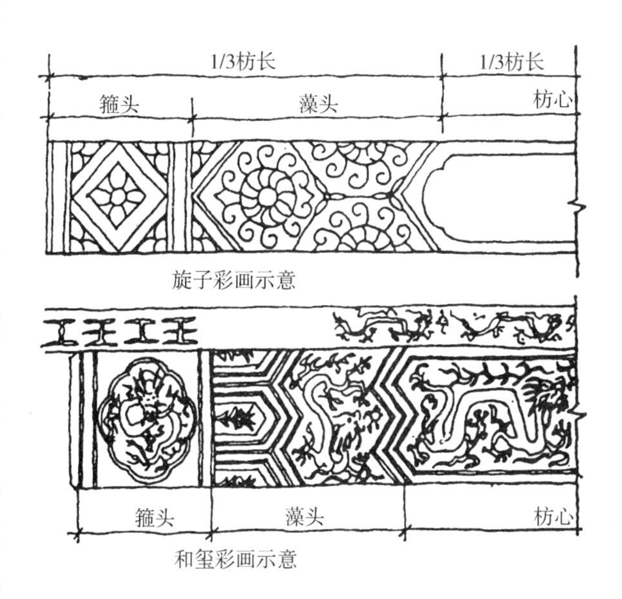

旋子彩画示意

和玺彩画示意

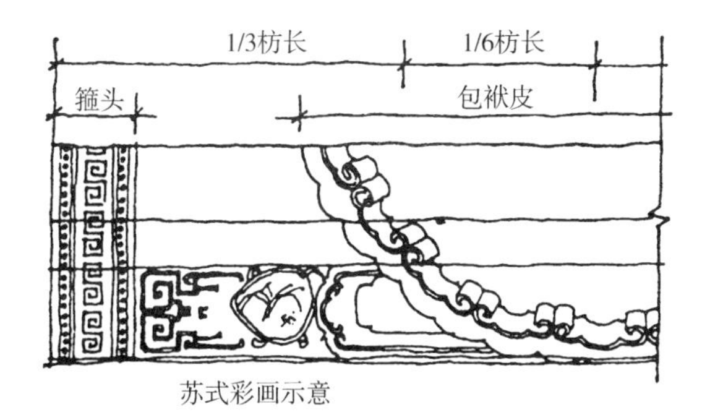

苏式彩画示意

苏式彩画又称“园林彩画”，起源于南方园林，形式活泼，内容丰富多彩。箍头有两条垂直联珠，中间图案多为连续卍纹、回纹和寿字纹样。包袱皮周边圈以“烟云”，素色退晕，内绘以山水、人物、翎毛和花卉。在箍头和包袱皮之间常有各式装饰纹样，如扇面、椭圆形等各式几何图形的“集锦”又称什景合子。

彩画纹样举例：如意吉祥

2.1.4 中国传统民居建筑概述

居住类建筑是人类历史最悠久、数量最庞大、与人类生活关系最密切的建筑类型，它在一定程度上反映了不同的民族在不同时代、不同环境下生存发展的状态与规律，反映了当时、当地的政治、经济、文化、宗教等状况。在中国古典建筑之中，平民居住的建筑一般称为民居。与宫殿、官署、庙宇等类型相比，传统民居建筑的数量更大、使用者更多、种类与样式更为丰富，其成就毫不逊色。尽管官式建筑在中国古典建筑中占有重要的地位，中国传统民居也同样是中国古典建筑文化遗产的重要组成部分，应当得到足够的关注与重视，很多理念和设计手法很值得建筑专业人员学习借鉴。

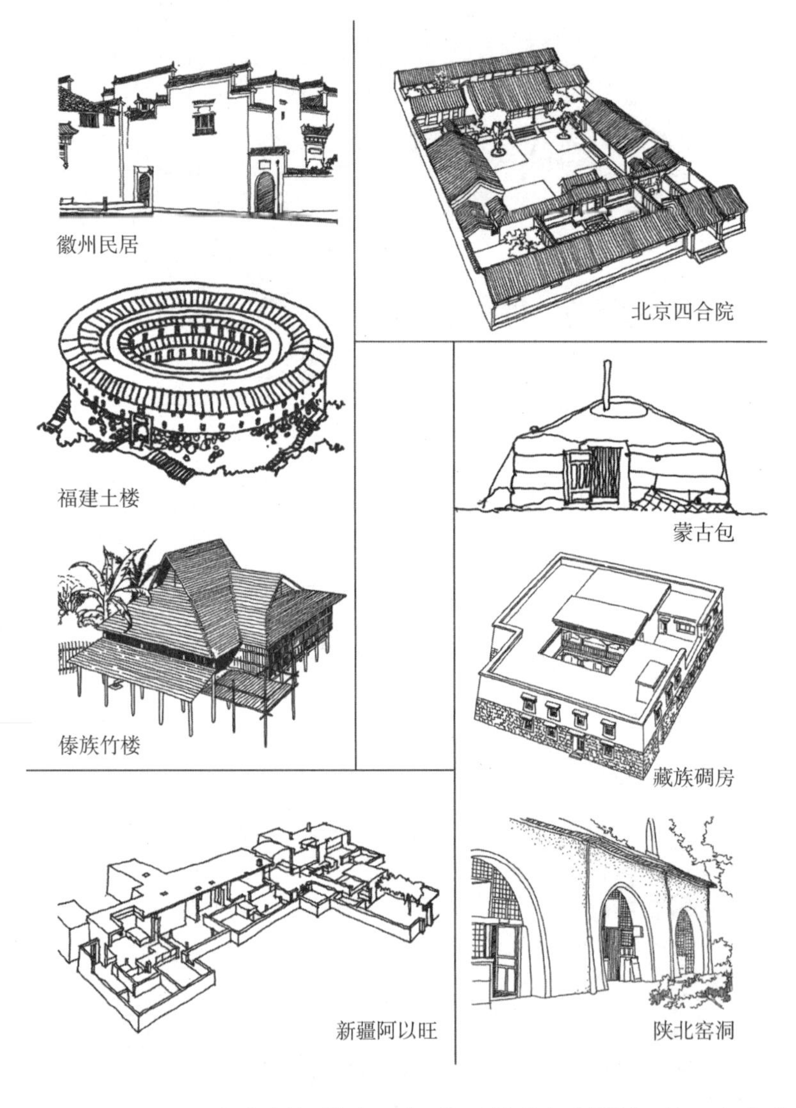

中国传统民居数量巨大、种类繁多、形式多样，分类的方法也很多。

从所处地域来看，民居可以分为北方民居、南方民居两大类；

从民族文化背景来看，民居可以分为汉族民居与少数民族民居，其中少数民族民居本身又包含了很多不同的类型，例如：蒙古族民居、新疆少数民族民居、藏族民居、傣族民居等；

从民居的结构形式来看，民居可以分为抬梁式、穿斗式、干栏式、井干式等类型；

从民居与自然地形地貌的关系来看，民居可以分为平原民居、山地民居、临水式民居、窑洞等类型。这些分类相互之间可能有一些交叉、重叠，关系比较复杂。

为方便初学者了解中国传统民居的概况，本书将选取中国传统民居中比较有代表性的几种类型加以介绍：①合院式民居；②窑洞式民居；③干栏式民居；④毡帐式民居；⑤防御型民居。

作为百姓基本的生活设施，中国传统民居具有以下特点：①适应当地居民生产、生活方式，强调安全与舒适；②适应当地的地形特征与气候条件；③造型与装饰体现不同民族的审美情趣，体现民族特色和文化传统；④就地取材，巧妙利用当地适宜的建筑材料。尽管历代官府对民居的规格、使用的建筑材料、装饰做法等都有一定的限制，但就整体而言，民居的设计与建造仍然是相对宽松的，这也在客观上造就了民居丰富多彩的面貌。

1）合院式民居

合院式民居是中国传统民居中最主要、数量最多的类型，无论在北方地区还是南方地区都被广泛使用。这种住宅的主要特点是以建筑和院墙围合成院落，并以院落为核心来组织空间。合院式住宅相对封闭，院内和院外环境之间能适度隔离。具有较强的私密性。民居内部则既有建筑又有内院，为家庭提供了室内的使用空间和室外活动空间。同时，院内建筑功能分区明确、尊卑等级分明。这种民居形式能较好地适应封建时代的生活方式和宗法制度的要求。

北京的四合院是中国传统合院式民居中最为成熟的代表之一，其中又以三进院式的四合院最为典型。北京四合院通常依托东西向的胡同建造，有南北向的中轴线，位于中轴线上朝南的北房又被称为正房，等级最高；东西两侧为厢房，一般是晚辈的居住用房；南房为倒座，作为门房、客房以及厕所等辅助用房。等级较高的四合院的院落数可能更多，而且，除中轴线上的院落外还可能有东西跨院，总体规模更大。

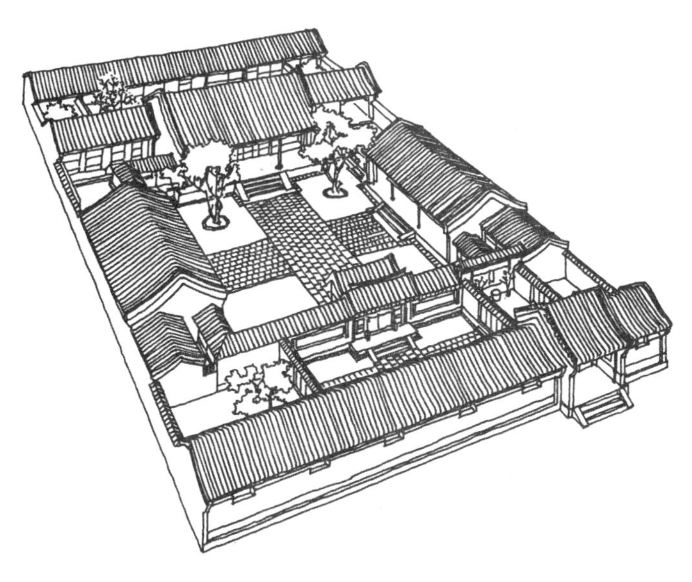
北京典型的三进院式四合院

山西丁村民居1号院

在山西、陕西等地，因占地面积有限，合院式民居的内院一般稍窄一些，又被称为窄院式合院民居。和北京四合院不同，窄院式合院民居中有一部分建筑是多层的楼房，而不像北京四合院基本都是一层高的建筑。

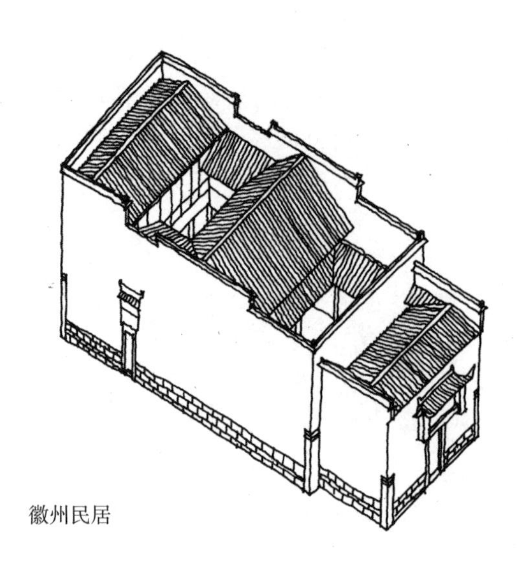

徽州民居

安徽的徽州民居也属于合院式民居。由于用地紧张，院内建筑多采用楼房形式，院子也比较狭小，称为“天井”。

因建筑密度较高，出于消防与防盗的考虑，外墙高耸、较少对外开窗，既可防止外人窥探又可避免火势蔓延。这种封火山墙又被称为“马头墙”，其顶部以瓦封边、渐次跌落，形式独特，是徽州民居最具代表性的形象之一。

徽州民居院落与封火山墙

被称为“一颗印”的云南民居也是合院式民居的一种，其院落平面轮廓方正，形似印章，因而得名。“一颗印”的正房多为三开间，两边耳房左右各有一间的，称为“三间两耳”；左右各有两间的，称为“三间四耳”。后者是“一颗印”民居的最典型的格局。

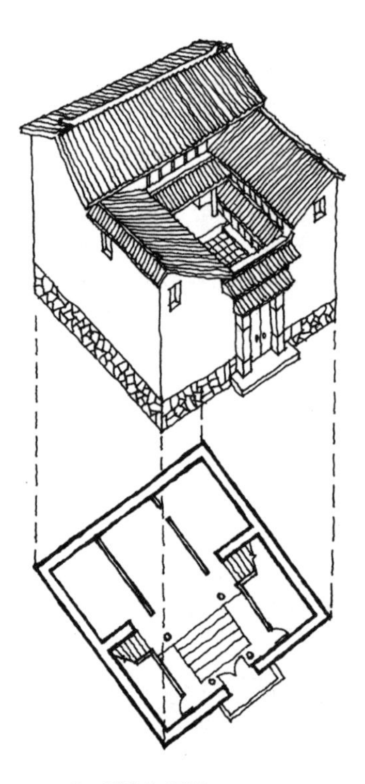

“一颗印”民居

除上述几种民居外，南方和北方还有一些其他的各具特色的合院式民居，如东北地区的大院民居、云南白族的“三坊一照壁”民居等。

有些比较高级的合院式民居还拥有宅园，将住宅与私家园林结合起来。例如，北京帽儿胡同可园，住宅与园林分列两侧，相互呼应，园林的存在大大提高了居住环境的质量。著名的苏州园林也是合院式民居与园林相结合的典型代表，具有很高的艺术成就。右图中，前景即为宅园水面，正中远景为住宅山墙，将内宅区域与宅园做适度区隔。

苏州网师园

2）窑洞式民居

窑洞是穴居型民居的代表。在华北、西北地区的一些区域，降雨量较小，采用窑洞作为居住建筑比较普遍，窑洞也成为具有强烈地域特色的传统民居。由于土壤的热稳定性很强，窑洞建筑的内部温度变化较小，可以实现冬暖夏凉，取得适宜的居住条件。虽然不同地域的窑洞存在一定的差异，但总体而言，窑洞的类型主要是靠崖式窑洞和下沉式窑洞两类。

靠崖式窑洞：巧妙地利用地形条件，依托自然山崖、山坡或冲沟掏挖出窑洞。在垂直方向上可以开挖一层，也可以开挖多层。

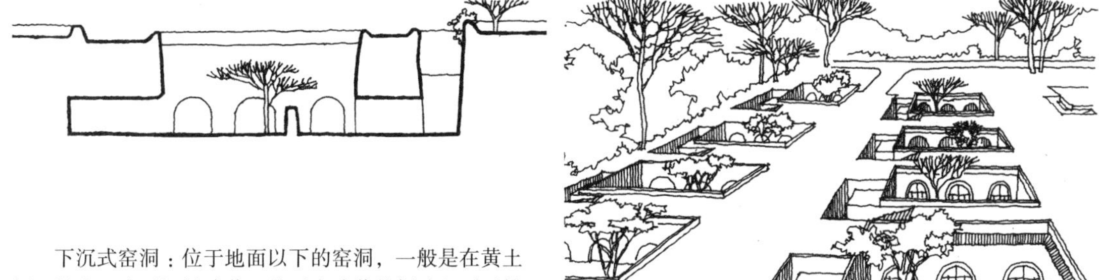

下沉式窑洞：位于地面以下的窑洞，一般是在黄土塬上挖出一个下沉的院落，然后在院落的侧壁上再开挖出窑洞，形成围绕下沉院落为中心的窑洞群体空间。

在窑洞的发展过程中，经历了从简单到丰富的过程。尽管单个窑洞空间并不复杂，但通过窑洞与院落的结合、窑洞群体的组织、仍然可以创造出丰富多彩的居住环境，以及特色鲜明的建筑形象。

3）干栏式民居

干栏式主要流行于云南、广西、广东、贵州等少数民族聚集地区，傣族和侗族民居都是具有代表性的干栏式民居。

干栏式民居主要是采用木材或竹子为基本材料建成，底层架空，作为牲畜圈或储藏空间；上层则作为主要的居住空间。这种建筑形式很好地适应了当地的自然条件以及当地百姓的生产生活方式。建筑底层架空利于防潮通风，也可以防止毒虫猛兽的侵入；坡大檐深的屋顶则既可遮阳又可防止雨水淋湿立柱和楼面。

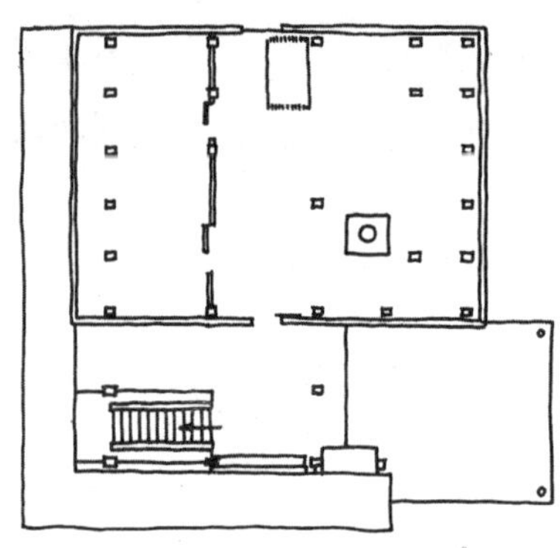

傣族竹楼：干栏式民居的典型代表

桂北干栏式民居

桂北干栏木楼也是干栏式民居的一种类型。由于广西山区树林茂密、湿热多雨，山地又常有毒蛇猛兽，当地人采用干栏式木楼的形式，建筑以木材为主要材料。建筑底层架空，用作储存农具或饲养家禽家畜，人员居住在楼上。由于多建造于山地或坡地，常采用吊柱、出挑等形式，具有“吊脚楼”的特点，是一种特定地段环境下的具有鲜明特色的民居建筑。

4）毡帐式民居

毡帐式民居是北方蒙、藏等游牧民族创造并不断完善、很好地适应游牧民族生产、生活方式，以及草原自然气候条件的一种可移动的居住建筑。

蒙古民族的传统民居蒙古包是毡帐式民居的典型代表。蒙古包由细木棍编成的骨架结构与外覆的毛毡组成，构造简单、便于拆装，是一种可移动的装配式建筑。

蒙古包外观与基本结构：蒙古包下半部为圆柱形，内部结构为围成圆圈的木棍网墙；上半部为圆锥形（顶部将尖顶抹平，做成天窗并有烟囱穿出），由木棍编成的伞骨结构支撑。根据不同季节调整外覆毛毡的厚度，以保证室内气温在舒适的范围之内。

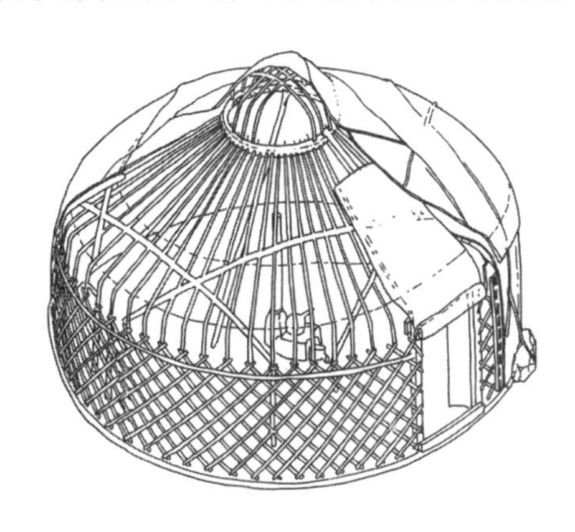

5）防御型民居

在社会动荡不安或自然环境比较恶劣的情况下，出于保护生命与财产安全的目的，发展出一类特别注重防御功能的民居建筑，例如福建的土楼、广东开平的碉楼、藏族和羌族的碉房、赣闽粤交界地区的围屋及围垅屋等。

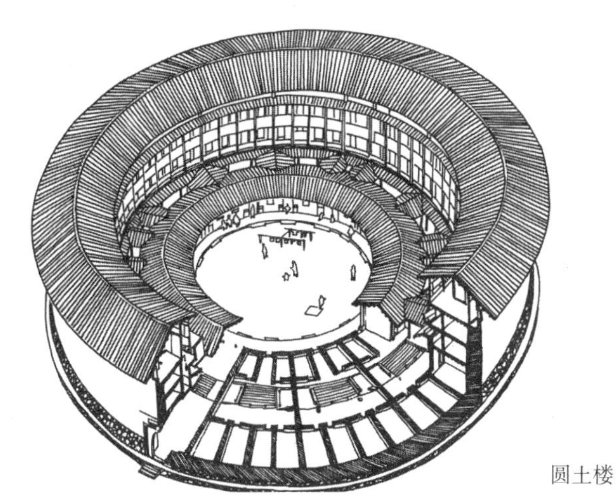

圆土楼

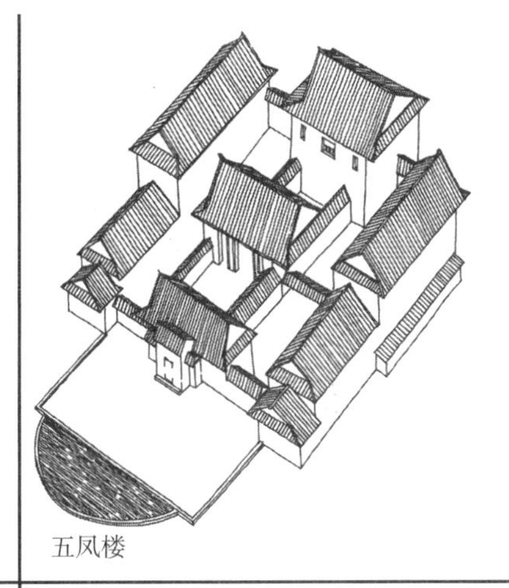

五凤楼

方土楼

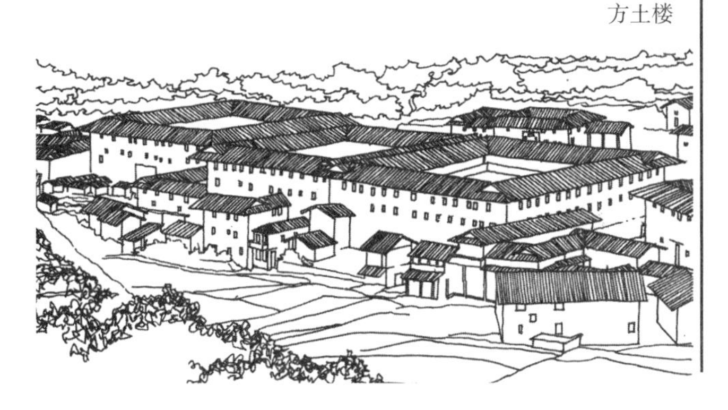

闽西客家人聚居的土楼大致可分为五凤楼、圆形土楼和方形土楼，方、圆土楼通常是围成环形的楼房，或方或圆，其外观都比较封闭、对外开启窗子的窗洞很小，数量也很少，主要面向内院开门开窗，对外有较强的防御性。土楼内部大多由同宗同族的人家一起居住，生活设施比较齐全。

圆土楼虽然数量不及方土楼多，但其突出的形式感令人印象深刻，也成为一般人心目中土楼的典型形象。就防御性能而言，圆土楼观察角度较好，没有防御死角。就圆土楼的繁简程度而言，根据建筑直径大小不同，环形的圆楼可以只有一环，也可以有两环或两环以上的多环。不同的环形楼房，一般是外高内低，也有少数是外低内高，样式丰富多彩。

围屋：赣闽地区富有特色的客家民居，集住宅、祠堂、堡垒于一体，且转角处设有炮楼。围屋结构坚固、易守难攻；建筑内部生活设施齐全，即便短时间被围困亦可维持正常生活。与福建土楼类似，围屋也是一种防御性很强的民居。

羌族碉楼：羌族民居多就地取材，用石材砌筑而成。出于安全防卫的目的，部分住宅会建造碉楼，一般用乱石砌筑，窗洞很小，墙体有明显收分，下大上小。这些高耸的石砌碉楼已成为羌族民居形象的重要组成部分。

开平碉楼：华侨用出国务工积攒的资金回到家乡购地置产，这些归国华侨生活相对富裕，容易成为盗匪攻击的对象，因此，具有较强的防御型的碉楼就成为理想的住宅形式。开平碉楼除了较强的防御性以外，中西合璧的建筑风格也是重要的特色之一。

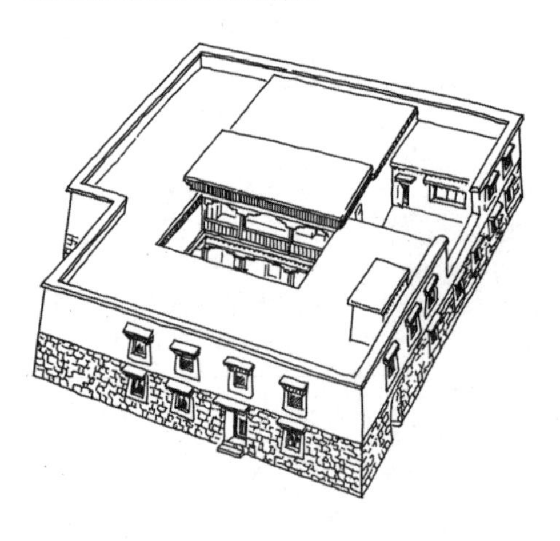

藏族碉房：石砌外墙是西藏民居的主要形式，墙体上下有收分，窗洞小且深，建筑显得稳重且坚固。既是为了应对恶劣自然气候的影响，也是为了安全防卫的目的。

2.1.5 中国古典园林简介

1）概述

人类在营造与享用建筑这种人工环境的同时，也十分向往优美的自然环境，于是，通过山石、水体、植物以及建筑的布局经营，创作出富于美感与意境、适于游憩的“自然”环境——园林。

中国古典园林最初起源于皇家苑囿，魏晋南北朝时期，由于社会动荡不安，寄情山水、借以避世的思潮兴起，促进了园林建设的开展。唐宋两朝，造园达到高峰。明清两朝的园林作品更加成熟、存世作品也较多。中国古典园林艺术是中国古典建筑艺术的重要组成部分，学习和了解中国古典园林的知识对建筑学的学习与训练有着重要的意义。

中国古典园林在长期的发展过程中形成了与西方古典园林大异其趣、独树一帜的风格。典型的西方古典园林以整齐划一的几何形态、严谨的轴线序列见长，追求的是理性的、有明确秩序的自然，认为人工美高于自然美；而中国古典园林则强调顺应自然、融入自然，追求自然天成、形态自由。这两种不同的古典园林体系体现了东西方在审美趣味、文化背景等方面的差异。

中国古典园林艺术的成就是有其深刻的思想背景的。其中，崇尚自然之美、追求“天人合一”的理念对中国古典园林创作影响巨大，造园务求将“天成”与“人为”的关系加以协调。明代计成在《园冶》中提出的“虽由人作，宛自天开”的境界便很好地体现了这一造园理念。

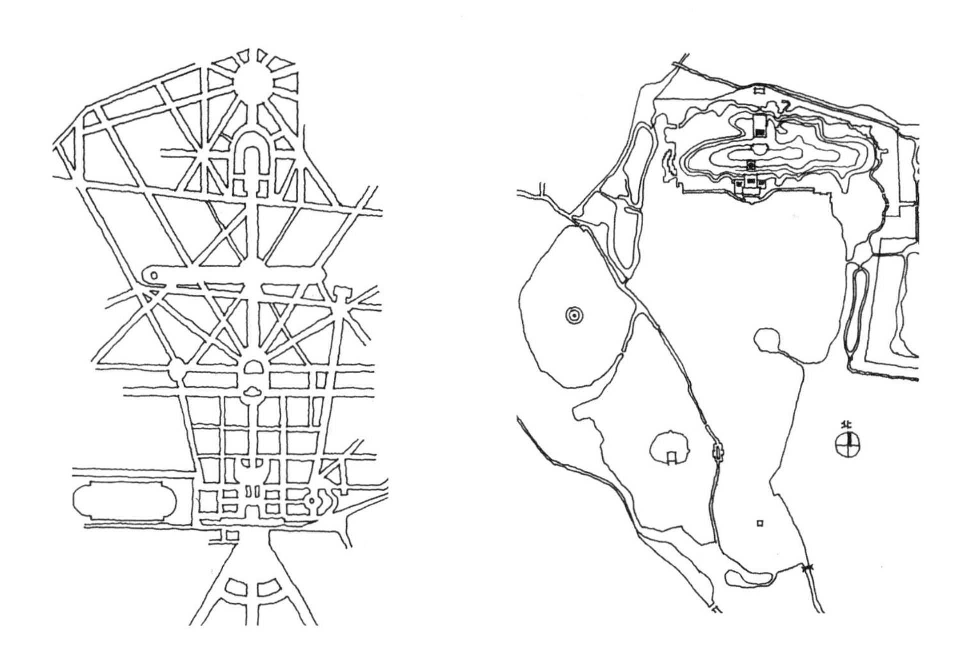

中西园林艺术存在明显的差异：巴黎凡尔赛宫（左图），水面及绿化采用规整的几何形、建筑与自然环境相对独立并通过严谨的几何轴线把水面与绿化串联起来；北京颐和园（右图），水面及植物采用自由的形态、建筑布局参差错落、建筑与水面、树木相互穿插、紧密结合。

中国古典园林作为世界园林体系的重要组成部分，对亚洲周边国家产生了一定的影响，例如日本、朝鲜半岛等地区的古典园林都不同程度地从中国古典园林艺术中汲取营养。18世纪，随着中国与欧洲的贸易与文化往来，中国古典园林传到欧洲，在欧洲也出现了一些模仿中国园林的作品。例如，凡尔赛宫中就开辟了形态自由的中国式花园。同时，在中国古典园林发展的晚期，中国古典园林中也开始出现西方建筑以及西方园林，例如圆明园著名的西洋楼与万花阵景区、颐和园里的石舫等。岭南园林中还出现彩色玻璃等西方古典建筑元素。

中外园林艺术的交流（左图：英国建造的中国风格的园林，右图：圆明园中的西方元素）

2）中国古典园林的主要类型

中国古典园林主要有以下三种类型：皇家园林、私家园林、寺观园林。其中，皇家园林与私家园林是最为成熟、最具个性的两种类型，无论是造园思想还是造园技术方面，都代表了中国古典园林的成就，本书仅对这两种类型的园林做简要介绍。

（1）皇家园林

皇家园林是中国古典园林中最早产生的一种类型，是皇帝个人和皇室私有的园林，古称苑、宫苑、苑囿、御苑等，主要有大内御苑、行宫御苑、离宫御苑三种不同的形式。从地域分布上看，现存比较完整的皇家园林主要位于北方，例如北京的故宫乾隆花园、圆明园、颐和园、承德的避暑山庄等。

皇家园林具有以下的特点：

规模较大——皇家园林的数量、规模在一定程度上可以反映一个朝代国力的兴盛或衰落，由于皇家园林都是动用国家资源来兴建，因而规模通常比较大。例如，承德避暑山庄占地达564公顷，是清代皇家园林中规模最大的一个；北京的圆明园占地约350公顷；而总体保存较为完整的颐和园的规模也相当大，占地约295公顷。相比之下，私家园林的规模一般都要小得多，扬州的小盘谷、个园占地仅0.3公顷和0.6公顷；苏州的网师园只有0.4公顷；而规模较大的拙政园、留园也分别只有4.1公顷和2公顷。

天然山水园与人工山水园相结合——皇家园林中既有在真山真水基础上形成的大规模天然山水园景区，又有通过对天然山水的浓缩性模仿而形成的较小规模人工山水园景区，由此形成了真山水与假山水结合的特点。例如，颐和园临昆明湖一侧，以大尺度的真山真水为主，显现出皇家园林特有的气派；同时，后山后湖又有一些小尺度的、具有江南私家园林的特点的园中园，如谐趣园。

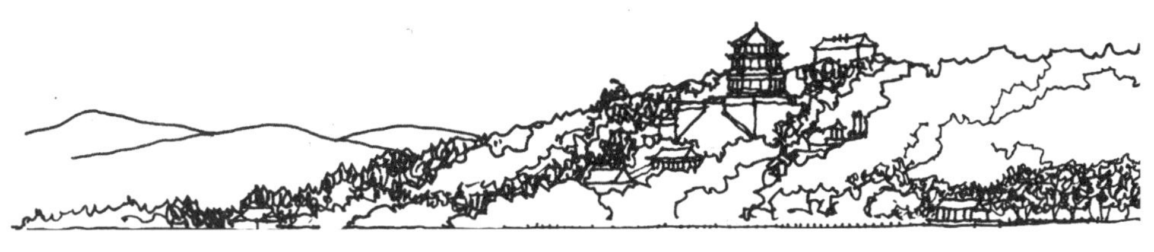

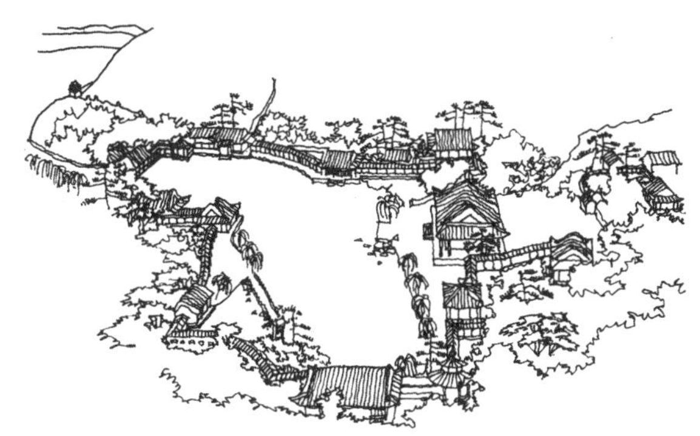

颐和园中由万寿山与昆明湖为主构成的真山真水型的前山景区（上图），颐和园中模仿无锡寄畅园浓缩型的谐趣园景区（下图）。

官式气质——皇家园林中的建筑与一般私家园林中的建筑有明显区别，其规格与气质偏重官式风格。

颐和园仁寿殿（左图）从形制、材料、色彩等方面均显示出皇家建筑特有的庄重严肃的气质，而留园中的涵碧山房（右图）则体现出私家园林素雅、轻松、活泼的特点。

借鉴私家园林手法——北方的皇家园林在继承传统的基础上，大量吸取江南私家园林的意趣和造园手法，既不失北方的雄浑气势，又有江南水乡的婉约多姿，可谓兼具南北之长。例如，避暑山庄中部分景区的园林或建筑的构思即来自江南园林或江南地区的著名建筑，如金山亭、烟雨楼等。颐和园中的谐趣园系仿无锡寄畅园之意兴建。

避暑山庄金山亭（左图）仿自镇江金山寺（右图）

（2）私家园林

私家园林在隋唐达到全盛，明清是其成熟期，形成了三种主要的、具有地域特色的私家园林类型：江南园林、北方园林、岭南园林，其中成就最高、现存优秀实例最多的当属江南园林，如苏州的网师园、拙政园、留园、环秀山庄；无锡的寄畅园、扬州的个园、小盘谷等。明清时期的江南地区，经济与文化都比较发达，为园林的发展提供了充分的物质条件和文化基础，出现了一大批优秀的园林作品、造园师，以及许多有关造园的理论著作。

网师园内水池的水尾位于东南角，跨度仅1米左右的小石拱桥飞架其上，在移天缩地、摹写自然的同时，与周边假山、水尾的尺度也十分和谐。

网师园中心景区中的濯缨水阁与月到风来亭，从建筑的命名到建筑物平和的造型、素雅的色调，都体现了追求雅逸的文人趣味。

私家园林与文人趣味密不可分，文人画的盛行促成了文人园林的发展，并使之被推崇为园林的主流风格。因此，明清私家园林的总体风格多以清雅为胜，追求雅逸与书卷气，鄙视市井趣味。

私家园林一般都是宅园，附属于住宅，需要满足日常起居、文化生活、社交活动等多种功能。同时，由于位于城市地段，园林用地一般比较狭小（多在2公顷以内），基本上都是小尺度的人工山水园。因而，其造园手段要更为细腻，方能达到“以小见大、咫尺山林”的效果。这也是中国古典园林的重要特色之一。

3）中国古典园林的主要特点

虽然形式千变万化，但中国古典园林的基本要素是相同的，即山石、水面、植物、建筑。这四个要素又分为自然和人工两大类：山石、水面与植物属于"自然"环境，而建筑则是人工环境。造园的根本目的在于人们对久居人工环境而疏离自然环境的情况进行补偿，重点是营造自然环境。但是，为了满足生活起居与精神享受的要求，一定数量的建筑仍然是不可或缺的。因此，从某种意义上讲，造园的根本任务就是营造"自然"环境（建筑的外部环境）并处理好建筑与"自然"环境的关系。中国古典园林在这方面具有很高的成就，许多理念与创作手法都很有特点。

(1) 源于自然、高于自然

寄情山水、享受山水之乐的情怀是中国古典园林的重要基础，中国古典园林在造园时主张对自然加以概括、归纳后再用在园林中，追求写意而非简单直白地复制，"搜尽奇峰打草稿，移天缩地入君怀"正是上述理念在造园创作上的具体表现。这种"既源于自然又高于自然"的特点体现在筑山、理水、植物等各个方面。

山石：在筑山叠石方面常用土山、石山或土石结合的形式营造出带有自然山体的峰峦、悬崖、洞隧等特征的环境，以求达到"咫尺山林、幻化千岩万壑"的效果，如扬州个园夏山（左图）。

水体：即使在规模较小的园林中，水体也会采用类似自然水体的溪涧、湖泊、河流等形式，在有限空间内尽量描摹自然水景的全貌，追求"虽由人作、宛自天开"，达到"一勺则江湖万里"的以小见大的效果。如拙政园具有"溪涧"特征的水体（左图），网师园象征"湖泊"的水体（右图）。

植物：中国古典园林在植物处理方面与西方古典园林追求人工几何化剪裁的方法有明显的区别，追求植物自然的形态与趣味植物种植，不追求成列成行，但求以少量树木的艺术概括表现天然植被的万千气象。

网师园：几枝修竹、一片山石，代表了山林之景。竹子是中国文人趣味的象征之一，也是园林中最常用到的植物（左图）。艺圃入口通道处：点植的紫藤，清瘦、自然扭曲的形态体现了文人画的趣味（右图）。

（2）建筑与自然相互渗透与融合

中国古典园林造园设计追求建筑与自然景观相互渗透和融合。例如，廊子是园林建筑中常见的建筑类型，在园林中或随山势起伏、或贴近水面、或飞渡水面、或穿行院落，形成爬山廊、水廊、游廊等多种多样地穿插、渗透到自然环境中并与自然有机结合的效果。

中国古典园林建筑种类十分丰富，有楼阁、厅堂、亭子、水榭、廊子等多种类型，单体建筑变化多端，组合灵活，与自然环境容易协调，更容易实现建筑小空间与自然大空间的融合。

留园长廊：曲折穿行于绿植之中，行进其间，步移景异（左图）。狮子林修竹阁：亦亭亦桥，与水体、叠石及丛竹融为一体（右图）。

和西方园林相比，中国古典园林中的建筑和自然之间并非对立关系，而是相辅相成的关系。在园林中从建筑内部来欣赏外界的自然，以达到某种意境，是中国古典园林的重要特色。如“窗含西岭千秋雪，门泊东吴万里船”，将建筑的门窗与特定的自然景观结合起来，建筑美与自然美再加上想象一起形成的组合美与意境，其效果远远超过各自独立存在时产生的效果。

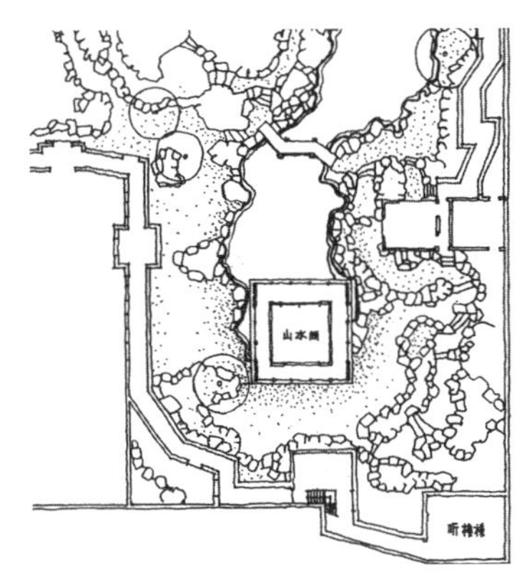

拙政园梧竹幽居亭四面墙上皆为圆洞，从中可分别欣赏到亭子两侧的梧桐与竹子，建筑与景观结合并以景命名（左图）。耦园水阁“山水间”一侧出挑水上、两边叠石环抱，建筑与山石、水面融为一体，取自欧阳修名句“醉翁之意不在酒，在乎山水之间”的“山水间”之名可谓实至名归（右图）。

园林中的建筑除了各自的使用功能之外，还兼具“成景”与“观景”的功能，既是观景之处，同时也是被人观赏的园中一景，建筑美与自然美有机地结合起来。

拙政园小飞虹既是水面上一景，同时也是驻足观赏水景的观景点（左图）。颐和园佛香阁背山面水，以其庞大的体量与高耸的体形成为园中最重要的建筑景观，同时，凭借居高临下、视野开阔的优势，佛香阁又是极佳的观景地点（右图）。

（3）造园追求诗情画意

文人画与山水画所代表的文人趣味对中国古典园林的影响很大，形成“以画入园、因画成景”的传统。西方、日本园林也有画意，但中国古典园林在这方面更为突出。例如，叠石、植物表现“古、奇、雅”的绘画意趣。

中国古典园林重视诗情画意的特点在建筑命名、对联、匾额等的内容上表现得尤为突出，常常引自名篇名句、富有意境，并与园景特色契合，令人观景生情。例如，网师园“殿春簃”来自苏轼诗句“多谢化工怜寂寞，尚留芍药殿春风”；谐趣园“知鱼桥”取自“子非鱼安知鱼之乐”的名句。此外，命名时还常常巧妙利用视觉、听觉、嗅觉等多种因素，留下不少令人回味无穷的佳作。例如，利用观赏院内植物这一视觉因素来命名有网师园“看松读画轩”；与听觉有关的有拙政园“听雨轩”、“留听阁”等，后者来自唐代李商隐的“留得枯荷听雨声”之句，是赏秋荷听雨的绝佳之处；因院内植有桂花而得名的留园“闻木樨香轩”则是巧用嗅觉因素的案例。这些富有内涵的景名使中国古典园林更具意境，增色不少。

拙政园“远香堂”之名取自宋代周敦颐“香远益清”的名句（左图）；拙政园“与谁同坐轩”之名取自苏轼“与谁同坐，明月清风我”的名句（右图）。

(4) 丰富的空间设计

中国古典园林的空间营造借鉴诗画的章法，如空间序列讲究抑扬顿挫、起承转合、迂回曲折、有韵律感；空间设计追求以小见大、留有想象空间；空间形态崇尚自然、形式变化多端，希望给人以探究和想象的余地，避免景观一览无余。在造园时往往综合使用多种设计手段，以达到上述目的。

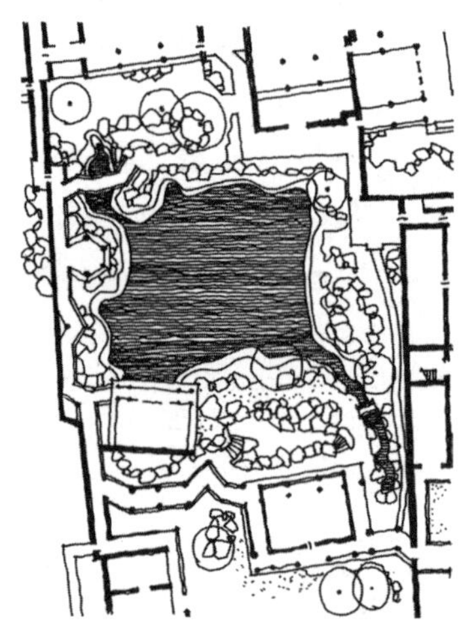

● 适度遮挡、避免直白——利用山石、树木、建筑等进行遮挡，对游人的视域加以控制，达到在有限空间中营造无限空间的感受效果，给人以想象的空间。

网师园：将水体源头藏于小桥和山石背后，给人以水面绵长无尽的错觉和空间扩大之感觉（左图）。艺圃浴鸥小院：院墙遮挡了园内大部分景观，透过月亮门才能窥得部分园内景象，留下了想象空间，也使得园林更具有层次感（右图）。

● 善用“借景”、扩展空间——这是中国古典园林突破园林自身的边界、扩展空间感的有效手段，在空间相对狭小的私家园林空间中显得尤其重要。

拙政园通过借景，将园外远处的北寺塔纳入园景之中，使游客对园林空间规模的感受大为扩展（右图）。使用“借景”手法的著名案例还有皇家园林颐和园中的“湖山真意”。

● **空间序列、抑扬顿挫**——园林设计中可以通过空间的开合与大小、建筑的疏密、高低与主次对比变化等手段，形成抑扬顿挫、富于变化的空间序列及景观效果。颐和园中的谐趣园就是运用这种手法的优秀实例。

颐和园谐趣园平面

A. 进入谐趣园宫门，正对L形水面转角处的饮绿与洗秋两个临水建筑，无法看到园内全景，避免园内景观一览无余。

B. 饮绿亭与院内主要建筑涵远堂、洗秋轩与入口宫门分别位于南北向和东西向两条对景轴线上，两组建筑各自隔水相望、互为对景。同时，两条轴线也为园内建筑群带来了明确的秩序感。

● **内外渗透、层次丰富**——通过不同景区空间的相互渗透与呼应，可以形成富有层次感的园林空间。

谐趣园主景区院内水面从两处与园外水体相连，延伸至园外；通过几处连廊，园外的小空间与院内主空间相互渗透，形成富有层次的空间（右图）。

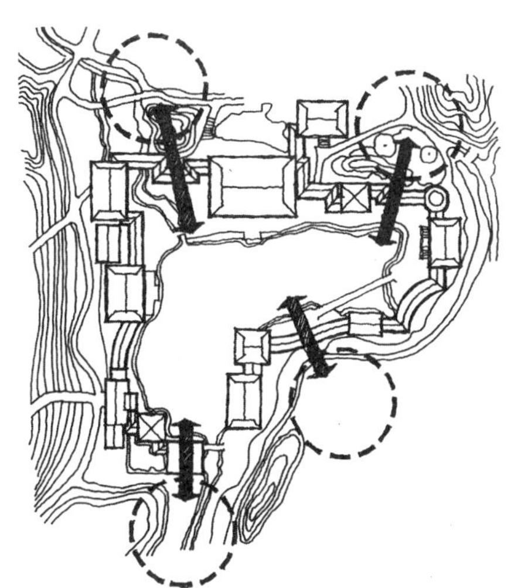

C. 知鱼桥将水面东端分为一大一小两个部分，主次分明。

D. 行至涵远堂豁然开朗，南区、东区两个景区尽收眼底，空间序列达到高潮。

2.2 西方古典建筑基本知识

古代希腊、罗马时期，创造了一种以石制的梁柱作为基本构件的建筑形式，这种建筑形式经过文艺复兴及古典主义时期的进一步发展，一直延续到 20 世纪初，成为世界上一种具有历史传统的建筑体系，这就是通常所说的西方古典建筑。

西方古典建筑对欧洲乃至世界许多地区的建筑发展曾发生过巨大的影响，它在世界建筑史中占有重要的地位。

西方古典建筑涉及各个历史时期和许多国家、地区，内容十分丰富，作为建筑基本知识，本部分主要以古典建筑中的柱式为重点，通过对柱式的学习使学生在西方古典建筑造型方面有初步的理解。

2.2.1 西方古典建筑概述

（1）公元前 8 世纪，在巴尔干半岛、小亚细亚西岸以及爱琴海各岛屿上形成了许多奴隶制的小城邦国家，如雅典、斯巴达、科林斯、奥林匹亚等，它们统称为古代希腊。

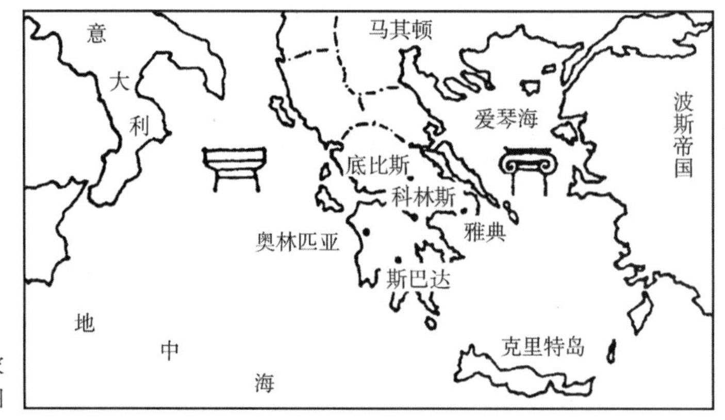

古代希腊国家分布示意图

古代希腊是欧洲文明的发源地。优越的自然条件，频繁的海上贸易以及不断的对外殖民，使希腊的经济得到迅速的发展，特别是由于在一些国家内自由民阶层（如船主、手工业者、商人等）对贵族斗争的胜利，建立了奴隶制的民主共和政体，民主政治得到发展，从而进一步促进了希腊哲学、自然科学以及文化艺术的全面繁荣，创造了对后世影响极大的光辉灿烂的希腊文化。恩格斯曾经做过这样的评价："没有希腊的文化，就不可能有欧洲的文化"。

作为希腊文化的一个组成部分，希腊的建筑艺术取得了重大的成就。希腊人建造了神庙、剧场、竞技场等各种建筑物，在许多城邦中出现了规模壮观的公共活动广场和造型优美的建筑群组，它们是古希腊广大奴隶和自由民们劳动和智慧的光辉结晶。

手持三叉戟的海神波赛冬及其战车（陶器纹样）

航海和征战需要强健的体格（雕刻掷盘者）

希腊很早就有了戏剧表演。他们建造了很大的露天剧场，演出喜剧和悲剧。

希腊人每4年一次，在奥林匹亚举行体育赛会，这是兴建在雅典的一个竞走场。

雅典的广场，它的周围耸立着圆顶庙、祭神用的圣坛，以及许多柱廊，成为当时城市公共活动的中心。

爱神维纳斯雕像（公元前2世纪）

在陶器作坊里，工匠们创造了造型优美的器皿（公元前17~前11世纪）

公元前5世纪，是古希腊最繁荣的时期。雅典人为纪念对波斯战争的胜利，重建了雅典的卫城，它的建筑群组是由山门和三个神庙共同组成的，建筑物造型典雅壮丽，在建筑和雕刻艺术上都有很高的成就。它是古希腊劳动人民留给后世的一项宝贵建筑遗产。

雅典卫城建造在雅典的一个小山丘上。它是希腊的宗教圣地。雅典人每年举行一次盛大的仪式，到这里祀奉他们的城邦保护神——智慧女神雅典娜。

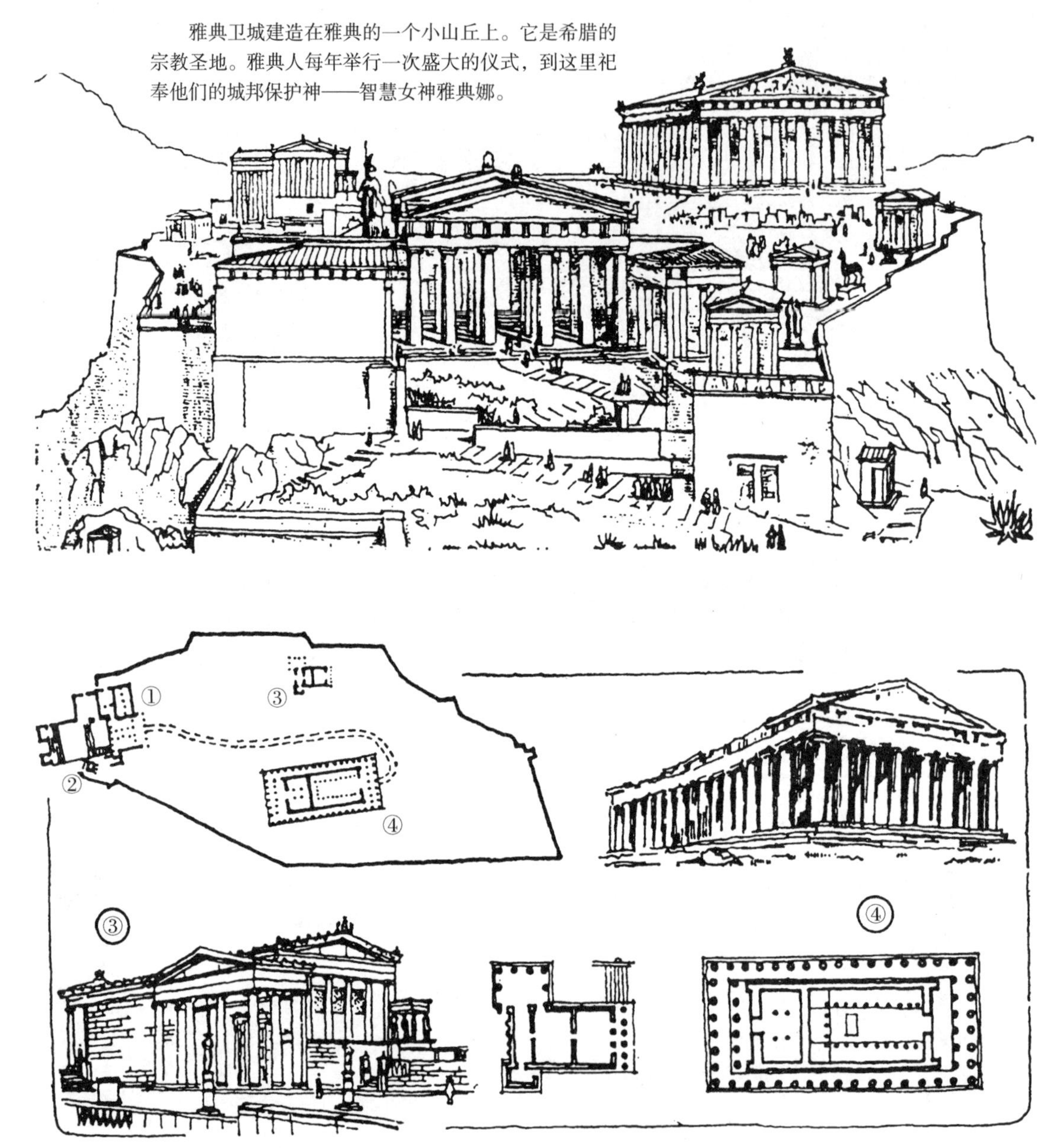

①卫城山门②胜利神庙③伊瑞克提翁神庙（公元前421~前406年）④帕提农神庙（公元前447~前431年）

希腊的石制梁、柱结构

由墙、柱和梁承受屋顶的重量，屋顶上是木制的檩、椽和石板瓦。柱子是由鼓形的石料分段拼合而成的。环绕在建筑四周的围廊可用于室外的宗教仪式活动。

希腊建筑中的柱式

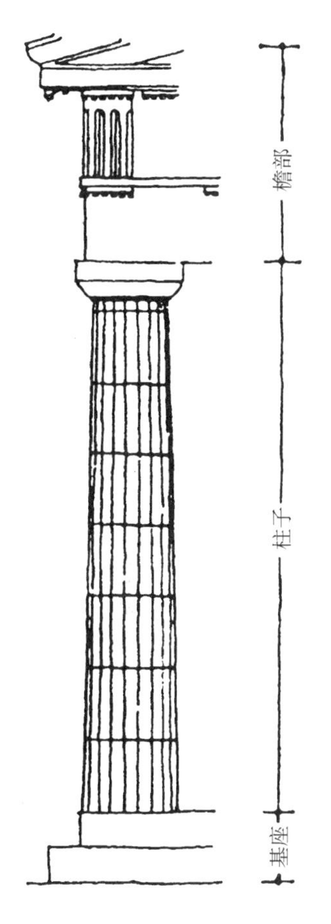

希腊建筑对后世影响最大的是它在庙宇建筑中所形成的一种非常完美的建筑形式。它用石制的梁柱围绕着长方形的建筑主体，形成一圈连续的围廊，柱子、梁枋和双坡顶的山墙共同构成建筑的主要立面。

经过几百年的不断演进，这种建筑形式达到了非常完美的境地，基座、柱子和屋檐等各部分之间的组合都具有一定的格式，叫做“柱式”。柱式的出现对欧洲后来的建筑有很大影响。

（2）公元前6世纪，罗马建立了共和国，在一连串的扩张战争中取得了地中海的霸权。公元1世纪，罗马成为地跨欧、亚、非三大州的强大军事帝国。大量财富的集中，无数奴隶的劳动筑起了罗马帝国的高楼大厦，罗马城里到处耸立着豪华的宫殿和庙宇，雄伟的凯旋门和纪功柱。

当年罗马城内的罗曼努姆广场——广场上修建有凯旋门、纪功柱和神庙、法庭、档案库等各种建筑物。

罗马的上层社会尽情享乐、腐化成风，在全国各地兴建了许多规模宏大的浴室、剧场、跑马场和斗兽场。

罗马的拱券建造技术——卡瑞卡拉大浴室，长方形大厅是温水浴场，后面圆拱顶下是热水浴场。

罗马人发明了由天然的火山灰、砂石和石灰构成的混凝土，在拱券结构的建造技术方面取得了很大的成就，罗马各地建造了许多拱桥和长达数千米的输水道。罗马的万神庙拱顶直径达43m。可容数千人的卡瑞卡拉大浴室内设冷、温、热三池，厅堂鱼贯，充分显示了罗马工匠发券和筑拱的技术水平。

在建筑艺术方面，罗马继承了希腊的柱式艺术，并把它和拱券结构结合，创造了券柱式。罗马的建筑物在艺术风格上显得更为华丽奢侈。

罗马的建筑师维特鲁威编写了《建筑十书》，对建筑学进行了系统的论述，其中包括对希腊柱式的总结。

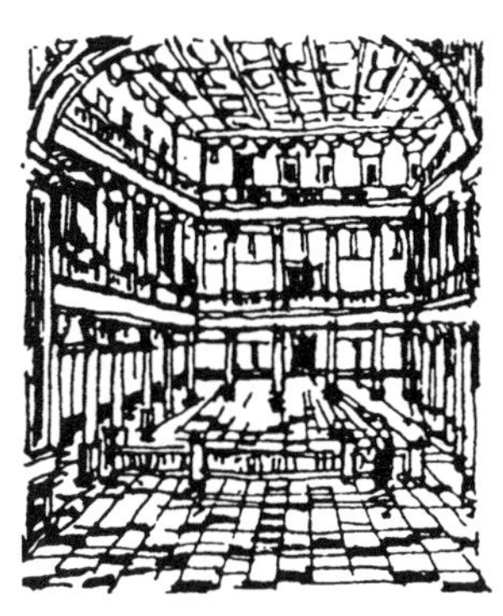

罗马法庭中的券门洞

罗马浴室中的拱顶

庞培城的城门券洞

罗马大斗兽场的券廊

尼姆输水道的连续券

罗马人把发券和柱式结合起来——某剧场片断

（3）罗马灭亡后，欧洲经过漫长的动乱，进入封建教会时期，其间流行的是以天主教堂为代表的哥特式建筑。直到 15 世纪，意大利开始了文艺复兴运动，欧洲的建筑发展又进入了一个新时期，被埋没了近千年的古典柱式重新受到重视，又被广泛地运用在各种建筑中。

意大利仑德别墅及其庭院

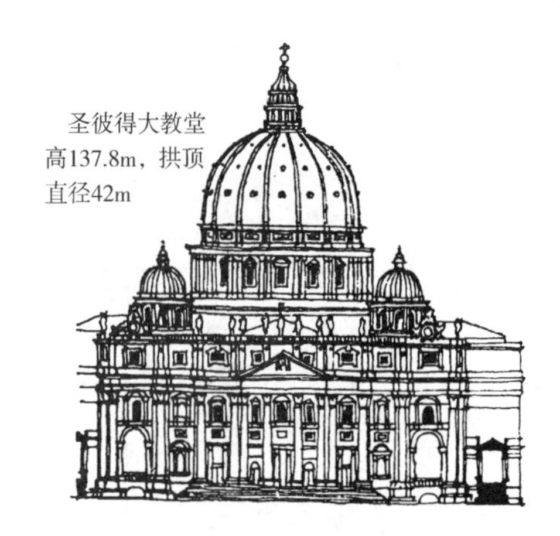

圣彼得大教堂
高137.8m，拱顶直径42m

文艺复兴时期的建筑并没有简单地模仿或照搬希腊、罗马的式样，它在建造技术上、规模和类型上以及建筑艺术手法上都有很大的发展。从意大利开始、遍及欧洲各国先后涌现了许多巧匠名师，如维尼奥拉、阿尔伯蒂、帕拉第奥、米开朗基罗……著名的圣彼得大教堂就是这一时期建造的。各种拱顶、券廊特别是柱式成为文艺复兴时期建筑构图的主要手段。

柱式和发券在墙面处理中的应用

接着，法、英、德、西班牙等其他欧洲国家也都步意大利的后尘，群起效仿，或修建府邸，或营造宫室。

1671年，法国巴黎专门成立了皇家建筑学院，学习和研究古典建筑。从此直到19世纪，以柱式为基础的古典建筑形式一直在欧洲建筑中占据着绝对的统治地位。

但是，一些建筑师过于热衷古典建筑造型中的几何比例和数字关系，把它们看作金科玉律，追求古希腊、罗马建筑中所谓永恒的美，发展为僵硬的古典主义和学院派，走上了形式主义的道路。

法国建筑师为路易十四扩建了长达400m的凡尔赛宫（1661~1756年）

英国的贵族府邸荷华特堡

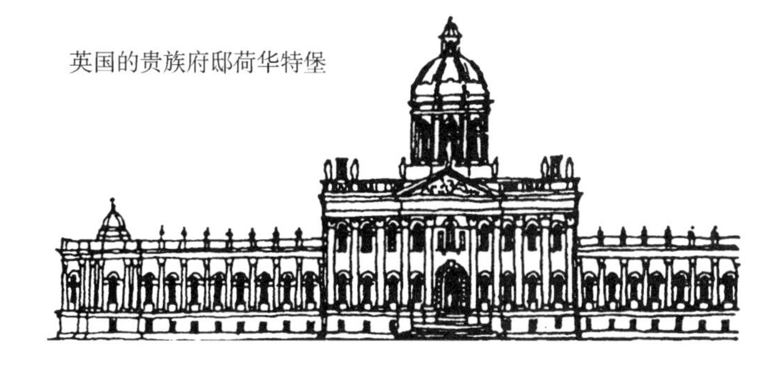

美国国会大厦（华盛顿 1793~1827）

（4）公元17到19世纪，在资产阶级革命和取得政权的最初年代里，欧洲和美洲等各地先后兴起过希腊复兴和罗马复兴的浪潮。新兴的资产阶级所修建的各种国会、议会大厦、学校和图书馆等仍采用着古典的建筑形式。

处于资产阶级革命前夕的沙皇俄国也在莫斯科和彼得堡等地建造了各种古典形式的大型公共建筑。

适应资本主义生产关系的银行、交易所等常常被勉强地塞进古希腊神庙的外壳里，新的功能内容和新材料新技术与古典建筑形式之间的矛盾越来越突出了。

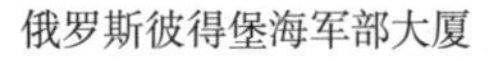

俄罗斯彼得堡海军部大厦

费城联邦限行分行

弗吉尼亚议会大厦

纽约海关大厦

彼得堡矿业学院

（5）在半封建半殖民地的旧中国，随着各帝国主义国家的政治、经济和文化入侵，在上海、天津、北京和青岛等城市中，也曾建造过一批西方古典形式的建筑物，如银行、海关大楼等，其中相当一部分都是由那些入侵国家的建筑师所设计的。

如今，西方古典建筑作为欧美乃至世界建筑主流的时代虽然已经过去了，但是作为人类建筑遗产中的一个重要组成部分，它的影响并没有消失，人们还在不时地回顾其精华，并不同程度地付诸实践，因此，如何对待西方古典建筑，仍然是当今建筑理论和实践中的一个课题。

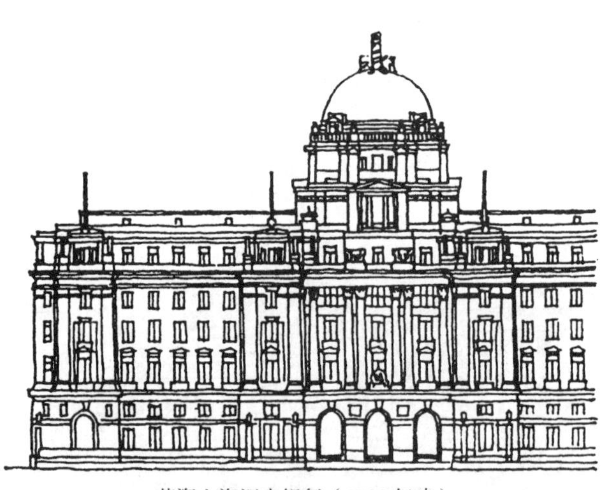

英资上海汇丰银行（1923 年建）

2.2.2　西方古典柱式

柱式是西方古典建筑最基本的组成部分，了解西方古建筑艺术造型的特点应首先从柱式入手。

1）柱式的组成

经过文艺复兴时期的总结，柱式共分为5种，这里介绍的是它们所共有的一些基本组成部分。

（1）柱式一般由檐部、柱子、基座三部分组成，有时则只包括前两部分。各部分名称如右图所示。

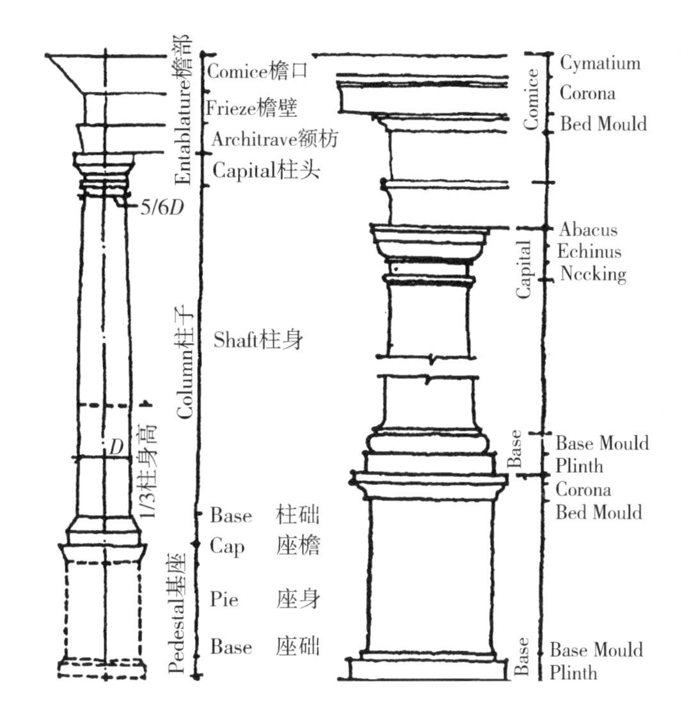

（2）柱子是主要的承重构件，也是艺术造型中的重要部分。从柱身高度的1/3开始，它的断面逐渐缩小，叫做收分，柱子收分后形成略微向内弯曲的轮廓线，加强了它的稳定感。

（3）檐部、柱子、基座又分别包括若干细小的部分，它们大多是由于结构或构造的要求发展演变而来的。

（4）檐口、檐壁、柱头等重点部位常饰有各种雕刻装饰，柱式各部分之间的交接处也常带有各种线脚。

（5）柱式各部分之间从大到小都有一定的比例关系。由于建筑物的大小不同，柱式的绝对尺寸也不同，为了保持各部分之间的相对比例关系，一般采用柱下部的半径作为量度单位，称做“母度”(Module)。母度的作用相当于我国古代建筑中的“斗口”。

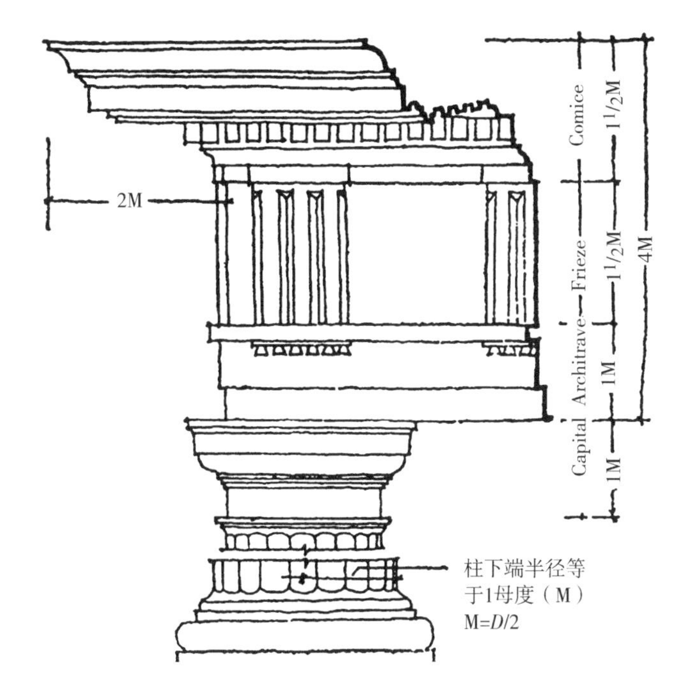

2）柱式的性格和比例

希腊时期有三种柱式，罗马时期发展为五种，文艺复兴时期又对这五种柱式做了总结整理。各种柱式的性格特点主要是通过不同的造型比例和雕刻线脚的变化体现出来的。

（1）希腊的三种柱式：

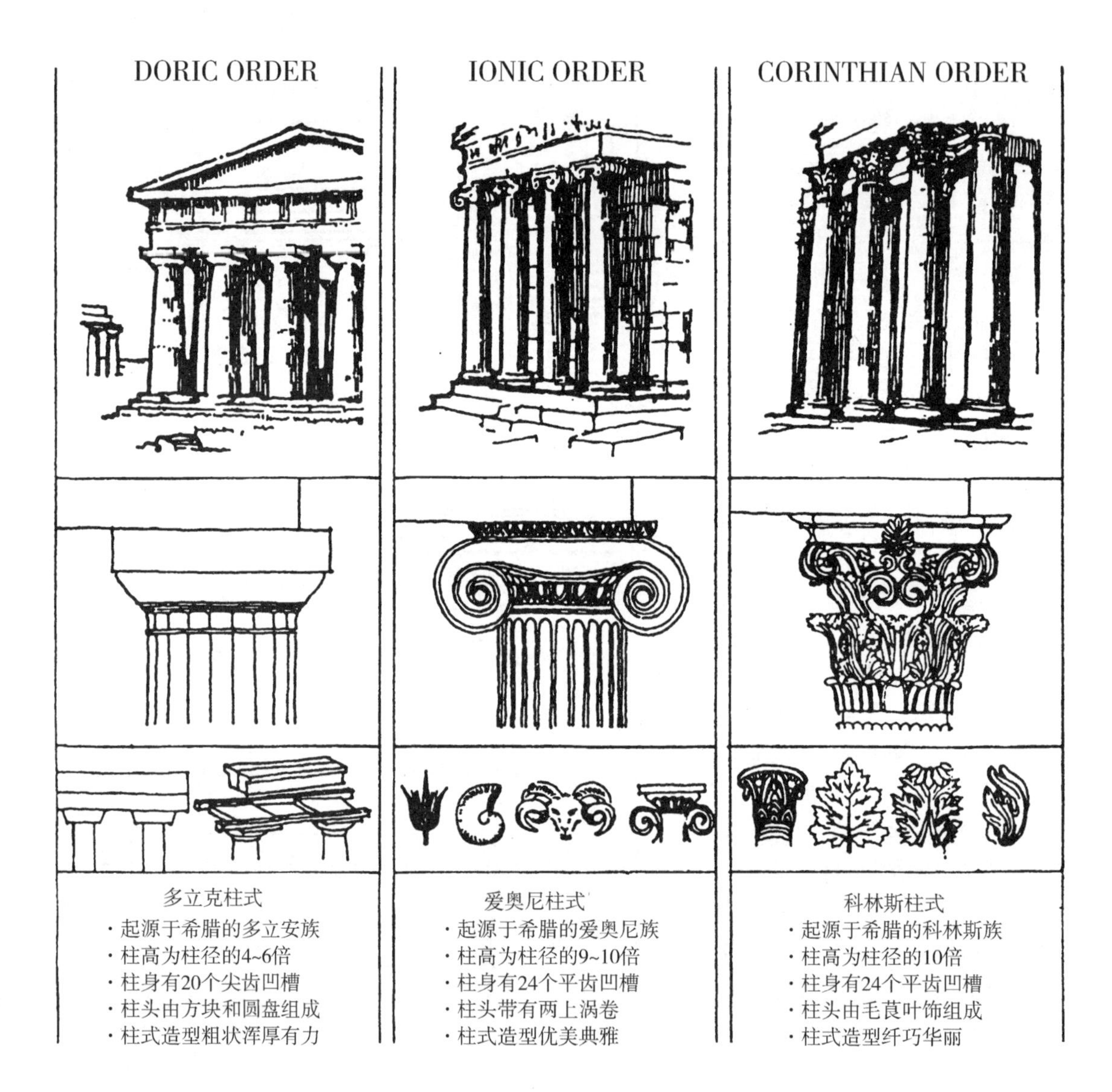

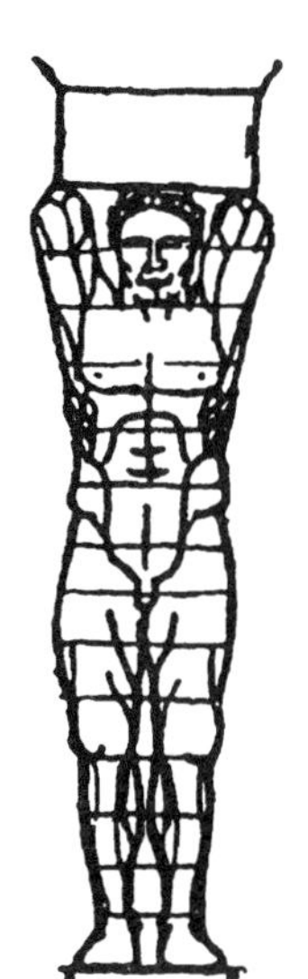

西西里岛的奥林匹亚宙斯神庙。在多立克柱列之间设置了一排高达8m的男像（ATLANDA），雕像体态健伟，采用把手臂弯曲到头部的姿态，用力地支撑着上面厚重檐口，发达的肌肉证明了他们的力量。

雅典卫城的伊瑞克提翁神庙的女郎柱廊，它用六个女像（CARYATID）支撑檐部，她们的体态轻盈，双手下垂，重量似乎只落在一条腿上，另一条腿膝头微曲，宁静地支撑起上部的荷重，形象娴雅秀美。

希腊的大雕刻家、雅典卫城的总建筑师费地曾经说过“再也没有比人类形体更完善的了……”。古希腊对人体美的重视和赞赏在柱式的造型中具有明显的反映，刚劲、粗壮的多立克柱式象征着男性的体态和性格，爱奥尼柱式则以其柔和秀丽表现了女性的体态和性格。

（2）罗马人继承了希腊的三种柱式，同时又增加了另外两种柱式：

塔司干柱式 (TUSCAN ORDER) 是罗马原有的一种柱式，柱身无槽。

混合柱式 (COMPOSITE ORDER) 由爱奥尼和科林斯混合，更为华丽。

此外，使希腊原有的三种柱式也发生了一些变化，罗马帝国骄侈享乐的社会风气，建筑物的巨大尺度，使罗马的柱式比例中柱子更为细长，线脚装饰也趋向复杂。

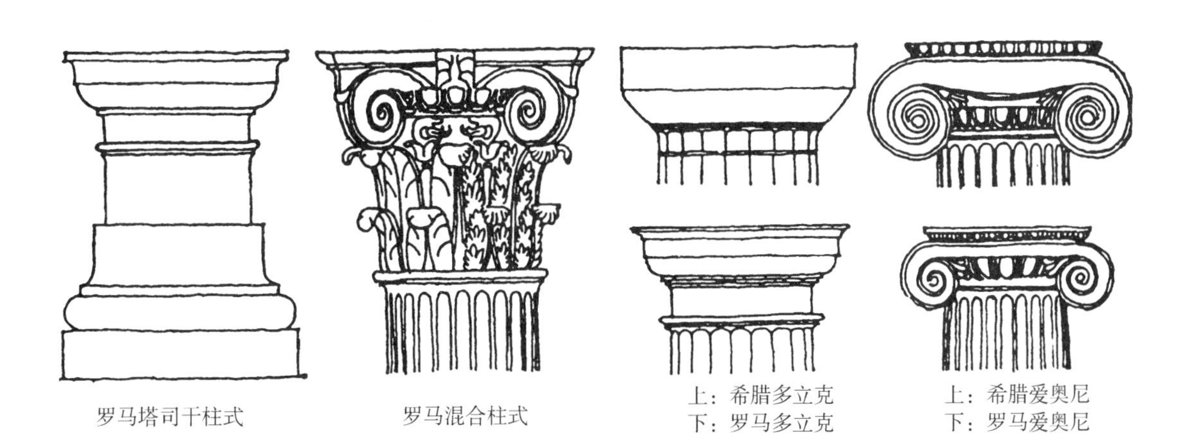

罗马塔司干柱式　　罗马混合柱式　　上：希腊多立克
下：罗马多立克　　上：希腊爱奥尼
下：罗马爱奥尼

（3）希腊和罗马的各种柱式虽已形成了固定的风格和基本的比例，但由于它们都经历了一定的发展和演变过程，所以同一种柱式在各建筑物中常因具体情况而互有差异。文艺复兴时期的建筑师从对古建筑的大量测绘中，以罗马的五种柱式为基础，制订出严格的比例数据，总结成一定的法式，其中以意大利人维尼奥拉 (Vignola)、阿尔伯蒂 (Alberti) 等所制定的柱式规范对后来影响较大，一般对古典柱式的学习常以它们为蓝本。

各部分名称			塔司干		多立克		爱奥尼		科林斯混合式		希腊多立克	
檐部	1/4	檐口	$1\frac{3}{4}$	3/4	2	3/4	$2\frac{1}{4}$	7/8	$2\frac{1}{2}$	1	2	1/2
		檐壁		1/2		3/4		6/8		3/4		3/4
		额枋		1/2		1/2		5/8		3/4		3/4
柱子	1	柱头	7	1/2	8	1/2	9	1/3(1/2)	10	7/6	4~6	1/2
		柱身		6		7		8		$8\frac{1}{3}$		4~6
		柱础		1/2		1/2		1/2		1/2		无
基座	1/3	座檐	座檐为基座高的1/9									
		座身	基座为柱高的1/3									
		座础	座础为基座高的2/9									

将左页图与本页表格对照，注意：五种柱式是在假定总高度相同的情况下进行比较的，因此它们的柱径是不等的。五种柱式各以自己的柱下端直径 D 为量度单位（D=2 母度），亦即本表中的数字均系相对于各自的柱径而言的。在这样的条件下我们可以看出：

（1）各柱式的檐部，柱子和基座的大比例关系相同，均为 1/4：1：1/3（3：12：4）。

（2）图（表）中自左至右柱子比例愈来愈为细长，柱高分别为柱径的 7、8、9、10 倍。

（3）柱头高度以爱奥尼最小 (1/3 或 1/2D)，科林斯和混合式最大$\left(1\frac{1}{6}\right)D$。

（4）柱身断面：塔司干无槽。

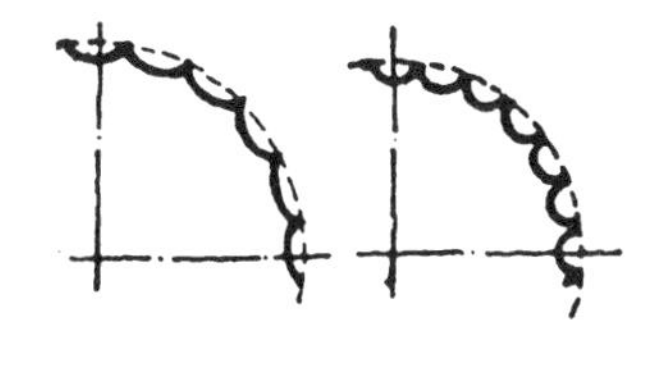

多立克 20 个连续凹槽，槽深小于槽半径。爱奥尼、科林斯及混合式均有 24 个带平齿的半圆形凹槽。

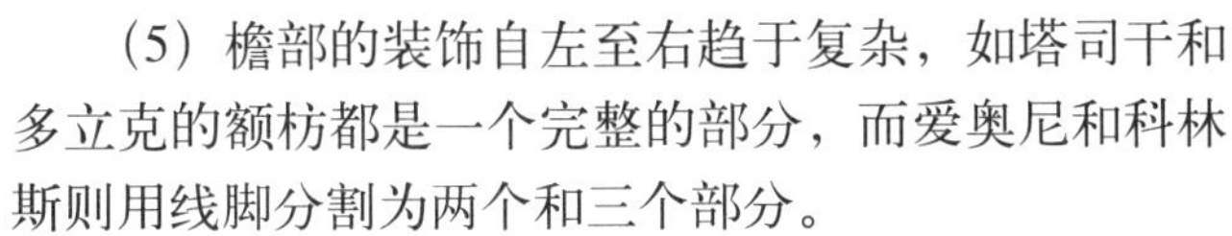

（5）檐部的装饰自左至右趋于复杂，如塔司干和多立克的额枋都是一个完整的部分，而爱奥尼和科林斯则用线脚分割为两个和三个部分。

（6）各柱式的柱础均为 1/2D，但由于 D 的绝对尺寸不同，实际上自左向右柱础在柱子中所占的比例在缩减，但它上面的线脚划分却在增多。

（7）基座分为三个部分，它们之间的比例关系各种柱式都是一样的。

参阅第 2.2.2 节后面所附柱式详图及其他有关专题书籍，还可以进行更细致的分析比较，如檐部中的檐口。它又包括三个小部分，这三个小部分在不同的柱式中又有比例上的变化等。

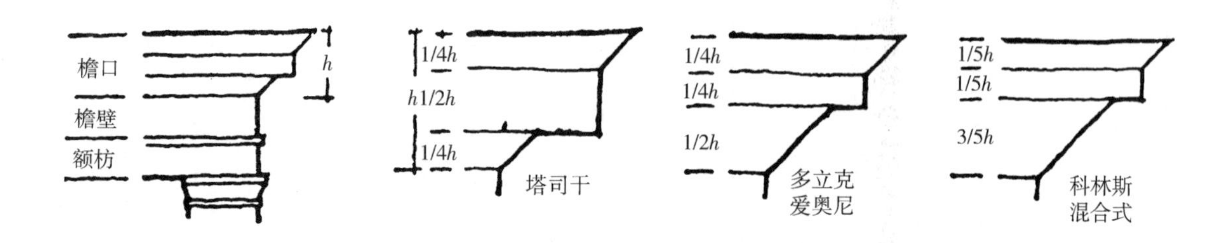

在柱式规范中，各种细部之间都有明确的比例关系，关于细部尺寸的量度，规定在搭司干和多立克柱式中，以每母度（1/2*D*）为 12 分度。而在细部更为繁杂的爱奥尼、科林斯和混合柱式中，则以每母度为 18 分度。

对于初学者来说，应该首先熟悉各种柱式的大比例关系，最好不要一开始就陷入到那些纷繁的数字比例中去。

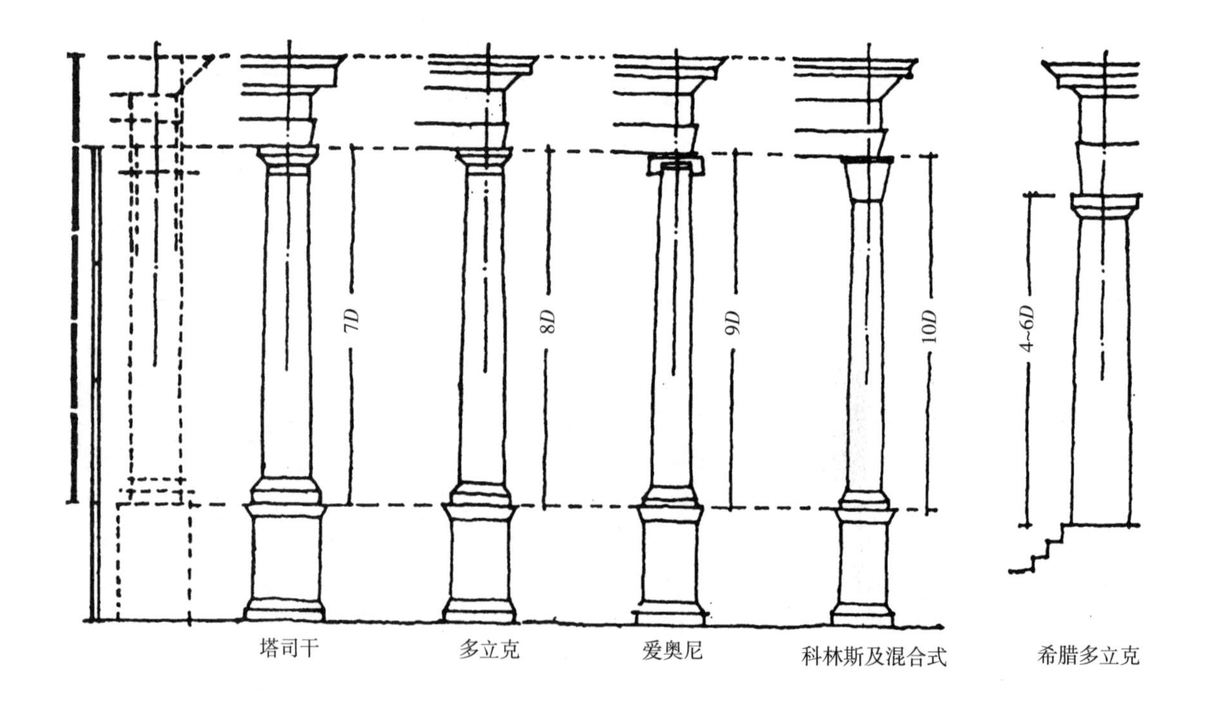

3）柱式与雕刻

雕刻艺术是希腊文化艺术中一个灿烂夺目的组成部分。希腊的人本主义思想，对泛神论的信仰以及大量的神话的战争轶事，为雕刻创作提供了丰富的题材，加上他们高超的石作技术，这一切使希腊的建筑艺术和雕刻艺术达到了水乳交融的境地。建筑师就是雕刻家，柱式不但是希腊人创造的建筑构图的一项重要手段，也是希腊人雕刻艺术的光辉结晶，后来罗马以及 15 ~ 20 世纪的古典建筑一直继承着希腊建筑中雕刻艺术的成就，雕刻在西方古典建筑中的地位，正如我国古代建筑中的彩画一样，是一个不可分割的组成部分。

建筑与雕刻的完美结合首先体现在建筑的整体造型中，这与以石材为建筑的骨架以及当时的石作技术有着直接的关系，厚重的墙体，四周环绕着密集的柱子，形成强烈的透空感，整个建筑宛若从一块巨石中雕凿出来的一般。

其次是建筑的细部和装饰，它们主要集中于山花、檐部、柱头、券洞、门套等部位。此外在屋脊、檐口、雨水槽、牛腿等具有构造作用的地方也常有各种雕饰。

这些雕刻大多为立雕或浮雕，内容可分为以下几方面：

植物纹样：常以毛莨叶、棕榈叶、忍冬叶及卷草等为母题。

几何纹样：如回纹、涡卷、连珠等。

人物：多以神话或战争故事为题材。

动物：如狮、牛、海豚以及拟想的怪兽等。

器物：如兵器、甲胄等。

文字：常见于女儿墙或额枋上，和其他雕刻不同，一般多用阴刻。

文艺复兴以后又装饰以“安琪儿”、盾徽、鹰、花瓶等，内容就更为广泛多样了。

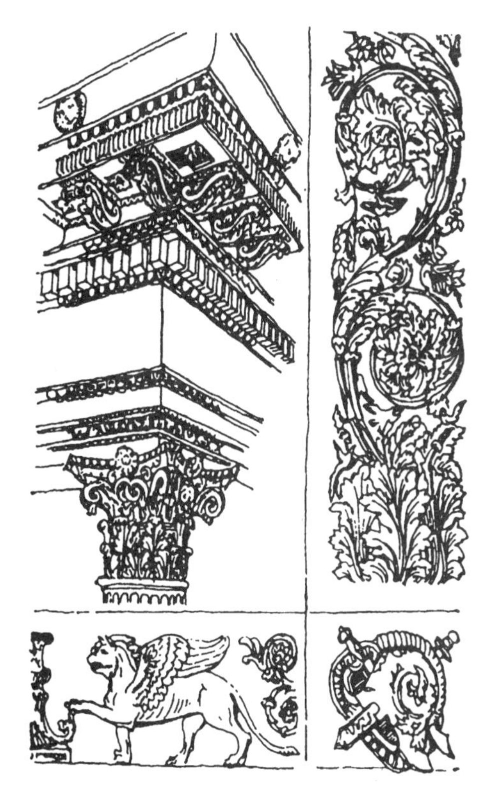

（左上）罗马科林斯柱式中的雕饰（右上）罗马住宅里的壁柱花饰

（左下）罗马某神庙的檐部雕饰（右下）文艺复兴时盔盾刀剑雕饰

①山花上部饰座
②山花面的主要雕饰
③山花下部饰座
④檐壁三陇板及陇间壁雕饰
⑤柱廊内墙壁上端的雕饰
⑥回纹饰
⑦檐口排水槽兽头
⑧柱头上的毛茛叶饰
⑨柱头上的涡卷及蛋舌形饰
⑩有时柱下部也有雕饰
⑪门套挑檐的支撑牛腿
⑫线脚中的叶饰、蛋形饰
⑬线脚中的甘菊花饰
⑭圆形雕饰

希腊建筑中的雕刻装饰

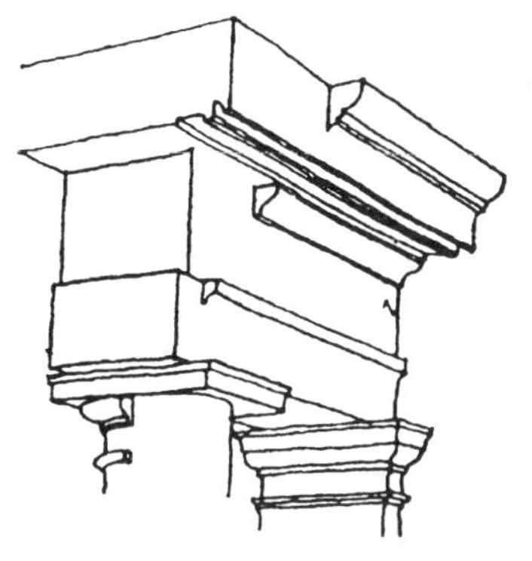
线脚在柱式中的结束或过渡作用

4）柱式和线脚

从前面的插图中，已可大致看出线脚在古典柱式中的重要性。它或者作为某一部分的结束，使之在造型上更为完整；或者处于两个部分的交接处，既分隔又联系，起着过渡衔接的作用。

法国著名作家雨果曾把古埃及、希腊和罗马的建筑比做“花岗石的书”，有人则称线脚是“石头的字母”，以说明它是古典柱式构图中一个不可缺少的基本因素。

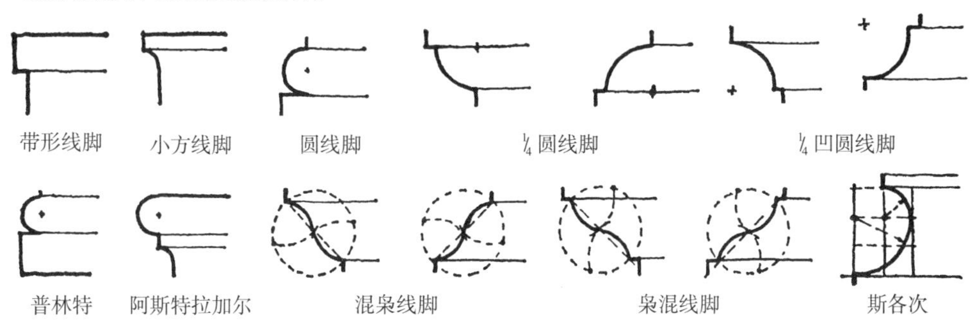

古典柱式中的线脚一般都是由几个最基本的元素组合起来的，它们可分为直线和曲线的两种，各自又有着专门的名称。

经过千百年的锤炼，柱式中的线脚组合达到了相当完美的境地。它们常常是既符合结构受力的特点以及人对支撑、悬挑等的心理作用，同时又满足人的审美要求，具有突出的装饰效果。在各种线脚组合中，常常会造成各种曲直刚柔的对比，疏密繁简的变化，以及受光、背光和阴影等不同的明暗效果。它们对丰富柱式的造型和表现柱式的不同性格有着重要的作用。

柱式的演变也包括线脚的发展变化，希腊的线脚形态自然，刚劲挺拔，它的曲线轮廓很难用规整的弧线表现，而罗马的线脚则多采用直线与半圆或1/4圆等进行组合。

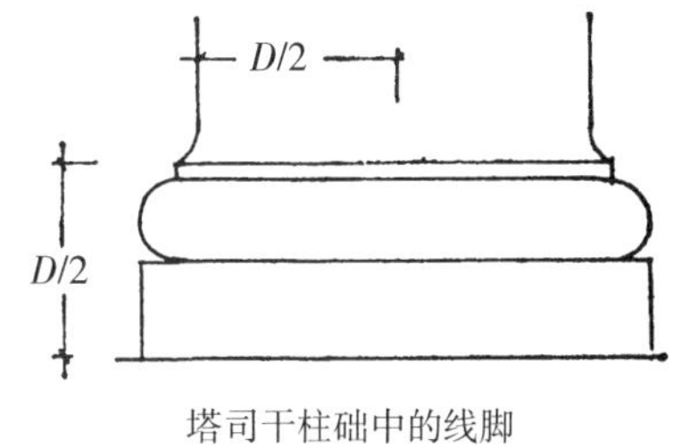

塔司干柱础中的线脚

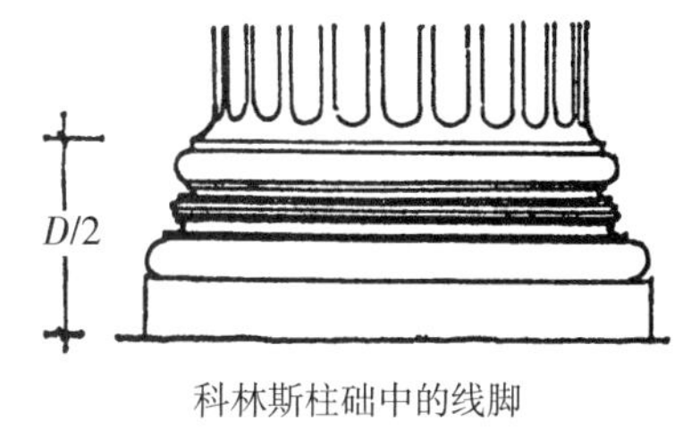

科林斯柱础中的线脚

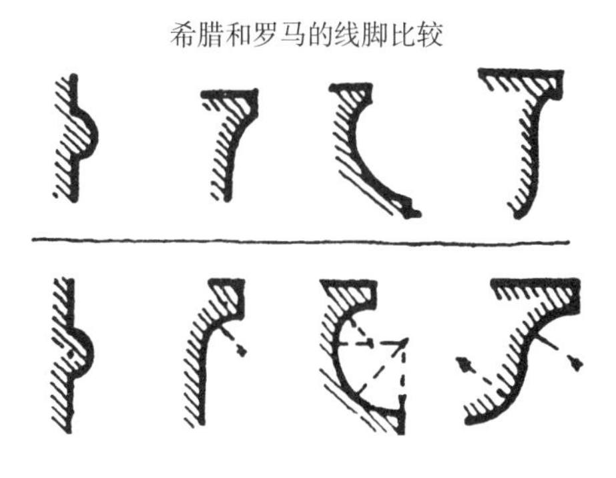
希腊和罗马的线脚比较

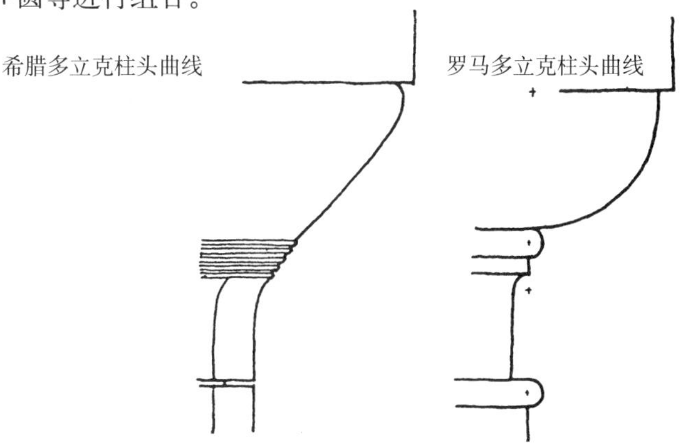
希腊多立克柱头曲线

罗马多立克柱头曲线

2.2.3 柱式的组合

柱式是西方古典建筑中的最基本部分，它的各种组合构成了变化多样的内部的和外部的立面构图（参见概述部分插图）。常见的柱式组合包括有列柱、壁柱、倚柱、券柱等。

意大利伯齐小教堂的圆形围廊

圣彼得教堂广场上的半圆形空廊

1）列柱

就是像希腊最早所采用的那样，由一排柱子共同支撑着檐部。它可以在建筑的一个面形成柱廊，也可以形成矩形或圆形的围廊。

列柱依靠柱子的重复排列而产生一种韵律感。采用不同的柱式和不同的开间比例，又会使建筑表现出不同的艺术效果。

在西方古典建筑中，把山墙的一面作为建筑的主要面（主要出入口所在），檐部上面的三角形山墙叫做山花，是立面构图的重点部位。此外，西方古典建筑的开间比例瘦长，柱子的间距在一般情况下都是相等的，这些都是和以木材为骨架的我国古代建筑所不同的地方。

英国大英博物馆——爱奥尼柱廊围成门形空间，“山花”构成建筑的重点

两个入口处理——一个用圆倚柱、另一个用双的方形壁柱强调门洞的轴线位置

2）壁柱和倚柱

壁柱虽然保持着柱子的形式，但它实际上只是墙的一部分，并不独立承受重量，而主要起装饰或划分墙面的作用，按凸出墙面的多少，壁柱可分为半圆柱、3/4 圆柱和扁方柱等。

倚柱的柱子是完整的，和墙面离得很近，主要也是起装饰作用，倚柱常常和山花共同组成门廊，用来强调建筑的入口部分。

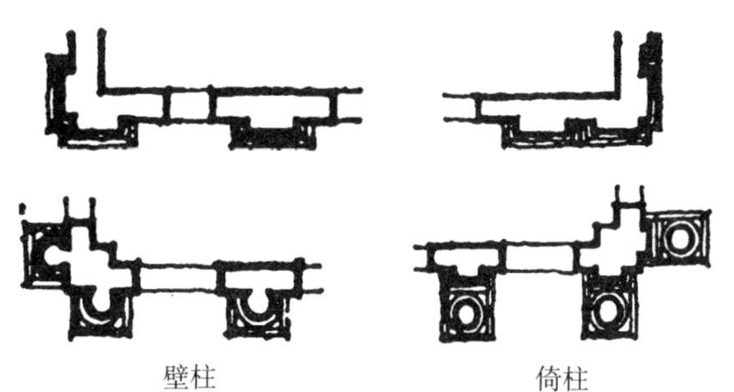

壁柱　　　倚柱

采用壁柱和倚柱打破墙面的单调感并突出入口部分

3）券柱式和帕拉第奥母题

券柱式从罗马开始。罗马人用发券代替梁枋，使建筑物的立面构图增加了活泼的曲线。

立面上重复安排同样的发券洞口称为“连续券”。在券洞的两侧设置柱子就成了“券柱式”。券柱式中的柱子已经没有结构作用，它们一般采用壁柱的形式或做成独立于墙外的“倚柱”。

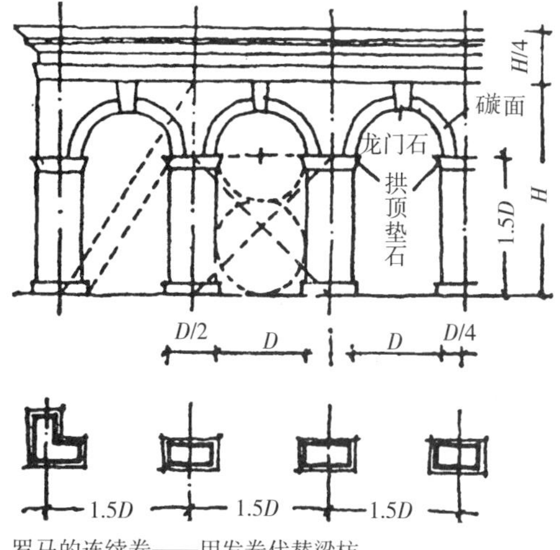

罗马的连续券——用发券代替梁枋

连续券：券洞高为券洞宽的两倍；拱券垫石高为券洞宽的 1.5 倍；两券间墙面为券洞宽的一半（罗马发券的常用比例）。

罗马凯旋门中的发券和倚柱

由于发券和柱式的结合，古典建筑的构图手法更为丰富了。文艺复兴时期的意大利建筑师帕拉第奥把两个大柱子之间的方形开间里，又增加了两对小柱子，由它们承托券面，这样每个开间就被分割为三个部分——左右两个瘦长的小洞口和中间带有发券的大洞口，从而造成了柱子有粗细高矮、洞口又有大小曲直的丰富变化。他采用这种手法把各个开间左右延续、上下叠合，使建筑物显得完美和谐，富于韵律感。人们把这种处理手法称为“帕拉第奥”母题。

帕拉第奥设计的意大利维琴察法庭

4）巨柱、双柱和叠柱

巨柱是指两层以上的建筑在立面上柱子贯通整个高度，双柱是将两个柱子并在一起，叠柱则是将柱子按层设置，巨柱可使建筑显得高大雄伟，双柱和叠柱在构图上富于韵律感。

第 2.2.3 节着重介绍了柱式及其组合。我们可以从各插图中看到，柱式是古典建筑构图中最基本的内容。伴随着希腊庙宇建筑发展成熟起来的柱式体系，经过罗马的充实，被广泛地用于各种类型的建筑中，成为西方古典建筑的一个最鲜明的特征。

我们可以从柱式的组成、各部分间的比例关系及线脚组合等，看到西方古典建筑中的一个基本特点，即强调构图的完整性和主从关系的配合。柱式分为三段，柱子也分为三段，柱头又分为三段……。从整体到局部，每部分都有头有尾，有主有从，透过一系列的比例关系所显示出来的正是它们的整体与分部、分部与分部间的和谐与完美的关系。

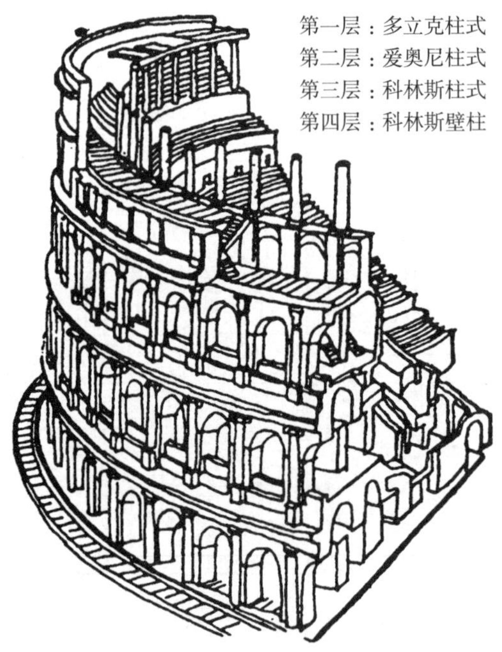

罗马大斗兽场的叠层券柱式

古希腊波赛冬神庙（上）和英国文艺复兴时期的一个桥亭（下）

柱式体系使它们表现出统一的风格

2.3　西方现代建筑简介

近两百多年以来，世界各主要资本主义国家先后经历了资本积累、自由竞争而进入了资本垄断阶段，为了适应社会发展的需要，西方国家创造了完全不同于封建社会时期的建筑。建筑的数量、类型与规模飞快发展，新的社会要求促进了对建筑功能的重视，社会生产力的发展推动了建筑技术的进步和工业化生产的到来，对建筑需求的大众化、普遍性进而对建筑的经济性提出了更高的要求，近代工商业资产阶级对建筑的众多要求使建筑业的生产经营转入资本主义经济轨道……，以上种种因素使建筑领域内发生了几千年来世界建筑史上从所未有的发展与变化，并形成了与古典建筑截然不同的建筑艺术风格。

在建筑史中，一般将 18 世纪后半叶至第一次世界大战期间划分为近代建筑；自第一次世界大战至今划分为现代建筑。

继 18 世纪末英国工业革命后，西欧和北美于 19 世纪进入工业化时期，虽然直至 19 世纪末，传统的建筑观念仍占主导地位，但展示工业、商业和交通运输业大发展的博览会已在 19 世纪兴盛，给建筑业以显示成就的机会。社会生产力的发展、经济水平的提高、科学技术的进步，使 19 世纪后期在欧洲出现了新的文化艺术思潮，它促使欧洲各地涌现出许多探寻新路、努力创新的建筑师，他们的活动于 19 世纪末到 20 世纪初汇合成“新建筑运动”。两次世界大战之间的 1920 年代至 1930 年代，西方建筑发生了具有历史意义的转变——现代主义建筑思潮的形成与传播。战后的经济复苏促使建筑师中的改革派面对现实，注重经济，并逐渐形成新的建筑观念，成为现代主义建筑的奠基人和代表人物。新的建筑风格渐渐成型，并出现了一批现代主义建筑的代表作。20 世纪 50 ～ 60 年代，经济强国美国成了现代主义建筑繁荣昌盛之地，其最发达、最有代表性的建筑类型便是高层商用建筑——摩天楼。与此同时，世界各地的建筑师接受现代主义建筑原则，并在创作思想、创作手法上显示出多样发展的趋势。从 1960 年代起，又出现新的创作倾向和流派，它们指责 1930 年代正统现代主义割断历史，忽视环境文脉，指责“国际式”建筑风格。1970 年代后，世界建筑舞台呈现出新的多元化局面，1970~1980 年代期间，最有影响的是“后现代主义建筑”；1980 年代后期，“解构主义建筑”是西方建筑舞台上的又一建筑创作倾向。尽管各种建筑流派、倾向形成多元化局面，但标志着建筑史新时期开始的 1920 年代的现代主义建筑为建筑的发展开辟了道路，它不仅具有历史的功绩，而且至今仍然继续发挥作用。

本节的主要内容是：简述现代主义建筑的产生与发展、现代主义建筑的特点与具有代表性的建筑师；简介现代建筑在其发展过程中出现的不同建筑思潮与创作倾向。借此使初学者对现代建筑获取初步的了解。

2.3.1 现代主义建筑的产生

欧洲虽然在19世纪已进入了资本主义时代，可是当时在建筑领域中占主导地位的仍是古典主义的学院派，故新的建筑要求、新的功能内容与古典的建筑形式之间产生着不可避免的矛盾，而新技术、新材料的出现又为建筑的发展提供了条件，这些因素均促进了现代主义建筑的产生与发展。

1）形式与内容的矛盾

旧形式和新内容的矛盾，促使一批又一批的建筑师和结构工程师们去探索新路。从19世纪末开始，近代建筑的一些先驱者们曾先后掀起了“新建筑”运动和“现代建筑”的热潮，在不断争论和实践的过程中，他们提出了各种有益的见解。

德国建筑师格罗皮乌斯(Walter Gropius)呼吁说：“我们不能再无尽无休地复古了，建筑不是前进，就是死亡，建筑没有终结，只有继续革命。”

法国建筑师勒·柯布西耶(Le Corbusier)指出：“历史上的样式对我们来说已不复存在，一种属于我们时代的样式已经兴起，这是一次革命。”

英国　国会大厦(1840~1865年)

资产阶级需要自己的国家机器，以显示其政权的统一。但当时它所兴建的规模宏大的国会大厦却沿用了封建时代的古老式样。

英国　爱丁堡高等学校(1925~1929年)

……新的学校需要明亮的教室……这个学校却模仿着雅典卫城的外形，柱廊遮住了光线，墙上不开窗子。

巴黎车站(1847~1852年)

建筑师还不熟悉新事物对建筑的要求，甚至不承认火车站是建筑。机车直接驶入大厅，新型的铸铁屋架被罩上古老的外壳。

德国的一个自来水厂，它被设计成一座古城堡。

2）功能要求的多样化、复杂化

工业的发展和城市的扩大使房屋建造数量飞速增长，类型不断增多：国家机构的建立需要国会、行政楼；进行经济活动需要银行、交易所和市场；从事工业化生产必需的工厂、科研机构；进行文化教育的学校、图书馆和博物馆；开展文化体育活动用的各种文娱、体育设施；适应现代生活方式的住宅、医院、旅馆和购物中心；交通运输所需的车站、港口以及各种市政设施……不同类型的建筑具有不同的功能要求，这促使越来越多的建筑师认识到功能问题在建筑中的重要意义，美国建筑师沙利文 (Louis Sullivan) 指出："形式总是追随功能。"因而，对功能的重视，按功能进行设计的原则推动了近代建筑的进步。

德国通用电气公司透平机车间

由于机器制造需要充足的采光，故在柱墩间开了大玻璃窗；三铰拱屋顶可避免柱子，为生产所需的大空间创造了条件，……它被称为第一座真正的"现代建筑"，是建筑史上的一个里程碑 (设计：贝伦斯，1909 年)。

芬兰帕米欧疗养院

按功能需要进行平面布局，自由、灵活而不对称。病房大楼采用钢筋混凝土框架结构，并将建筑处理与结构特征相结合，使建筑形象清新明快、合乎逻辑，为当时的新建筑运动增添了光彩 (设计：阿尔托)。

住宅的建设反映出社会生活的变化。1930 年建造的德国柏林西门子区单元式公寓，比老式住宅节约用地，同时注意合理解决建筑的朝向、通风、隔声等问题。

纽约洛克菲勒中心

它是一座集办公、商业与娱乐等功能于一体的城中之"城"，也是世界著名的经过规划的建筑群体 (1931~1939 年)。

3）新材料、新结构与新形式

直到19世纪前，建筑一直以砖、瓦、木、石作为主要材料，几千年来没有多大的变化。资本主义生产力的发展改变了这种情况：19世纪中叶开始在建筑中使用铸铁和钢，19世纪末开始使用混凝土和钢筋混凝土，20世纪20年代以后则开始了铝材和塑料等在建筑中的应用，即使是古老的材料如木材、玻璃等的使用，也因现代科学技术的进步而不断地得到改进。

材料的进步促进了结构的发展。以钢和钢筋混凝土为材料的框架结构的大量应用是现代建筑技术发展中的一项重要成果，在框架结构中，由于墙体不承重，因而内部空间可以灵活分隔，开窗比较自由。于是，框架结构不但可提高建筑的层数，同时也带来了不同于砖石结构的建筑外貌。

钢材和大片玻璃窗在今天已习以为常，但在1851年首次被用于英国博览会建筑时，曾引起很大的震动，该建筑被人们誉为“水晶宫”。

巴黎博览会机械馆

长度420m，跨度115m，它采用了空前未有的大跨度结构。结构方法初次应用了三铰拱的原理，拱的末端越接近地面越窄，从中可见工程师对新材料、新技术与新形式的发展起了重要作用(1889年)。

芝加哥百货公司大楼

它是芝加哥学派得力支柱沙利文大师功能主义建筑设计思想的代表作，大师在高层建筑中探讨了新技术的应用。采用“芝加哥窗”而呈网格状的简洁立面体现了功能与形式的主从关系，且与工业化的新时代相符(设计：沙利文，1899 ~ 1904年)。

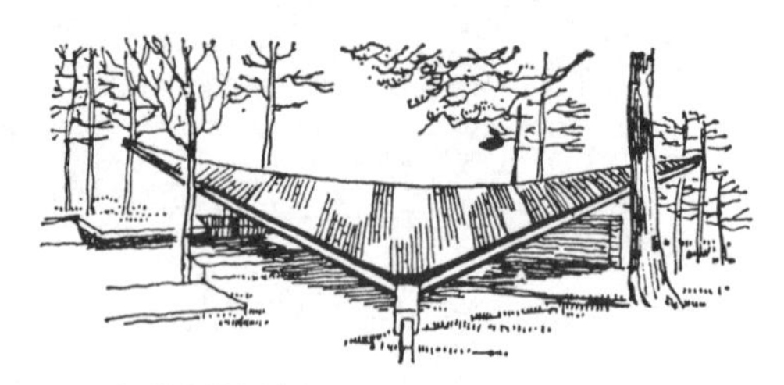

合理地使用木材，对其采用胶合拼压方法后所得材料可以建造跨度很大的结构——一个双曲抛物线形的木拱壳。

意大利罗马车站候车大厅

采用悬挑结构，雨篷挑出达 20m（1948 ～ 1951 年）。

原纽约世界贸易中心大厦

两座并列的塔式摩天楼由外柱承重，曾是世界上层数最多的大楼之一（设计：雅马萨奇，1969 ～ 1973 年）。

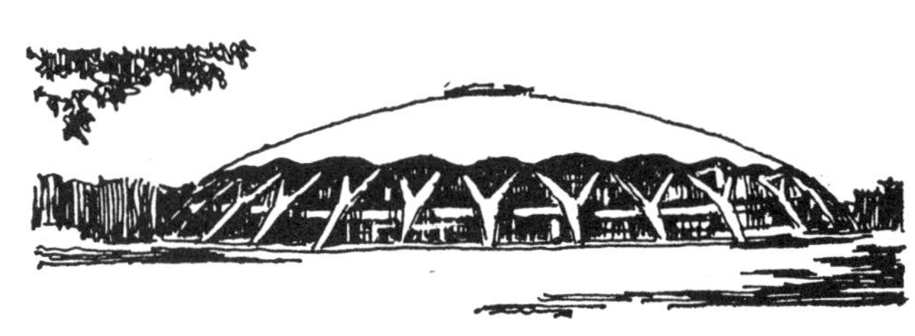

罗马小体育馆

裸露在周围的一圈 Y 形支架与带有波形边缘的网格穹窿形薄壳顶形成富有韵律感的优美构图，给人以新颖轻巧的感觉，直径为 60m 的圆形屋顶结构闻名于世（结构设计：奈尔维，1957 年）。

采用悬索结构的一个造纸工厂，宽 30m，长达 270m，车间内没有柱子。

第二次世界大战以后，新型建筑材料、新型结构形式的出现更加层出不穷，如：各种薄壳结构、折板结构、悬索结构、空间网架结构以及塑胶充气结构等。材料、技术和结构的进步又使建筑的层数不断增多，跨度不断加大，自重不断减轻，这不但为进一步满足建筑的使用功能创造了条件，而且促进了建筑形式的创新。

总之，随着新材料、新技术、新结构的发展，在满足多种功能需求的同时，也为建筑艺术形象的创造开辟了广阔的天地。现代建筑的形式可谓“变幻万千”。

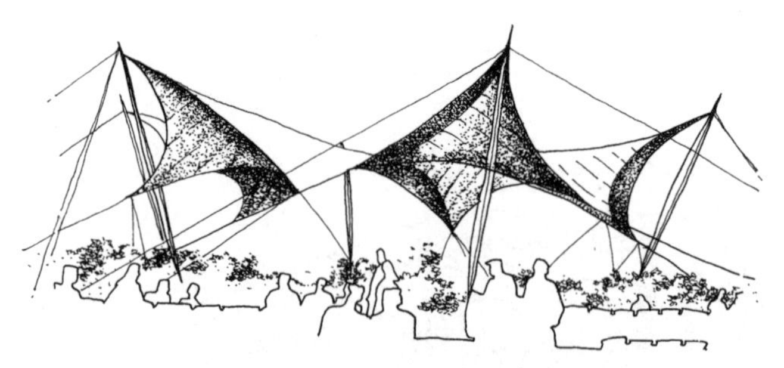

科隆国家园艺展舞台

表演区采用张拉式结构，屋盖由网索钢缆及镶嵌其间的浅灰棕色丙烯塑料屋面所组成（设计：贝尼契事务所，1971 年）。

高层办公楼像竖立的柱或板，某些郊外别墅则像平铺的板，剧场需要高起的舞台部分，展览馆需要大空间，某些教堂表现出奇特的外形……

2.3.2 现代主义建筑的代表人物及其理论

20 世纪 20 年代至 30 年代，即两次世界大战之间的时期，“现代主义”建筑思潮与流派首先在西欧形成，进而向世界其他地区扩展，并于 1928 年在瑞士成立了名为国际现代建筑协会 (CIAM) 的国际性组织。这种思潮批判因循守旧的复古主义思想，主张创造表现新时代的新建筑，并成为第二次世界大战前夕世界建筑中占主导地位的建筑潮流，使西方建筑进入了发展的新时期。现代主义建筑的代表人物及 CIAM 宣言在理论上有以下重要观点：

- 强调建筑随时代而发展变化，现代建筑应同工业社会的条件与需要相适应。
- 号召建筑师重视建筑物的实用功能，关心与建筑相关的社会和经济问题。
- 主张在建筑设计和建筑艺术创作中发挥现代材料、新结构和新技术的特质。
- 主张坚决抛开历史上的建筑风格和样式的束缚，按照今日的建筑逻辑 (Architectonic)，灵活自由地进行创造性的设计与创作。
- 主张建筑师借鉴现代造型艺术和技术美学的成就，创造工业时代的建筑新风格。

下列几位建筑大师是现代主义建筑的代表人物。

1）格罗皮乌斯（Walter Gropius，1883¯1969 年，德国）

他是“新建筑运动”的奠基人和领导人之一。他曾任工艺美术学校“包豪斯”的校长，这所学校将教学与生产相联系，力图培养新型的人才。1937 年后他便长期居留美国，主要从事建筑教育工作。他与梅耶 (Adolf Meyer，1881~1929 年) 共同设计的法古斯都工厂是第一次世界大战前最先进的近代建筑，而他最有代表性的作品包豪斯校舍以注重功能而著称，采用自由、灵活的布局，充分发挥现代材料、现代结构的特点而取得建筑的艺术效果，确为现代建筑史上的一个重要里程碑。

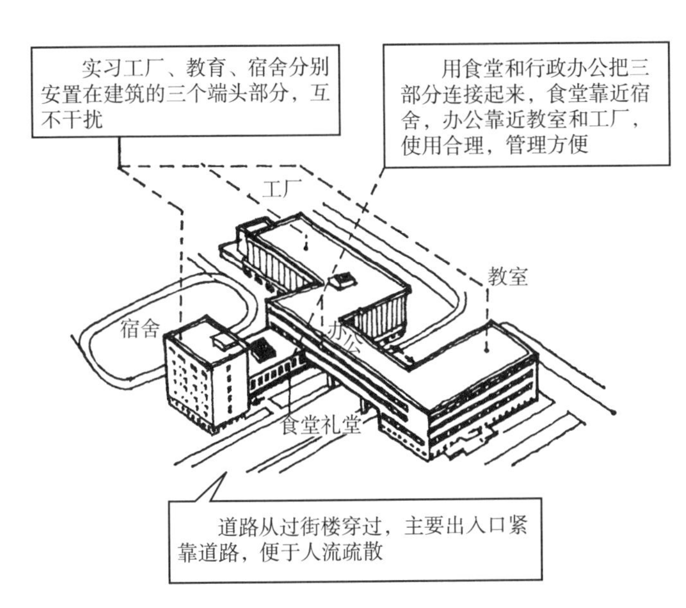

德国包豪斯工艺学校

破除学院派的对称法则，以不规则的构图手法，按功能要求对建筑加以组合，并在满足功能使用的基础上，利用材料、结构来表现新颖完美的外形（设计：格罗皮乌斯，1926 年）。

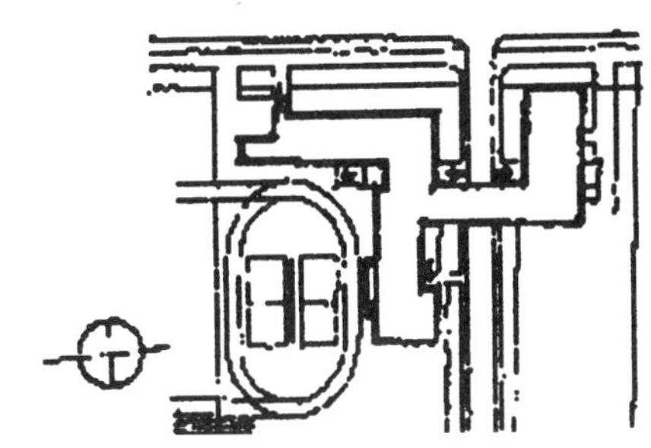

2）勒·柯布西耶(Le Corbusier，1887~1965 年，法国)

他是法国激进的改革派建筑师的代表，也是 20 世纪最重要的建筑师之一。他在《走向新建筑》一书中主张创造表现新时代新精神的新建筑，主张建筑应走工业化的道路。在建筑艺术方面，由于接受立体主义美术的观点，而宣扬基本几何形体的审美价值。他的许多主张首先表现在他从事最多的住宅建筑之中，认为“住房是居住的机器”，萨伏伊别墅是其最著名的代表作，他还将马赛公寓设计成现代化城市的“居住单位”。这两幢建筑均选用框架结构，在其中很典型地反映了他对新建筑所归纳的五点。

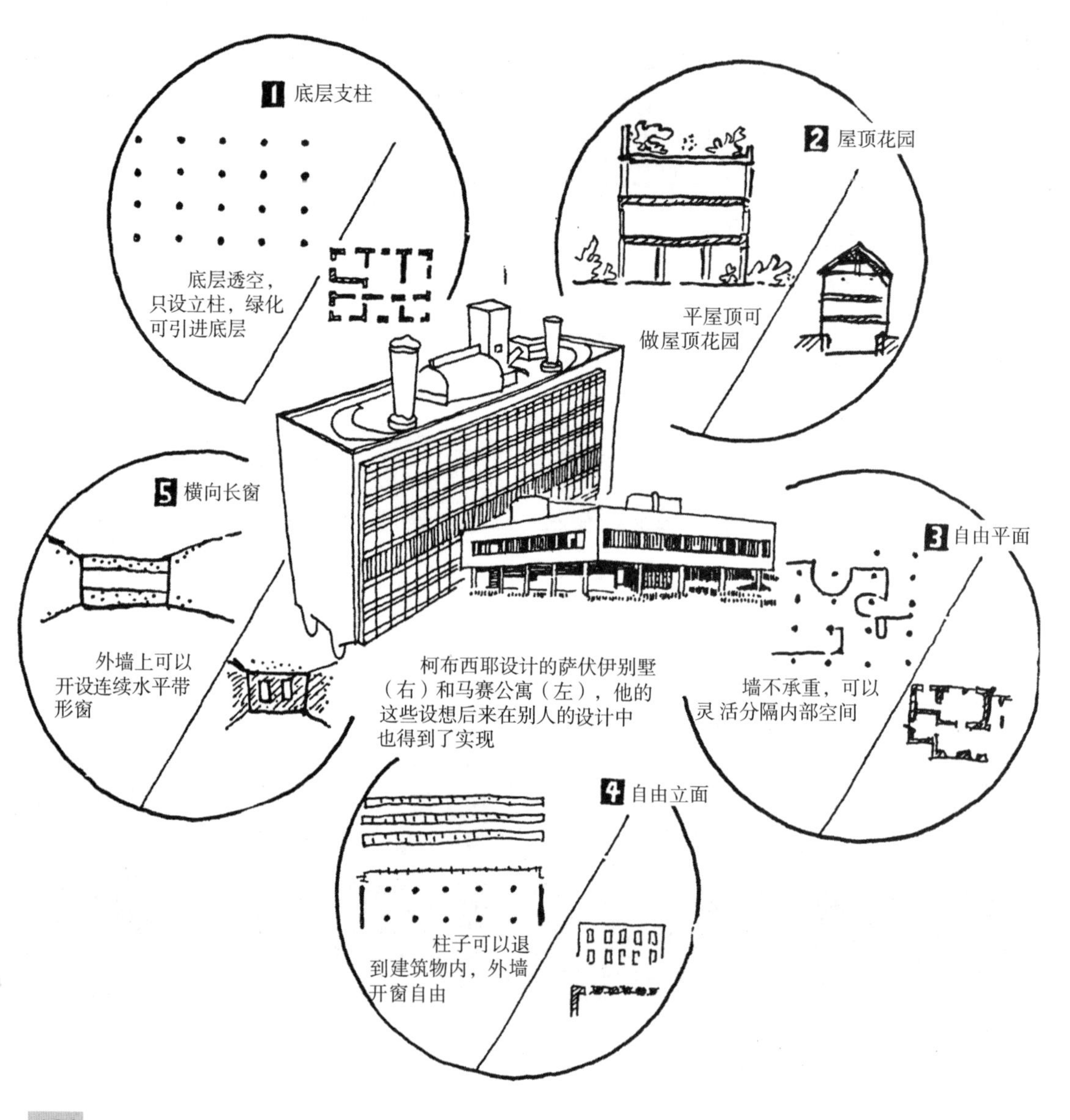

3）密斯·凡·德·罗（Mies Van der Rohe，1886~1970 年，德国）

他是现代主义建筑最重要的代表人物之一。他投身于第一次世界大战后德国大规模建设低造价住宅的实践，并于 1927 年规划、主持了德意志制造联盟在斯图加特的魏森霍夫（Weissenhof）举办的新型住宅展览会。在建筑艺术处理上他提出“少就是多”的原则，主张技术与艺术相统一，利用新材料、新技术作为主要表现手段，提倡精确、完美的建筑艺术效果。1919~1921 年，密斯曾提出玻璃摩天楼的设想。在建筑内部空间处理上，他提倡空间的流动与穿插。著名的巴塞罗那世界博览会 (1929 年) 德国馆便是他的代表作，在其中充分体现了他所提出的建筑艺术处理原则及室内空间的处理手法。

密斯设计的巴塞罗那世界博览会 (1929 年) 德国馆

材料、结构

钢框架、钢筋混凝土平屋顶，十字形断面钢柱的表面镀铬，各种名贵的大理石、云石、玛瑙石磨光墙面，白色大理石雕像……

平面布局

采用灵活开敞的平面布局，把两幢房子共同布置在一块不高的平台上，左右延伸的墙面和屋顶挑檐把它们有机地连成一个整体。主体部分的内墙、外墙与 8 根钢柱完全脱开，墙面彼此穿插错落……

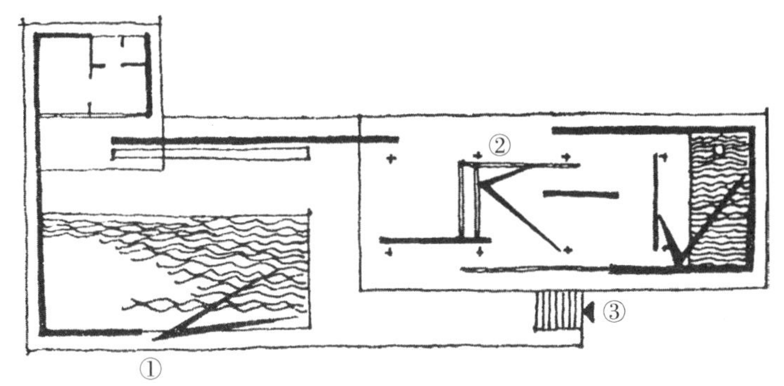

① 前后错开的大理石墙和玻璃墙把人们由室外引入室内。

② 一块华丽的玛瑙石墙把室内分为主次两个部分，它们既分又合，构成了流动空间。

③ 挑檐、延伸的墙面、水池和富于动态的雕像把人从室内吸引到室外。

①

②

③

空间效果

- 打破各自独立的“盒子”，墙、柱、屋顶可以互不牵制，利用它们之间的有机配合，有的强调“透”，有的地方强调“围”，形成多种多样的空间变化。
- 这些空间是相互连贯的，流动的，人们随着视点的移动，可以得到不断变化的透视效果。
- 墙、台阶、屋檐以至家具、雕像等都具有一定的方向性，暗示出空间的变化和人的行进路线。
- 这种变化包括从室内到室外，从室外到室内，使建筑和周围环境密切结合。

4）弗兰克·劳埃德·赖特（Frank Lloyd Wright，1869~1959 年，美国）

他是 20 世纪美国最著名的建筑师，在世界上享有盛誉。他一生的创作特点是不断地创新，对现代建筑影响很大，然而又有着不同于欧洲现代主义建筑师的独到之处，他走的是一条独特的道路。他以提倡“有机建筑论”而闻名于世，强调建筑应与自然相结合，即从属于环境的“自然的建筑”。他的早期作品“草原式住宅”曾对当时欧洲新一代建筑师产生不小的影响，他于 1936 年设计的“流水别墅”是一座别具匠心、构思巧妙的建筑名作。这座别墅利用地形而悬伸于山林中的瀑布之上，以其体形和材料而与自然环境互相渗透、彼此交融，季节的变幻使其达到奇妙的境界，故而被认为是 20 世纪建筑艺术中的精品之一。

罗伯茨住宅

它是弗兰克·劳埃德·赖特设计的“草原式住宅”中最优美的作品之一，体现了大师那富于田园诗意的创造及“草原式住宅”的特点：在造型上力求新颖，在布局上自由灵活，并与大自然融为整体（设计：弗兰克·劳埃德·赖特，1907 年）。

流水别墅

弗兰克·劳埃德·赖特于 1936 年为富豪考夫曼设计建造的一座别墅。它以穿插错落的体形组合以及与自然环境的有机结合而著称。

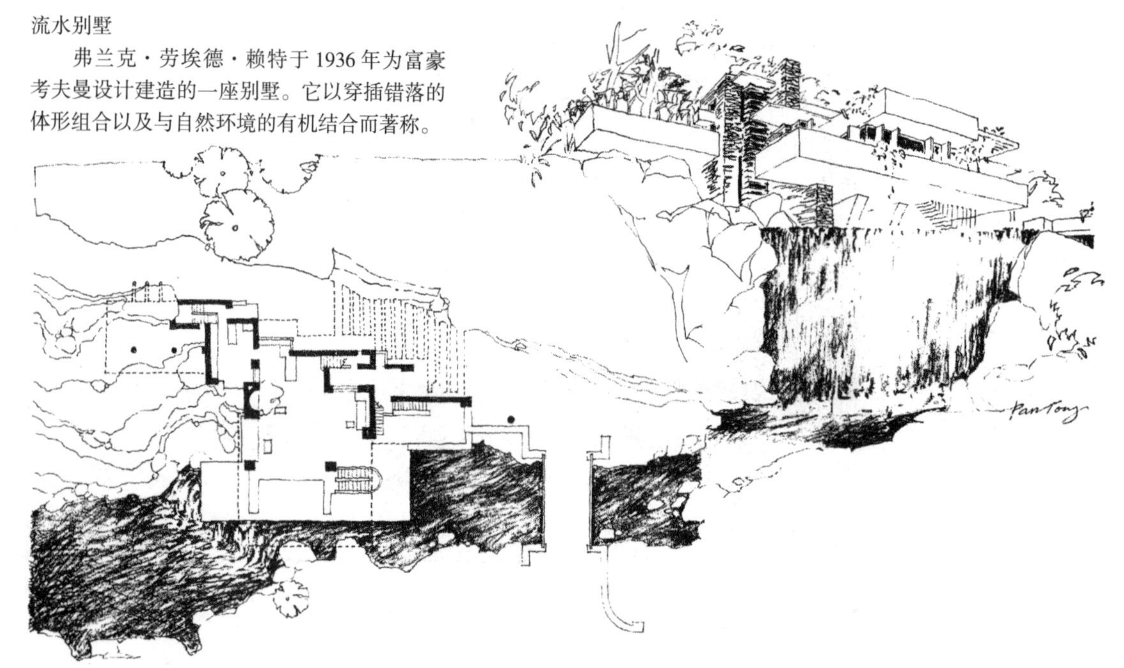

建筑坐落在一个具有山石、林木和溪流瀑布的优美环境之中，一层为起居室、餐室、厨房等，二层为卧室。建筑的前部从浇筑在岩石上的钢筋混凝土支撑悬挑出来，上下两层宽大的阳台，一纵一横，好像从山涧中“长出”的两块巨石，后面高起的片石墙和前面挑出的部分取得平衡，并形成水平与垂直的方向对比。这种自由灵活的组合，可以使人们在不同的角度看到各种丰富多变的体形轮廓。

2.3.3 现代建筑的多样发展

第二次世界大战后的 20 世纪五六十年代，由于战后恢复、重建所需，使现代主义建筑得到加速的普及与发展。1950 年代末到 1960 年代末，各先进工业国经济上升，技术发展，现代主义建筑随之进入了“黄金时代”。由于财力雄厚，技术先进，又有因受德国法西斯迫害而移居美国的现代主义建筑师，使美国成了该时期现代建筑的繁荣之处，摩天楼的大量建造成了工业文明的标志，并成为现代工业社会达到鼎盛时期建筑艺术的符号。与此同时，鼓吹“标新立异”的现象同样渗入建筑界，在现代主义建筑的原则之下，建筑师们在创作思想与手法上显示出分化和多样发展的趋势，主要可归纳为下列几种倾向。

1）技术精美倾向　在战后初期，这种倾向曾占主导地位，由于密斯对其进行了长期的探索，故也被称为“密斯风格建筑”。其特征为：建筑造型简洁，以纯净、透亮为特点，采用精致的钢与玻璃等建筑构件，加以精心施工，来获得精美的艺术效果。

利华大厦

它第一次实现了密斯在 1921 年提出的玻璃摩天楼的设想，开创了全部玻璃幕墙“板式”高层建筑的新手法，曾成为当时风行一时的样板而被竞相仿效（设计：SOM 事务所，1952 年）。

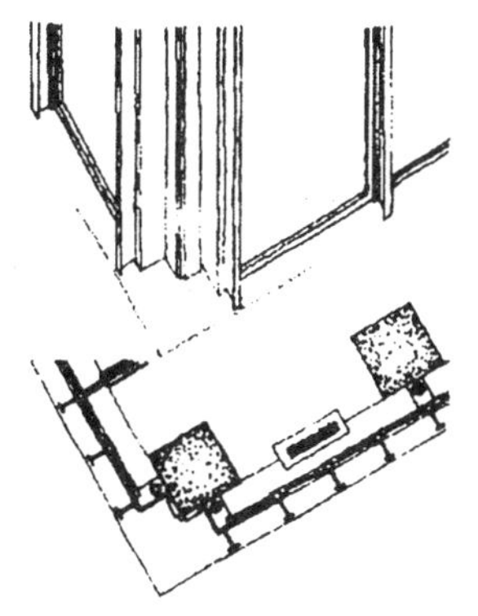

密斯式转角细部

芝加哥国民大道公寓的精美的钢与玻璃构造细部（设计：密斯，1953~1956 年）。

美国伊利诺伊州工学院建筑系馆

明亮洁净，没有任何虚假的装饰，充分表现了现代的材料和技术。它是一个没有柱子、四面采用玻璃墙面的大空间，由架于屋顶上的四根大梁来悬吊屋面（设计：密斯，1955 年）。

2）野性主义倾向 曾于20世纪50年代下半期到60年代中期流行一时，由英国史密森夫妇首先提出，主要是为了与过于纯净的技术精美倾向相对照。勒·柯布西耶的后期作品也具有这种风格。这种风格往往以不加饰面的混凝土为材料，将笨重的构件冷酷地碰撞在一起，使建筑如同巨大而沉重的雕塑品。

印度昌迪加尔法院

裸露混凝土上保留的模板印痕和水迹，长达一百多米体形怪异的巨大顶棚，入口处高大柱墩的尺度超乎异常，带有大小、形状各异孔洞的墙体又被涂上不协调的鲜艳色块，这一切都给建筑带来怪诞粗野的情调（设计：勒 柯布西耶，1956年）。

日本仓敷市厅舍

在建筑中强调粗大的混凝土横梁，在横梁接头处还故意将梁头突出，使直柱构图的粗犷之中颇具日本的民族风格（设计：丹下健三）。

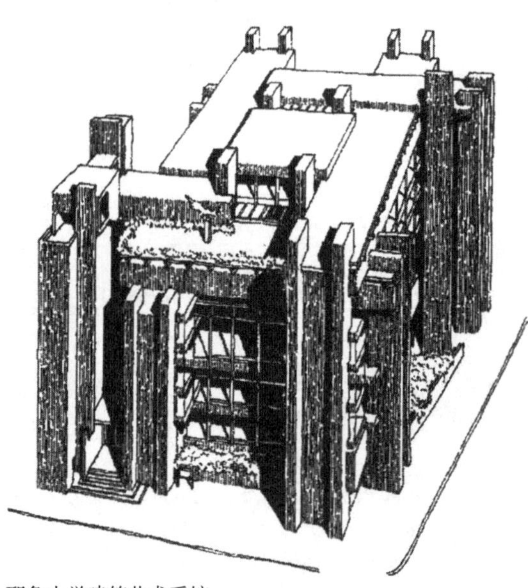

耶鲁大学建筑艺术系馆

混凝土墙面上划有“灯芯绒”条纹，在“野”中尚有不“粗”之感（设计：鲁道夫，1959~1963年）。

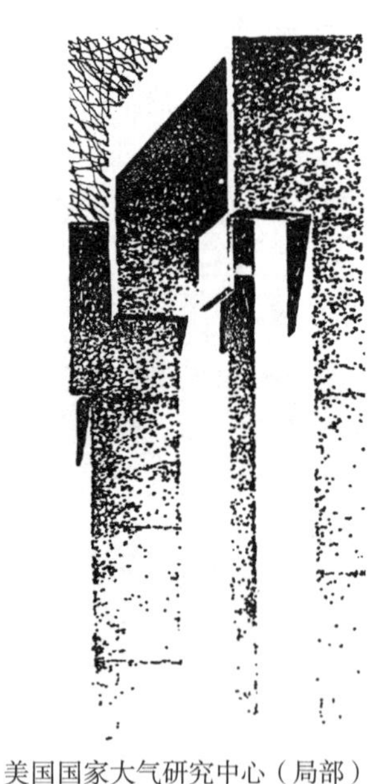

美国国家大气研究中心（局部）

该建筑位于山区，设计灵感得自附近的遗迹（设计：贝聿铭事务所）。

3）典雅主义倾向　以现代建筑材料、现代技术与简洁的体形来再现古典主义建筑的典雅、端庄，使人联想到古典主义的建筑形式，故而又被称为“新古典主义”。美国建筑师爱德华·斯通、菲利普·约翰逊均有著名的作品。

新德里美国驻印度大使馆

运用传统的美学法则，采用新材料和新技术，使建筑显得典雅、端庄。大使馆四周是一圈由镀金钢柱围合而成的柱廊，中空的双层屋顶用以隔热，双层外墙由预制陶块拼制而成的白色漏窗式幕墙和玻璃墙所构成。端庄典雅，金碧辉煌的建筑倒映在院内水池之中，体现了当时美国的富有和技术先进（设计：爱德华·斯通，1955 年）。

1958 年布鲁塞尔世界博览会美国馆

它是新德里大使馆艺术效果的再现，但尺度更大，并采用了当时最先进的悬索结构，效果更为显著（设计：爱德华·斯通，1958 年）。

美国西北人寿保险公司大厦

采用古希腊神庙形制以及富有个性的“新柱式”，形成端庄典雅的风格（设计：雅玛萨奇）。

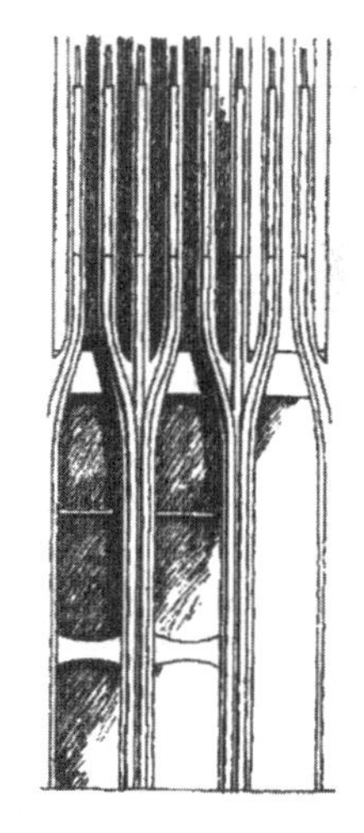

纽约世界贸易中心大厦细部

钢柱与窗过梁形成空腹桁架，大厦底部 9 层开间加大，采用哥特式连续尖券的造型（设计：雅玛萨奇，1969~1973 年）。

4）高技术派倾向 设计的出发点更多地出于美学考虑——机器美学或技术美学。它的特点是：特别注重对结构与设备的处理，或袒露结构，或暴露各种设施、设备及各种管道线缆。

香港汇丰银行大厦

结构骨架在外观上清晰可见，以示不同于一般高层建筑：由四根粗钢管组合而成的八组钢柱架排成两行，支承着位于不同层的五组悬吊桥式结构，分别悬吊、承受五个竖向区段的楼盖荷载（设计：诺曼·福斯特等，1989 年）。

伦敦劳埃德大厦

大厦附有六座塔楼，包含 12 个观景电梯、楼梯、电梯及其他辅助用房。大厦的楼面支承在井字形格栅上，再由巨大的圆柱来支撑，各种设备管道安装在楼面与顶棚之间，设计中将各种设备根据模数组成标准单元，进而连成整体（设计：理查德·罗杰斯，1978~1986 年）。

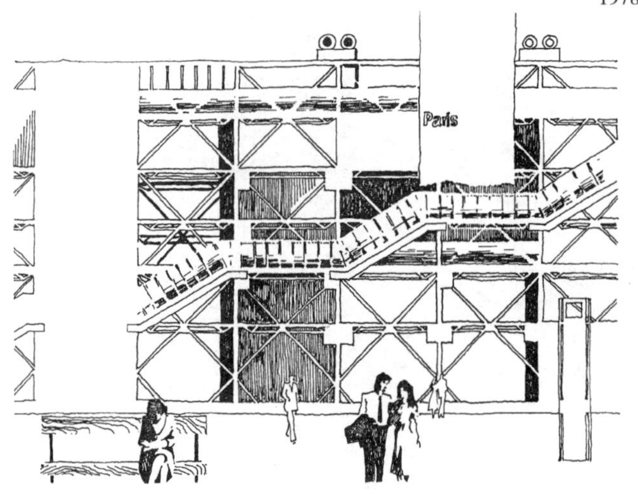

巴黎蓬皮杜文化艺术中心

钢结构体系与构件几乎全部暴露，从而形成建筑的空间与形象：此外，各种设备管道也不加掩饰，并按各种功能分别涂上引人瞩目的红、黄、蓝等色；朝向广场的主立面上悬挂的圆筒形透明巨管中装有自动扶梯（设计：伦左·皮亚诺、理查德·罗杰斯，1977 年）。

5）讲究“人情化”与地方性的倾向　首先活跃于北欧，芬兰建筑师阿尔托是典型的代表，日本、中东地区的建筑师也为此作出尝试。这种风格往往偏爱传统的地方材料，注重地方的传统与特色，并十分重视建筑与人体的尺度相宜。

德国沃尔夫斯堡文化中心

采用化整为零的手法，分解与显露每个讲堂，以避免建筑成为庞然大物，既使形式反映内容，又使其富有韵律（设计：阿尔瓦·阿尔托：1959~1962 年）。

日本香川县厅舍

众多的小梁支撑着通长的横向构件，使人领略到日本传统木构建筑的轻巧影踪（设计：丹下健三，1958 年）。

珊纳特赛罗镇中心主楼

创造性地运用传统的建筑材料，建筑造型不局限于水平线和垂直线，还巧妙地利用地形而使空间布局有层次、有变化。与自然环境密切配合，建筑体量上强调人体尺度，是建筑师“人情化”创作的代表作（设计：阿尔瓦·阿尔托，1950~1955 年）。

达兰石油与矿物大学

沿用古代西亚的传统。沿坡地上的平台而建，以水池、花坛来调节小气候，外廊的尖券与实墙形成强烈的对比，以及有顶无墙的礼拜寺和形似光塔的水塔，均使这所校舍除具有现代化气息外，给人以强烈的伊斯兰传统建筑的形象（设计：司科特，1976 年）。

6）几何形体构成的运用 利用几何形体来构成建筑平面与形体，强调形态构成所表现的形式美，以此“突破”现代主义建筑的千篇一律。

亚特兰大海氏美术馆

立体主义构图、构架及白灰搪瓷板外墙饰面，使建筑形体在阳光、云彩的变幻中显得丰富多彩、轻盈亮丽。这就是20世纪70年代颇受人们青睐的“白色派”(设计：理查德·迈耶，1983年)。

普赖斯顿大楼

利用水平线、垂直线和突出的棱角形的相互穿插，来体现创作者构想已久的“千层摩天楼”(设计：弗兰克·劳埃德·赖特，1955年)。

纽约古根海姆美术馆

上大下小的螺旋形体形正是创作者多年来所探求的，采用三个向度上都是曲线的、富有流动感的结构(设计：弗兰克·劳埃德·赖特，1959年)。

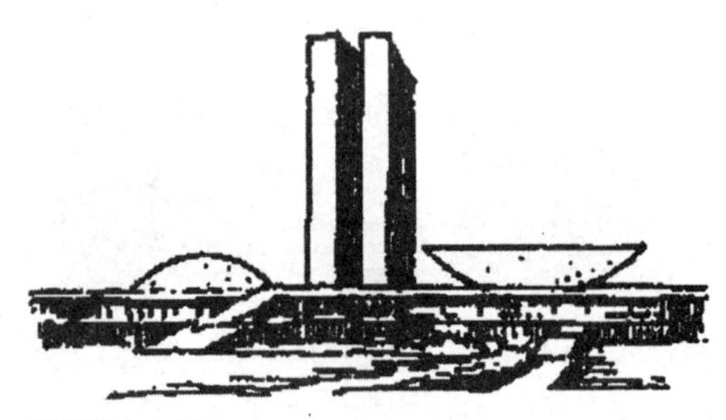

巴西议会大厦

横与直、高与低、方与圆、正与反等强烈对比，给人以强烈的印象(设计：奥斯卡·尼迈耶，1958年)。

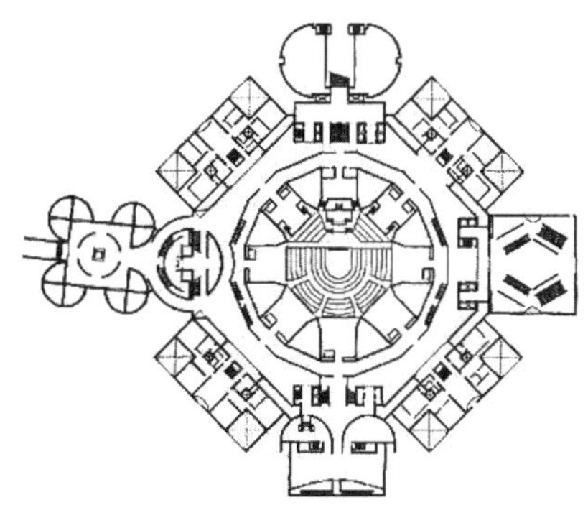

孟加拉国达卡国民议会大厦

路易斯·康以其独特的方式追求雄伟的纪念性，平面借鉴古罗马浴场，而造型完全采用圆、方、三角等几何形，并巧妙地与当地气候和地方性特点相结合（设计：路易斯·康）。

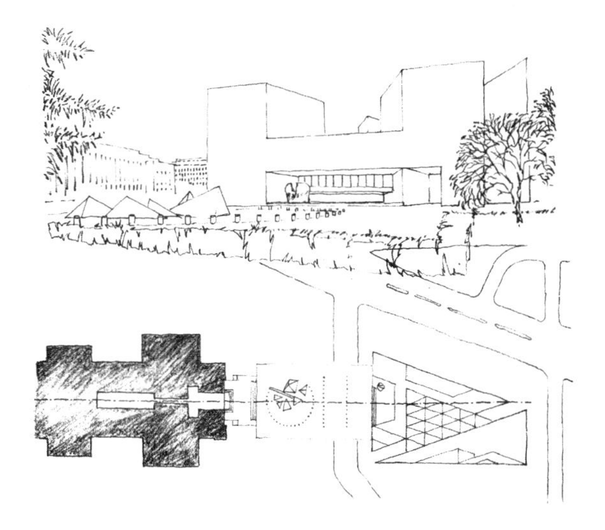

美国国家美术馆东馆

平面由两个三角形组成，混凝土为材料的体形亦呈几何形（设计：贝聿铭，1978年）。

7）"象征"意义的运用　为了使建筑具有与众不同的"个性"而使人难以忘怀，运用了具有"象征"性的形象。象征又可分为"抽象"的象征与"具象"的象征。

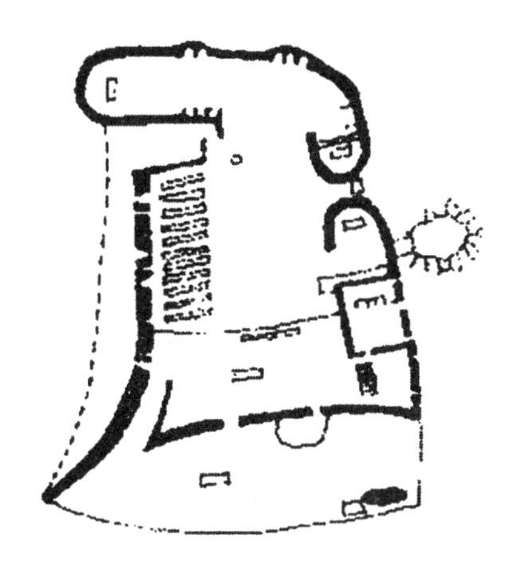

朗香教堂

封闭的墙体隐喻为安全的庇护所，外耳形的平面意味着"聆听"上帝的教诲（设计：勒·柯布西耶，1950~1953年）。

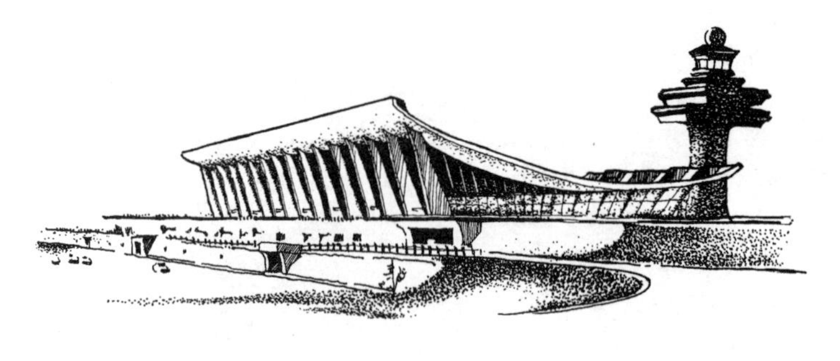

华盛顿杜勒斯国际机场候机厅

那流线形的外形象征着即将的腾飞（设计：小沙里宁，1958~1962 年）。

澳大利亚悉尼歌剧院

犹如海边的贝壳，又酷似一艘张开风帆的船（设计：约翰·伍重，1973 年）。

纽约肯尼迪机场候机楼

无论是平面或者外形，全似一只展翅欲飞的大鹏（设计：小沙里宁，1956~1962 年）。

自 20 世纪 60 年代起，世界各地陆续出现新的建筑创作倾向与流派，旨在突破放之四海而皆准的“国际式”建筑风格，并在理论上批判 1920 年代现代主义建筑重视技术而忽视人的感情需要，割断历史而忽视建筑与原有环境的配合。进入 1970 年代后，世界建筑舞台又呈现出新的多元化局面。

20 世纪 70~80 年代期间，对建筑界影响最大的则是“后现代主义”建筑。这一流派在理论上提出现代主义过时论、“死亡”论等观点，竟然声称 1972 年某月某日下午，随着美国圣路易城一座公寓楼房的被炸毁，现代主义已经死亡，并预示着一个新的建筑时代——后现代主义——已经或正在来临。

实际上，后现代主义是近三十年来一切修正或背离现代主义的倾向和流派的总称。他们在尊重历史的名义下重新提倡复古主义和折中主义，在艺术处理上主张将互不相容的建筑元件不分主次地二元并列和矛盾共处，即在建筑艺术中追求复杂性和矛盾性，因而它所表述的是一种突破建筑艺术规律性、逻辑性的建筑美学观念，实质上后现代主义是忽视形象与功能相联系的一种形式主义建筑思想。文丘里、格雷夫斯、约翰逊则是具有代表性的后现代主义建筑师。

美国宾夕法尼亚州栗树山住宅

对古典的山墙形式，几何形方、圆构件有意识地加以扭曲、片断、断裂和歪斜，以达到“古典而不纯”的效果（设计：文丘里，1962年）。

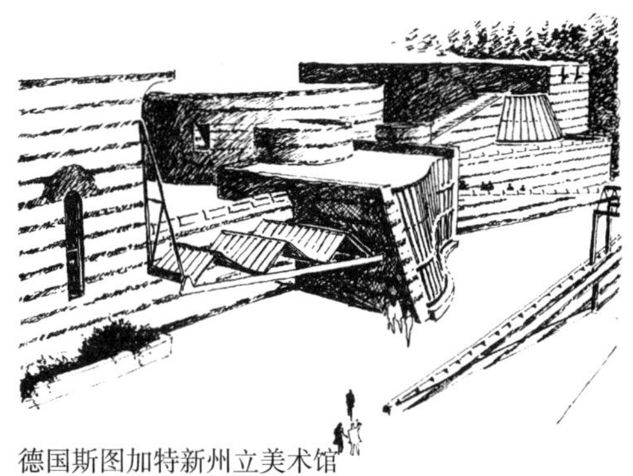

德国斯图加特新州立美术馆

多种形式的片断混杂在一起，体现了后现代主义不求统一、完整，赞赏复杂、矛盾的建筑美学观念（设计：斯特林，1983年）。

纽约美国电话电报公司总部大楼

是以古典主义手法设计的摩天大楼，被清楚地划分为基座，墙身和顶部三段，顶部山花处理是从古典建筑中得到的灵感，为大厦提供了有特色的天际线。该建筑被认为是后现代主义派别的重要里程碑（设计：菲利普·约翰逊，1984年）。

美国波特兰市政大厦

将古典主义的建筑符号——壁柱、柱头、拱心石等加以变形、夸张，立面处理虽然与内部功能并不完全相符，却因其面貌特殊而著名（设计：格雷夫斯，1982年）。

20 世纪 80 年代后期，西方建筑舞台上出现了一种新思潮——“解构主义”，它不同于“结构是确定的统一整体”的结构主义，而是采用歪扭、错位、变形的手法，使建筑物显得偶然、无序、奇险、松散，造成似乎已经失稳的态势。实际上解构主义在建筑处理上所涉及的基本上只是形式问题，被“解”之“构”，非工程结构之“构”，而是建筑构图之“构”。

洛杉矶迪斯尼音乐厅

无规则的扭曲形体散乱地堆积在一起（设计：盖里，1992 年）。

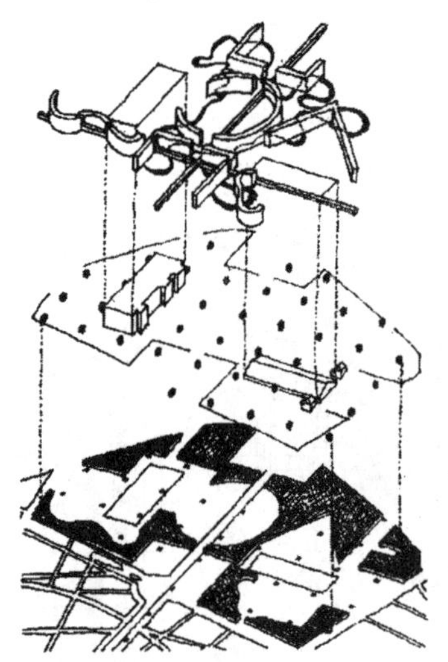

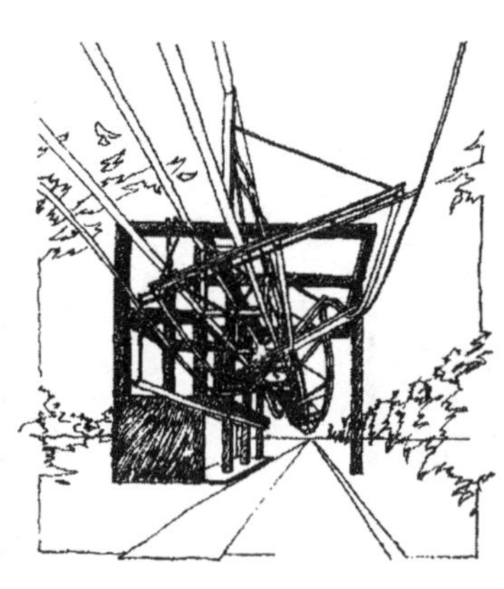

巴黎拉维莱特公园

由三个独立系统组合而成：“点”——格网交点上的构筑物，“线”——长廊及曲径，“面”——其余的小块空间。以它们的重叠相加、相互碰撞来体现“偶然”、“巧合”、“不协调”的设计思想，从而达到“解构”（设计：伯纳德·屈米，1988 年）。

两百多年的时间在建筑历史上只是一个短暂的阶段，许多建筑师为了适应资本主义的社会需求，突破了古典学院派的束缚，从建筑的功能、技术、艺术等各个方面进行了许多探讨和实践，形成并发展了现代建筑自己的体系。但是，现代建筑的发展是十分复杂和曲折的，过去是如此，今后也将如此，特别是有关建筑理论的问题，如：建筑的内容与形式的关系问题，如何认识建筑功能和结构技术在建筑的发展中所起作用的问题……，都曾有过激烈的争论；关于建筑装饰的问题，以及如何对待建筑的传统和地方特色等问题也在重新进行讨论；建筑的环境、生态、节能等作为新课题正在受到重视……。“建筑初步”课程只是对现代主义建筑作出最粗浅的介绍，所有这些内容还将在以后专门课程的学习中得到进一步的了解及深化。

20世纪90年代以来，建筑学呈现出多方面的发展。绿色建筑兴起，表达建筑对于生态环境的关注，设计中注重提高能源、材料的利用效率，减少浪费；建筑设计通过强化对材料、构造、工艺等的处理，使得建筑的艺术表现得以提升；更加注重建筑与地域性的结合，突出建筑的地域特色；计算机技术的发展，出现了形式空间复杂建筑的参数化设计；建筑积极与城市公共空间结合，提升环境品质。

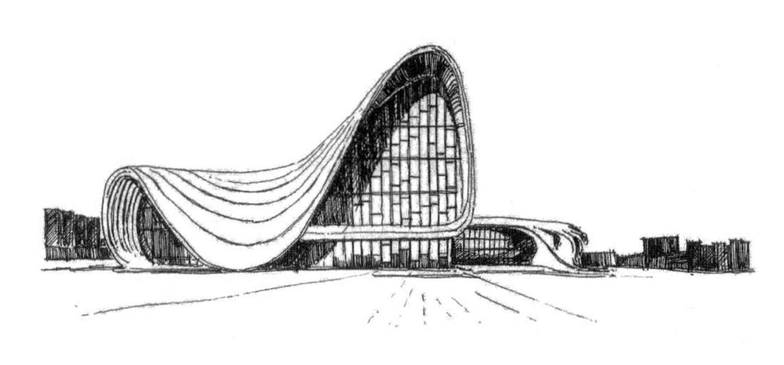

阿利耶夫文化中心

位于阿塞拜疆共和国。通过计算机辅助设计，运用参数化和非线性等技术手段，完成了建筑复杂的形式、空间、结构、表皮等诸多方面的设计挑战。当代计算机技术对于建筑设计的影响日益凸显：能帮助建筑师建立数字化模型，进行模拟数据分析，生成形式与空间等复杂工作（设计：扎哈·哈迪德，2013年）。

挪威奥斯陆歌剧院

最突出的特点是将建筑与城市公共空间相结合。白色的斜坡状石制屋顶从奥斯陆峡湾中拔地而起，游客可以在屋顶上面漫步，饱览奥斯陆的市容美景。建筑向公众开放，与城市融为一体，提升了城市空间品质（设计：斯诺赫塔，2007年）。

葡萄牙帕乌拉海古故居与博物馆

建筑的椎体形式和红色饰面均来源于当地的历史建筑要素。建筑与地域文化相结合，并且借助当地的环境因素，如地理、气候特点，追求地域特征，创造地域建筑风格（设计 艾德瓦尔多·苏托·德莫拉，2008年）。

法兰克福商业银行总部大厦

该建筑的设计依据气候条件变化对建筑室内环境的影响，引入绿化，利用自然通风、采光等，将运行能耗降到最低。在办公空间中分别设置的多个空中花园，创造出了既接近自然又符合健康要求，并且舒适的生活与工作的空间（设计：诺曼·福斯特，1997年）。

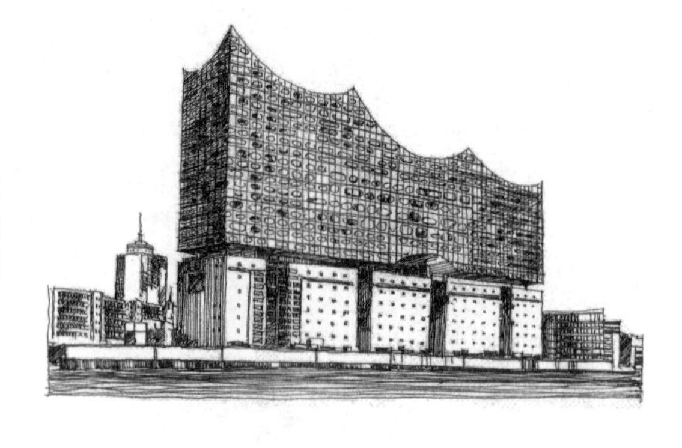

汉堡易北爱乐音乐厅

该音乐厅利用从前的码头仓库旧建筑改造而成，包含了音乐厅、酒店、观景平台。音乐厅与新颖的玻璃结构和弧形屋顶合为一体。公共观景平台向公众开放，成为汉堡城市的公共空间和新地标。旧建筑的改造和传承，为城市建筑不断注入新的活力，实现了城市历史与文化的持续发展（设计：赫尔佐格和德梅隆建筑事务所，2017 年）。

罗伊和黛安娜·瓦格洛斯教育中心

作为哥伦比亚大学医学院的综合楼，包含多种医疗学科的教室和实验室。为了能够加强不同学科之间的交流和开放性，建筑师打造了一个集各种空间于一体的复杂体系——被形象的称为“研究阶梯”（设计：Diller Scofidio + Renfro，2016 年）。

台中大都会歌剧院

建筑师运用了类似海绵体的复杂形式与空间，在建筑中制造了由连续曲面界定的孔洞状的空间，超越了过去的建筑的几何学模式。体现其“声音涵洞”的设计概念。

对于复杂性的兴趣，是 20 世纪 90 年代许多建筑的一个明显特征，在形式上表现出不规则和难以量度的、摈弃秩序、采用复杂的几何构图形式。突破了传统的空间形式，创造富有个性色彩创新意义的建筑空间（设计：伊东丰雄，2014 年）。

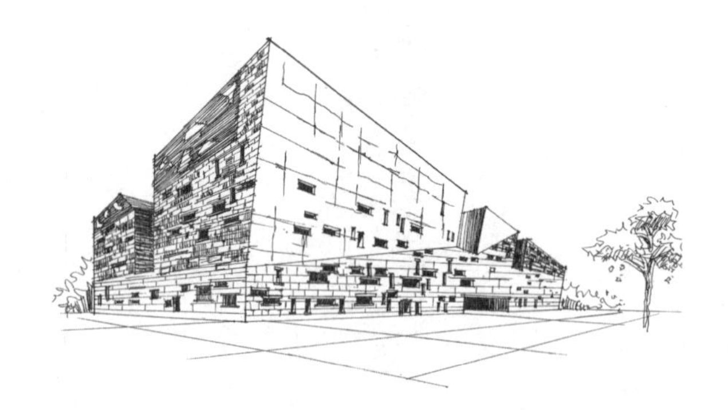

宁波博物馆

博物馆设计对材料、工艺的结合进行了尝试。采用了竹条模板混凝土和多种回收旧砖瓦混合砌筑的墙体。通过新的加工工艺，来提升建筑的表现力，实现材料的创造性融合、搭配。利用旧城改造时遗留的砖瓦，即节约了建筑材料，又营造了斑驳的视觉效果。实现了建筑设计的创新（设计：王澍，2008 年）。

第 3 章
建筑设计表达技法

Chapter 3
Skills of Rendering and Model for Architecture Design

- 建筑设计表达概述
- 图纸表达技法
  - 工程制图
  - 建筑绘画
- 模型表达技法
- 计算机表达技法

设计，是设计者对未来建筑的创造，这种创造力积淀于建筑师的头脑之中，只有通过图、文等手段才能将设计者的创作付诸实践。可见，设计的表达作为设计媒介，是设计的必要组成部分，基于设计与表达之间这种相辅相成、互为依存的关联，决定了在学习设计的同时必须学习设计的表达技法。

方案设计的开端与基础——构思草图，图中所呈现的是建筑师头脑中形象思维的快速记录。

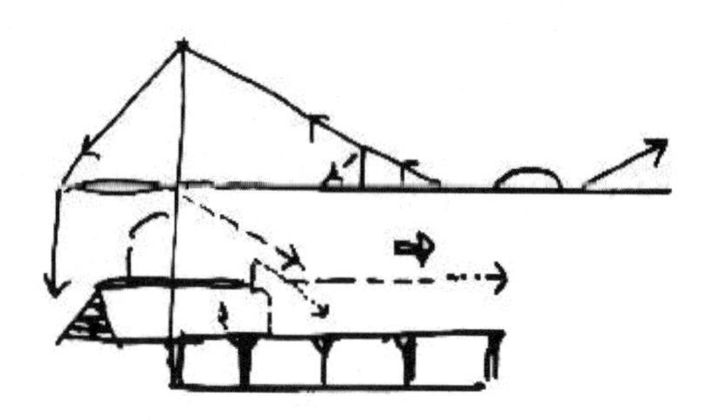

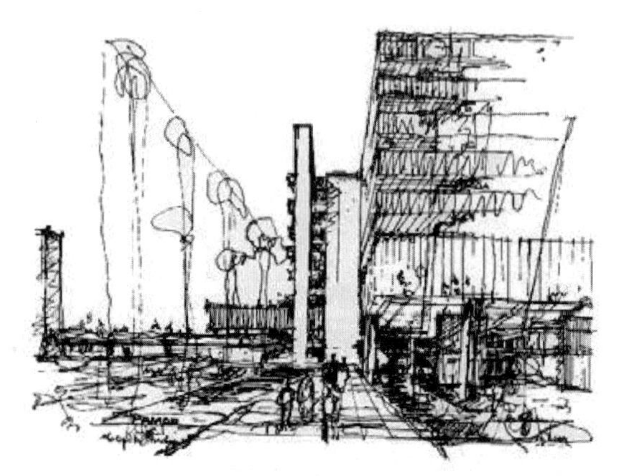

巴罗·爱尔托医学研究中心医院的外景构思快速写意

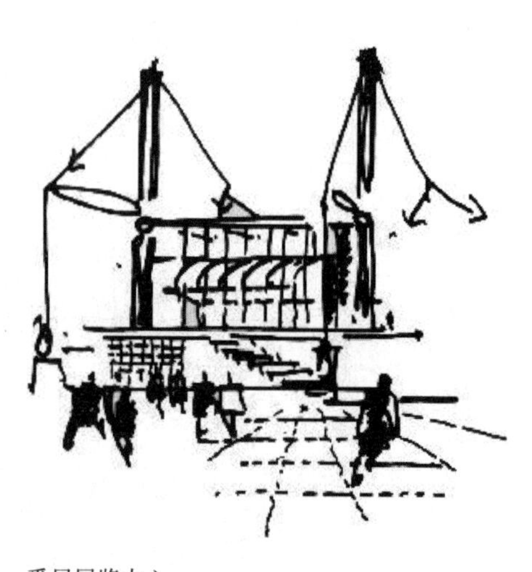

悉尼展览中心

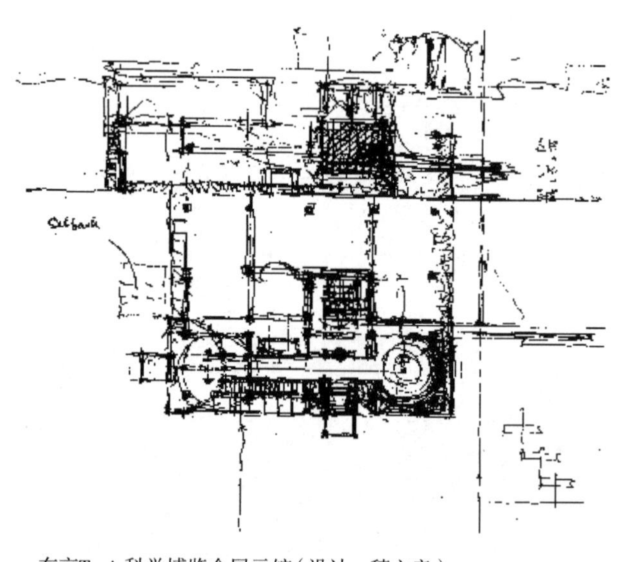

东京Tepia科学博览会展示馆（设计：稹文彦）

平、立、剖面图彼此交叠，其透明性潜在地隐藏着建筑的三维形象。

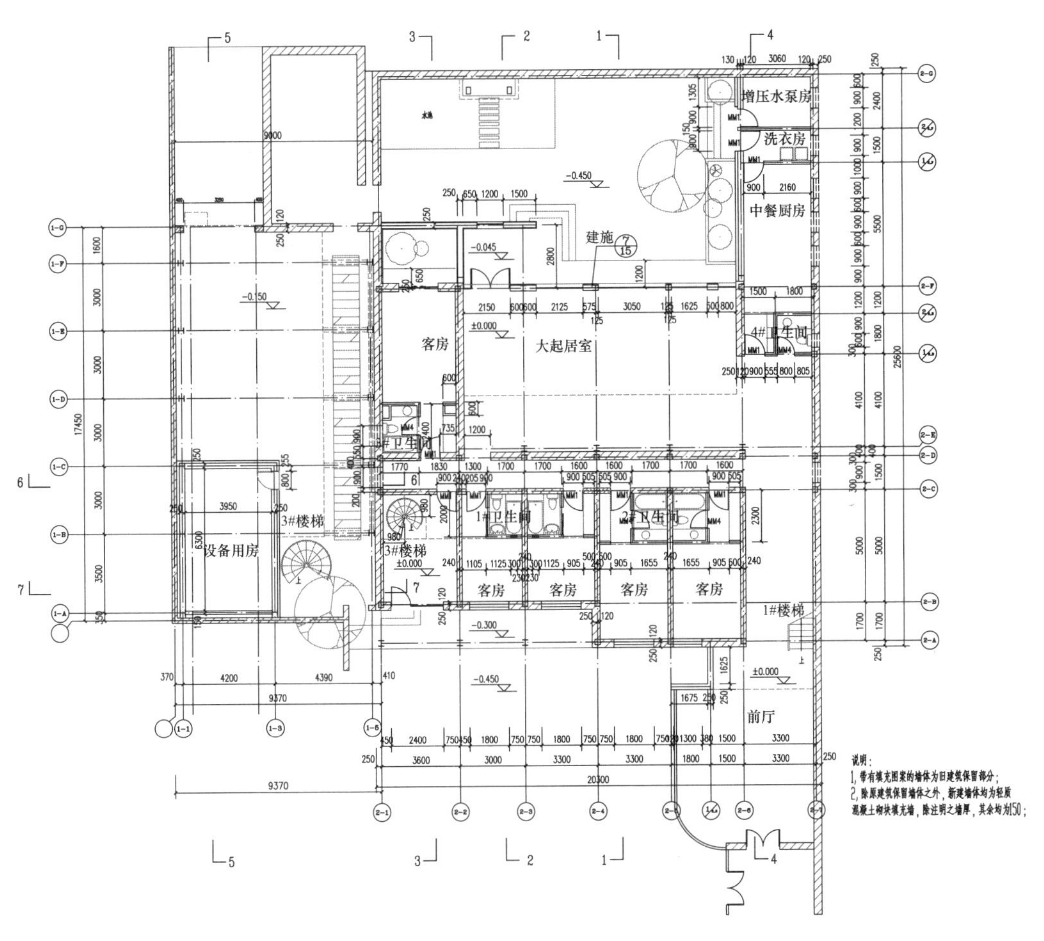

首层平面图

香山会馆　设计：邹欢

只有将构思落实在施工图这样精确、细致的图、文上，并注明尺寸、轴线……等才能使建筑师的创造得以实施。

表达技法的学习与设计的学习是相互匹配的，由于大学期间的建筑设计强调设计能力、方案能力的培养，故设计表达的学习也侧重于方案设计的表达，即在要求严谨、准确的前提下，更注重表现的艺术性，并通过学习设计的表达来提高艺术修养、鉴赏能力和综合素质。

设计表达方式是多种多样的，但鉴于本教材的宗旨是“建筑初步”，又由于本章节的篇幅有限，只能按“点到为止”“删繁就简”的原则进行扼要阐述。此外，作为表达方式支撑的基础知识，如空间形体表达（画法几何和阴影透视）、素描和水彩知识与技能、计算机辅助设计等，因均设有相关的课程，故在本章中只作简述。

3.1 建筑设计表达概述

3.1.1 建筑设计表达的缘由

1）建筑设计的实践性

建筑，是建筑设计得以实践的成果，因此建筑设计是具有实践性的工程设计，需要设计者将其意图用多种方式进行表达，以便为实施建筑工程提供依据。

2）建筑设计的复杂性

建筑，除了为人们提供各种行为所需的空间外，还应解决人们生活、工作所必须的结构可靠、给水排水、供电供气、暖通空调、弱电宽带等需求，与此相应的是：建筑的设计除了创造空间和建筑外观的建筑设计外，还包含结构、水、暖、电等多种专业的设计，甚至还涉及环境、生态和心理等多种学科。各专业的设计均需以图纸加以表达；这些因素的复杂关联使彼此之间又会产生种种矛盾，如何加以综合、协调，使不同专业紧密配合，也必须以各专业的图纸作为媒介进行处理。总之，由于建筑设计是一项复杂的系统工程，故对设计进行表达是必须的，而建筑师则是该系统工程的主持人。

3）建筑设计的双重性

建筑，因其体量之大、存在之久，而成为城市建设的重要内容甚至主体，也进而成为城市景观的重要组成部分，由此而对建筑的形象要求，使建筑具备了不同于其他工程的双重特性，即功能技术与艺术性的并存。这就是说：建筑既是工程作品，又是艺术作品；建筑的这种双重性决定了对建筑设计的双重要求：建筑设计既是工程策划，又是艺术创作。与之相应，建筑设计的表达也需要双重媒介，不仅需要工程技法，而且需要艺术手法，即：通过特殊的设计媒介来体现建筑的形象，以及它与环境的关系。

3.1.2 建筑设计表达的类型

与建筑、建筑设计具有工程、艺术双重性相关联的是：建筑设计的表达也需要双重媒介，即以工程技法来表达建筑的工程技术需求，以艺术手法来表现建筑的艺术形象。

建筑设计的表达方式，也就是“设计媒介”，包括图、文、形等三方面内容，可将其归纳为三种表达类型：

1）二维表达——图纸　用“图”说话是设计表达的特点，“图”，也是建筑设计表达的主要方式。建筑设计图是设计者用于表达设计意图、用作实施依据的应用绘图，内容包括工程制图和建筑绘画（表现图、效果图）；

2）三维表达——模型　对建筑的空间形体或室内形态加以模拟，使建筑形象及建筑与所处环境的关联表达得更为实在、更为直观；

3）文字表达——设计说明　用语言、文字对设计构思意图、工程做法加以深入的概括和详尽的阐述，设计说明实际上是图形表达的深入和补充。

3.1.3　建筑设计表达的意义

对于不同的对象，设计表达有着不同的意义，表达的方式及内容也不尽相同。按照不同对象分述如下：

1）设计者（乙方） 作为设计的创作者，利用各种表达技巧进行资料收集、表达和推敲设计意图、与有关人士沟通和交流等工作，并修改、完善设计，最终完成全部执行性成果的表达。

2）业主（甲方） 作为设计的委托方，是设计任务书的制定者。在设计过程中业主对设计者所表达的设计文件内容进行鉴定、选择，提出修改意见和做出最终决策，以便使建筑满足使用需求，并符合其所期待的目标。

3）工程技术人员 工程图纸是工程技术人员、施工人员等指导、进行施工的依据，严格按图施工是他们的职责。在施工过程中若工程技术人员发现或遇到问题，还可通过多方协商对设计加以合理的修改、调整，由设计人员出具“洽商”作为施工依据，并作为对施工图的补充。

4）一般公众 近年来，建筑的展示性、公开性使公众对建设的意见越来越受到重视，在某些国家，甚至已将“公众参与”纳入建设工作的程序之中。为此，通过以效果图为主、配有主要线条图和简要说明的文件来帮助公众认识和理解设计，是十分必要的，在此基础上可以引导他们对设计进行评议，提出建议。

3.1.4　建筑设计表达的特点

由于建筑设计具有不同于其他工程设计的特殊之处，尤其是它的实践性、复杂性、艺术性和公众性，使设计的表达也有其自身的特点。

1）准确性 作为工程设计的应用绘图，准确、严谨地描绘设计对象是必备条件。鉴于建筑体量的庞大，建筑工程图需要按一定的比例来绘制，比例的选择视图的表达内容而定，采用易于转换的百、十等的整数倍，如1:1000，1: 100，1 : 50，1 : 5等。

2）阶段性 工程项目的复杂性使建筑设计需要循序渐进、逐步深入，设计与表达一般分为三个阶段：方案设计、初步设计和施工图设计。各阶段之间依次深化、彼此连续，它们的表达也同样显示出阶段性：随着设计阶段的不断深入，设计表达将由简到繁、由粗及细地不断深化，表达内容和形式也随之变化。

3）多元性 除了不同设计阶段的表达发生变化外，对于不同的对象，设计表达在内容、类型和形式上也需要有不同的针对性，以适应其不同的作用和目的。

4）动态性 以恰当的表达方式对应一定的设计状态，这种表达与设计的相互依存决定了它们之间的动态关系；即使是设计表达本身也在随着科学、技术和工具的进步、发展而产生动态变化。

上述特点在学习阶段课程设计的表达中也均有体现：虽然课程设计侧重于设计最初级的方案设计阶段，但同样需要准确、真实；需要分阶段逐渐深入；需要对应不同阶段的目的要求，为了表达不同的内容而采用不同的表达方式。同时，课程设计的表达又不完全等同于工程设计，它有自己的表现特点和规律，更强调表达的艺术性和整体性，故应在学习期间通过实践来更全面地学习各种表达方式。

3.2 图纸表达技法

一般而言，工程设计只需用工程制图加以表达，而建筑设计却不同于其他的工程设计，其图纸表达应该包括两部分：工程制图和建筑绘画。工程制图主要用来表达建筑的功能和技术，表现为用绘图工具绘制的线条图；建筑绘画作为“画”，是用来表现建筑外貌的艺术作品，以透视图等效果图为主，其表现方式丰富多彩，它们主要以线条或色彩的方式进行表现，也可两者综合使用。

只有利用工程图和建筑绘画两类图纸，才能完整地表达建筑，这是由建筑设计既是工程、又具有艺术性的双重特性所决定的。

3.2.1 工程制图

一幢建筑是由长、宽、高三个方向构成的一个立体的实物，称为三度空间体系。为了在图纸上全面地、完整地、准确地表示它，只画一个图样是不够的，往往需要绘制好几个图样，互相对照着来看。

工程制图就是用来表达建筑实体的一种图样，它是以投影几何中三面投影原理为依据而制作的线条图，即为正射投影图。正射投影图是用平行线来表示建筑物平行线的，它所提供的是形体的二维信息，忽略第三维，因而相对简单。综合理解各方位的二维图纸，便能构想出三维的建筑空间形体。以下用一幢小建筑为例加以说明。

复杂的、多层的建筑，往往需要画出各个方向的立面图、各层平面图和若干个剖面图。

①从无穷远看建筑正面所画的图样，称为正立面图；
②从无穷远看建筑侧面所画的图样，称为侧立面图；
③从无穷远看建筑屋顶所画的图样，称为屋顶平面图；
④为了看到建筑里面各个房间的形状大小及相互关系，还需要假设将建筑物平行于地面剖切一刀，取走上半部再朝下看，这样画出来的图样称为平面图；
⑤垂直于地面按建筑纵向剖切一刀，取走其中半部分看过去，画出来的图样称为剖面图。

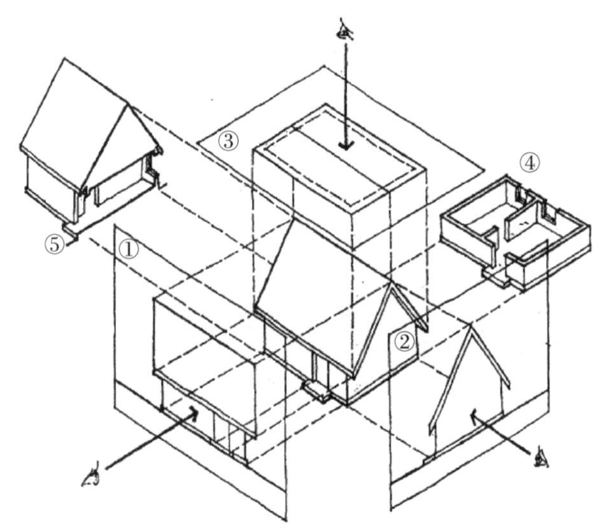

1）绘图要点

建筑工程制图作为工程性图纸，应满足以下要求：

(1) 工具线条图必须准确、严格。具体表现为：图准、尺寸准、内容全；平、立、剖各图之间按投影原理互相对应、吻合，建筑界对此称作“彼此交圈”。

(2) 图面工整清晰、组织合理、构图均衡。调节图面构图的因素为：各图的位置安排，图形中线条的轻重变化、疏密分布等，一般来说，线多重于线少，线粗重于线细，涂黑重于留空。

(3) 线条流畅、挺拔，均匀、闭合。线分三等：结构剖线最粗，为一等线；家具剖线次之，为二等线；投影线（可见线）和尺寸线、轴线等辅助线最细，为三等线。三种线的粗细应协调而有对比。

(4) 统一尺寸标注：标高以米、尺寸以毫米为单位，数字、文字注释应工整、清晰、美观。

课程设计的制图在此基础上更讲究排版、构图、线条、注字等的艺术效果，并注重整套图纸的风格统一、处理一致，包括图号、图名和比例等的确定。

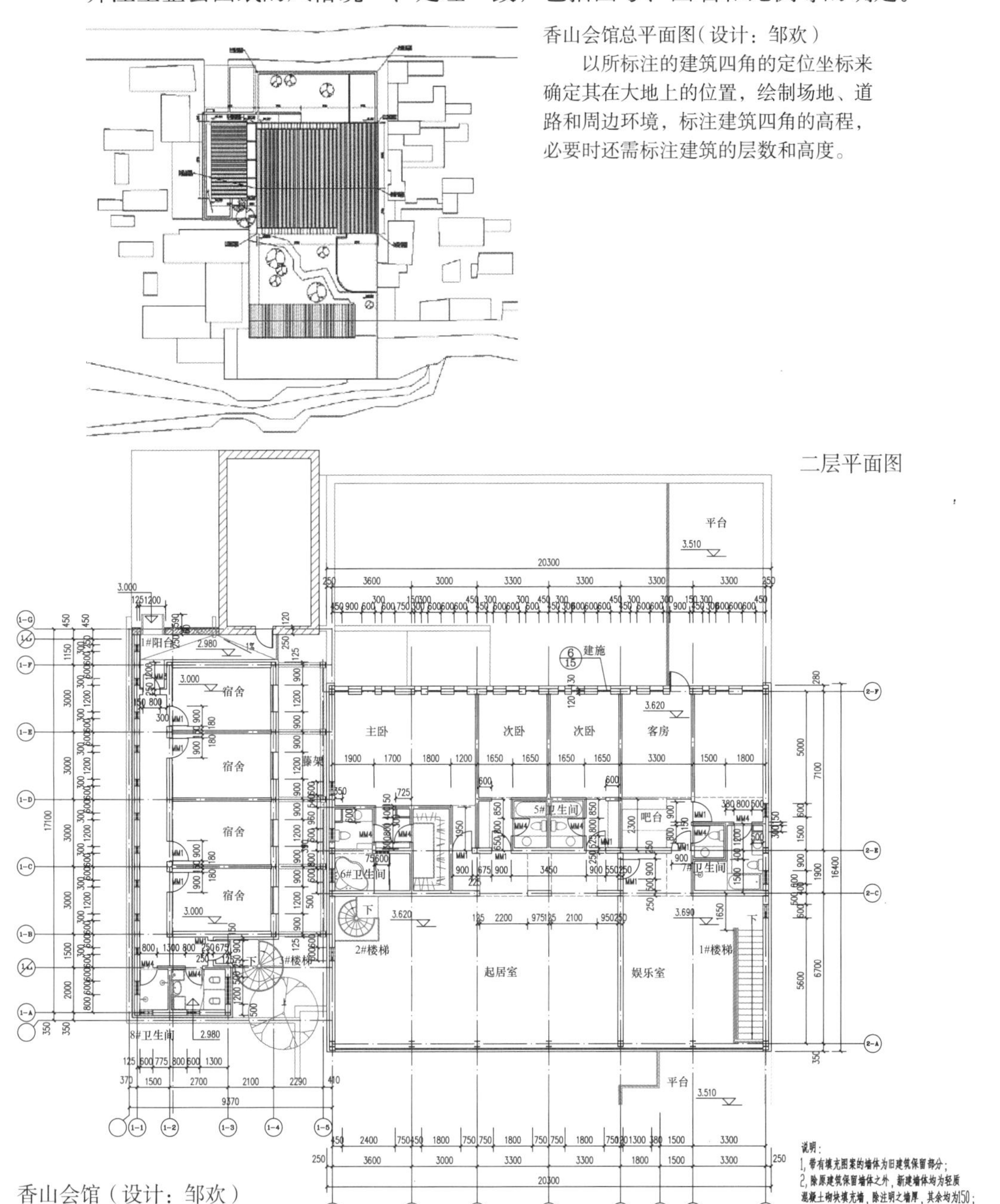

香山会馆总平面图（设计：邹欢）

以所标注的建筑四角的定位坐标来确定其在大地上的位置，绘制场地、道路和周边环境，标注建筑四角的高程，必要时还需标注建筑的层数和高度。

二层平面图

香山会馆（设计：邹欢）

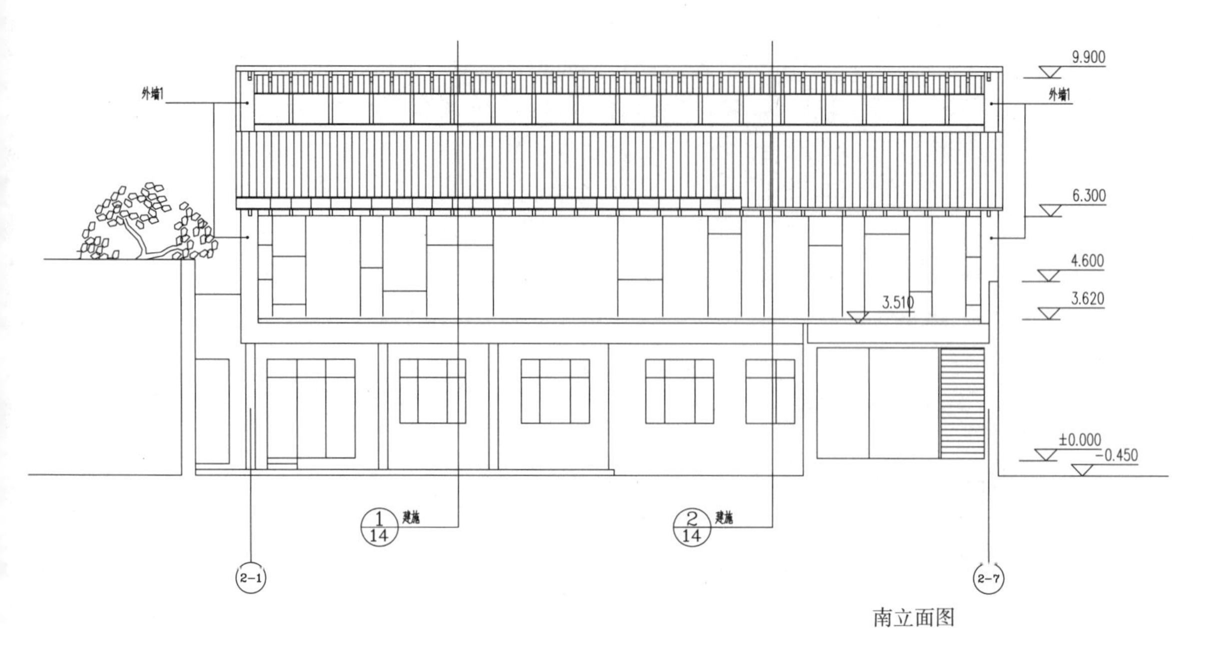

南立面图

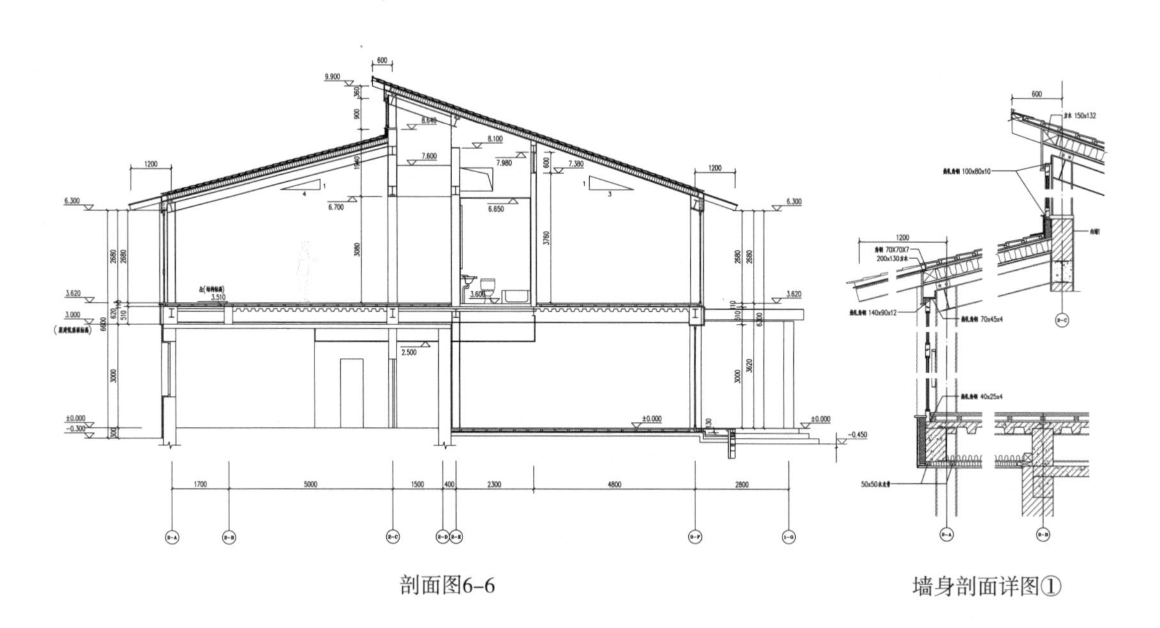

剖面图6–6　　　　墙身剖面详图①

这是一个实践项目的初步设计图的部分典型图纸，由于项目规模较小，已与施工图深度差别不大。为了能作为实施依据，图纸内容必须全面；每张图都需标注轴线、尺寸和标高；墙身剖面详图还要标示楼面、屋顶的做法。此外，工程作法表、门窗表、设计说明等也是文本的必要内容。

2）图纸内容

工程项目的图纸包括：总平面图、各层平面图、剖面图、各个立面图，还有大量的详图、大样图以及工程作法表等。本文所阐述的课程设计所包含的主要图纸是：总平面图、平面图和部分剖面图、立面图。

（1）总平面图

这是用来确定建筑位置，并展示建筑与周围环境间相互关系的图纸。

位于地段上方向下正视，根据建筑在地段中的位置绘制其屋顶平面，以及地段内的环境元素和地段周边的环境。该图上用来表示方位的指北针是必不可少的，以及图名和比例，还可利用阴影来表示阳光投射角度和建筑、绿化等物之间在高度上的关联。

（2）平面图

为建筑的每一层绘制平面图。沿水平面方向剖切建筑，展现建筑各层的整体结构、平面布局、空间分隔与交通联系，以明示该层建筑在水平方向上的整体关联。

某层平面图是在本层的窗台上方沿水平面横向剖切建筑、自上向下正视该层的正射投影图，按照尺寸和比例将剖切到的结构，即柱、墙等，以一等线表示；将剖切到的家具等以二等线表示；将结构、窗台、楼梯踏步、家具等一切可见的轮廓线以三等线表示；并应注明本层平面的轴线、尺寸、标高，包括有变化处的标高，以及每张图的图名和比例。

首层平面图上还应以剖切线明示剖面图的剖切位置、正视方向及剖面图编号，标注各层楼面标高、室外地坪的标高等，建筑与室外地坪间高差的衔接方式也应在该图上表示。

（3）剖面图

剖面图应表达建筑在垂直方向上结构、空间与高度等方面的整体关联。一般情况下至少按建筑的横向与纵向各作一剖面图。

根据平面图上所示的剖切位置自上而下、垂直于地面剖切建筑，向平面图上剖切线所标示的方向正视，按正投影关系和尺寸、比例，用一等线表示结构剖线，包括墙、梁、楼板和屋顶等；用二等线表示家具剖线；用三等线表示轴线，以及结构、门窗和家具等的可见线。需标注的关键标高包括：各层楼面标高及屋顶标高，室外地坪标高，阳台、挑檐和出挑物标高等，并注明图名和比例。

（4）立面图

表述建筑东、南、西、北各面的外观形象，是立面图的主要功能。

按某一朝向从无穷远处正视建筑，并绘制其正射投影图，按尺寸及比例表述一切可见的形象，所有线条均为投影线，采用三等线；为了强调建筑的形象，将建筑的轮廓线及地平线加粗。立面图着重反映建筑的体量、尺度，以及门窗、入口和檐部、线脚等处的设计，每张图还应注明关键标高，图名和比例。方案设计阶段通常只需提供 2~3 个立面图，而主入口所位于的主立面是必选之一。

工程制图中的墙身剖面等各种详图以及大量其他图纸，一般都不出现在方案设计阶段，故在此不再阐述。

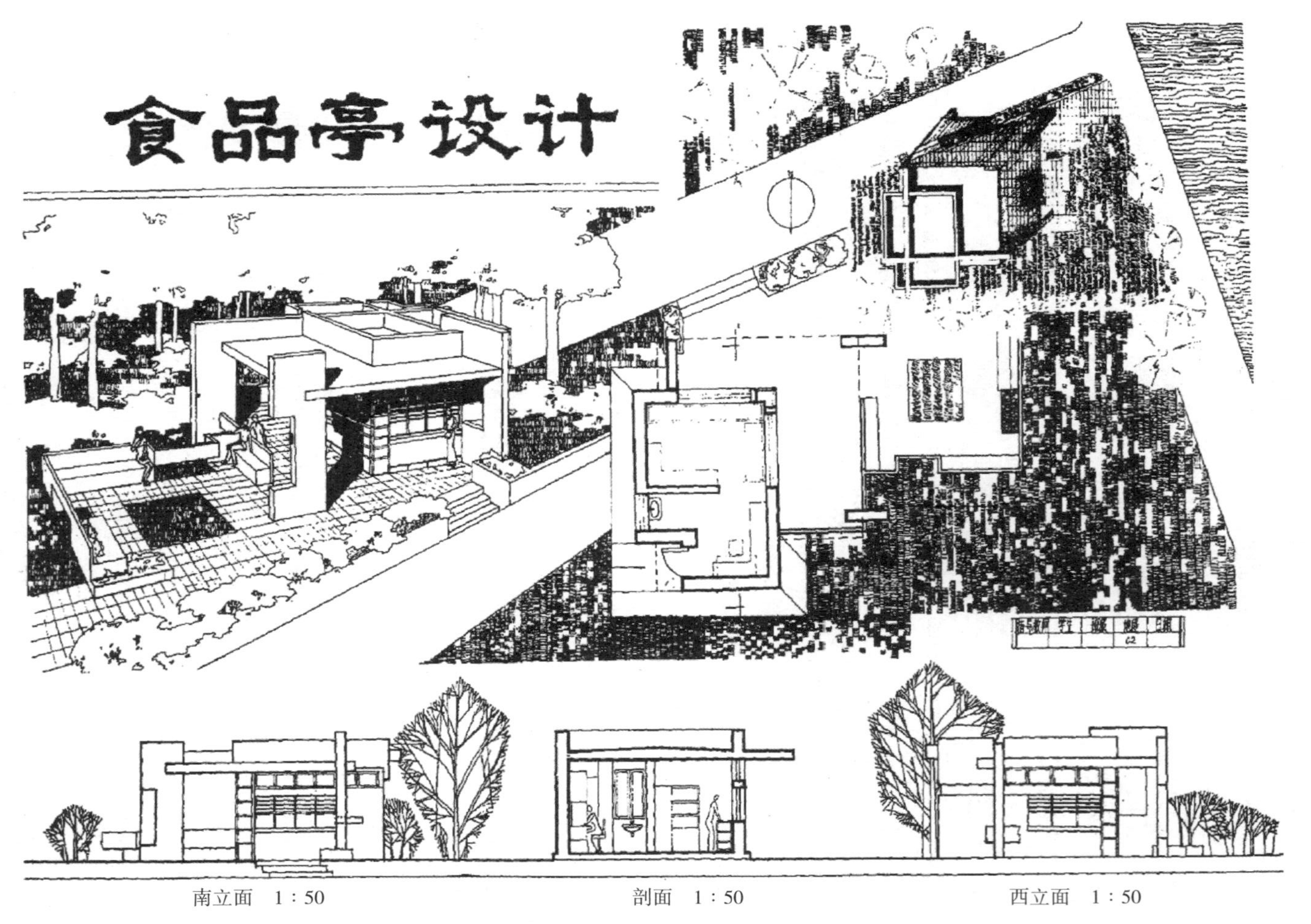

方案设计图作为课程设计成果，应将各类图统一在一张或若干张图纸之中，除文中所述绘图要点和图纸内容外，构图均衡、画面统一及各类标注等均需仔细推敲，并应特别注重图面的艺术效果。

3）图纸制作

正规的工程图纸，必须是用尺规制作而成的墨线线条图，在方案推敲阶段也可制作铅笔线条图，甚至徒手制作徒手草图。因此，在课程设计中，这种种表现手法都是需要学习、实践的。当然，到了一定阶段也允许电脑制图，但在此不作讲述。

（1）绘图工具

主要工具：绘图用尺，包括画水平线用的丁字尺或一字尺，画垂直线、斜线用的三角板，以及换算图形所选比例用的比例尺；绘图用笔有铅笔、绘图笔；绘图用纸为草图纸、绘图纸等。

辅助工具：固定图纸用的胶带或图钉；擦图用的橡皮、擦图片；绘图墨水、铅笔刀；还有制图用的特殊工具，如：圆规、分规、量角器和曲线板等。

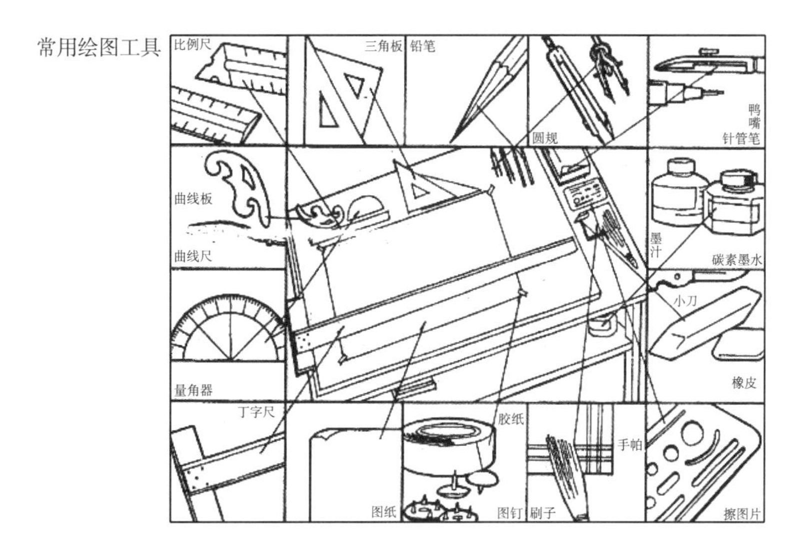

常用绘图工具

（2）工具使用

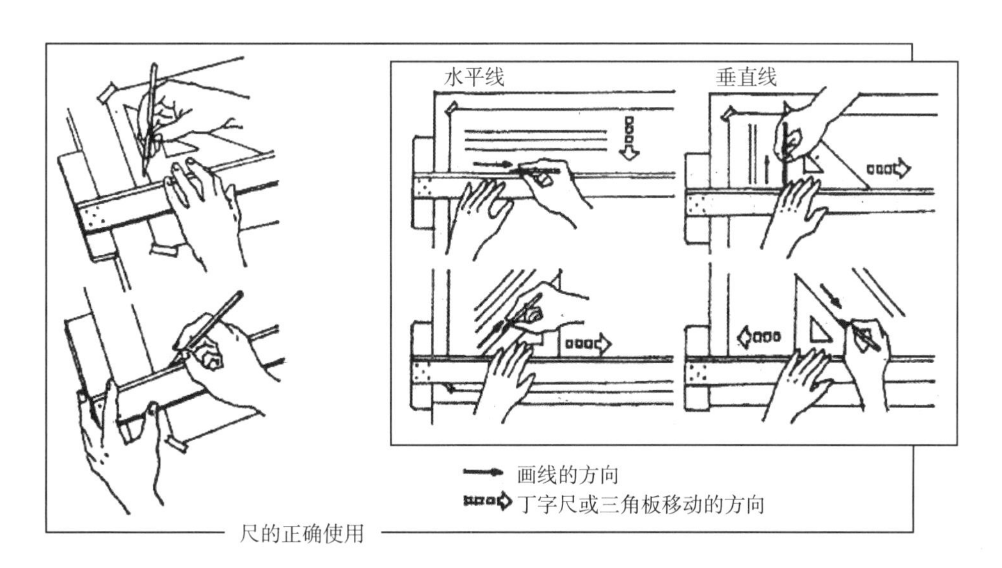

尺的正确使用

用圆规作图的基本要领

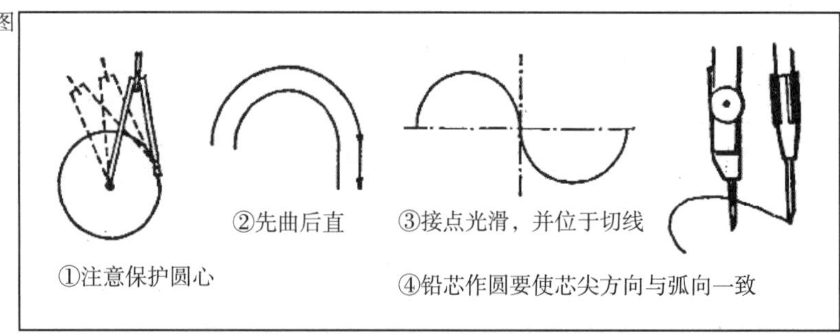

分规的使用

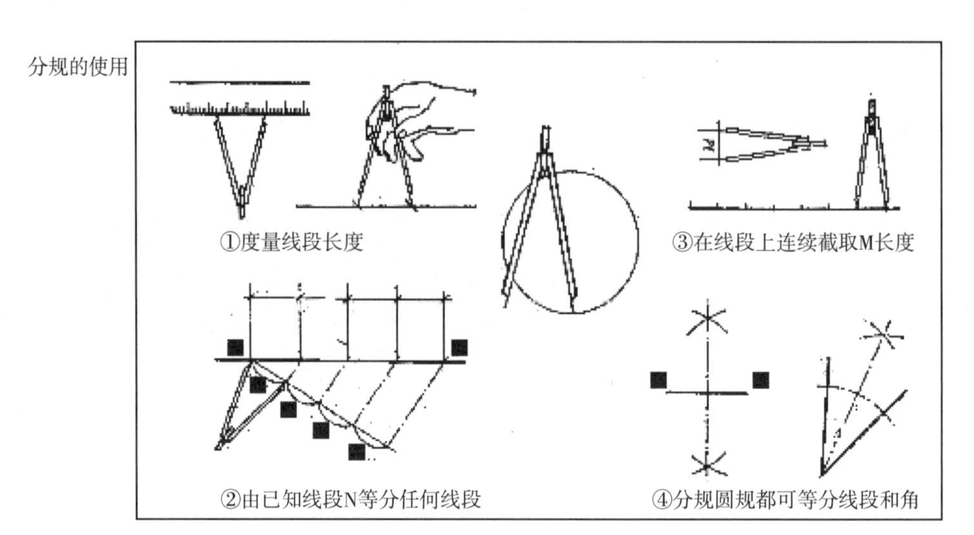

（3）线型种类

实线：实线为通长的线，可以用来绘制剖切线，可见线（投影线）和尺寸线等，实线线条的粗细可分为三等，分别用于结构剖切线，家具剖切线，可见线、尺寸线和轴线。

点画线：线段与点彼此间隔而构成的点画线，用来绘制轴线，为三等细线。

虚线：由断续而较短线段组成的虚线，用来表示被遮挡的隐线，一般为三等线。

（4）绘图程序

首先，准备好纸和工具，并将图纸横平竖直地固定在图板上。做好排版，即：均衡地规划好图面布局，安排好本图应包含的所有内容，包括标题、注字等。

第二，用较硬的铅笔（硬于 2H）画轴线、打稿，稿线要细、轻而明确，线条相交时可以交叉、出头。

第三，由浅到深地加重。先用三等细线全部加重一遍，可见线、尺寸线和轴线等可一次画成；在此基础上加深二等线，然后再加重一等粗线。注意：粗线需往线的内侧加粗，以便由线的外皮控制尺寸；还应注意：三种线的粗细既有区别，又彼此匹配。

最后，标注字、尺寸、标高及其他标识符号，写图名、比例及图纸标题，再画图框。方案设计的平面图、立面图还可配置树木等衬景来衬托建筑和体现周边环境。

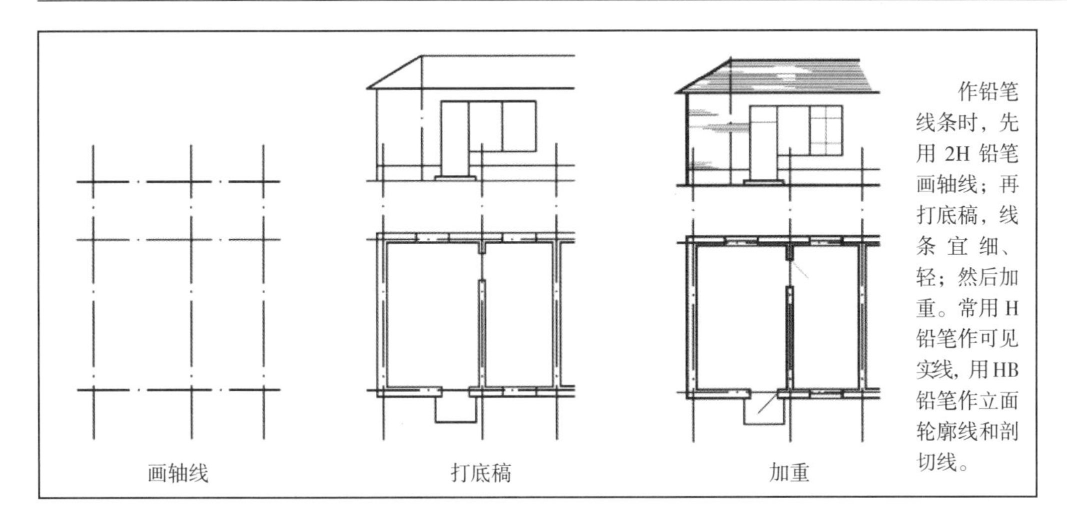

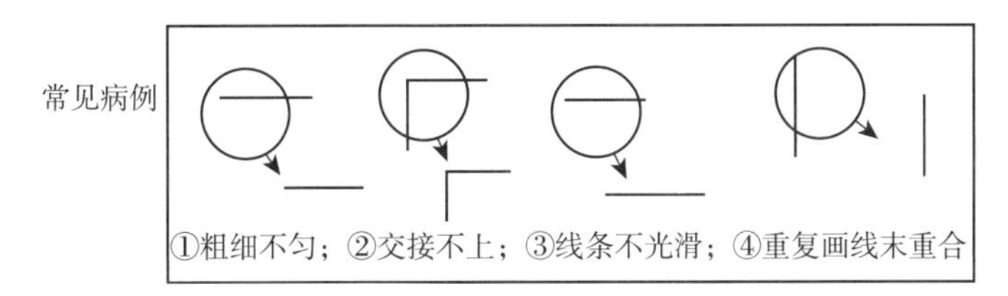

3.2.2 建筑绘画

建筑绘画是以建筑的平面、立面和剖面设计为依据，来表现建筑形象的应用性绘画，因而既具有准确、真实的科学性，又具有艺术表现性，而艺术性却是建筑绘画更为突出而特殊的要点。

与工程图相比，建筑绘画既能在图纸上表达二维的建筑立面形象，又能在图纸上表现三维的建筑形体，均具有很强的艺术表现力。建筑绘画是构思、设计的表达手段之一，被应用于设计的全过程之中，只是不同阶段所采用的表现方式有所区别。特别是当设计被确定后的绘画，需要不同于设计思维的另一种思维，这时画面变成了“一切”。应当考虑的是：如何在表现图中着力表现建筑，尤其是要强化设计的优点和重点；如何描绘环境，进而衬托和美化建筑设计；如何利用光和色彩表现建筑、营造氛围；进而起到表现和展示作用，以获取观者对设计意匠的理解、认同和赞赏。

1）绘画原理

二维的建筑形象表达即立面绘画，利用立面图就可制作，或为线条图，或为彩色图。

本文的重点是阐述建筑三维形象的表达。综合利用正射投影的三维数据，就能求出显示建筑空间和体积的三维建筑图——透视图或轴测图。轴测图具有与正射投影图相同的特点：以平行线来表示建筑的平行线，并能沿袭空间的三轴来表达三维的绝对尺寸。透视图虽然同样是作为显示建筑空间和体形的三维视图，却不同于轴测图：建筑的某些平行线在透视图中不再平行、而会集中相交于一点，且它所表达的只是三维的相对尺寸。

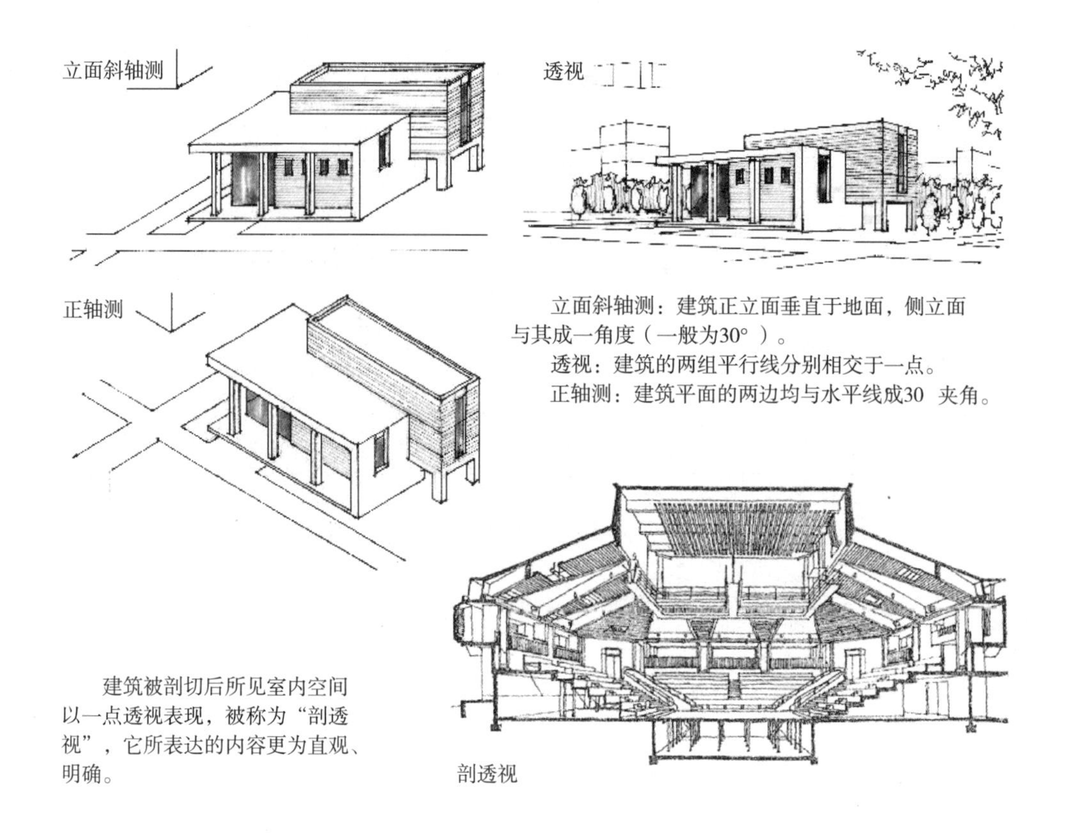

立面斜轴测：建筑正立面垂直于地面，侧立面与其成一角度（一般为30°）。
透视：建筑的两组平行线分别相交于一点。
正轴测：建筑平面的两边均与水平线成30 夹角。

建筑被剖切后所见室内空间以一点透视表现，被称为“剖透视”，它所表达的内容更为直观、明确。

透视图是根据以下原理绘制的。

(1) 以“轮廓”表现建筑的“形”。轮廓包括外部轮廓及凹凸转折（大到柱廊、门斗和阳台；小到挑檐、雨罩、门窗和线脚等），由透视方法求得，形是否准确取决于透视方法的正确与否。选取合适的视距、视角和视高，能使“形”的表达取得良好的效果。

(2) 以“光影”表现建筑的“体”。光的照射使建筑的各面出现明暗变化，并使建筑的凹凸转折产生阴影，借助光影知识正确地表达和处理这些变化，就能使建筑的表现具有体积感，进而将轮廓构成的“形”深化为“体”。

(3) 以“色彩”表现建筑的“真”。模拟的建筑形体在添加色彩后才会摆脱“模型”概念而显得更加逼真，色彩的运用应该遵循相关的知识和色彩的规律。

(4) 以“质感”表现建筑的“实”。不同的建筑材料具有不同的“质感”，这意味着除色彩外，材料还包含纹理、光滑度和透明度等属性，由于材料的不同材质在光的照射下会产生不同的反应而显示出各自的特征，从而对人的视觉及触觉等产生特定的作用及效果，因此，质感也是设计表达的内容所在。

(5) 以“环境”表现建筑所处的“场所”。建筑必然处于被统称为“衬景”的天空、地面、绿化以及相邻建筑等所构成的环境之中，它不仅因环境而被烘托，而且其受光和色彩也会受到环境相应的影响。只有充分表现建筑的环境氛围及其所受到的影响，才能将其融入所处的场所之中。

清华大学图书馆

选择高视点，可以表述整体建筑与环境，即为鸟瞰图。

狄红波

2）绘图技法

对于建筑绘图所涉及的，与透视、阴影和色彩相关的知识与原理，本篇仅作简述。

（1）轮廓

立面轮廓的绘制已在工程制图中阐述，此处仅介绍透视轮廓的绘制。

● 基本特征　由于透视图中建筑的某些平行线会相交于一点，因此，视点位置的改变会使同一物体呈现出近大远小的规律。

● 基本原理　将建筑简化为立方体，便能产生长、宽和高三个方向的三组平行线组。凡是与画面相平行的线组的透视仍保持与画面平行，凡与画面不相平行的线组的透视必然在与观察者眼睛等高的水平线（即视平线）上交于一点，即消失点，也被称为“灭点”。

● 基本分类　按照所产生灭点的数量，透视图可分为一点透视、两点透视和三点透视。一点透视：正视对象，沿长、宽、高三个方向只有一组平行线组与画面相垂直，其透视产生一个灭点，一点透视主要被应用于室内透视，或者要求端庄、具有纪念性的室外透视。两点透视：将对象旋转一个角度，与画面相交的两组平行线组的透视分别消失于画面的两端，产生两个灭点，两点透视在室外透视中被普遍应用。三点透视：当沿高度方向平行线组的透视也交于一点时，总共产生了三个灭点，这类透视多用于对象高大时。

● 基本要点　面向观察者的透视图，描述的是人在特定视点所观察到的图像。于是，表述人在空间中与对象相对位置的三个轴向要素，即视距、视角和视高，成了图像的决定因素，也可以通过徒手求透视的途径对此三要素进行推敲、调节，最后加以确定，以求得较为真实而理想的透视效果。

● 视距　观察者与被观察物体之间的距离即视距，视距的变化意味着观察者位置的前后变化。视距越大，产生的灭点越远，平面上视野边界线之间的角度就越小，立面上视野边界线越平坦，对象的透视越平缓，所视的空间范围也就越大；视距越小，一切则相反。一般来说，视距可选用建筑物高度的三倍。

● 视角　观察者位置的左右变化，使观察者观察建筑物的角度即视角发生变化，这将影响透视图中不同立面的相对大小和形状；由此而产生的光源对墙面投射角的变化，还会影响到它们的亮度，使观察内容和观察方法也显示出不同的重要性。一般选用约 30° 和 60° 的视角，使两个墙面主次分明、重点突出。

● 视高　观察者眼睛离地面的高度为视高，由此伸展的水平线即视平线，视高的变化意味着观察者位置的上下变化。一般选择的视高为 1.5~1.7m，与人的尺度相符。视高变小，渐趋仰视；视高变大，渐趋俯视，当视高大于建筑物高度时，所求得的即为鸟瞰图。

当建筑的平面与画面成某个角度时可求作两点透视

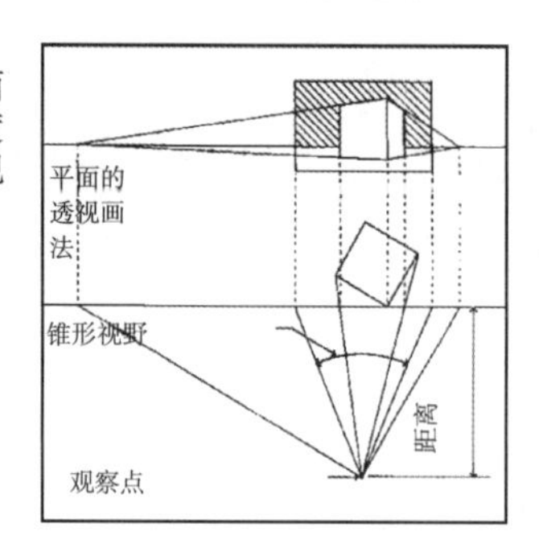

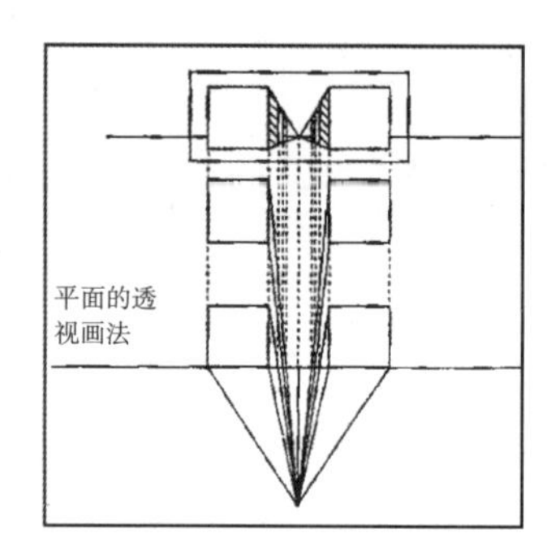

当建筑的平面与画面平行时可求做一点透视

视距越大灭点越远，建筑的透视越平缓，直至成为正立面图

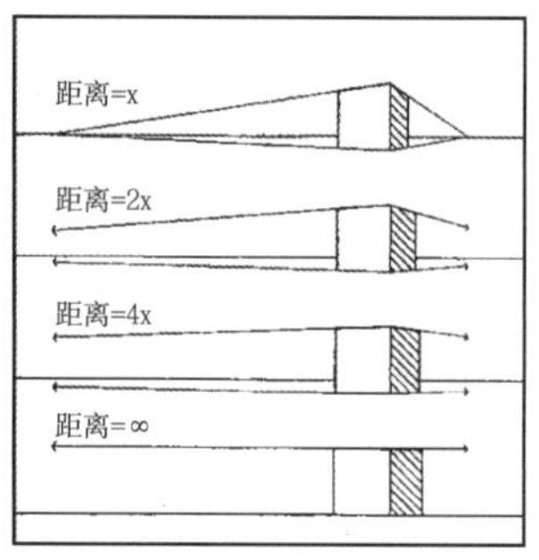

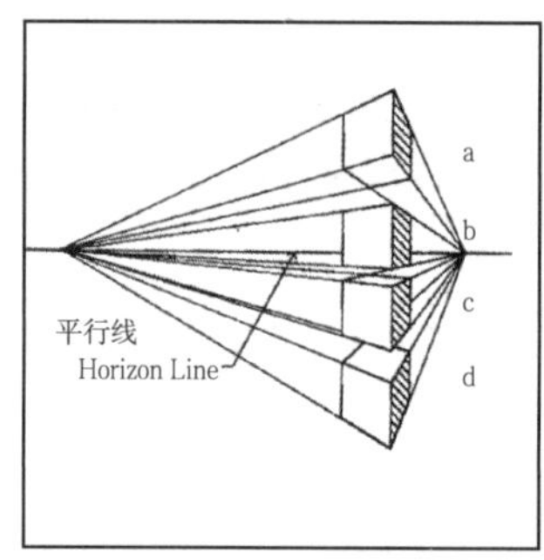

视高由小趋大的变化使透视由仰视渐变为俯视

视角的变化改变了透视图中两个面的大小和形状

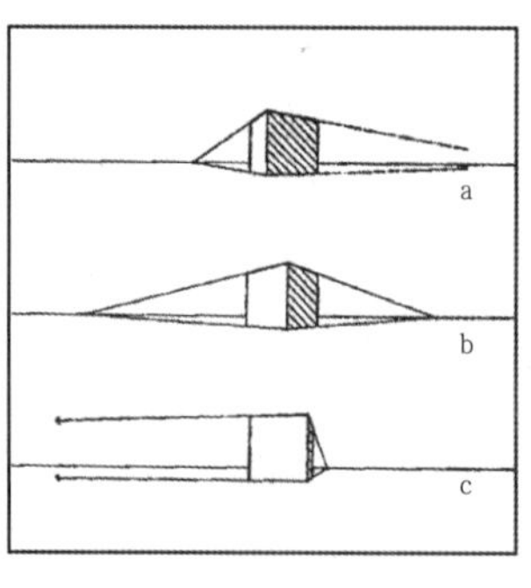

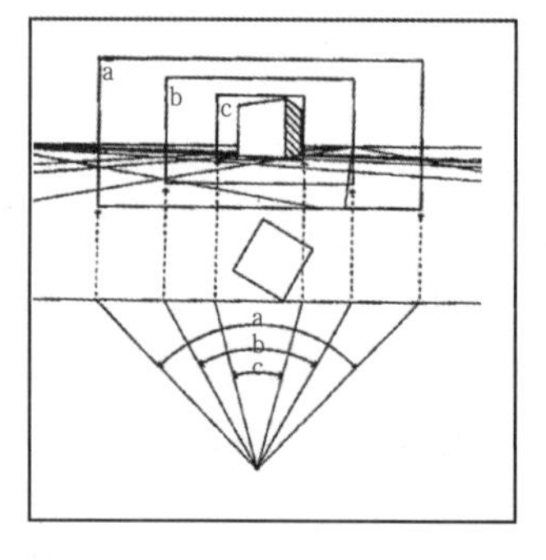

视野边界线之间角度的变化对画面选取范围产生影响，该图中的b画面最为合适

透视原理

(2) 光影

光亮与阴影是互为依存而又彼此对立的两个方面，物体在光照与环境影响下的明暗变化是错综复杂的，只有处理好建筑的光影关系，刻划其细微的变化，才能准确地表达建筑的凹凸起伏，赋建筑于体积感；才能使建筑的表现翔实而生动；也才能营造出建筑所处的环境氛围。

在严谨的透视图中建筑体形的阴影是利用空间形体表达原理而求作的。

● 光源　室外透视一般选择阳光作为光源，夜景和室内透视则选用灯光。阳光的光线为来自无穷远的平行光线，光源位置设定于建筑物的斜上方，其水平、垂直投射角均为45°。光给建筑带来的明暗变化，反映在立面图和透视图上有相同之处，也有不同之处。

● 分面　建筑物各面按照受光条件存在五种状况：最亮面——受光充足的受光面；次亮面——受光条件稍差的受光面；阴面——不受光的面；明暗交界线——亮面与阴面的交界线；反光——周围环境对阴面的受光产生作用，使阴面变得较亮。当然，光源的变化，光线照射状况的不同，也会引起效果的变化。

在透视图中通常会使正、侧两面受光，但为了能细致地刻划正立面上生动的凹凸变化，必须避免两者受光均等。如使光线接近平行于一面（侧面），那就必然会接近垂直于另一面（正面），由此使两个面受光悬殊而产生显著的明暗差别，对于主要立面的表现是十分有利的。

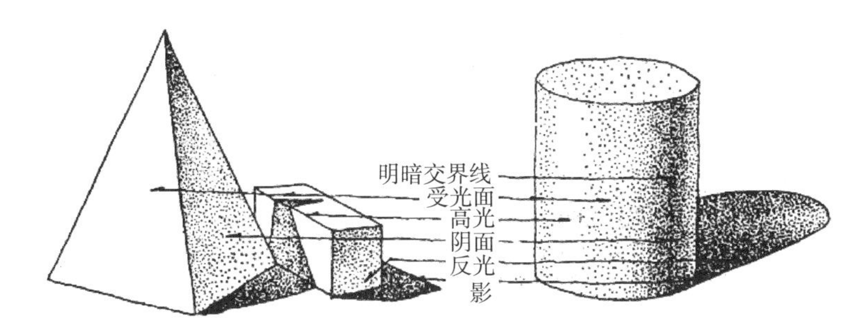

● 阴影　立面图是按朝向分别绘制的，各立面均被视为亮面，由于亮面本身的变化十分微弱，因此，阴影的刻划便成为图面表达的重点。求阴影的关键在于求出明暗交界线落影的轮廓线，即影线，因为阴影是由明暗交界线与其影线围合而成的。垂直于立面明暗交界线的影线均为45°的斜线，若它与立面相交，其落影必定经过此交点；明暗交界线为平行于立面的直线时，影线仍为与其平行的直线，倘若立面有凹凸，同一根明暗交界线落在其上的影线并不连续，因为凸处的阴影短而凹处的阴影长，但彼此保持平行。

对阴影进行处理时应当注意：影与落影面的材料、质感和色调相关联；影与亮面及整体效果相协调；影本身也随着光环境、色环境的变化而变化，并非“铁板一块”。

由于透视阴影的求作比较麻烦，因而在实际工作中一般采用近似方法来确定影线的大体轮廓，为了力求影线的准确，避免发生明显的错误，必须掌握阴影变化的基本规律，以及徒手绘制透视阴影的方法。

● 高光　尚存在一种特殊情况：在与光线角度完全垂直的部位，由于受光最为充足而最亮，形成了“高光”。高光分布在凹凸转折的棱角边缘，面积虽小，却能为画面“提神”，故在绘画时应充分表现，特别是在立面图中不可忽视，但因透视图中的高光效果不甚明显，往往从略。

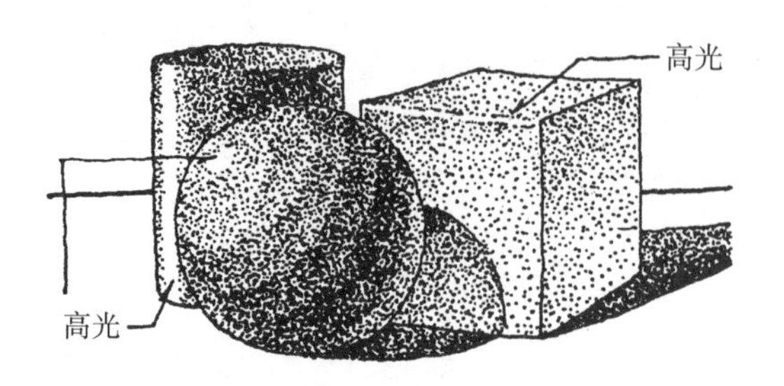

不同几何形体高光的位置

无论是建筑的亮面或阴影，还是环境的天空或地面，都应作出退晕变化，使画面真实而生动。

清式垂花门水彩渲染

● 退晕　实际上，在同一面或同一阴影之中还存在着细微的明暗变化，这就是“退晕”现象。产生退晕的原因有三点：一是地面反光使处于阴面的墙面出现退晕现象，越接近地面处反光越强，墙面也就越亮，反之亦然；二是视觉因素会产生左深右浅、上深下浅的效果，这是由于光线来自左上方，使左、上方亮处的材料颗粒阴影面积增大，加上与亮处的明暗反差强烈，导致该处反而比右、下方深、暗；三是透视因素使近处之物清晰、对比度大，远处之物模糊、对比度小，这种变化来自于空气中水蒸气、灰尘的遮挡、阻隔。

综合上述因素，通常在绘图时可以从距离我们最近、最突出的屋檐开始，作自上而下、自左向右的退晕，给人以光感和空气感，从而使画面更为细腻、生动。

(3) 色彩

建筑物如同其他物体，颜色的出现借助于对光的反射，也同样是呈现对太阳光所含七种色光中被反射的色光。红、黄、蓝三色为原色，两种原色混合为间色，两种间色相混可得复色。

建筑色彩如同其他色彩，同样具备色相、明度和纯度等三种要素，只是在色彩的选择上应慎用原色，恰当使用间色，较多采用复色。由于复色是自然界中最丰富的颜色，又很适宜于建筑的色彩，因而也是建筑绘画中最重要的颜色，它的应用能使画面更加真实、高雅及和谐。

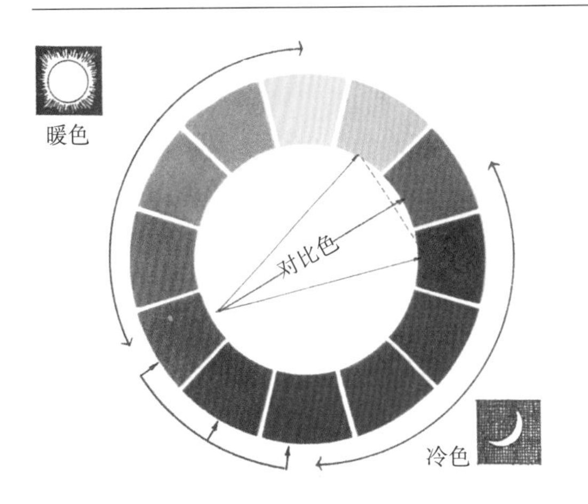

色环中凡相对的为对比色，相邻的为调和色。

阳光透过三棱镜后被分解成的光谱

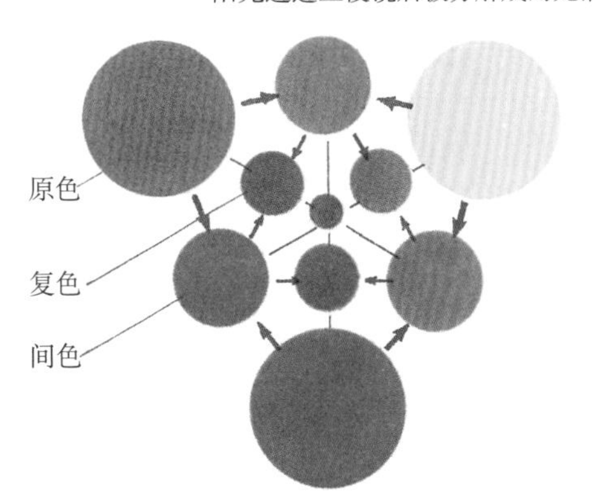

建筑绘画的色调应以建筑的色彩为主调，据此来调配环境组成要素的色彩，与此同时，还应利用明暗对比、色彩对比等手法来突出主题，从而形成符合设计构思的统一整体。一般来说，建筑画的色调比较柔和、雅致；设计的重点如入口之处，可利用阴影等元素，采用浓重、丰富而又透明的色彩加以重点刻画，做到光感强烈、阴影生动；鲜艳色彩宜用于小面积的人、车、绿化等，起到点缀作用。

建筑画除了重点刻画建筑物之外，还可以利用色彩在色相、明度和纯度等属性上的变化，来表现空间层次和环境氛围。

(4) 图面表现

建筑绘画是一种很特殊的应用绘画，它既要求形象准确，又要求很强的艺术性，所包含的内容又十分丰富，因而在建筑设计的各种表达方式中最能发挥作者的创造性。遵循如下要点对画面取得良好效果是十分有效的。

画面构图

此图采用对角线构图，左上部天空约占画面 2/5，与右下实体对比，构图大胆显而易见。作为构图中心的方形庙廊居画面高度的 2/3 处，同时也正处于画面的对角线与竖轴的交汇部位，此处刻划细致，十分引人注目。

● 画面构图　建筑作为透视图的主体，在画面中的位置和所占比例是构图的关键。建筑的中心与图纸的中心不应重合，而应适当偏离，使天大地小、主立面前方空间开阔，以达到画面稳定的效果。透视图中的建筑通常位于图纸下部三分之二以内，建筑体量所占比例要恰当，一般占据画面的三分之一左右。鸟瞰图因视点提高、视野广阔，而使建筑物几乎涉及整个画面。配景作为陪衬，应该起到进一步均衡构图、活跃画面和丰富层次等作用，体量较大的衬景与前景需谨慎配置。

● 整体统一　在绘画时“攻其一点、不及其余”是不全面的，必须要有全局观念、作整体构思：在突出重点的同时处理好局部与全局、重点与一般的关系，并通过对色调明暗、虚实过渡、重点与其他，以及对建筑与配景之间的恰当处理，使画面既有重点又相均衡，做到整体统一。

整体统一

近景柱廊深暗，有意识地弱化了远景清真寺的体积起伏和光影对比，从而使占画面面积最小的尖塔处于强光之下，三者共同构成了黑、白、灰的和谐关系。而在形体轮廓方面，适当突出了曲线（近）、高直（中）、完整（远），三者的配合使画面灵动，而又浑然一体，其关键则在于对“整体统一”的把握。

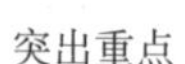

突出重点

此图即采用了下文中所述“突出重点”的手法之一，以形的曲直，色彩的明暗等多种对比而突出重点；同时又以手法之二，把视线引导至一点透视的灭点处，重点突出了入口的纵深空间。

● 突出重点　避免平均对待是使画面精彩的关键，因为它符合人的追求视觉中心的视觉科学规律。建筑绘画的重点一般位于入口或设计中的得意之处，但重中之重只能一个。为了突出重点，一是可采用对比的手法，如繁简对比:以“实”的手法仔细刻划重点与以“虚”的手法大胆概括非重点形成对比，使重点突出，再通过“虚”“实”过渡达到整体统一；二是视线引导也能起到突出重点的作用，通过物像（如人、车等）运动的方向感和引线（如地面分割线）的方向感，将观察者的注意力引向重点，这也体现了“动重于静、人重于物”的规律。

● 配景设计　为了烘托建筑、创造环境，也为了反映地段的地形、地貌，建筑画中的配景是必不可少的。但既然是配景，就应该起到陪衬作用，不能喧宾夺主。配景内容可被概括为“人、车、树”，当然还包括天、地、小品等。绿化作为主要配景，其层次可分为近景、中景和远景。一般来说，远景为轮廓剪影，基本平涂；中景绘有细节，略作体积；近景能起“框景”的作用，不强调体积，但是“形”必须准确、美观，表现不同树种的形象特征。配景画法也可偏于程式化，因为这比自然的人、车、树更易于与建筑相匹配。“人”在画中还有其特殊作用——体现建筑的尺度。

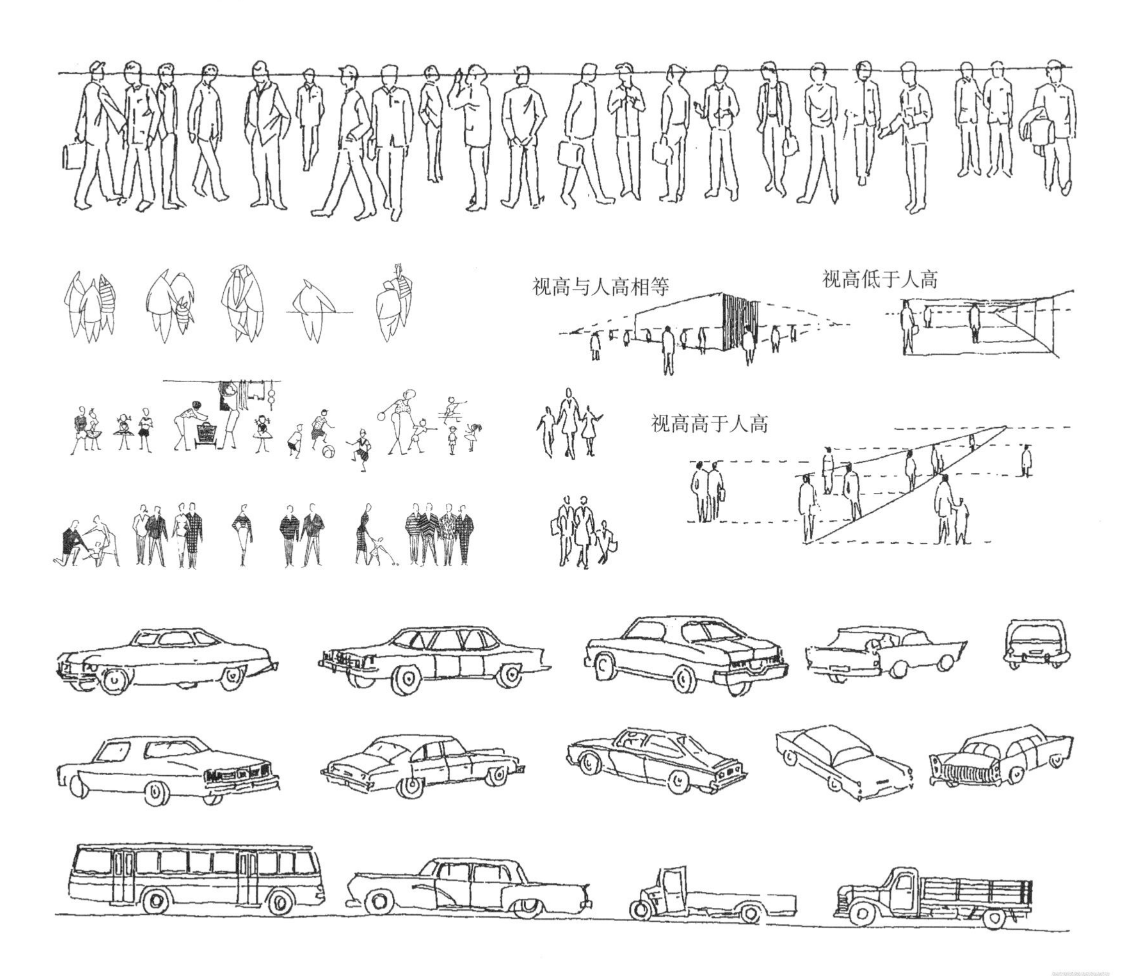

远景树画法举例

近景树画法举例

树木的程式化画法举例

树的平面画法

衬景在建筑画中的应用

3）绘画类型

（1）基础表现方式

建筑绘画最基础的表现方式共分五类，即：铅笔画、钢笔画、水墨渲染、水彩渲染和水粉画等，按效果它们又可被分为两大类：前两类属于“线条画”；后三类属于“着色画”。各种绘画的特点分述如下。

● **铅笔画**　用铅笔制作建筑绘画的优点在于方便快捷；缺点是不易保存，篇幅小且不反映色彩。铅笔画多用于收集资料、快速表现和绘制草图；主要技法是在建筑轮廓的基础上用线条的疏密组织、排列方式来构成黑、白、灰的明暗关系，以表示阴影和材料质感；也可略去明暗关系，只用单线表达轮廓，则更为快捷。工具以不同硬度的铅笔、各类绘图纸或草图纸为主。

老虎窗（铅笔画）
梁思成　大学时期作品

桥（铅笔画）　田学哲

瑞士基加仑剧场（钢笔画）

上图和下图是用线条排列来表现建筑的面和体，或横线或竖线。

姬路文化中心
日本
（钢笔画）

● **钢笔画** 用墨水笔制作的建筑绘画优点在于效果好、便于保存和印刷；缺点是不反映色彩。钢笔画的用途广泛，可用于收集资料、快速表现、出版物插图和工程制图；技法同铅笔。主要工具为钢笔或绘图笔，以及绘图纸。

本页三幅钢笔画作表现出不同的技法特点：

A. 以装饰性钢笔画手法进行大块的黑、白、灰穿插安排，同时配有装饰性很强的自由线条，以丰富和活跃画面气氛。

B. 现场速写用线精炼，只在少数重点部位密集排列，烘托重点。看似松散随意，实则却有很强的整体把握。

C. 速写整理。吸收我国传统绘画中的白描技法，画面构图严谨，线条讲究，配景的安排对整体气氛的营造十分重要。

A 某大学生宿舍楼设计草图

B 长沙车站 田学哲

C 峨眉山雷音寺 单德启

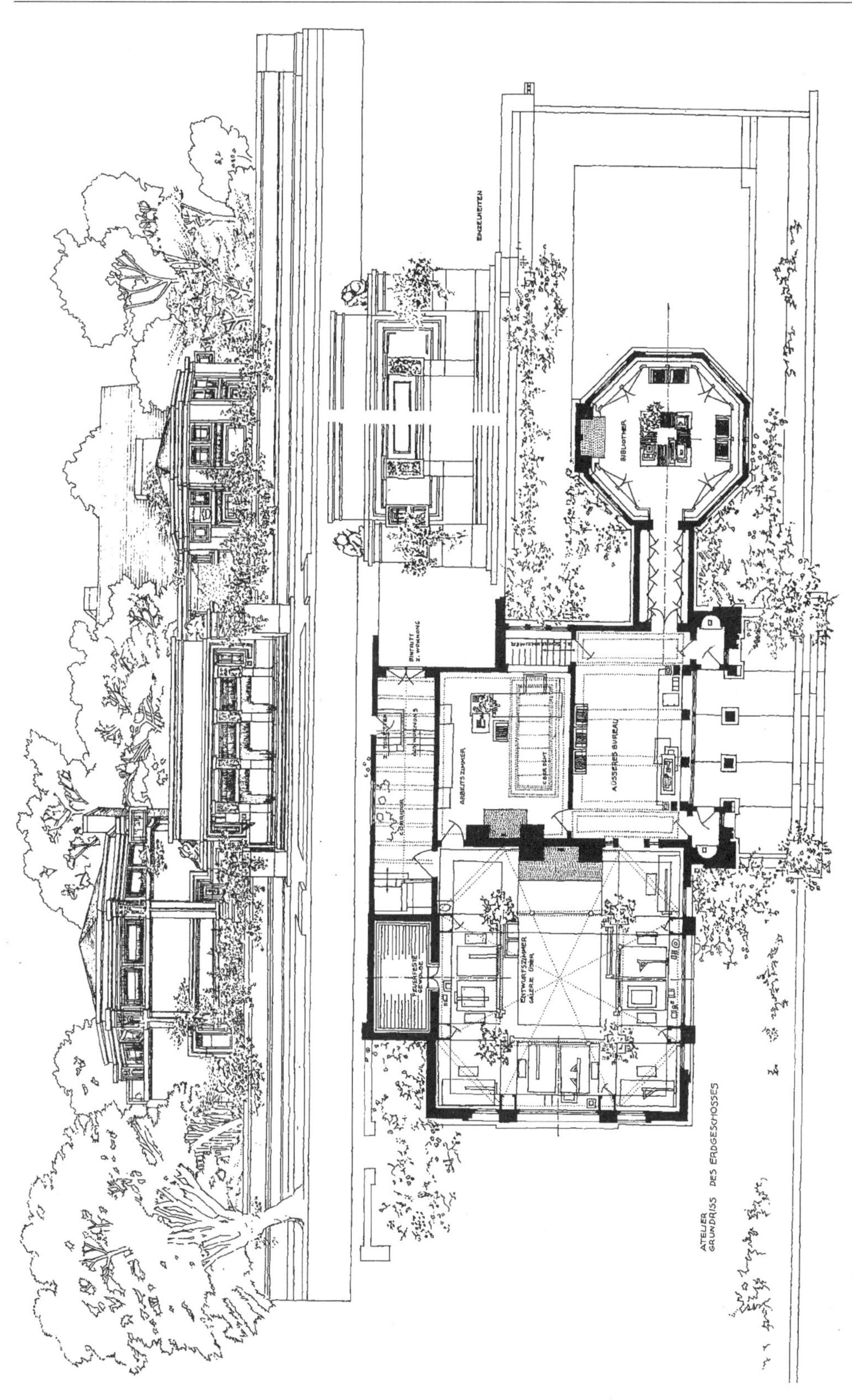
ATELIER
GRUNDRISS DES ERDGESCHOSSES
BIBLIOTHEK
ARBEITSZIMMER
AUSSERES BUREAU
ENTWURFSZIMMER
GALERIE OBER
FEUERFESTE GEWOLBE

赖特钢笔画 临摹

● **水墨渲染** 水墨渲染的优点是层次清晰、表达细腻，素描感、体积感强，曾盛行于古典建筑的设计表现。由于不能反映色彩，制作也麻烦，现很少采用。技法为：将研成的墨汁配制成深浅各异的墨水，以退晕的方法逐层渲染叠加；叠加方式可分为干画法和湿画法，采用干画法时必须等上一层干透之后叠加，湿画法是在上层染墨尚湿润时进行“湿接”。工具有：墨段、砚台、容器、笔洗和渲染用大、中、小毛笔及排笔等，用纸必须为既具有吸水性而又不洇的图画纸，并裱在图板上。

清华大学礼堂局部（水墨渲染）

清华大学大礼堂局部（水彩渲染）

北京民族文化宫立面（水墨渲染） 焦毅强

上海美术馆（水彩渲染） 凌本立

● **水彩渲染**　用水彩颜料渲染而成的建筑画优点在于表现力强，能反映材料的质感和色彩，效果真实、生动、含蓄、透明，缺点是制作较为复杂，色阶的对比度不如水粉强烈，普遍用于建筑表现图。技法：大体与水墨渲染相同，通过平涂和退晕等方式多次叠加、着色，程序为先浅后深，以铅笔线作轮廓。主要工具为水彩颜料、调色盘、容器和笔洗，铅笔和渲染用大、中、小毛笔及排笔等，用纸为表面比较粗糙、具有一定吸水性而又不洇的图画纸，并被裱在图板上。

日本某旅馆（水粉画）

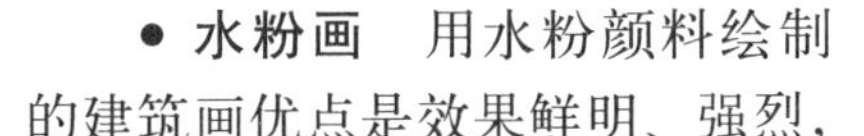

● **水粉画**　用水粉颜料绘制的建筑画优点是效果鲜明、强烈，缺点是不够含蓄、柔和，比较生硬，主要用于建筑表现图。其技法特点为覆盖，制作程序为先深后浅，因为颜色越浅含粉越多，覆盖力也越强，在上色后再勾画轮廓。主要工具为水粉颜料（即宣传画颜料），毛笔、鸭嘴笔，调色盘、容器和笔洗等，用纸为绘图纸，并被裱在图板上。

综上所述，可作如下归纳：首先，在技法上铅笔画和钢笔画相接近，水墨渲染与水彩渲染相类似；在用色上水彩画与水粉画有相近之处。其次，在表现特点上水墨渲染因细腻、体积感强，用于西方古典石构建筑的表达较为适宜；水彩渲染因色彩丰富而更宜用于中国古典建筑的表达。此外，为了得到理想的最终效果，应为水墨渲染、水彩渲染和水粉画等绘制色稿小样，以指导正式图的绘制。

日本某会馆（水粉画）

流水别墅（水粉画）

（2）基础表现方式的延伸

由基础表现方式演变而产生的表现方式不仅多种多样，而且持续发展，现仅介绍主要的两类。

第一类是由于绘图工具的改变而产生的绘画方式。如：以炭笔或颜色铅笔代替铅笔，以塑料笔、马克笔代替钢笔等，尽管工具变化，但仍然是以线条图进行表达的一种类型，不再详述。

第二类是由几种基础表现方式相结合而生成的绘图方式，这种结合既能综合各种方式的优点，又能避免各自的弱点。主要途径是线条与着色相结合：以线描作骨架、施以色彩，因以线为主、色为辅，故被称为“骨线淡彩”，它以比较简便的手段，赢得轮廓清晰、色调和谐的良好效果，因而这是十分有效的表现手法。依据“骨线”的不同，又可以分为铅笔淡彩和钢笔淡彩等。

加纳国家剧院（铅笔淡彩）　程泰宁

• **铅笔淡彩**　由铅笔与水彩相结合。水彩着色浅而简化，只表现建筑各面、建筑与环境之间的大关系，重点之处以小面积加色作出强调，轮廓勾画、明暗和光影变化以及材料质感等均由铅笔线条表现。铅笔淡彩既简化了水彩渲染的麻烦，又克服了铅笔画不能反映色彩的不足，并具有制作简便、效果柔和等优点，因而得到广泛应用，特别是适用于设计过程中的快速效果表现。用颜色铅笔、颜色粉笔代替水彩颜料，也可制作铅笔淡彩绘画。

炭笔画　纪怀禄

清华学堂（炭笔淡彩）　高冀生

● **钢笔淡彩** 由钢笔与水彩相结合。用钢笔线条勾画轮廓，水彩着色作大色块平涂，并略作明暗变化。这种表现方式既能发挥水彩渲染透明、轻盈的优势，又可利用钢笔线条清晰、肯定的长处，以此来体现建筑的形体、空间、材料和细部，效果清晰、细致。此外，还可用马克笔代替钢笔甚至水彩颜料，所绘制的淡彩渲染色彩明快、制作简便；或在草图纸上用炭笔勾画轮廓，以彩色粉笔代替水彩，两者共同在纸的正面或背面着色、擦色来表现色彩和明暗，所作的炭笔渲染制作简捷、效果强烈。这两种表达方式极适用于快速表现。

总之，由于钢笔淡彩这类表现手法易操作、效果好、宜保存，因而应用甚为广泛。

钢笔淡彩

左侧两张饰以暖色调，右侧两张饰以冷色调，通过色彩关系的简化，使画面更为统一，制作更为便捷。

中央实验话剧院（马克笔画）
魏人中

构图别致，前景树轮廓细致，加强了观众的参与感。借助于墨线限定和保持边界，并以彩色铅笔描绘细部，使马克笔渲染更为完善。

马克笔的出现为钢笔淡彩绘画创造了新的可能，以钢笔为骨线、马克笔为色彩作画，操作更为简便、快速，效果明确、多样，也可同时应用其他绘画颜料。此外，马克笔也可用于骨线的制作。

首都图书大厦（马克笔画） 刘力

香港力宝中心（喷涂）　谢道贤

● 其他表现方式　绘画用工具、材料的发展使建筑绘画的类型丰富多彩，例如：被广泛应用的喷涂，用喷笔将调配好的水粉颜料喷射在画上，均匀柔和、效果真实，是水粉画的一种表现方式。利用丙烯颜料、油画棒等也均能制作具有特色的建筑绘画。

喷涂画面效果柔和细腻，边界交接自然，但制作比较麻烦：需按不同色彩分别贴膜和喷涂。

丙烯颜料绘画可通过对水分的控制，使其具有水彩画或水粉画的不同效果。

丙烯颜料绘画

丙烯颜料绘画　纪怀禄

方案设计的草图可综合利用以上手法，概括而快速地表现设计意图，最常用的是炭笔、粉彩快速表现手法。

炭笔、粉彩方案草图　　方可

炭笔、粉彩方案草图　　黄微

炭笔、颜色笔草图

（3）一种快捷实用的表达方式——徒手线条画

通过改变对工具的使用，以徒手绘制代替工具绘制，一种极其有用的技巧出现了，那就是徒手线条画。本来同样可以属于由基础表现手法派生的徒手线条画，因其对于建筑师具有特殊的意义而需特别加以叙述。

徒手线条画是建筑师必须掌握的基本功之一，原因在于：它不仅是绘制设计草图、表达设计意图的重要手段，而且也是人的手、眼、脑共同作用能力的体现；再者，这种表现方式操作十分简便，只需一支笔、一张纸，就可广泛进行搜集资料、速写、绘制草图，绘制表现图和设计过程图，甚至出版等工作。

徒手线条画以铅笔、钢笔为工具，通过徒手线条来表现建筑：用线条勾画轮廓，用线条的组织、排列表现明暗、阴影和材料质感。由于线条画的关键在于画线，因而线条绘制便成为其基本功。学习线条画的第一步就是大量的、各类的线条练习，勤练勤画，必有成效。画线的关键在于：运笔松弛、顺畅；线在曲中找直，长线宁断勿接；多种线型的选择、组合……。

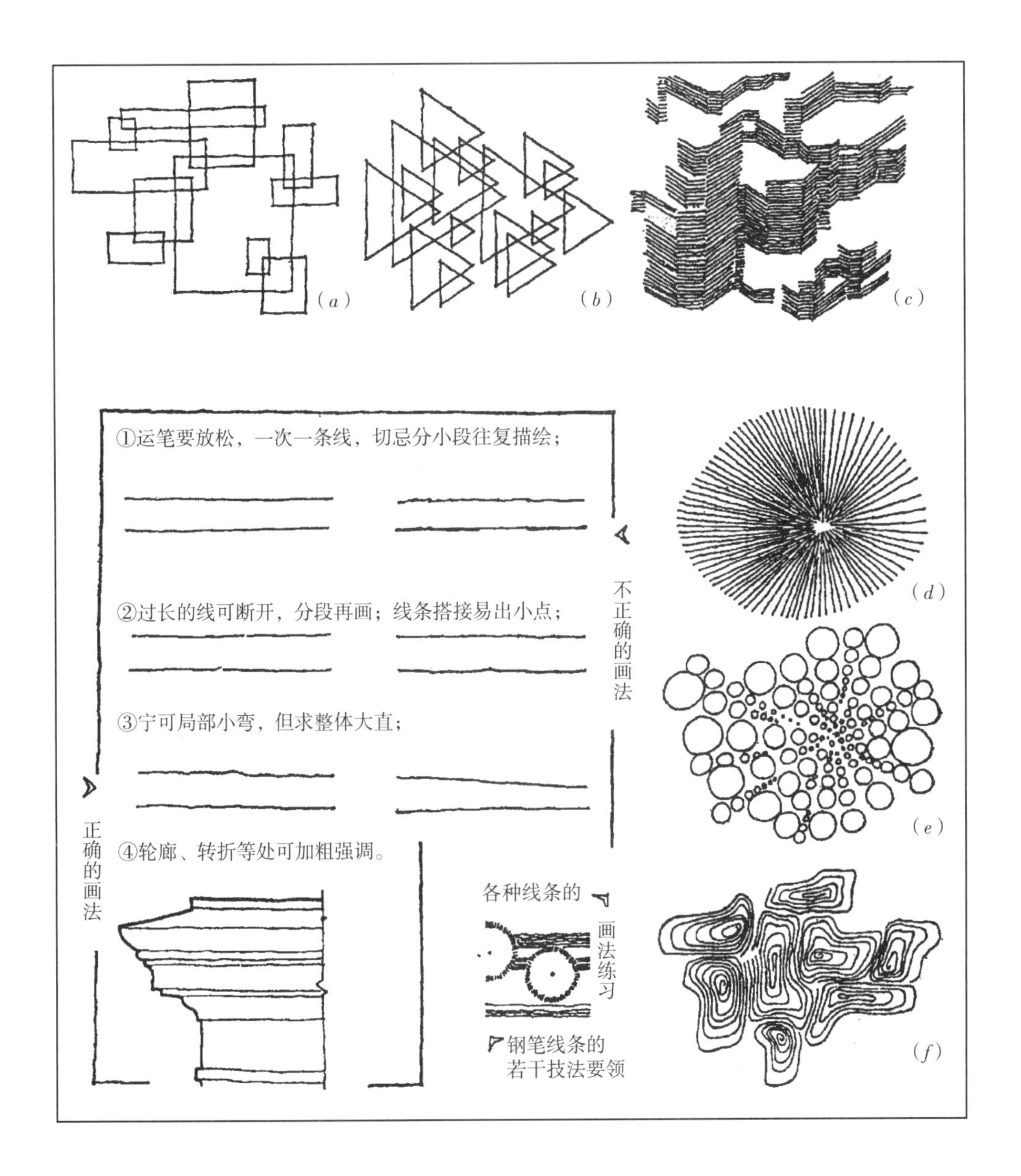

徒手线条画的画法与钢笔画类似：可以是单线白描，特点是形象简明、轮廓清晰；也可以以线条组织来表现建筑，特点是能表现形体、材质等。徒手线条画与其他表达技法的相同之处是：必须准确地描绘建筑的轮廓、透视和环境；有特色之处则是：应特别强调善于概括、善于取舍、善于选择恰当的线条组合，来构成画面的黑、白、灰层次。

速写能反映作者在较短时间内对绘画对象理解和把握的程度，因此速写能力的强弱是建筑师基本素质高低的体现，也是徒手画的基础。速写熟练程度的提高可以通过写生的现场体验、临摹的概括提炼、默写的记忆提高等途径多练、多画而得以实现。

三张钢笔速写各有特点：

A. 白描速写是利用线条的疏密变化来表现材质，构成黑、白、灰效果的。

B. 以流畅而变化的笔触来表现材料、阴影和形体。

C. 在白描基础上利用马克笔，可快速地作出分面和形体变化。

A 屯溪老街市场　　邹欢

塑料水彩笔

笔尖弯过钢笔

普通钢笔

针管笔

小钢笔

塑料自来水毛笔

可用作徒手画的各种笔

B 威尼斯　　孙凤岐

C 深圳街景　　梁鸿文

圣马克广场（钢笔速写）　　梁鸿文

临摹能对眼、手、脑的反映及其统一进行训练，右下图对照片的临摹还能训练概括和提炼的能力。左下图在色纸上利用炭笔作轮廓和阴影，利用白粉提亮、作出对比。

圣马可广场（水彩速写）　　吴焕加

上两图同样是威尼斯圣马可广场的速写，左图是常用的钢笔速写，右图却是现场制作的水彩速写。

德国亚琛大教堂　临摹　　俞靖芝

建筑绘画的表现方式将随着科学技术、材料工具的不断开发而持续发展，因为借助各种材料、工具的交替使用能创造出更多的表达手法。

流水别墅的不同表现方式

蛋清调和颜料和水彩颜料画	色铅笔画
钢笔画	马克笔和毡头笔绘画

3.3　模型表达技法

3.3.1　模型表达

模型与图形虽然都是设计的表达，但表现方式却不同：图形是用图解的方式，以线条和平面等元素来记录和表达设计的意图和过程，综合利用二维的图纸来表现三维的空间形体；而模型是以片板和支柱等建构元素来模拟设计者的创造与想象，并利用体量将其转化为三维空间形体的表达。图纸是制模的依据，而模型又是图纸内容的形象体现，因此，彼此间既相辅相成又各司其职。由于模型注重建筑空间形式的表达，并将空间形态具体化，因而更为形象、直观，更加有助于对设计意图的理解，还有利于判断设计的优势和弱点，经过调整和修改，得到满意的结果。

可见，模型如同图纸，同样是作为一种设计媒介而贯穿着设计的全过程，模型表达不仅是成果的展示，而且也是设计的手段。

3.3.2　模型种类

按照模型主体的类别，模型可分为：规划模型、建筑模型、内部空间模型、构造模型、细节模型等。配合设计的全过程，模型的制作又可分为下列阶段：概念模型、工作模型和实作（成果）模型。不同阶段模型的功能、内容和制作方法也有所区别。

本节阐述的是建筑模型，主体是建筑，并配有地形和环境。一般来说，1∶500的模型用于构思阶段，只表达建筑形体；比例为1∶200到1∶50的建筑模型可以具体、详细地描述建筑，主要体现在能表现建筑立面。不同阶段的建筑模型采用不同比例，表达不同内容，使用不同的材料和工具，简述如下。

1）概念模型　采用简单技术、工具和材料，所用的比例可以小于最终所要求的比例。通过塑造建筑的空间形象，包括形状、大小、位置、布局等，来表达设计构思。

2）工作模型　这是持续长久、变化频繁的模型表达阶段。随着设计的逐渐深入而相应地动态表达，选用的比例也逐渐与最终要求相符。模型的功能不仅是为了表达，而且应有助于设计方案的推敲和深化。工作模型表达的重点在于：建筑与地段、环境的关联，建筑的空间形体与建筑外观等。工作模型的制作比较准确、细致，所采用的材料和工具也与此相应。

3）实作模型　即成果模型，表达最终确定的建筑设计，用于展示或展览。除了建筑与地段、环境融为一体，作为主体的建筑形体和立面应准确、精致，用材、制作精良之外，还需要致力于利用材料，甚至顺手而得的材料来雕琢、点缀建筑与环境，创造出别致的独特风格和艺术效果。

3.3.3　模型用材

常用的主要制模材料可分为纸、硬泡沫、木材、玻璃和金属等类。

1）纸　纸类制模材料种类多样、颜色丰富、易于加工，因而令人喜爱。如：卡纸（不同肌理，不同质感），厚纸板（以泡沫塑料为核心，两侧用纸张覆盖），瓦楞纸（用平滑的纸张粘合于波浪纹板的一面或两面）。纸材的切割工具为工具刀。

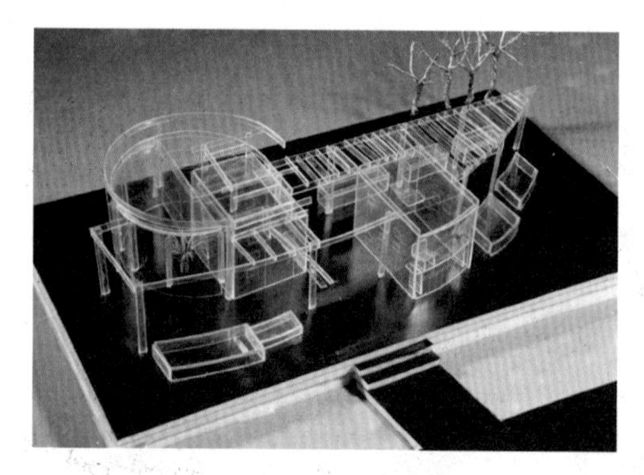

2）有机玻璃　由于普通玻璃坚硬易碎，故采用有机玻璃制模，因为有机玻璃轻巧而易于切割，色彩、表面结构又变化丰富，其最大的特点还在于可以塑形、定型，因而能用来制作不规则的曲面、异形和异体。有机玻璃和聚苯乙烯合成的材料能用多种工具加工。

3）金属　金属材料包括铁丝、金属薄板、金属管和金属丝网等。加工时必需的特殊工具有：钳子、剪子，锐利的切割工具和焊接用工具等。

4）木材　木材类材料因坚固、稳定，易于加工，效果自然而常被用于模型制作。木材包含实木、木片板、木棍和胶合板等多种类型，加工用工具为工具刀、锯、锉和打磨用砂纸。

5）硬泡沫 塑料类材料包括硬泡沫、吹塑纸等，宜于切割成体块或面板，可用来制作概念模型。切割工具以电热丝切割器为主，也可用工具刀。此外，ABS 塑胶板也是很好的模型材料。

利用航模材料制作模型方便省工，富有质感。

6）其他 拾来之物也可作为模型材料，如：织物可点缀，彩纸可作画，珠子可当灯；又如：大头针、牙签、易拉罐、窗纱甚至米粒……往往也有可用之处；特别是小树枝、干花和塑料泡沫等，不失为制作模型绿化的好材料。

综合利用各种材料是最常见的，材料的开发也是必然的。

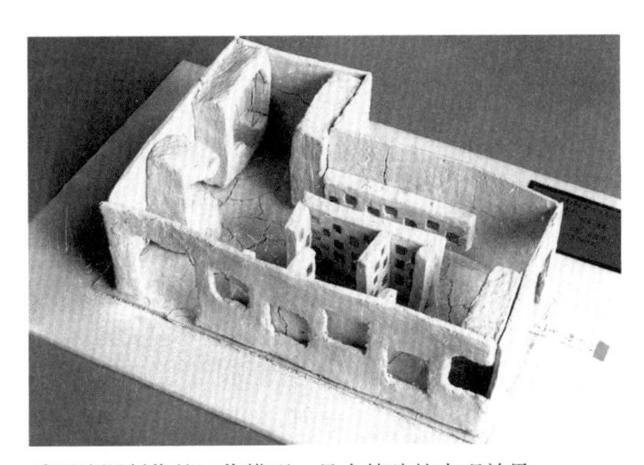
采用胶泥制作的工作模型，具有特殊的表现效果。

此外，用来组合模型各零件的粘结材料也是必不可少的，常用的制模用粘结材料可分为胶粘剂和胶带两大类。胶带可作暂时固定用；当需要将纸类材料粘贴于支撑材料时，可采用双面胶。胶粘剂视粘贴对象而变化，常用的有白胶和瞬间胶。白胶在水分蒸发后几乎无色，使用的前提是被粘结材料中至少有一种为透气材质，如木材，以利于水分的蒸发。瞬间胶能快速地完成耐久的粘结，从而避免需长时间的握紧或压紧粘结物，并可广泛使用于各种材质。三氯甲烷俗称氯仿，用于粘结有机玻璃和 ABS 材料，特点是不留痕迹，但有毒性。

3.3.4 制模工具

工具和器具需要按条件、按需要而配置，但是，配置应当高品质，并注意保护、保养。此外，制作模型的工作场所也是不可缺少的，模型室的管理十分重要，只有制定、遵守和执行相应的规章制度，才能保障使用的安全。

制作模型常备的一般工具有：尺类，钢尺、切割尺和靠放角尺等；刀类，万用刀、手术刀和切割器等；磨光用具，砂纸或磨光石等；画图用具，笔、纸、画线器等；还有保护刀子和桌子用的切割垫等。常用的较大器具有：各种锯，磨光用锉刀以及切割用具，激光雕刻机和数控铣床等。如果允许，模型工作场所还可以配置木工电锯、台锯、打磨机和制作大型模型用的桥形线锯等机械，甚至是三维堆塑机。

3.3.5 模型制作

建筑模型的三大组成部分为：建筑、地形底盘和绿化。制作程序一般为：分别制作建筑与底盘，在它们衔接好后再植绿化。整个模型的用材往往采用多种材料，用料不同，具体操作也不相同。制作模型应注意下列要点：

1）建筑与底盘的精确衔接 这是保证模型质量的关键之一，特别是当地段变化复杂时。

2）加强模型建筑的整体性、坚固性 建筑模型一般分别制作屋顶、外墙、台阶等，再由各种零件牢固地组装而成；建筑外轮廓的围护构件采用骨架支撑，可使模型坚固、结实；空间形体复杂的建筑需分段制作，各部分之间的衔接必须自然、严密。

3）注重模型的整体效果 所有用材无论在色彩、质感、效果上均应统筹考虑，彼此协调、相衬，包括绿化、水面等的处理。除了精致的建筑、地形和环境外，还要在恰当位置标注指北针、比例，底盘要有一定的厚度、整齐的包边。总之，要关注每一个细节。

4）其他 可揭示模型、灯光模型是为了展现更多的内容，取得更好的视觉效果，因此，模型制作也应该具备相应的可视性。

3.4 计算机表达技法

3.4.1 计算机辅助设计（CAD）

计算机辅助设计（CAD）在建筑界的应用始于 20 世纪 80 年代，制图在个人计算机上的运行成为现实，为建筑师摆脱图板提供了可能。

近 30 年来，随着 CAD 技术的不断发展，计算机辅助建筑设计（CAAD）软件的产生，建筑业内计算机所覆盖的工作领域不断扩大，以至建筑业工作中全部的“过程性”工作（创造性工作以外的），如绘图、文档编制和日常管理等，几乎均能由计算机作为工具而加以辅助，其中的绘图包括二维绘图、三维绘图（三维模型制作）。

至于建筑师的构思设计等创造性工作，如何由计算机进行辅助，尚处于探讨和尝试之中。以下简介的重点是计算机绘图。

1）二维绘图

主要功能为绘制二维图形的常用 CAD 软件，由于可用来进行相应的配套工

利用各种配景软件来表现环境和场景，使计算机绘图给人以很强的真实感。

作，如标注尺寸、符号、文字，制作表格，计算相关数据，进行图面布置等，因而除了阶段性的建筑平、立、剖面图外，绘制施工图为其重要功能。此外，它还具有三维绘图和图库管理等功能。

在 CAD 软件基础上经过对各工程设计专业的二次开发，使其发展成为可以广泛应用于微机和工作站的、国际上广为流行的绘图工具。

2）三维绘图

CAAD 出现之前计算机辅助建筑设计的媒介尚存在以下不足：二维图形需用基本图素建模，效率偏低；空间造型能力显弱，所能表示的复杂程度、精确程度比较有限。CAAD 出现之后克服了上述的不足，进而能提供：数字化二维图形——图形的数字化意味着能附带庞大的相关数据库，携带更多的信息；数字化三维图形——能生成透视、模型或统计数据等；多媒体——除了静态的文字，图形外，还能生成声音、动画、摄像等，所携带的信息种类广泛，但是制作成本较高。

主要功能是制作三维图形的三维信息化设计软件，不仅造型能力强，而且具有建模与渲染合一的特点，其间不必进行模型转换，故被广泛应用于建筑业的透视图、模型等效果表现，缺点是掌握难度较大。

3）后处理

所生成的图像需要进行最后的处理，后处理包括效果调整、拼装组合和打印输出等三个方面的工作，以便最终完成满意的作品。为此，可采用图像处理软件。

4）设计过程辅助

目前设计软件市场上唯一能直接面向设计过程的专业设计软件为 SketchUp，该软件的主要功能是制作设计过程中的简易效果，以助于推敲、深入方案设计。它所制作的图形类似轴测图，简单上色，但却精确、易于操作、便于修改。这种软件具备了独特的草图制作功能，将人的思维与工具操作形成专业互动，使建筑师的创作与计算机表达有所结合，确实是创造了一种新的工作模式。

根据建筑设计特点，着重表现材料质感。

根据建筑设计特点，重点表述光影变化、环境氛围。

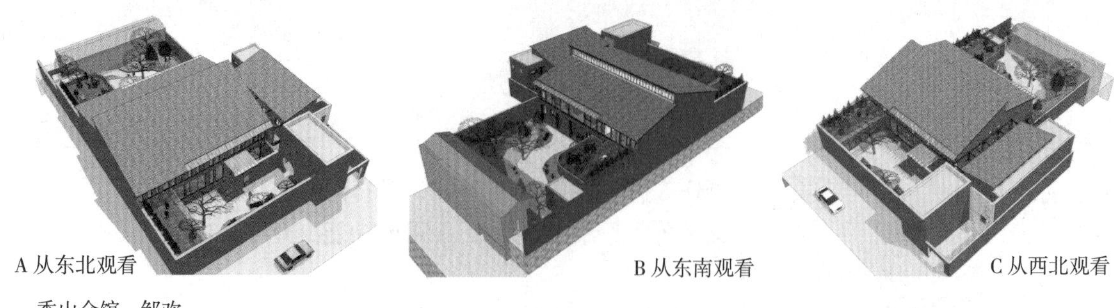

香山会馆　邹欢

具有制作草模功能的软件还可以轻松地将图形按任意角度转动、翻转。以上三图中由 B 图旋转 90° 为 A 图，由 A 图旋转 90° 为 C 图。因此而产生的直观效果能很有效地辅助设计的进程。

3.4.2　计算机辅助设计的评析

1）CAD 之特点

（1）计算机辅助设计具有以下优势：与手工绘图相比，工具简单、操作简便、改图轻松、保证质量；具有复制的优势，对于相似、相近的图，只需稍加改动便能重复使用成果；系统的完善使信息库能提供多种信息及专业软件，并可进行信息、文件和图形的交流；资料保存采用硬盘或光盘，既节省空间又不易损坏。归根结底，计算机辅助设计能做到“高速、高效、高精、高质”。

（2）计算机辅助设计尚不能完全替代建筑设计。目前，计算机辅助设计仍主要应用于设计的表达和管理，对设计构思的辅助正处于探讨阶段，由于计算机不能代替思考，因此在构思、判断、成果选择等方面均有局限性。总之，媒体的变革不断地革新着设计的表达，但尚未带来设计本身的实质性变化，优秀的设计仍然存在于优秀建筑师的头脑之中，而并非存在于计算机的磁盘里。

（3）计算机辅助设计的前瞻性。CAD 技术的历史尚不悠久，但其发展迅速，前景难以估量，它的前瞻性决定了：只有不断地去适应这种动态的变化，才能更好地对 CAD 加以应用。

2）手绘技巧之作用

伴随着 CAD 技术的发展，手绘技巧又前途何在？可以肯定：手绘技巧将以其特有的作用而不可完全被替代，原因在于：首先，建筑设计是人脑的创造性成果；其次，建筑设计具有功能技术之外的艺术特性，这些都是技术、设备所不能替代的，特别是在方案构思阶段。就表达本身而言，用手来绘制草图实际上是建筑师在进行自我对话：他头脑中的思维被他的手清晰地加以描绘，然后通过眼睛的观察和鉴赏，对其进行比较、调整和选择……如此循环，直至最终。这种手、眼和脑的互动正是建筑师的创作过程，也是他创造力的体现，确实是计算机辅助设计所不能替代的，因而手绘能力的培养是必须的。

人们创造了各种方式、方法来表达设计的创作和想象，并力求与实际建筑相符，但是我们不得不承认：表达与实际还是有距离的。这是由于：按比例缩小的图纸或模型，在尺度上与实际建筑存在差距；也是由于模型制作材料和工具的限制，使表达与实情存在差距；又是由于：表达，特别是表现图，为了能引起观察者对设计的关注与采纳，制图者必然会倾注感情，来对其加以渲染、甚至夸张，这种极强的艺术表现也许会与它的实际状况存在更大的差距；更何况绘图只有一个观察视点，而实际上人的观察不仅有余光，而且是动态的……正是由于上述种种因素的不可避免，表达与实际的差距也是不可忽视的。

第 4 章
形态构成

Chapter 4
Form Construction

- 形的基本要素及其特征
- 基本形和形与形的基本关系
- 造型的基本方法
- 形态构成中的心理和审美
- 学习方法和实践

人类很早就知道运用一些简单的几何形式设计建造建筑物（如原始人的圆形聚落布局，古代埃及锥体形金字塔，我国古代的方形院落）。现代许多复杂的建筑都是通过简单几何形式的组合构成。如何造型是建筑设计的重要内容。

作为一门研究造型设计的学问，形态构成则是在近代工业革命的背景下，通过西方现代艺术的发展，最终在著名的包豪斯建筑学院孕育出来。在那里，形态构成体系基本建成并进入教学、研究和设计中。除了接受现代艺术的影响外，形态构成还吸收了视觉心理学的不少成果。因此，形态构成具有艺术和科学的双重特征。

①贝壳——自然的形态构成

②电器的形态构成

⑤建筑的形态构成

③广告的形态构成

④商标的形态构成

不同形态构成的特点：

①自然的构成给我们灵感和启示。

②强调使用功能的构成。如工业设计中汽车、电器的形体设计。

③强调视幻觉的构成。如某些图书装帧和广告设计。

④强调符号意义的构成。如某些标志（商标）、装饰图案的设计。

⑤强调构成的本质规律及其所产生的视觉美的构成。如建筑的造型设计。

我们日常生活中所接触的物体都是有一定形状的。因此，从某种角度看，人类在劳动中创造物品的过程，实际上也是一个造型的过程。形态构成所要研究的“形”以及“形”的构成规律，是一切造型艺术的基础。形态构成知识的运用范围已广泛涉及生活的诸多方面：我们居住的建筑，乘坐的车辆，使用的电器，穿戴的布料，乃至我们阅读的书籍的装帧……，凡是有体形设计的地方都有形态构成的影子。形态构成在建筑设计、工艺美术设计、工业设计等许多方面扮演着重要角色。由于运用范围的不同，形态构成研究的侧重点也有所不同。

可以看出，电器、广告、标志等构成类型强调的是形态构成所产生的“引申”意义：如功能、视幻觉、联想等，在建筑设计领域内，我们主要关注的是形态构成中高度抽象的形与形的构造规律和美的形式。这也是形态构成中最基本的部分。

现实生活中我们接触到的形态有二维形和三维形之分，因此，形态构成也自然包含平面构成和立体构成两方面的内容。虽然二者有一定的差异，但其构成的规律却是基本相同的。这样的认识有助于我们将二者联系起来，从整体的高度上完整地把握它们，而不至于将它们分割。因此，我们将统一叙述平面构成和立体构成。

在建筑设计中，作为其重要内容的形体设计乃至围合空间的界面设计，都涉及形态构成的知识。大至平面、体形，小至梁、柱、门、窗、檐板、铺地、花饰、线脚……，都可以作为造型要素。建筑设计的重要任务之一就是运用平面构成和立体构成的方法把这些要素组织起来，使它们符合形态构成的规律，创造美的建筑形式。这是我们学习形态构成知识的目的。

4.1　形的基本要素及其特征

自然界的形千变万化，形的构成方式也多种多样，但是并非所有的形态都能引起我们的审美兴趣。这就要求我们在研究形态构成时，应从两个方面入手：一是研究形态构成的自身规律，二是找出符合审美要求的形态构成的原则。前者是形态构成的造型问题：无论人们的审美取向如何，形态构成的规律总是客观存在的，我们要研究它、发现它、利用它，从而培养、提高我们的造型能力。而后者则是形态构成的审美问题：前人总结了一些审美的原则，我们要了解它、掌握它；同时也要认识到这些原则是变化的，因为随着社会审美价值取向的不同，人们对形式的好恶也会有所不同。另外，人的审美水平是随着自身修养的提高而变化的，例如，经过职业训练的画家总是比一般人更能敏锐地发现形式的美。因此，要提高个人审美品味，这种修养是个人体验积累的结果，需要付出辛勤的劳动。只有这样，我们才能灵活掌握审美的基本原则，最终提高审美的能力——它有助于我们在纷繁的形态中作出敏锐的选择。这种能力是学习建筑设计必须具备的基础。

(*a*)

(*b*)

(*c*)

现代建筑中形态构成规律的运用：(*a*) 美国建筑师赖特设计的流水别墅；(*b*) 建筑师埃森曼设计的六号住宅；(*c*) 建筑师文丘里设计的母亲之家。现代建筑师大量运用形态构成的手法，创造了许多优秀的建筑作品。

在自然界中，任何物体都是由一些基本要素组成的。大至构成宇宙的各种星球，小至构成物质的原子，这些“要素”按照一定的结构方式形成了无奇不有的大千世界。“要素”和“结构”是造物不可或缺的两个方面。

一棵树由树叶和树干组成，树叶是“要素”，树干是“结构”。那么，形态构成中的“要素”和“结构”又是什么呢？我们自然会思考这个问题。形态构成中的“要素”就是基本形以及由此分解而来的形的基本要素，而“结构”就是将这些“要素”组织起来的造型方法。

4.1.1 形的基本要素

任何复杂的形都可以分解成为简单的基本形，而基本形都是由形的基本要素构成的。形的基本要素是构造各种形的“原始材料”。三者的关系：基本要素→基本形→新形。为了研究方便，我们将形的基本要素分为概念要素和视觉要素。

1）概念要素

将任何形分解后都能得到点、线、面、体，我们把这些抽象化的点、线、面、体称为概念要素，因为它们排除了实际材料的特性，如色彩、质地、大小等等。点、线、面、体之间可以通过一定的方式相互转化，这也说明了它们之间的划分也仅仅是相对的。在一定的场合下，点可以看成是面、是线或是体，反之亦然。基本要素之间复杂多变的关系，要求我们学会在不同的场合下鉴别它们。

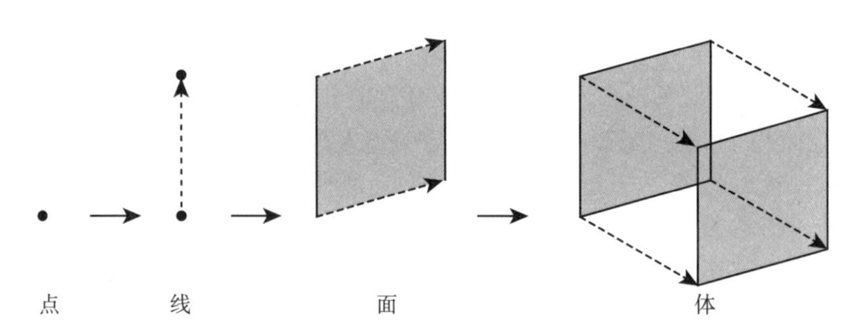

通过特定的移动，点、线、面、体是可以相互转化的。

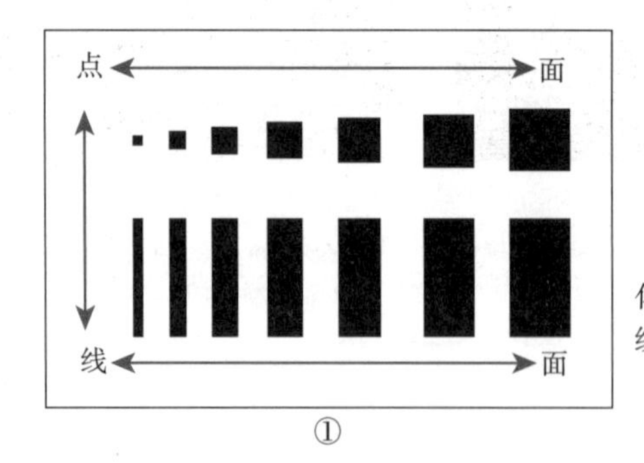

①

点、线、面、体的相对关系：

①表明大小的变化可以使面转化为点，长宽比较大时面就转化为线……；

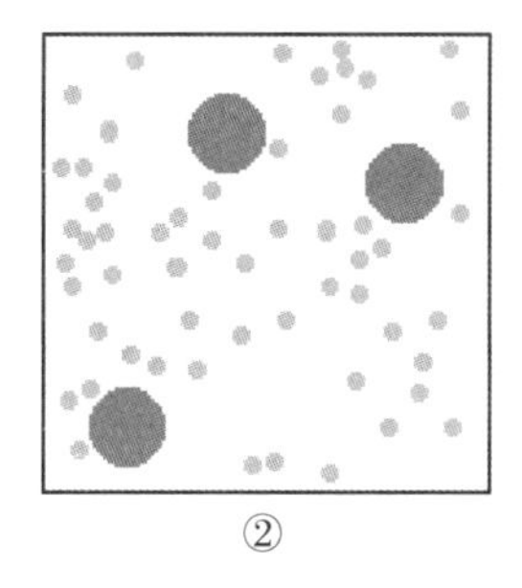

②

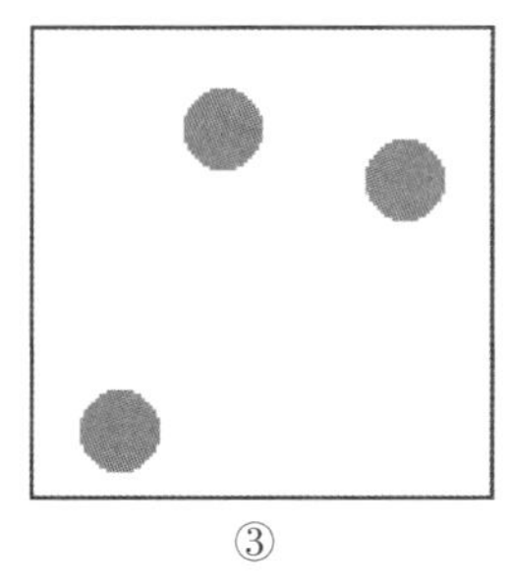

③

④

④中的圆形可视为面，而在一较大的范围③内则可视为一个点，但在②中，与更小的绿点相比，红色的圆或许又被视为面；体块也有类似的变化关系。点、线、面、体的划分是根据人们对形的主观感受而决定的。

2）视觉要素

要使抽象的概念要素成为可见之物，必须赋之予视觉要素：形状、色彩、肌理、大小、位置、方向，在立体构成中还包括材质和材性等因素。由于视觉要素的限定，点、线、面、体可由原来的概念要素转化成为具有一定形态的基本要素。

形状：方、圆、三角……，形的轮廓外表；

色彩：红、黄、蓝、灰……；

肌理：粗糙、光滑、平坦、起伏……，简单地说就是形的表面纹理；

位置：上、下、左、右……；

方向：东、西、南、北、中……；

材质：金、木、土、石……，材料的质地；

材性：弹性、塑性、刚性、柔性、黏性……。

下面，我们将讨论点、线、面、体的一些具体情况。

(1) 点

形态构成意义上的点不是只有位置没有大小的抽象数学概念，它有具体的形状、大小（面积、体积）、色彩、肌理。当一个形与周围的形相比较小时，它就可以看成是一个点。点可用来标志：一条线的两端，两条线的交点，体块上的角点，一个范围的中心。

点的形状：各种形状的点，当其较小时，都可看成是点。

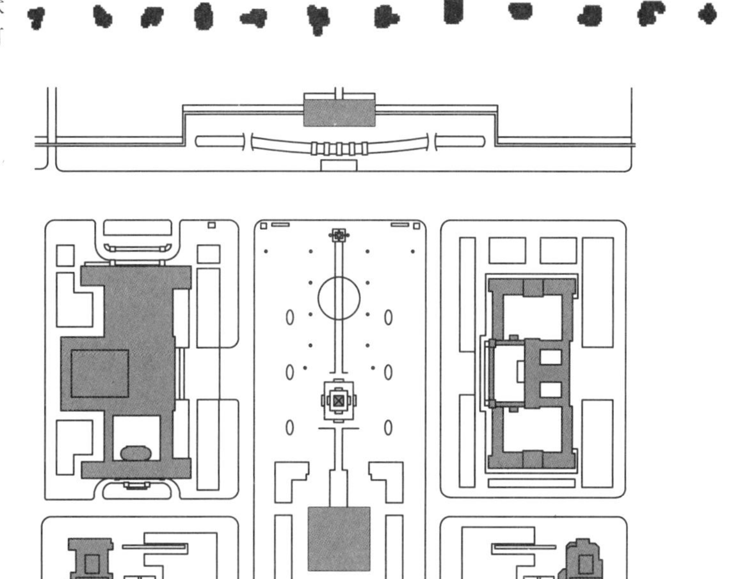

在建筑设计中，一个广场中心的纪念碑可看成是这个范围内的一个点。

各种形态的点：

●实的点：相对虚的点而言，平面中作为图形的点，立体中较小的实块都是实点。

●虚的点：指平面构成的图底转换而形成的点；立体构成中实块的虚空处理较小时，也能看成虚点。

●线化的点：距离较近的点，呈线状排列时，间隔之间似乎有了引力，点的感觉弱化，变成了线的感觉。

●面化的点：一定数量的点在一定范围内密布就具有面的感觉。

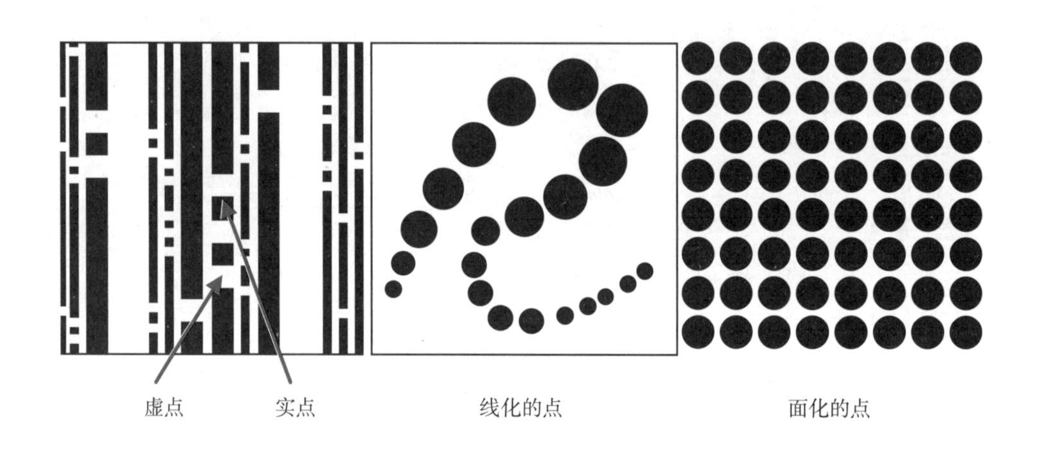

(2) 线

任何形的长宽比较大时，就可以视为线。线与面、体的区别是由其相对的比例关系决定的。线可看成是点的轨迹，面的交界，体的转折。

形的长宽比越大，线的感觉就越强。

各种形态的线：

- 实线：平面和立体实在的线；
- 虚线：指图形之间线状的空隙；
- 面化的线：大量的线密集排列就形成了面的感觉；
- 形体交接而形成的线：面的交接或体的交接都能形成线；
- 体化的线：在三维空间里，一定数量的线排列或围合成体状具有体的感觉。

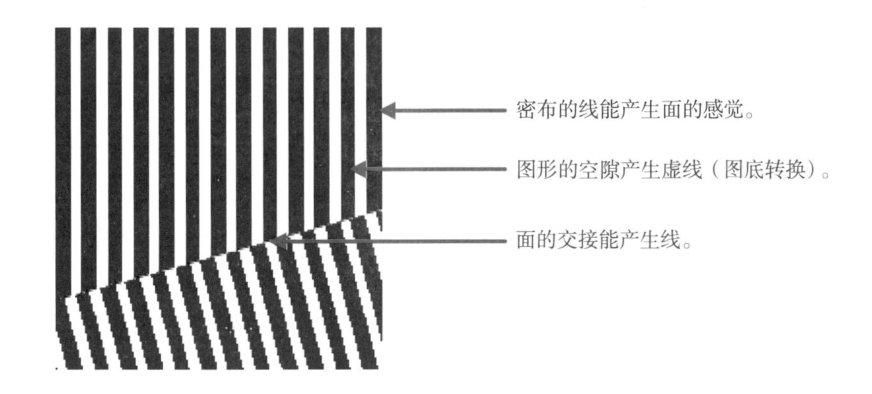

长与短、宽与窄以及角度方位的变化，使不同的线产生有趣的组合。

Hota 设计的 Tessel House 在室内设计中大量运用线的要素，尤其是充分表现了曲线活泼、动感的魅力。

(3) 面

面可以是二维的，也可以是三维的（当一个体较薄时就被看做是面）。面可视为线移动的轨迹或围合体的界面，面有直面和曲面两种。

线移动产生面，例如：古典建筑设计中常用列柱的方式构造柱廊，形成较强的光影及虚实对比。这可看成由线构成的较虚的面。

各种面的形态：

● 实面：二维和三维中实在的面；

● 虚面：平面构成的"底"经过图底反转可视为虚面，立体构成中的虚面则可通过对体块的处理得到；

● 线化的面：当面的长宽比较大时，面就转化成线；

● 体化的面：由各种面围合或排列就能形成体的感觉。

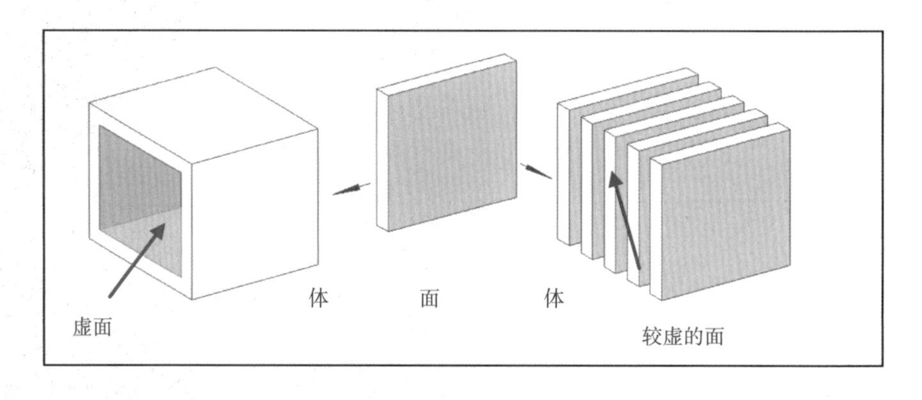

荷兰建筑师 RIETVELD 在 20 世纪 20 年代设计的住宅，巧妙运用了面的要素。通过阳台板、屋檐板、墙板等的水平与垂直的安排，创造了简洁而富于光影变幻的效果。

(4) 体

我们日常接触的多数物体都是体块状的。由于其外表及轮廓的不同，使体的形态千变万化。将体的形态对应于二维的点、线、面，可划分为块体、线体、面体，这是由于体的长宽高的比例不同给我们带来的不同感受。

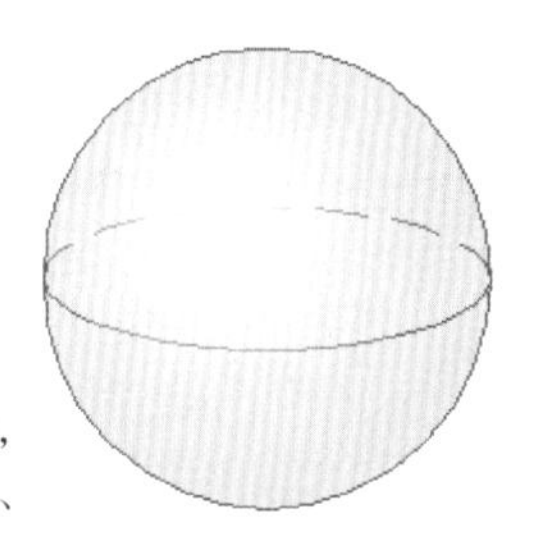

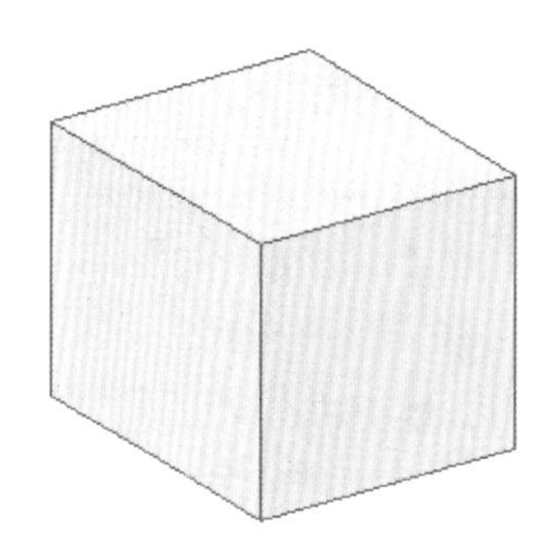

体的基本类型有直面体和曲面体，二者的区别是：前者有明确的交线、交点，后者却没有。

在建筑设计中，大量运用体的造型。左图：Kahn 设计的 Ahmadabad Institute of Management，运用了直面体的组合。右图：Terry Farrell 设计的花店，运用了曲面体的构成。

各种形态的体：

- 实体：完全充实的体，或至少表面的感观如此；
- 点化的体：当体的长、宽、高比例大致相当时，并且与周围的环境相比较小时，体就被视为点；
- 线化的体：当体的长细比较大时可视为线体，大量的线体集中时也能变成体，比如建筑中束柱的处理就是如此；
- 面化的体：当体的形状较扁时，就可以视为面。

从前面的各种图解中可看到，点、线、面、体的相互关系是非常紧密的，没有绝对的点、线、面、体，只有根据环境确定的相对关系。并且，由于它们相互之间的转化造就了丰富的形态关系：比如，一个点经过排列成为一条线，再经过阵列成为面，等等。在实际生活中人们经常运用这些原理，尤其在建筑设计中，这样的例子屡见不鲜。把握了它们之间的关系，对形态有了这样的基本认识，就能够熟练地运用它们的基本关系去处理许多形体问题，我们对形态构成的理解就已上了一个台阶。

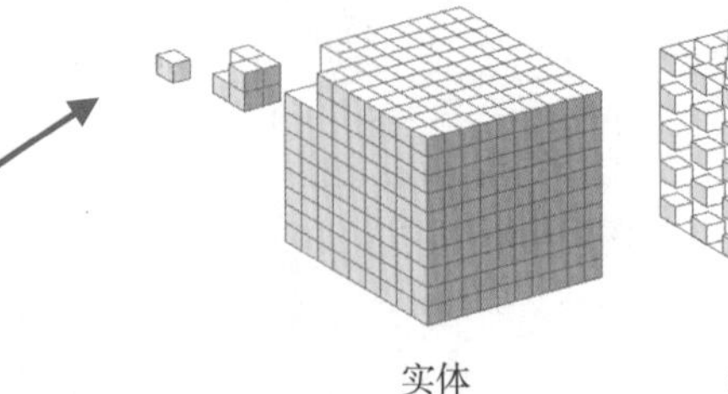

较小的体块被视为点。众多的“点”形成虚实感不同的体。

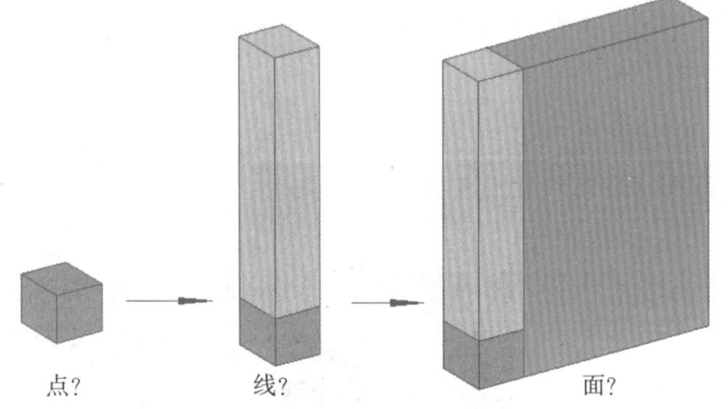

体块的点、线、面形状是由其比例关系决定的，比例的不同造成了实体的点、线、面、体相互转化。

体块的组合能产生丰富的形式。黑川纪章设计的“仓体建筑”（上）以立方体作为基本单元，按照一定的骨架组织起来。Graves 设计的 Humana Medical Corporation HQ（下）则采用了方、圆、斜面等多种体块的组合。

Goldberg & Assocs 设计的 Marina City Flats 综合楼，在造型设计中充分运用线面体的相互转化关系，使一个简单的圆柱体被塑造得非常富有变化。

下面的两张表格归纳了点、线、面、体在一般情况下的转化关系。说明了即使是简单的形体也能用完全不同的方法、方式去表达。正如下面一张表格中显示的那样：同一正方体就可以分别通过块材、线材、面材的组合而实现。将这些方法综合运用还能得到意想不到的效果，这里就不一一列举了，有兴趣者可自己试一试。

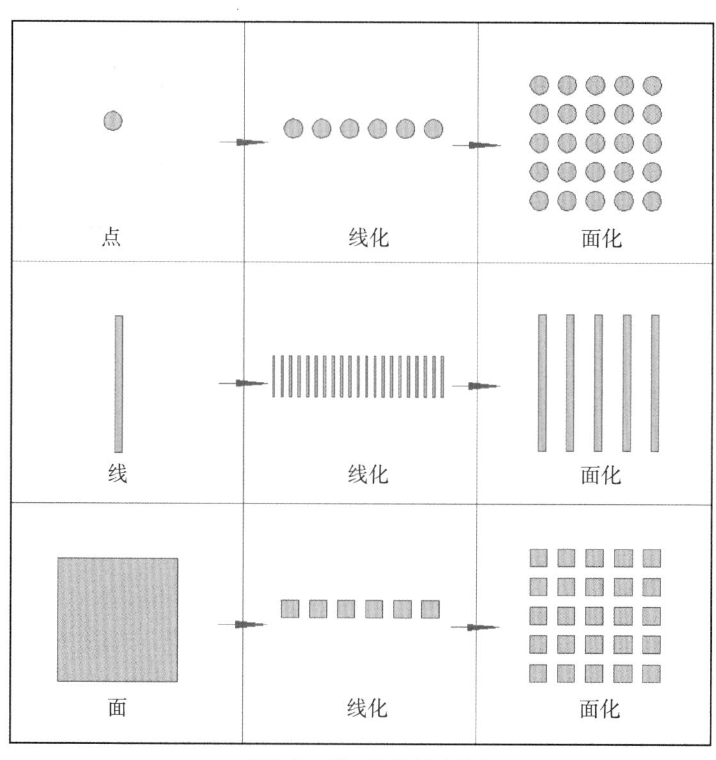

二维的点、线、面及相互转化

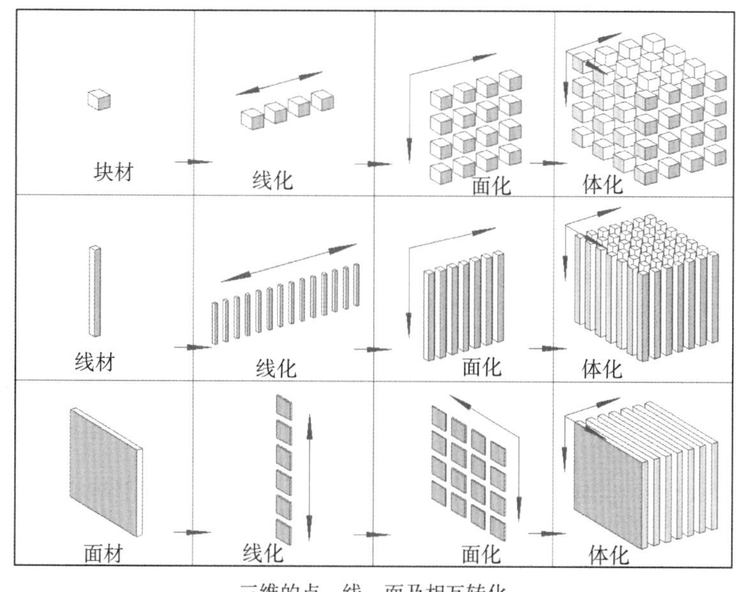

三维的点、线、面及相互转化

4.1.2 形的心理感受特征

形的心理感受问题是比较复杂的，这里仅仅就形的基本要素的心理感受特征做一些粗浅的介绍。

1）点的心理感受特征

当点处于某个范围的中心时，有稳定感、静止感；但是当点偏移中心位置时，点就变得有动感、方向感。这是由于实际范围的中心和偏移的点之间产生了视觉的紧张感所致。

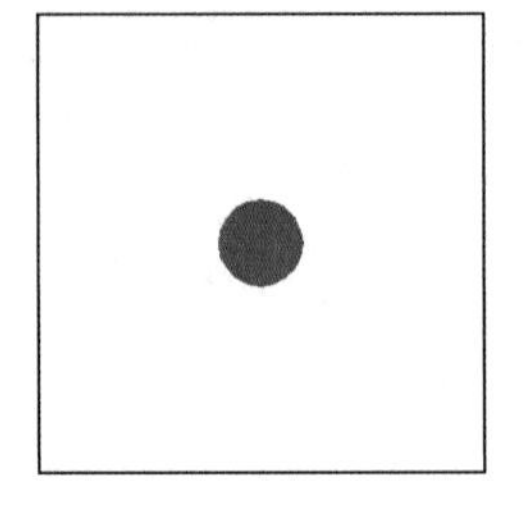

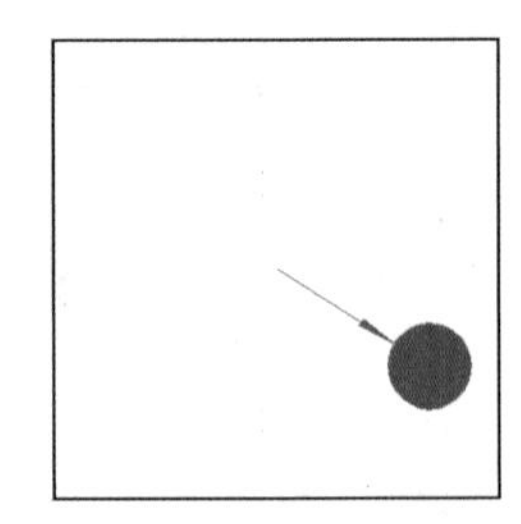

2）线的心理感受特征

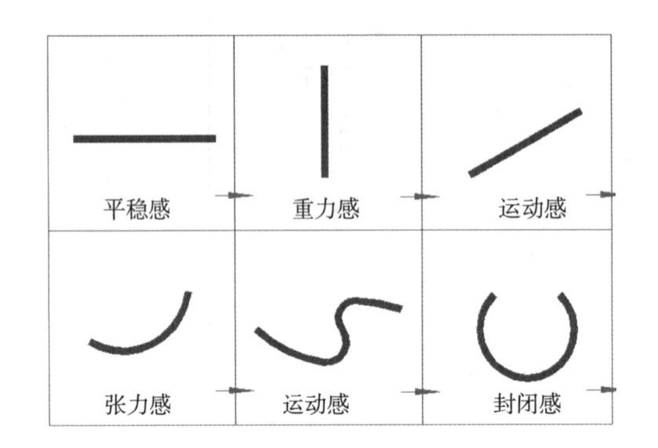

线，由于其位置、形状、方向的不同，而给人不同的心理感受。直线的方向在视觉感受方面起了较大的作用：垂直线给人重力感、平衡感；水平线给人稳定感；斜线给人运动感；曲线给人张力感，不同形状的曲线还会有不同的效果：如自由的曲线的给人强烈的运动感，而半圆曲线的封闭感则会加强，圆圈则给人稳定感。

3）面的心理感受特征

面给人的主要感受是延伸感、力度感，曲面还给人紧张感、动感。比例、形状、颜色、质感等要素是影响面的心理感受的重要因素。例如：深色的面显得更有分量。

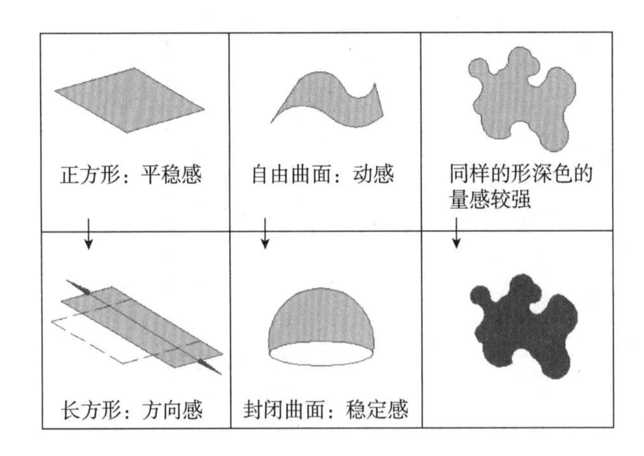

不同比例的面产生的方向感；不同的围合度产生封闭或开放的感觉；不同色彩的面产生的不同重量感受。

4）体的心理感受特征

体一般会给人坚实感、安定感、稳重感，但是随着体的长宽高之比不同而呈现出块材、线材、面材的状态时，其心理感受也分别呈现出点、线、面的特征。同时，体表面的颜色、肌理等不同处理也会使我们的心理感受发生变化。

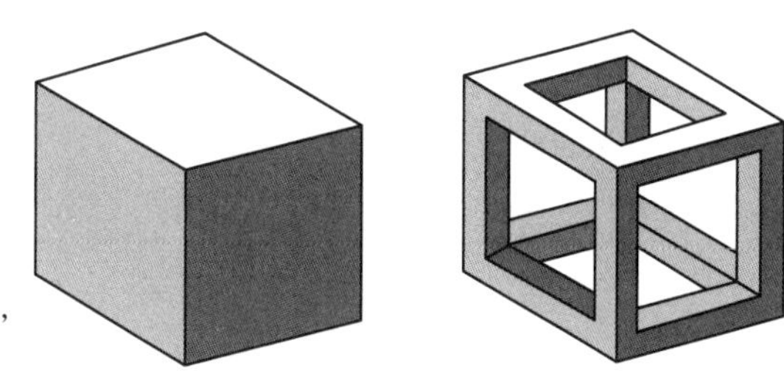

充实面围合的体呈现坚实感，虚空较多面围合的体呈现轻盈感。

4.2 基本形和形与形的基本关系

4.2.1 基本形

基本形是由形的基本要素点、线、面、体构成的，具有一定几何规律的形体。由于它们已经具有一定的秩序，所以人们常常把它当作是进行形态构成时直接使用的“材料”。为了便于研究，我们将基本形归纳为如下几种：

体：球体、圆柱体、圆锥体、立方体、正多面体、锥体……；

面：方、圆、三角、椭圆……；

线：直线、曲线……。

各种基本形

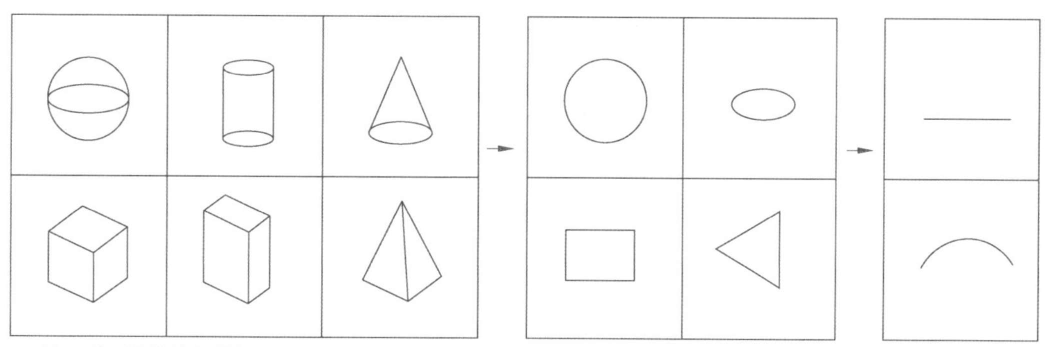

体、面、线的基本形之间可以通过分解或组合来实现相互间的转化。例如：分割球体能得到球面，而对球面的分解能得到曲线。

4.2.2 形与形的基本关系

任何基本形相遇时都会呈现出一定的关系，我们将这些关系归纳整理，有助于我们处理形态构成中的许多问题。应该强调的是正确理解掌握形与形的基本关系原理，对我们的认识及造型能力的提高都是很重要的。在建筑设计中，尤其是在处理建筑的形体之间的关系时，我们会遇见大量的这类问题。

形与形有如下 8 种基本关系：

①分离；
②接触；
③覆盖；
④透叠；
⑤联合；
⑥减缺；
⑦差叠；
⑧重合。

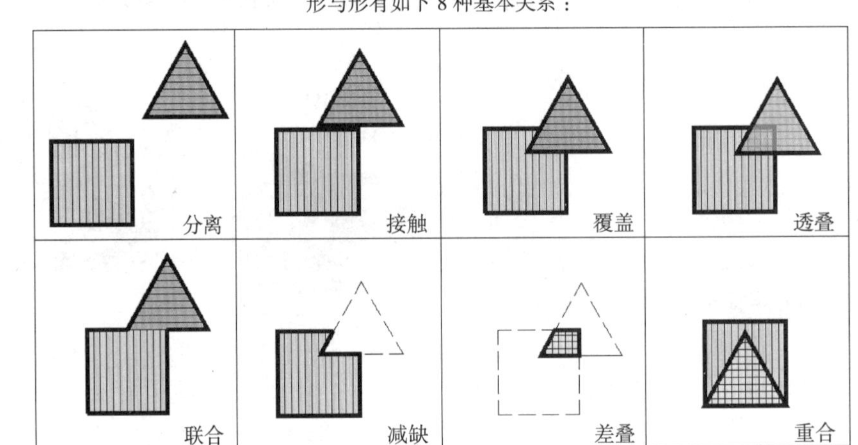

在立体造型中，或许还有可视为特殊分离关系的包含关系：例如盒子与中容纳的物品。

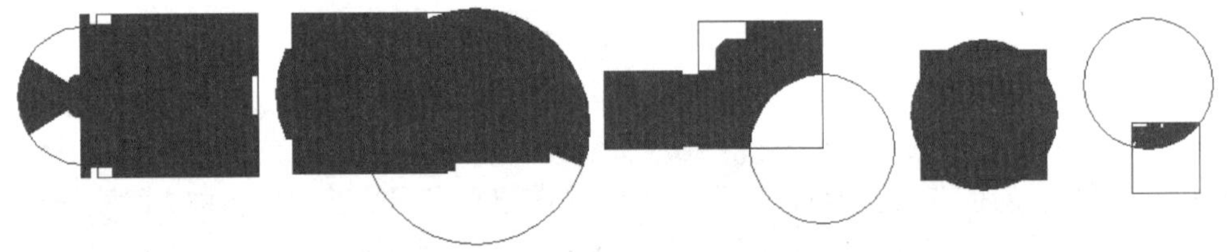

形与形的基本关系在建筑中的运用：KPF 设计的建筑体形，巧妙运用形体的基本关系，创造了丰富的建筑造型。

这几种关系涵盖了形与形相遇的所有方面。在进行构成时，应分别注意：①分离，形体之间并不接触，它们之间通过聚集的效应而成为整体。注意体形之间的位置关系、主次关系。②接触，注意接触的部位、角度，以及两者的主次关系。③覆盖，在形体交搭的部分，其中的一方完全“吃掉”另一方。注意主次关系，以及覆盖度的大小和方位问题。④透叠，表达的是这样一种概念，即两个形体相交搭时，其交错部位的性质（如，颜色、肌理、结构等等。）以一方为主另一方为辅的方式。因此，要注意它们的主次关系以及交错部位新形的处理。⑤联合，形体之间融合成新形。注意整体的轮廓形式，应使合并后的形符合审美的要求。合并后的新形和原形之间的关系也是应该加以注意的。⑥减缺，主体的形被另一形体消减。注意减缺的度，以及被减缺后的形与原形（包括主体原形和非主体的原形）的关系。⑦差叠，所产生的新形分别保留了不同原形的部分特征。注意二者所产生的新形的形态的审美要求，以及它们同原形的关系。⑧重合，表达了一个形体完全涵盖另一形体的概念。事实上，只有二者的性质完全相同时，才能出现这样的情况。因此，它主要是一抽象的概念，很难在具体的构成中体现。

4.3　造型的基本方法

这里，我们将讨论如何利用基本形及形与形的基本关系，并根据一定的造型方法组织形体、创造新形的问题。造型的基本方法反映了形体之间的“结构”方式，是我们进行造型的“工具”，熟练掌握这些方法是培养我们的造型能力所必需的。

造型的基本方法大致可分为以下几类：

4.3.1　单元类

这类方法的主要特征是：以相同或相似的形或结构作为造型的基本单元，重复运用它们而形成新的形态。所谓单元就是指那些构建新形的“细胞”，具有重复的性质。它可以是基本形中的方、圆、三角等，也可以是形的基本要素如点、线、面、体等，还可以是组织形体的结构方式等。这一类的方法可以细分为如下的几种手法：

1）骨架法

形的基本单元按照“骨架”所限定的结构方式组织起来，形成新形。所谓“骨架”就是结构方式，不过，骨架法里所说的往往是规律性较强的结构。根据“骨架”在其中存在的方式，可以将其分为可见骨架和不可见骨架。

两种骨架类型

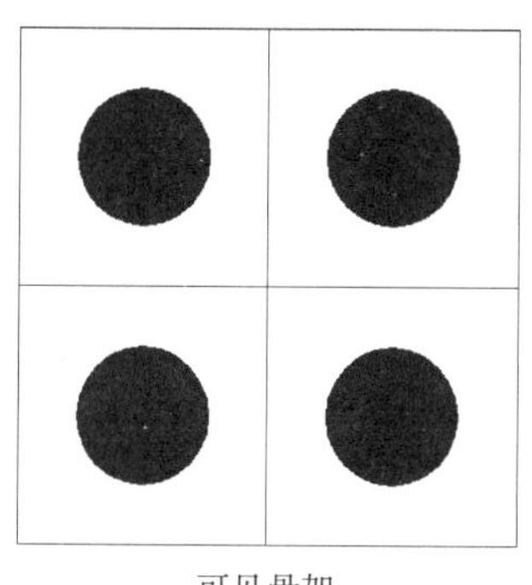

可见骨架

不可见骨架

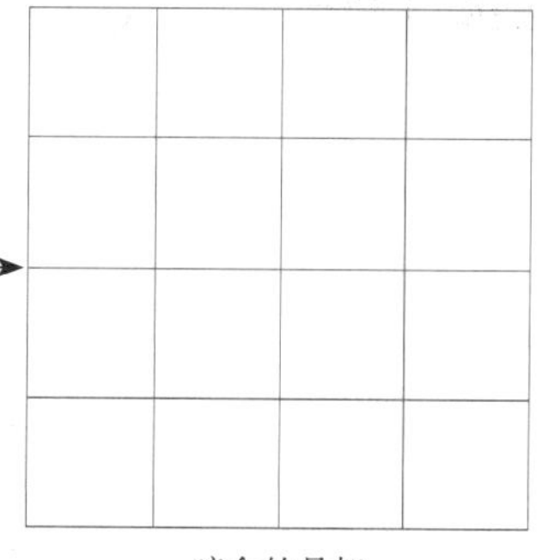

暗含的骨架

骨架的具体形式有：

（1）网格式：平面式，空间式。

（2）线形式：直线，曲线。

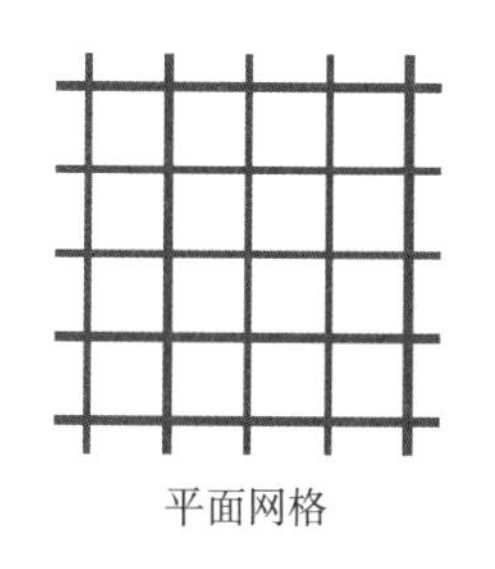

平面网格

空间网格

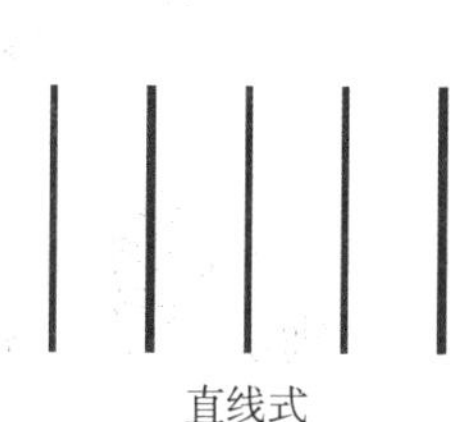

直线式

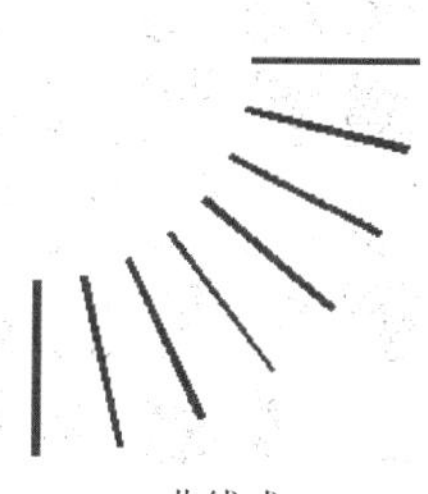

曲线式

2）聚集法

形的基本单元之间没有明显的、确定的结构方式，基本单元之间通过聚集，以它们形式的相同或相似联系起来，形成新形。具体有这样几种形式：

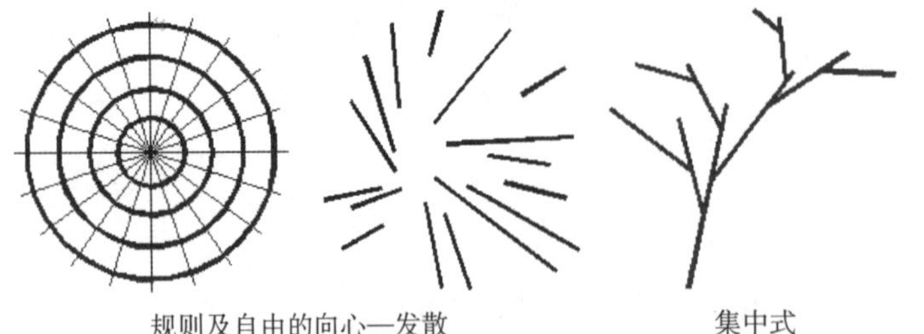

规则及自由的向心—发散　　集中式

（1）向心—发散式：自由式，规则式。

（2）集中式（聚集式）：如树状结构。

Safdie 设计的 Expo 67 住宅以方块作为单元，通过聚集的手法组织体形。

单元类的构成法需要注意：形的基本单元的数量与结构之间的关系。基本单元的数量越多其结构的作用越大，而每一单元在其中的作用就越小；相反，基本单元的数量越少，则结构作用越小，而每一单元在其中的作用越大。

就如同一棵枝繁叶茂的大树，其树形的优美与否，主要取决于其树干的结构，而非个别叶片的形状。但是，一株花草的优美与否，则主要取决于它的叶片、花朵的形状。

（a）　　（b）

单元与整体的关系：①单元的数量多时，注重结构；如图（a）的网格结构使大量的异形单元组织起来，形成整体。②单元数量少时，注重单元，尤其是异形单元体的情况，要注意各种单元体之间的主次关系。如图（b）（取自图（a）的局部）由于单元差异大、数量较少，网格就几乎失去了作用，整体的形式感主要取决于单元的形状。

4.3.2　分割类

这一类构成方法是通过对原形进行分割及分割后的处理，分割产生的部分称为子形，子形重新组合后形成新形。这里指的原形可以是简单的形体，也可以是复杂的形体。具体有如下几种方法：

1）等形分割

分割后的子形相同。这样的方法也可以从单元法的角度去理解。等形分割后，由于子形相同，很容易协调相互关系，因此有较大的处理余地，如何处理子形是造型的关键步骤。

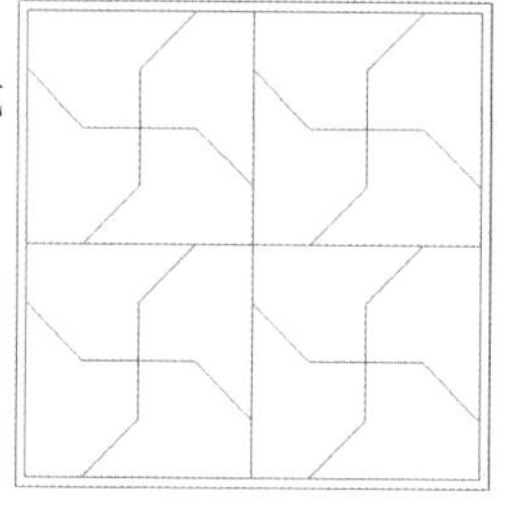

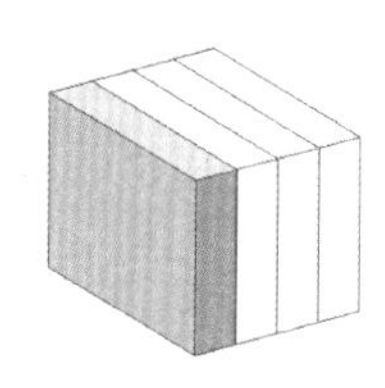
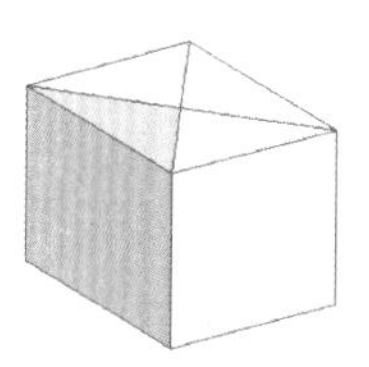

平面的和立体的等形分割图示

2）等量分割

分割后的子形体量、面积大致相当，而形状却不一样。由于这种分割产生的子形的形状相异，不易协调，在后期处理时，如能充分考虑原形对子形的作用，使之具有一定的完形感，那么，子形之间就容易统一起来。

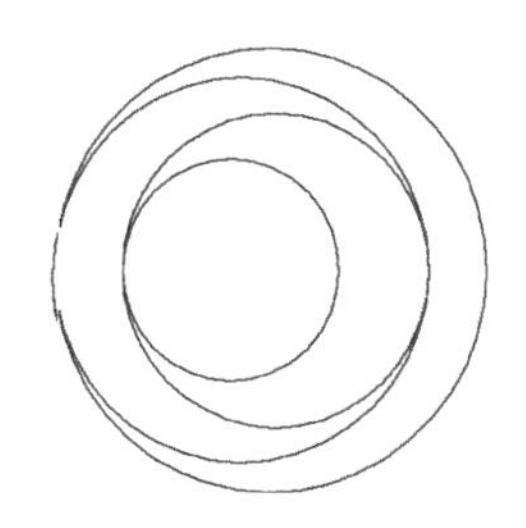
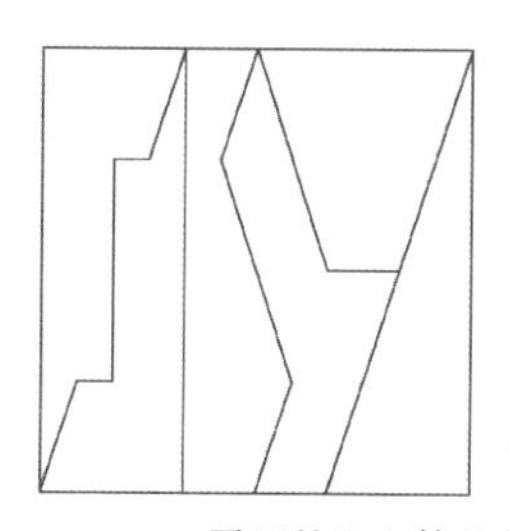
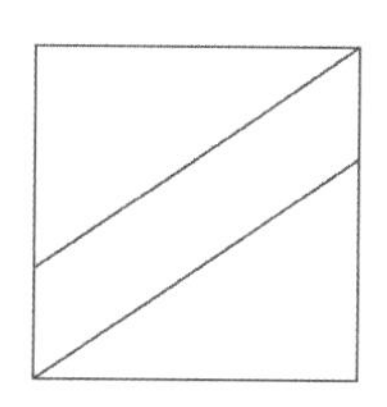
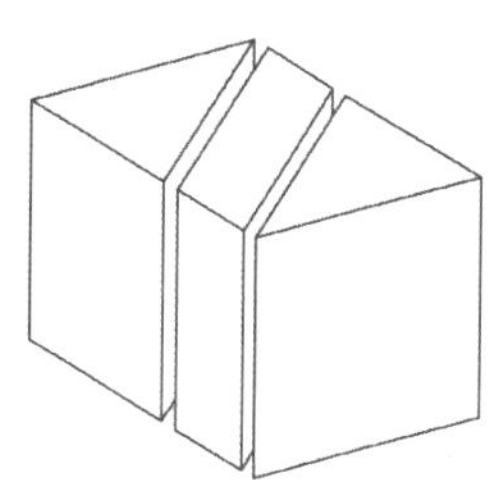

平面的和立体的等量分割图示

3）比例—数列分割

自古以来人们就追求优美的数字关系，人们相信和谐的形式后面一定有和谐的数字关系。这种构成方法也在一定程度上反映了上述想法，它主要是通过子形之间的相似性来形成统一的新形。

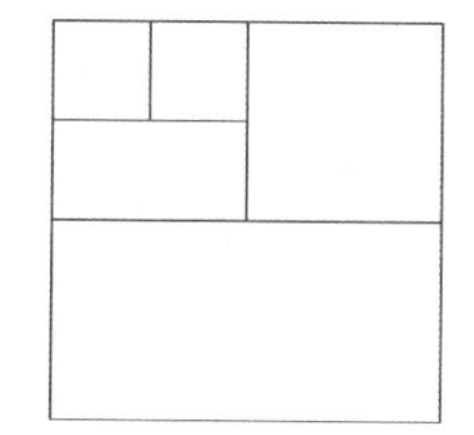
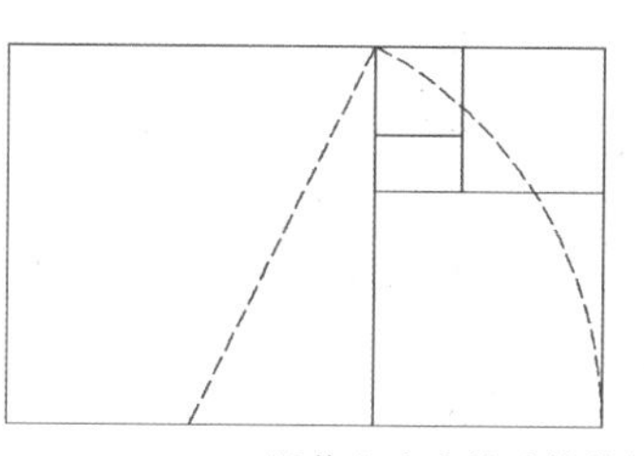
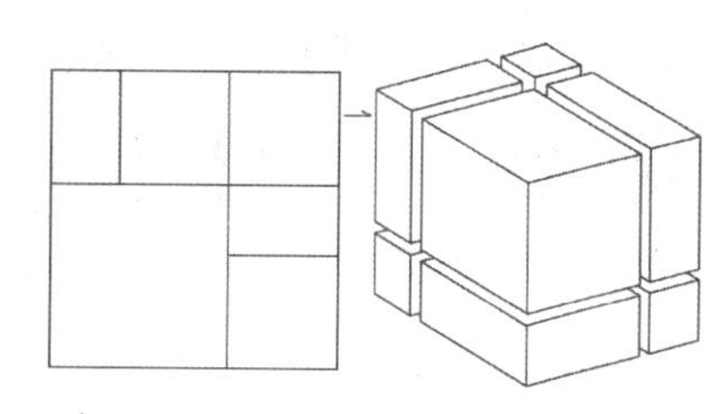

以黄金比为基础的分割图示

4）自由分割

自由分割产生的子形缺乏相似性，因此要注意子形与原形的关系，另外还要注意子形之间的主次关系。这样有助于使子形统一起来。

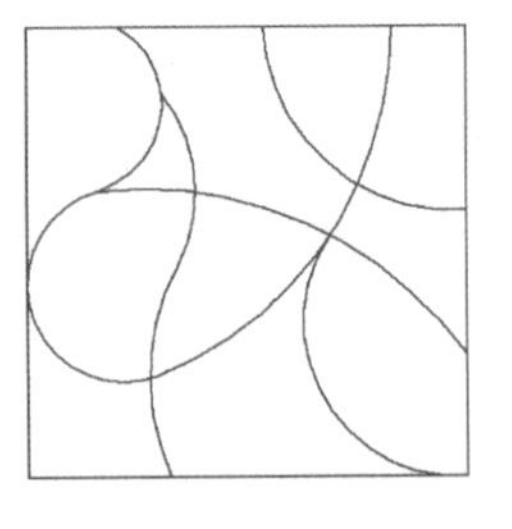

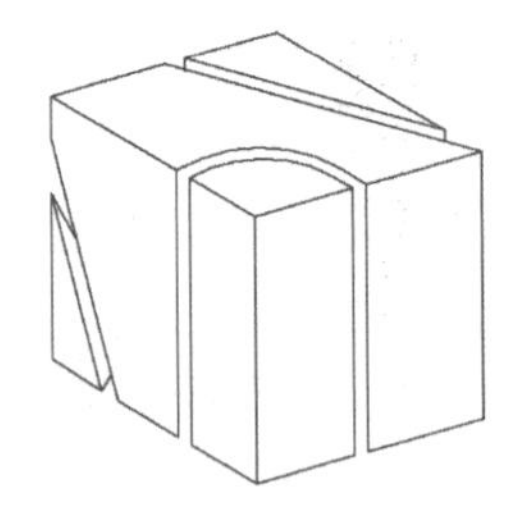

经过上述四种分割后，可以进行如下的处理，而产生新形。

消减：减缺；穿孔。

移位：移动；错位；滑动。

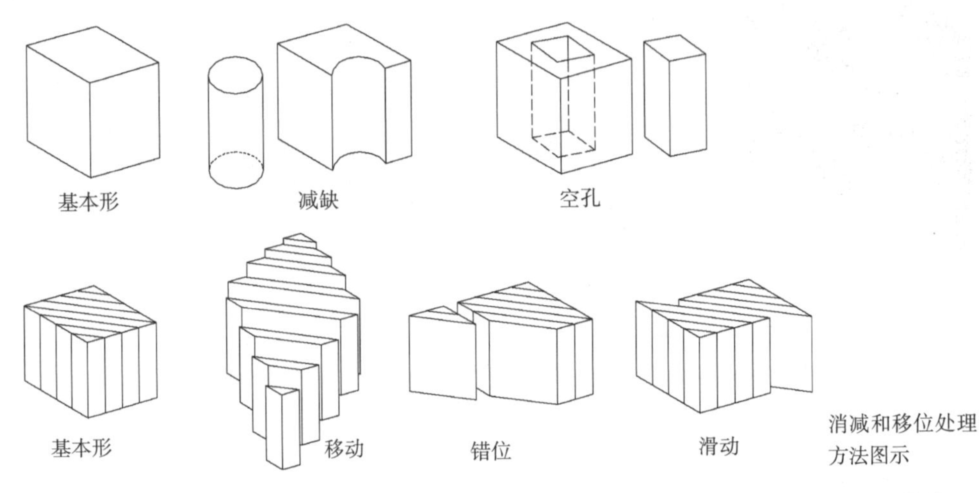

消减和移位处理方法图示

经过处理，子形之间的新的关系得以确立并形成新形。无论采取哪一种处理方法，新形应该具有鲜明的形式感，如果处理不当，就可能失去应有的秩序，造成混乱。假如新形仍然保留了原形的部分形态，子形之间有某种复归原形的态势，那么新形的整体感会加强。这不失为一种有效的方法。

Mario Botta 设计的 Casa Rotonda 住宅运用减缺的手法，将圆柱形的体块按照一定的规律消减，使简单的体形变得丰富。

贝聿铭设计的美国国立美术东馆。其原形是一个梯形，经过分割处理后，形成了若干三角形和菱形的子形。

4.3.3　空间法

空间法就是利用空间的作用来组织形体。在平面构成中是把相对于形而言的“底”看做是空间，立体构成中的空间则是具体的。形态构成空间法中的“空间”与空间设计中的空间之区别在于：前者的空间仅仅是形与形之间组织的“粘结剂”，重点在形体；后者正相反，形体只是围合空间的工具，重点在空间。它们的着眼点不同，空间的概念在其中的作用也不同。当然，实际上往往是空间和形体二者并存，很难将它们划分得一清二楚。

这里所说的空间在很大程度上是心理意义上的。每一个形在其周围都有一个我们能心理感受到的控制范围，距离越近，其控制感越强；距离越远，其控制感也就越弱。我们不妨将这种控制范围称为“场”。当然，这和物理意义上的场是不一样的。既然每个形体都有“场”，当形体相遇时其“场”的叠加部分就是心理控制感较强的部分。不同的组合方式所产生的空间感是不同的。用这个方法我们很容易理解为什么形体进行围合时，其围合的部分空间感得到增强。其他的形体组合方式也能得到相应的解释。理解这个方法可帮助我们在进行形态构成时有效地利用空间这种“手段”。

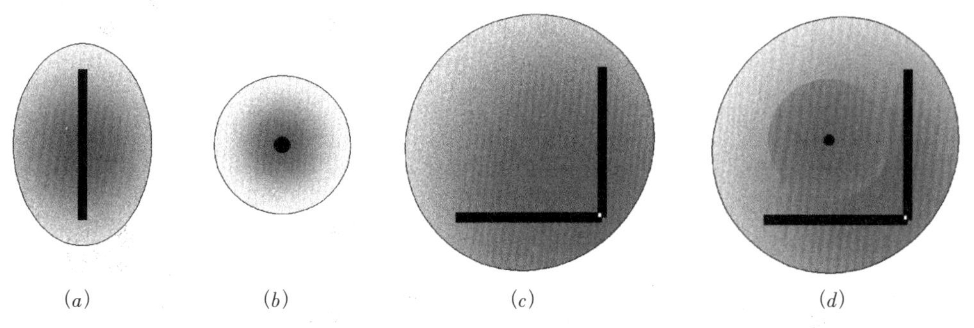

任何形体的“场感”都有这样的规律：距形体的距离越近其“场感”就越强；反之则越弱。人们感受到的体量越大，“场感”越强；反之则越弱。所以一条线的端部的“场感”较弱；一个点的近处“场感”较强。

（a）可视为一条线或一块面的投影；（b）可视为一个点或一根柱子的投影；经过组合，可以看到（c）阴角处“场感”较强；（d）的阴角处“场感”最强。

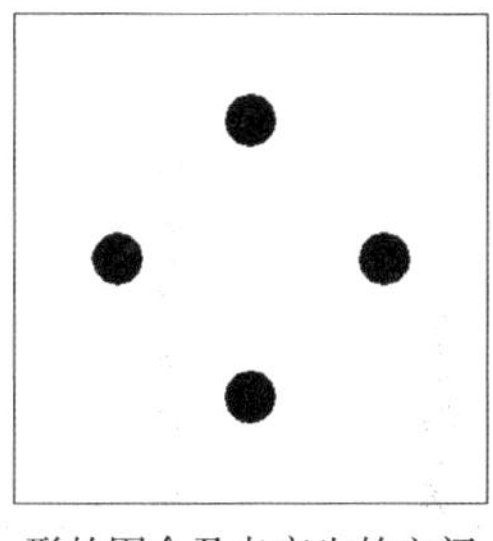
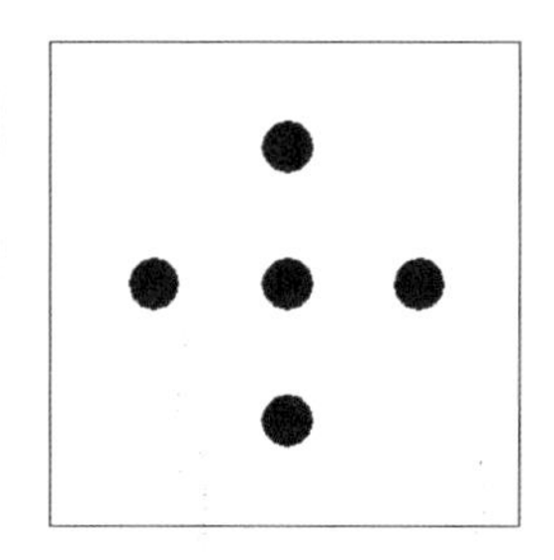

形的围合及点产生的空间

空间法和前面曾提到的聚集法的主要区别在于形体之间的距离。形体之间的距离太远则相互之间失去控制；距离太近则近似成为一个实体（聚集法）。空间法要求形体之间的距离适当。另外，空间法中还可以利用形体之间的距离及形体的大小，形成方向感或动势。

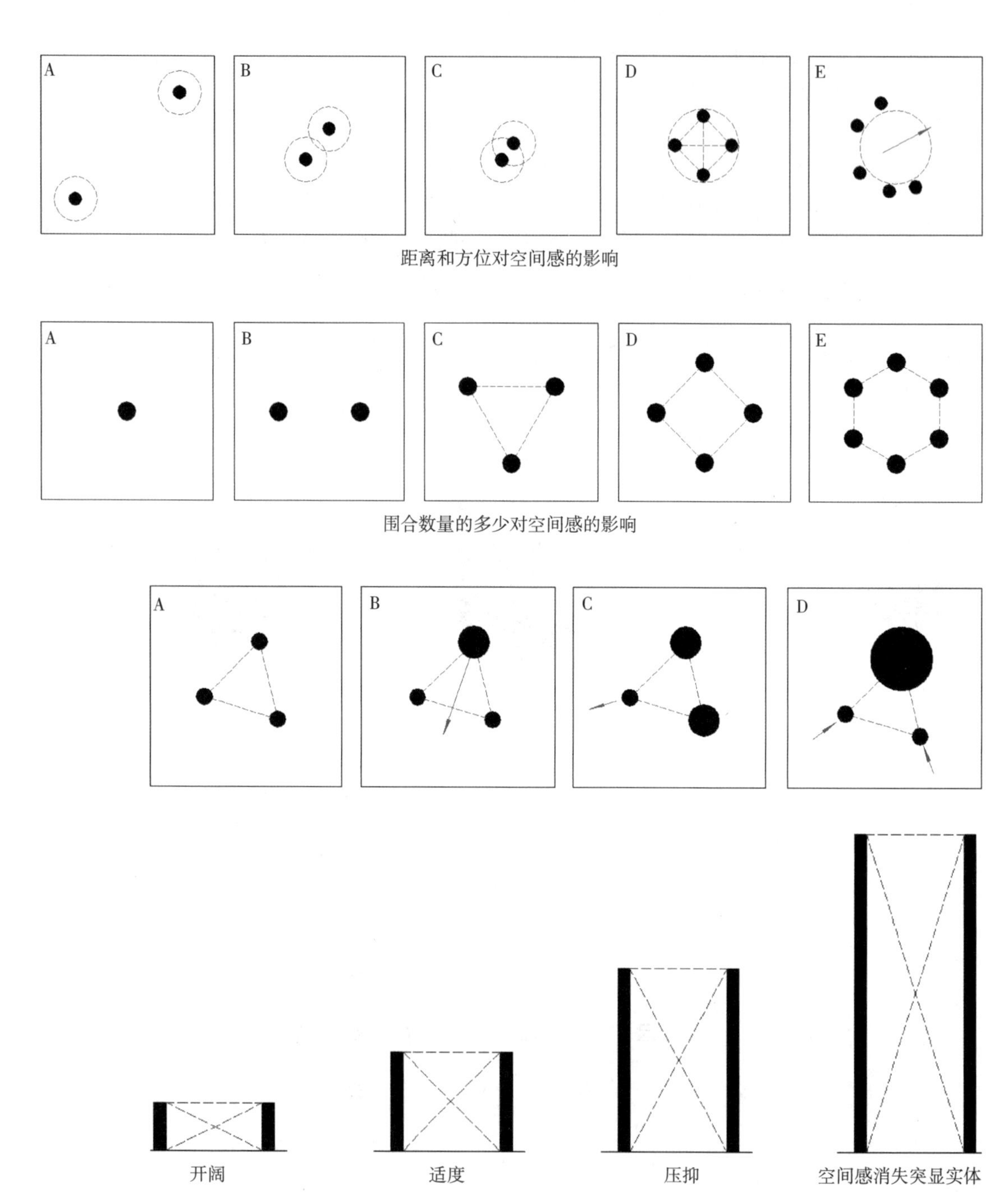

距离和方位对空间感的影响

围合数量的多少对空间感的影响

体量（大小、高度）对空间感的影响。围合的形体有差异时会产生方向感，差异过大时产生实体感觉。随着实体高度增加，空间的感觉将逐渐消失，实体越来越突出。

4.3.4 变形类

这一类构成方法是将原形进行变形，使之产生要瓦解原形的倾向，变形的结果称为写形。同分割法类似，写形也是通过某种复归原形的态势来体现其统一性的。这种构成方法显示了形态构成中有序和无序的相互依存关系，即：写形中体现的无序状态是以原形的有序作为参照、对比的。变形类的构成方法具体有以下几种：

（1）扭曲：破坏原形的力是以曲线方向进行的，如：弯、卷、扭等。

（2）挤压、拉伸：破坏原形的力是以直线方式相对进行的。

（3）膨胀：破坏原形的力是以一点为中心向外扩散的。虽然日常生活中这种形态并不少见，但在形态构成中利用一般材料进行操作却有一定的难度。

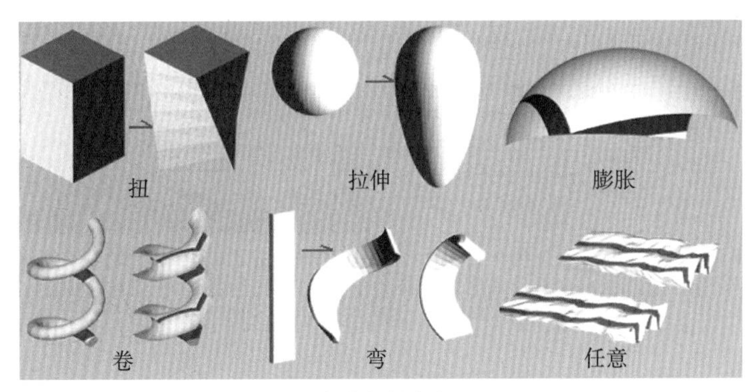

变形方法图示

变形类方法产生的形态构成与前面两类方法（单元类方法和分割类方法）相比，有这样的特点：变形产生的写形，其内部的每一点的相对关系都发生了一定程度的变化；而单元类方法及分割类方法产生的子形，只是局部的关系发生改变。如果把变形法的复杂程度比拟为乘法的话，那么单元法和分割法的复杂程度就可比拟为加减法，其变化的程度有显著的质的区别，因此，变形类方法是一种较复杂的构成方法。但是应注意，变化程度复杂与否跟审美价值的高低并无直接关系，所以不能认为变化越复杂就越高明。值得一提的是近年来这类变形构成所产生的审美趣味正逐步得到社会的承认，部分建筑师已在自己的作品中有所尝试。

变形的观点是基于对原型的变化，尤其是对于简单的几何形体的变化。目前，随着计算机技术发展，非线性的造型设计在建筑中得到越来越多的运用，这些复杂的建筑造型与以往通过变形得到的复杂形态，虽然结果或许比较类似，但是在方法上却相去甚远。限于篇幅，这里就不作介绍了。

以上我们讨论了四类基本的造型方法。其中心问题是通过对简单的基本形的处理，形成丰富的新形。相比较而言，单元类方法和空间法较简单；分割类方法的较复杂；变形类方法的最复杂。一个形态构成作品的成功与否，并不取决于造型方法的复杂程度。富有创意的构思、精心的推敲和处理、选择恰当的造型方法，才是形成优秀形态构成作品的决定因素。在实际处理形态构成的过程中，往往运用到多种手法。如果是这样，就需要注意手法的主次关系；良好的主次关系有助于形成良好的形态。造型方法之间的界限并非那么清晰，它们的某些部分是互相包容的，比如在一定条件下，同一个作品既可以理解为单元聚集关系，也可以理解为原形分割关系，甚至是空间关系，这是完全可能——只是立足于不同的方法，其理解与认知的侧重点会有所不同。

学习了造型的基本方法后，我们就应该了解如何按照审美的法则来进行造型了。接下来，我们将简单介绍形态构成中的心理和审美问题。

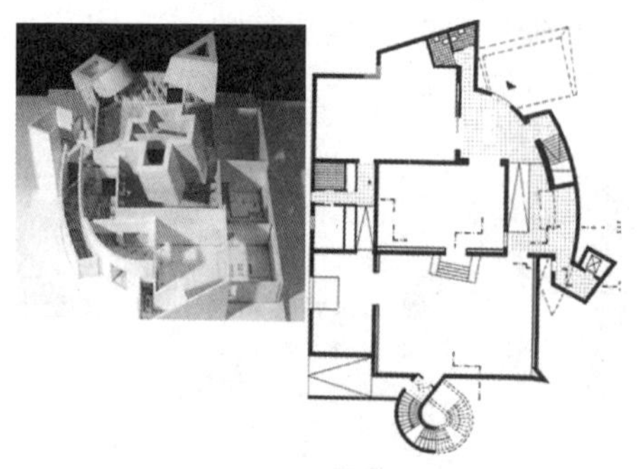

美国建筑师弗兰克・盖里设计的某博物馆正是运用了将简单基本几何形加以变形、组合的方法，获得了奇异的效果。由于建筑功能的限制，建筑师的变形很有节制，可以看到其平面的形状基本上是很规矩的。

勒・柯布西耶设计的郎香教堂（左）和门德尔松设计的爱因斯坦天文馆（右）都尝试采用变形的体块设计体形，丰富了建筑造型的领域。

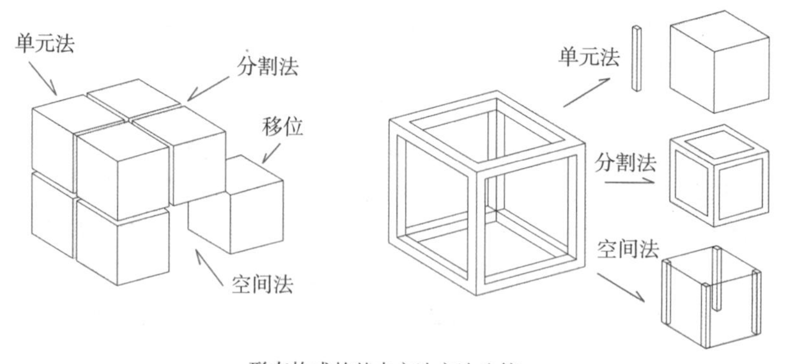

形态构成的基本方法方法比较

4.4　形态构成中的心理和审美

绝大多数情况下，我们都会要求形态构成具有审美的价值，造型必须是美的。运用前面讲述的造型的基本知识和方法，我们可以生产出各种各样的形——这就犹如一堆待筛选的原料，而审美的心理则如同过滤的筛子，它仅仅将符合人们审美心理要求的那些形态留下。经过分析筛选，我们归纳出塑造美的造型的规律——即所谓的形式美的法则。审美的法则在缓慢地变化着，今天我们对形式审美的范围比过去扩展了。过去一些不被人接纳的形态也纳入了我们今天的审美范畴。随着人们认识的变化，这种审美的范围还将继续缓慢地变化。形态构成的审美法则是人们的审美意识的一种反映，而形态构成自身的构造规律是客观的。与审美意识相比，构形的规律要稳定得多。从这个意义上讲，掌握构形的方法、规律是基本，审美意识的提高则依赖于自身的修养。只有将这两方面结合起来，才能使我们在这方面的能力趋于完备。

4.4.1　形态的视知觉

从视觉的生理到视觉的心理到审美意识，这其中有着复杂的关系，不是我们能够轻易解释清楚的。这里只简单介绍几种形态的视知觉情形。主要依据完形心理学的理论。其中心要义即：整体是有别于其中间各部分的整合。

1）单纯化原理

形的要素变化（如长短、方位、角度的变化，基本单元的形状变化等）越小、数量越少，就越容易被人认识把握。这就解释了为什么人们对简单的几何形比较偏爱；如圆、方、三角、球、立方体、锥体等简单的几何形较早地出现在人类的建筑造型之中。对于复杂的形体，人们也倾向于将它们分解成简单的形和构造去理解。构造简单的形容易识别，而尽可能地以简单的形和构造去认识对象的方法，就称为单纯化原理。

复杂程度的比较：

圆形的边界与圆心的距离处处相等，所以较简单；正方形的边长及四个角相等，方位却互为镜像对称，变化的因素增加，所以较复杂；三角形的边长、角等都有变化，所以是三者中最复杂的。

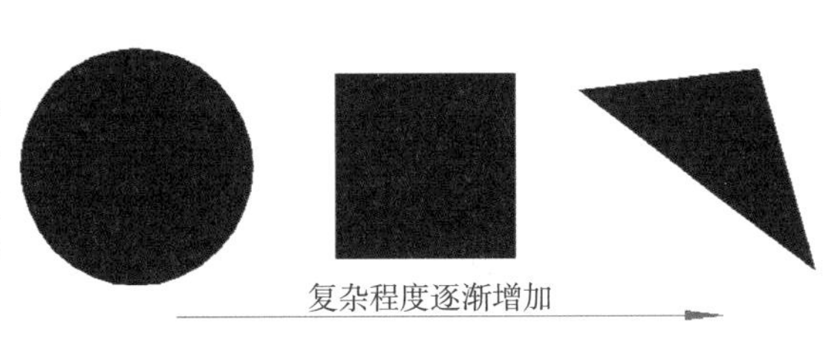

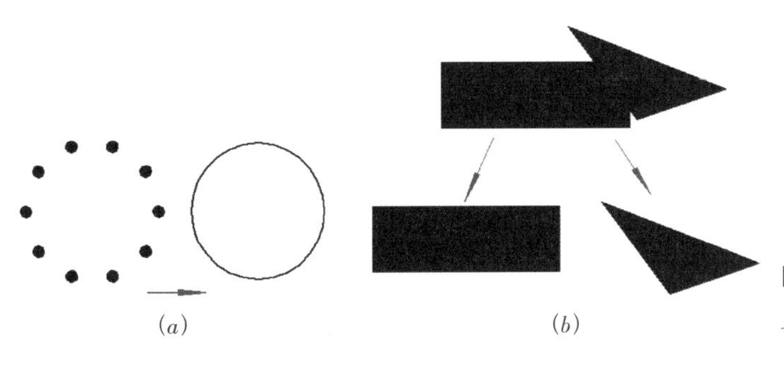

(a)：将多个围成圈的点看作圆；(b)：将复杂的形看作简单形的组合

这个原理告诉我们，要尽量从简单的形体出发去构造作品，最终的成果复杂程度也要有一定的度，不能超出视知觉的把握范围。即使是复杂的形态也要将它分解成简单形去处理。

2）群化法则

这个法则指的是部分和整体的关系。各个部分之间由于在形状、大小、颜色、方向等方面存在着相似或对比，并且各部分的间距较小，空间感弱，实体感强，使部分之间联系起来形成整体。具体而言，群化法则包含如下几方面内容：接近性、相似性、同向性、连续性、封闭性。

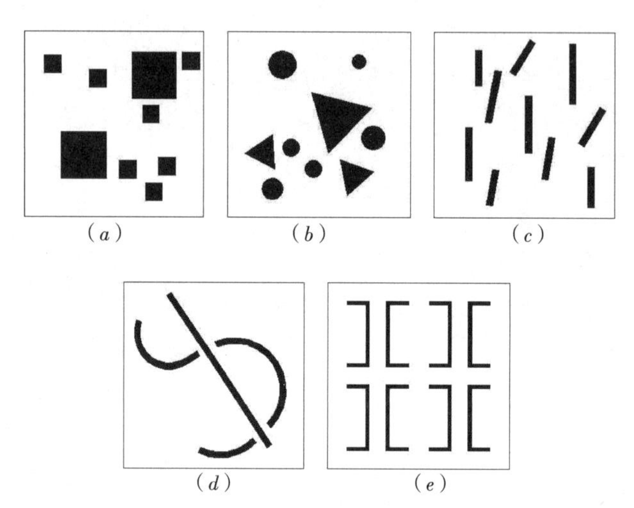

各种群化的图形：(*a*) 由相似的形组成的群体；(*b*) 由接近的形组成群体；(*c*) 由方向的类似的线组成的群体；(*d*) 由连续性组成的群体；(*e*) 由封闭性组成的群体。

3）图底关系

对“形”的认识是依赖于其周围环境的关系而产生的。它指的是：人们在观察某一范围时，把部分要素突出作为图形而把其余部分作为背景的视知觉方式。“图”指的就是我们看到的“形”，“底”就是“图”的背景。

鲁宾杯图是一个著名的图底反转的例子。当我们把黑色部分作为图形看待时是一个杯子；而把白色部分作为图形时则是两个人头的侧影。这幅图非常形象地说明了图形和背景的相互依存关系。

图底关系对于强调主体、重点有重要的意义。了解了这个规律，我们就能把需要突出强调的部分安排为“图”，把不需要强调的部分安排成“底”。图底反转是图底关系的一种特殊情况，此时，“图”和“底”都可能成为关注的焦点，在构成处理中须小心处理。

什么样的图底关系能形成图形呢？主要有如下几种情况：

- 居于视野中央者；
- 水平、垂直方向的形较斜向的形更容易形成图形；
- 被包围的领域；
- 较小的形比较大的形容易形成图形；
- 异质的形较同质的形容易形成图形；
- 对比的形较非对比的形容易形成图形；
- 群化的形态；
- 曾经有过体验的形体容易形成图形。

应当指出的是：图底关系并非是仅仅存在于平面构成中的现象，它指的是广泛意义上的图形和周围背景的关系，它反映了人们如何认识图形和背景的规律。

4）图形层次

在立体构成中，从观察的角度看，形与形之间存在着明确、实在的前后关系，这也就是我们所说的层次。在平面构成中，人们也倾向以这样的关系去认识平面图形中的各个形。根据不同的平面图形关系，可确定其中各个形的前后层次关系。

人对图形的知觉，对于学习建筑学的人来说，了解这方面的知识，主要不是为了制造视幻觉、视错觉，而是为了帮助我们从视知觉的角度出发，把握符合视知觉的特定形态，从而更深地把握形态构成中的本质问题。

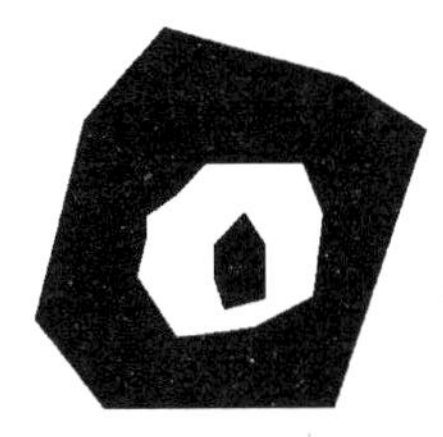

交搭的和分离的形的层次关系：这几组图形的层次如何？谁在前？谁在后？在平面图形中交搭的形较容易判断出其层次关系，但是分离的图形则很难作出相应的判断。

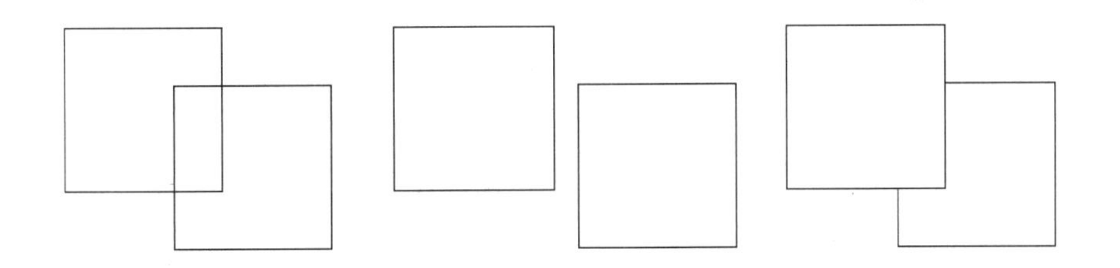

4.4.2 形态的心理感受

对形态的心理感受往往有这样几种方式：

1）量感

就是对形态在体量上的心理把握。形的轮廓、颜色、质地等都会影响人们对形的量的感受、判断。

同样的形，颜色越深，其感觉就越重。

同样的面积，三角形的感觉最大，正方形次之，圆形最小。

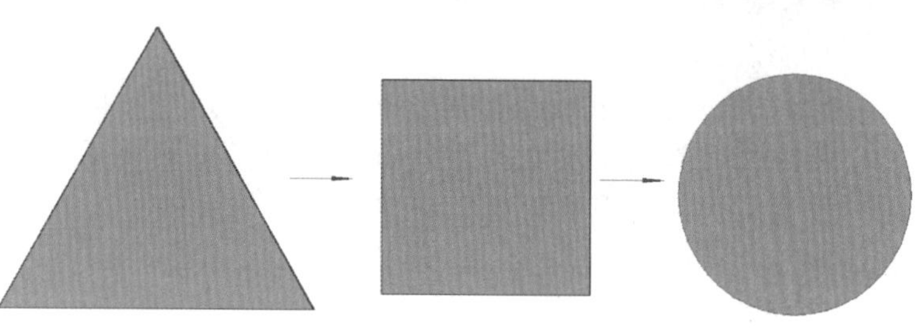

2）力感和动感

由于实际生活中对力、运动的体验，使我们在看到某些类似的形态时会产生力感和动感。例如弧状的形呈现受力状，产生力感；倾斜的形产生运动感。

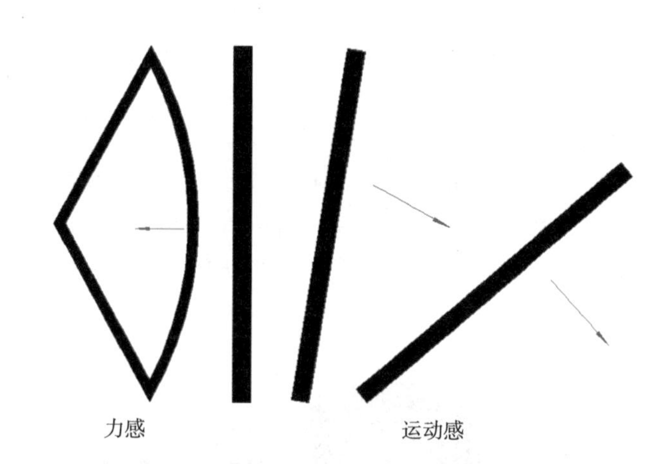

Saarinen 设计的杜勒斯机场。斜向的柱和弧面的屋顶使人感到强烈的力感和动感。

3）空间和场感

前面我们已经讲过这个问题。场感是人的心理感受到的形对周围的影响范围。由于这种心理感受，使我们产生了空间感。空间感必须以体形作为媒介才能产生，完全的虚空并非我们构成意义上的空间。

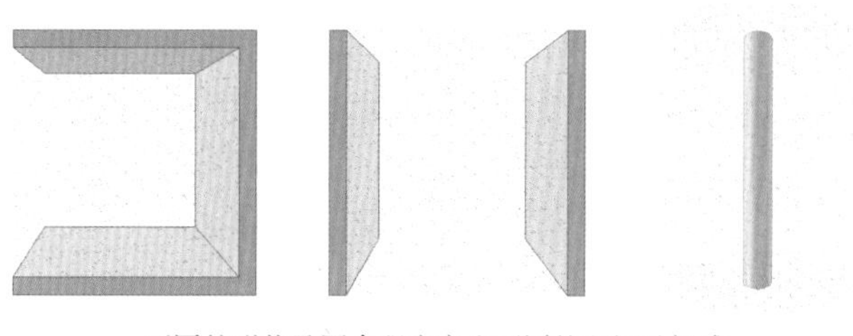

不同的形状及围合程度产生不同的空间及场感

4）质感和肌理

质感是人们对形的质地的心理感受。如石材——坚硬，金属——冰冷，木材——温暖……，各种材质能给我们带来软、硬、热、冷、干、湿等丰富的感觉。通过对形的表面纹理的处理，可以产生不同的肌理，创造极为多样的视觉感受。同样材质的形，也会由于不同的肌理处理产生极其悬殊的视觉效果。

质感和肌理示意

建筑设计常常运用质感与肌理的效果来表现其表观。这栋建筑运用横向及纵向的遮阳板的排列组合，形成具有丰富肌理效果的建筑墙面。说明简单的要素可以通过一定的排列方式而产生特定的肌理。

5）错觉和幻觉

尽管这不是我们的主要关心的问题——它也许对美术设计更重要，但是也不妨了解一下。错觉是人们对形的错误判断，幻觉是由形引起的人的一种想象。二者有细微的差别。古希腊的帕提农神庙就利用了视错觉，它立面上的柱子都微微向中央倾斜，使建筑显得更加庄重。

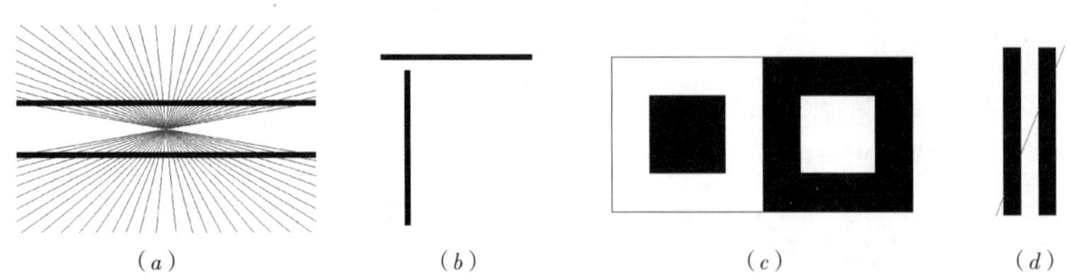

错觉和幻觉实例：（a）图的平行线似乎在中间部位凸起；（b）图的垂直线似乎比水平线长，但实际上二者是一样长的；（c）图左边的黑色方块比右边同样大小的白色方块要显得小；（d）图的红色斜线好像错位了，但实际并非如此。

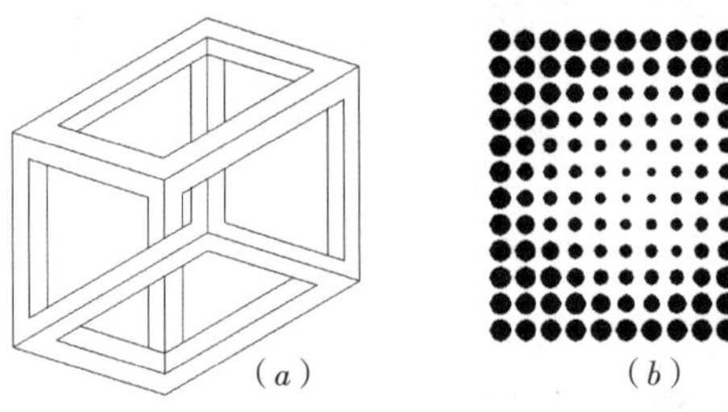

由于立体感的幻觉，使我们倾向认为图（a）是一个悖理的长方体，其实这不过是几根线条在纸面上的特殊组合而已；图（b）的圆点从里往外逐渐变大，使作为背景的白色产生了相反的渐变（中间多外边少），于是图形似乎有了光感。

这是一个典型的视幻构成。它主要关注的是产生三维空间的幻觉，而非其平面的形与形之间的关系。这种方法在美术设计领域有广泛的运用。

6）方向感

有运动感、力感的形体能体现出方向感，但反之却不尽然，有方向感的形体不一定体现出运动感和力感。方向感的产生与形体的轮廓有直接的联系：当各个方向上的比例接近时，形体的方向感较弱，反之则较强。

在建筑设计中，可以利用方向感的原理来强化或减弱形体的轴线方向、序列等要素。当需要停顿时可采用无方向或方向性较弱的圆形、正方形等，否则，就可以采用方向性较强的长方形等。

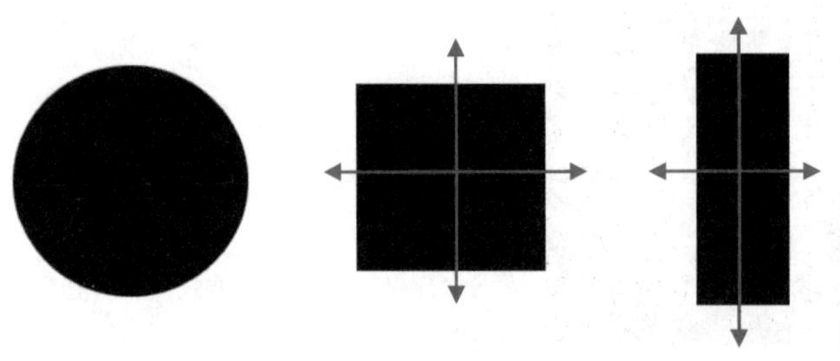

圆形的外轮廓处处一样，没有方向感；正方形的四边相等，因此两个方向的方向感也相等，没有主次之分，方向感较弱；长方形的方向感：短向的方向感较弱，长向的方向感较强。

4.4.3　形式美法则

为了创造美的形式，长期以来人们一直在苦苦地探索、总结美的造型规律——形式美的法则。这些具体的法则的基础又是什么？这也是困扰人们的问题。一般情况下人们普遍认同秩序是美的造型的基础。虽然不能说有秩序就一定能造出美的形，但是没有秩序的形肯定是不美的。

秩序，也就是规律，广泛地存在于自然界。大至宇宙，小至原子都有自身的秩序。在形态构成的过程中，我们对于形式秩序的把握是以能否辨认为基础的，也就是取决于人们的视知觉。这就如同一堆散乱的泥沙或许在其背后存在着自然的某些规律，但是，对于我们的视知觉来说却是无法掌握的，因此，这堆泥沙也就没有形式的秩序。我们通过赋予形以秩序，获得了新形的创造。秩序创造了美，完全无序的形也就无形可言，它不会引起我们的注意和兴趣。同时，在自然界中也还存在着无序的现象，有序和无序的对立统一是自然的一种属性。虽然形态构成意义上的有序和无序主要是指视觉及心理感受意义上的，并不完全等同于自然界的有序和无序，但是这种矛盾的统一法则也同样适用于形态构成。随着审美范围的扩大，"无序"的方法也在形态构成中有所尝试，审美内容上出现了一些新东西，比如反调和、瓦解秩序等。但是这些努力还基本上是以秩序作为基础的，试想，没有调和怎么有反调和？"无序"还必须通过有序来体现。所谓的"无序"恐怕是人们探索新的秩序的另一种方式。随着实践的深入，我们将会更加了解有序和无序的对立关系，从而创造出新的形式。

以秩序为原理的构成法则有：

1）对称

对称指的是从某位置测量时，在等位置上有相同的形态关系。对称是最基本的创造秩序的方法，是取得均衡效果最直接的方法。对称给人的正面感觉有：庄重、稳定、严肃、单纯等，负面感觉有：呆板、沉闷、缺少生气等。

在对称和非对称之间还存在着一类中间状态——即亚对称。在一整体对称的形态构成中，存在局部的非对称形态，并对整体的形态只起到调节作用，我们称之为亚对称。

具体的对称方式有：

- 左右对称：以直线为对称轴，如图（a）所示；
- 平移对称：平行移动图形所产生的对称形态，如图（b）所示；

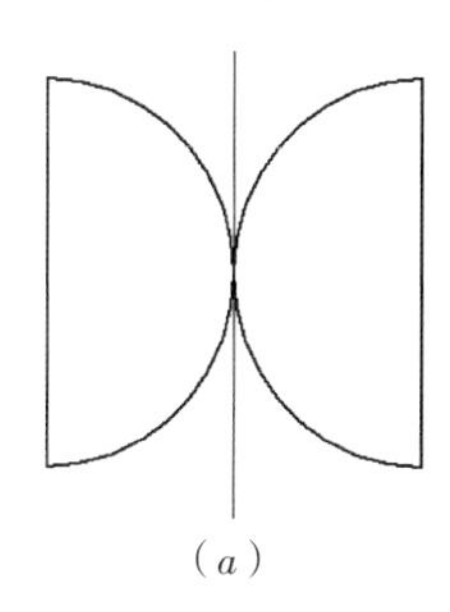
（a）

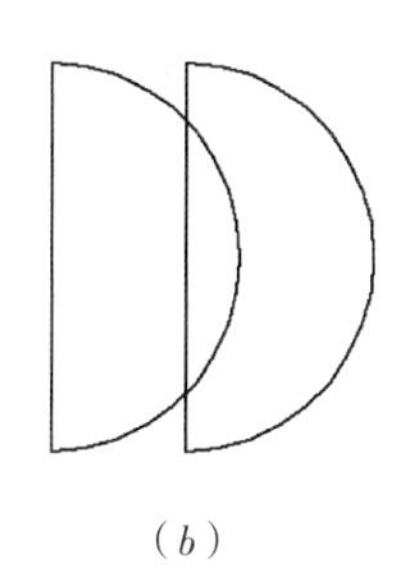
（b）

（c）

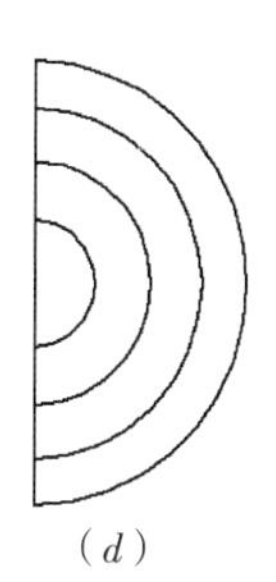
（d）

各种对称方式

- 旋转对称：以中心点为轴对称，如放射状的形态见图（c）；
- 膨胀对称：通过图形的缩放形成相似形而产生的对称形态见图（d）。

将以上的四种基本方法组合运用，还可得到其他的对称形态。

2）均衡

力学上的均衡概念是指支点两边的不同重量通过调整各自的力臂而取得平衡。形态构成上的均衡概念是指感觉上的形的重心与形的中心重合。取得均衡的方法有：改变图形的位置时相应地改变其在整体中所占比重。形与形的均衡可通过调整位置、大小、色彩对比等方式取得。

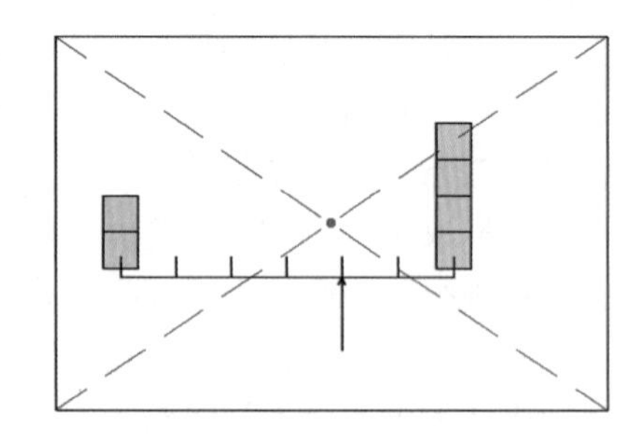

3）比例

指形之间体量的相对比较。前面讲分割法造型时曾提到过这个问题，比例问题涉及数列等数学上的一些概念。

这样的一些比例关系可供我们参考：

- 等差数列：1d、2d、3d、4d、5d……；
- 等比数列：1d、2d、4d、8d、16d……；
- 平方根形数列；
- 黄金比：将一线段分割成两部分，使其中小段和大段之比等于大段和整段之比，这个比值约为 0.618。将这一比例关系运用到矩形，就是所谓有黄金比例的矩形。这种矩形在古希腊的建筑中很常见。

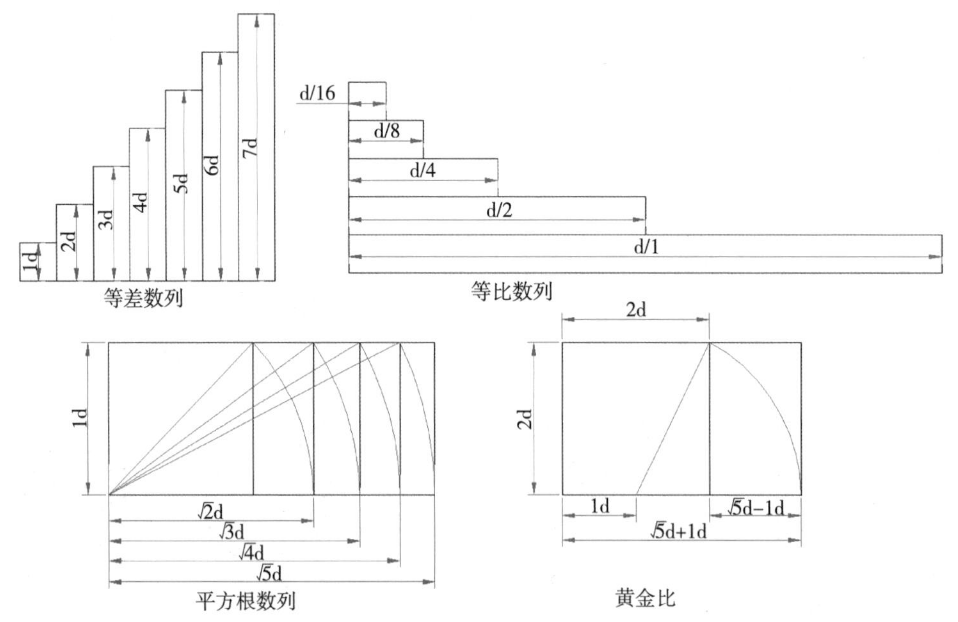

几种比例的图示

4）对比

利用相反相成的因素可以加强形与形的相互作用。例如：大与小、多与寡、远与近、垂直与水平、上与下、疏与密、曲与直、轻与重、高与底、强与弱等。利用这种方法，可轻易达到强调或突出重点的目的。

大与小

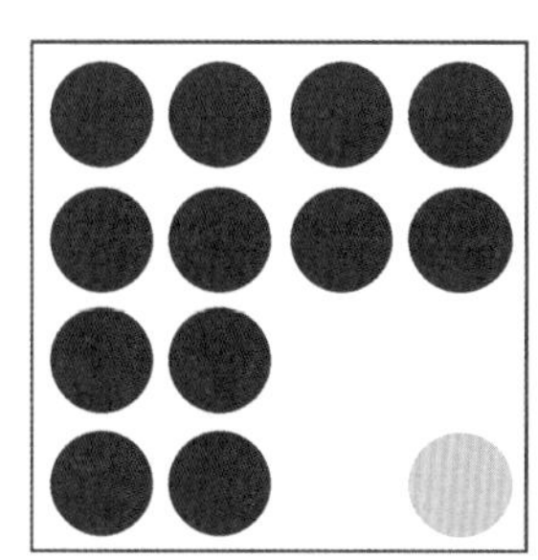
多与寡

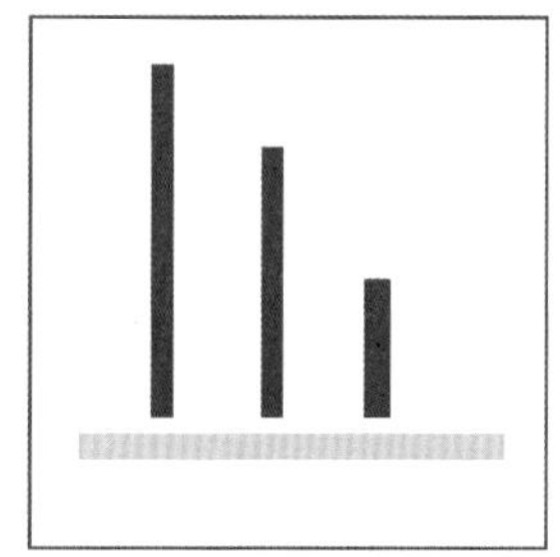
垂直与水平

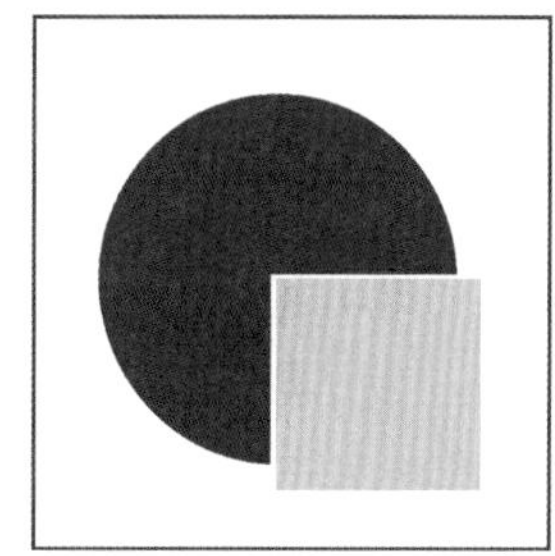
曲与直

5）节奏

形体按一定的方式重复运用，这时作为基本单元的形感觉弱化，而整体的结合形态就产生了节奏感。有如下的几种节奏方式：

● 重复：同一基本单元形以同一方式反复出现，如简单的同形等距排列、加上基本单元形的大小变化或间距变化或颜色变化等的重复。

● 渐变：基本单元的形状、方向、角度、颜色等在重复出现的过程中连续递变。渐变要遵循量变到质变的原则，否则会失去调和感。渐变可避免简单重复产生的单调感，又不至于产生突发的印象。

● 韵律：韵律是指按一定规则变化的节奏。根据不同的组织方法能产生多种表现形式：如舒缓、跃动、流畅、婉转、热烈等。

重复

渐变

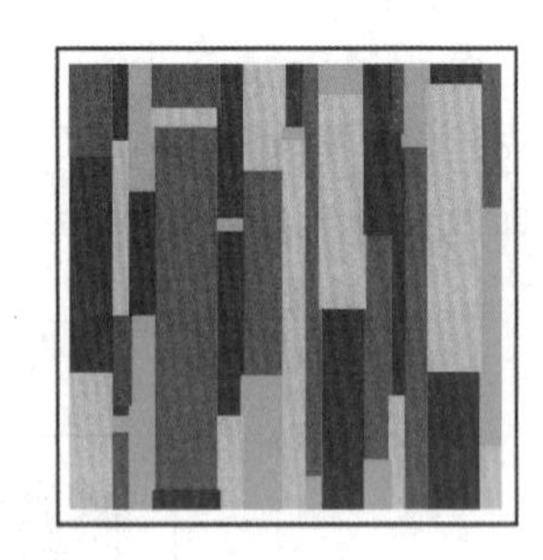
韵律

节奏的方式

6）多样统一

这种方法是形式美原则的主要内容。多样统一意味着调和，就是要求形与形之间既要有不同的要素加以区别，又要有共通的要素加以沟通，从而形成完整的新形。达到统一的具体手法有：

● 同一：以共同的要素形成统一；

● 变异：以异质的要素互相衬托形成统一；

● 统摄：通过主体形式的强势支配全局或附属形体。可以通过大小、多寡、明暗、虚实、远近等处理方法达到目的。

至于变化的方法，要从形的基本要素着手，即从形的形状、颜色、肌理、位置、方向等入手。另外，还可以从形的结构方式去寻找变化的方法。

以上简述了视知觉、形态的心理感受、形式美的法则，实际上也反映了形态构成中的某些特定形态，从另一角度表达了形态构成的规律。因此，掌握这些规律将会极大地提高我们的造型能力。

同一

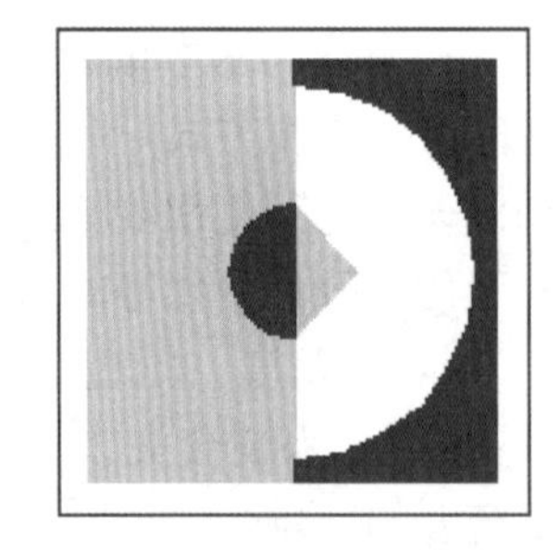
变异

统摄

统一类型图示

4.5　学习方法和实践

4.5.1　把握要义

形态构成是为多门学科服务的基础，它所包含的众多内容中主要涉及两个方面：一是形自身的问题，如形与形的相互关系、造型的方法等；二是人的主观反映，如视知觉、形态的心理感受、审美的法则等。正如我们在本文开始时提到的那样，有不同侧重点的形态构成，如强调视幻觉的构成、强调功能的构成、强调符号意义的构成，等等。作为建筑学专业的学生，根据将来从事专业范围的特点，可以考虑将造型能力的培养作为重点，所以我们主要应关注强调形的本质规律及其产生的视觉美的构成。至于形态构成中的有关视幻觉、符号意义的则不是我们学习的主要内容。

提高审美水平，熟练运用形式美的法则，塑造有意味的视觉形象。避免把形态构成简单地理解为形式美原则的图解的倾向。对于形及造型的关注是我们的焦点所在，因为在将来的建筑设计中，我们将大量遇到形及形的相互关系处理问题。

训练我们的思维方式，从形式开始，以形式结束。学会用纯粹抽象的形去思考问题，摆脱物像化的思维的纠缠。真正实现没有“实际意义”的形态构成。也就是纯形式的构成。

重视逻辑性在造型过程的运用，避免造型过程出现思维的断裂。

重视视觉经验的积累，大量的涉猎各种与形态构成相关的作品，学习其中的方法。体验是重要的，我们的见识越多越广，知识的积累越深厚，我们处理造型的方法就越多，能力就越强，审美的品味也就越高。

另外，要注意生活中的各类造型，不妨以之作为切入点去抽象出形和造型的规律。根据形态所包含的各种性质，能帮助我们在理性的层次上去认识形态构成的问题。

4.5.2　实践原则

形态构成的实践应该注意遵循以下原则：

形态上从简到繁，如从点、线、面、体，逐渐深入；训练的重点可以分门别类：如材料、形状、颜色、结构等方面，进行有针对性的练习。

重视操作过程，敏锐发现形态构成设计过程中出现的各种潜在发展方向，及时调整，不囿于原有思路，实践与思维应具有灵活性。

设计方法上可以由零到整，也可以由整到零，也就是整合的方法与分解的方法。对应的思维方式就是综合与分析。

设计过程大致可以归纳如下：

1）构思　形态构成的设计构思就是设想如何利用形态中的各种要素，运用形态构成中的各种设计手法，去创造新的形态。例如：如何用线条表达一个立方体？如何将一块面分解成相似形？如何表达线条的力感？如何实现形体的叠加？等等。

2）设计　根据构思阶段提出的目标，提出解决方案。例如：利用线条的规则排列构造一个立方体；利用线条的编织构造一个立方体；利用线条的空间聚集构造一个立方体；用连续的线条还是分段的线条？用直线还是曲线？用长线还是短线？等等。

3）比较与选择 通过多个方案的比较，归纳出各方案的特点，选择有发展前途的方案。这个阶段，与设计者的水准、品味的高低有直接关系。敏锐发现问题所在并不是一件容易的事情，应该征求意见，避免自己的盲点。

4）深化 对于所选择的方案，应分析其不足之处，进行各种细节的处理、调整，使之趋于完善。细节处理一般包括基本单元的处理方式、体量、位置、方向、颜色、材质等内容。处理细节的原则应该是围绕总体构思、服务总体构思、强化总体构思。

以上每一过程中，都应该重视视知觉原理和形式美法则的运用，保证最后的作品能符合审美的要求。

案例介绍：

这是一组形态构成的课程作业。作业要求从一个生活中的设计产品中，分析、萃取其中的形式要素或构成方式，作为构成设计的基本“原材料”，分析其中潜在的构成可能性，运用构成的原理和手法，将“原材料”加以组织，形成立体构成作品。之后，以此为起点，将立体构成作品转化为平面构成作品。

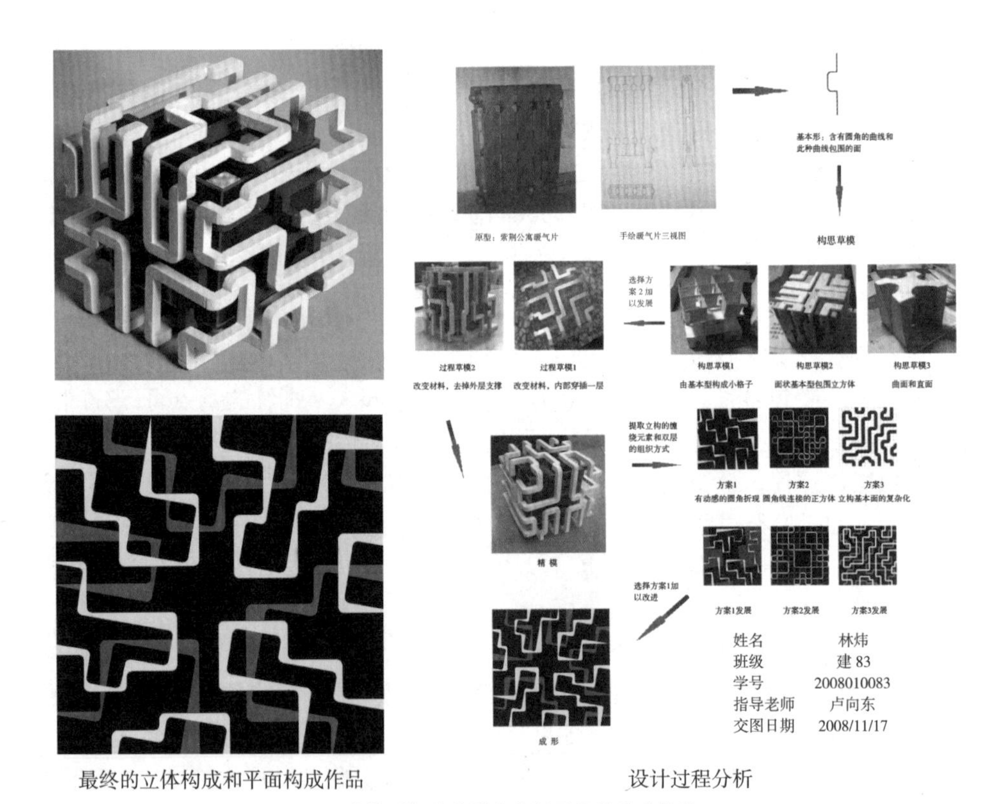

最终的立体构成和平面构成作品　　设计过程分析

一个从暖气片的形态分析开始的构成作品

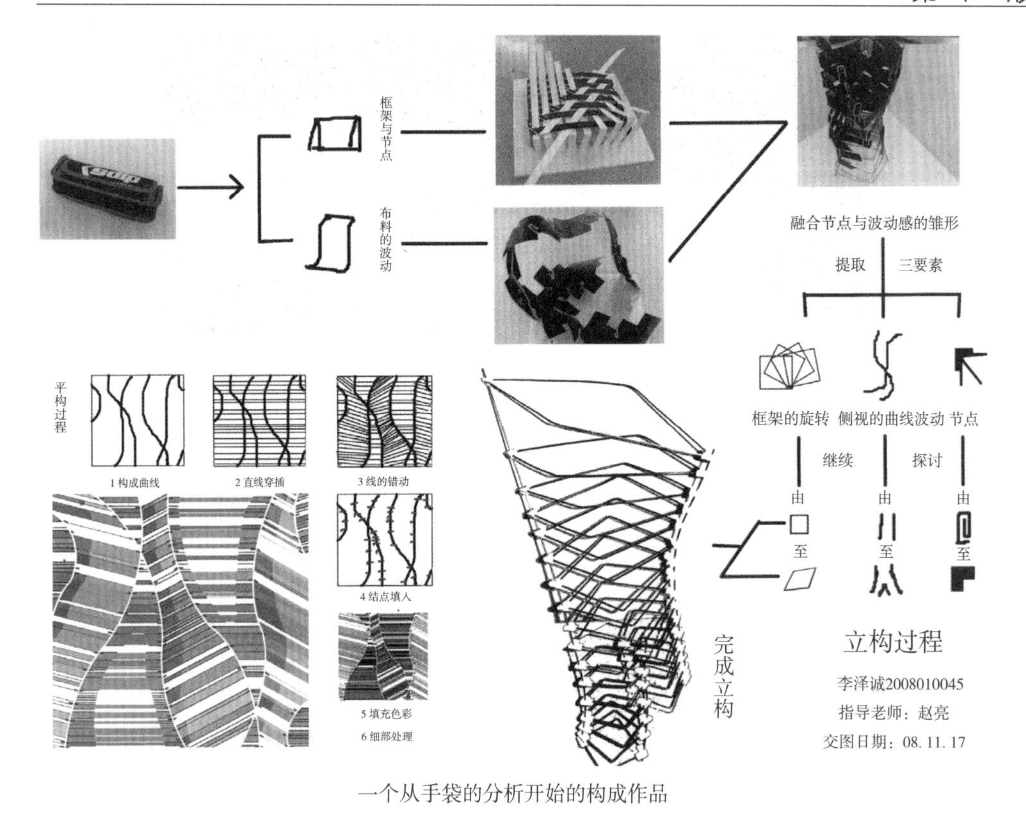

一个从手袋的分析开始的构成作品

4.5.3　形态构成中的几个关键问题

尽管形态构成中涉及的问题很多，但是下面的三个问题却是在几乎每一个形态构成中无法回避的。中心、边界、衔接这三个形的部位，一方面是形自身的客观存在，另一方面也是人观察形时的焦点所在，因而是造型的关键部位，是形态构成过程中重点处理的地方。通过对这些部位的强调、夸张、充分利用，能有效地表达形态构成的意义。

1）中心

一条线段的中心是它的中点，一个圆的中心是它的圆心，一个矩形的中心是它的对角线的交点等等。对于单个的简单基本形来说中心是比较容易确定的，但对于数个形的组合时，情况变得就复杂些，形的中心意味着它是形的各部分平衡的支点，所以考虑到各个形的位置及各自体量的大小，中心的位置可能在某个形的范围内，也可能在所有形的范围外，前一种情况意味着包含中心的形必然是人关注的重点，后一种情况人们往往会期待着有形的中心出现，形态构成空间法中利用了这种魅力。中心的问题还涉及均衡的概念，前面已经讲述过这个问题。当形的视觉重心与形的中心不重合时，会给人造成不平衡的感觉，或者是运动感、方向感。形态构成里的中心并不仅仅指一个点，一个形的轴线也可以视为它的中心，它还可以是具体的形体。通过对比的手法，如尺度、方位、颜色、形状等的对比，能强调出中心的意义。

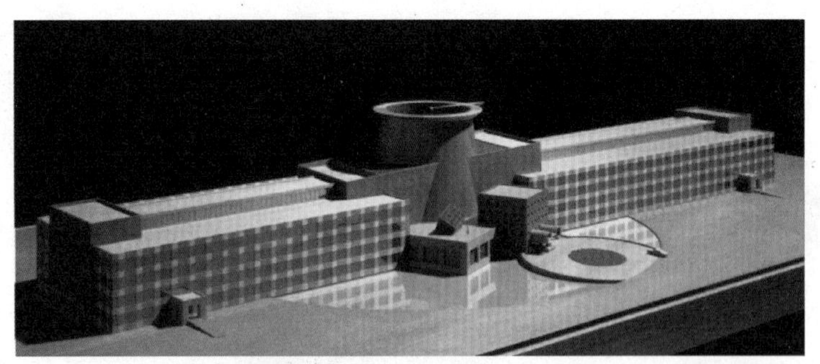

日本建筑师矶崎新迪斯尼大楼。中部特异的形体处理与两边简单的方块相互对照，使整个建筑的中心十分突出。

2）边界

边界的意义是很重要的。边界确定形的轮廓，是我们辨别形体的依据，也是划分形的界线。我们平常谈论的优美城市天际线、建筑的轮廓线都指的是边界，可见边界对于造型是非常重要的。任何图形在把它放在一个轮廓线内考察时，其自身形态的意义就会因为有了这个新的轮廓线边界而降低，我们会将主要的注意力放在这个轮廓线上。比如，在半山腰建一座寺院就不如在山顶上建一座塔明显。这并不是因为寺院比塔的形象弱，而是因为塔占据了山顶轮廓线的缘故。利用这个原理，我们可以运用轮廓线使零乱的图形得以规整，使形更加明确。前面曾提到的“骨架”，也可以视为一种边界。几何形体边界的端部、转折处、顶点等是较特殊的部位，也往往是形态构成中处理的重点。例如：中国古代建筑中方柱的转角就常采用所谓“海棠角”的方式处理，使方柱显得更挺拔。处理边界的方法大致有三类：第一种是在轮廓部分不作特殊处理；第二种是用特异的形来做轮廓线；第三种是渐变法，就是从形的内部逐渐过渡到异质的边界。自然界中许多物体的边界常常是形变异的地方，建筑设计中常利用特异的形、颜色来处理边界，比如，窗户的窗套、立面的檐部、建筑中的角窗等，都是运用边界处理形的例子。

马来西亚建筑师 T.R. Hamzah 和 K. Yeang 设计的 Roof-Roof House。以弧形廊架作为边界，使下面零乱的多种形体得到整合，建筑的形象由此变得十分明确。

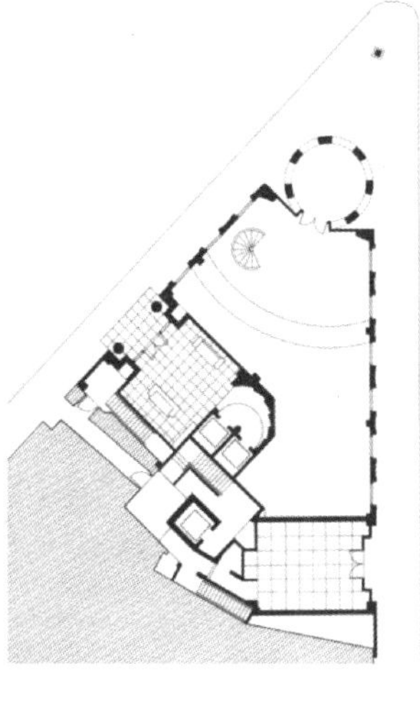

端部是边界的特殊部位，Terry Farrell 设计的 Midland Bank，位于一块三角形地段。采用圆形对角部进行的特异处理，成为整个造型的点睛之笔。

3）衔接

衔接是形的边相遇时的情形，是边界的特殊形式，形与形碰撞的冲突集中反映在衔接处理上。前面在形的基本关系中曾提到形相遇时的八种关系，在理论上也是衔接的基本关系。在进行体形衔接时主要考虑以下几个方面的内容：

体形的状态（如：方、圆、直、曲等）尤其是体形的边缘不同部位的形态（如：一般部位、端部、转折处、顶点等），是我们进行衔接处理的重要依据。体形的位置关系有分离、接触、咬合三种状态，这是我们进行衔接处理的前提。根据体形之间的位置关系和边界状态的不同组合，会产生不同的衔接条件。体形的衔接方式大致分为两类：一是仅根据进行衔接的基本体形的自身条件处理体形衔接。主要适用于体形的“咬合”状态。二是在进行衔接的基本体形之间，通过增加新形并加以处理而实现衔接。主要适用于体形的“分离”和“接触”状态。实际上，我们常遇见两类衔接方法并用的情况。在衔接时对待基本体形的态度是二者平等看待、还是强化一方弱化另一方、或是模糊二者关系，将导致不同的衔接效果。

处理衔接的具体方法是丰富的，可以从形的各种因素如轮廓、方位、部位、角度、结构方式、颜色等出发，解决衔接的问题。通过形体的变异、色彩的过渡等方式处理衔接是形态构成中常用的手法。衔接的特殊形态应该是我们熟知的：比如动物骨骼的关节的变化，建筑中柱式的柱头和柱础的特殊处理等，都是衔接的表现。形态构成的衔接概念排除了实际生活中衔接的功能、结构意义，而是从纯粹形态的角度来理解处理衔接问题。

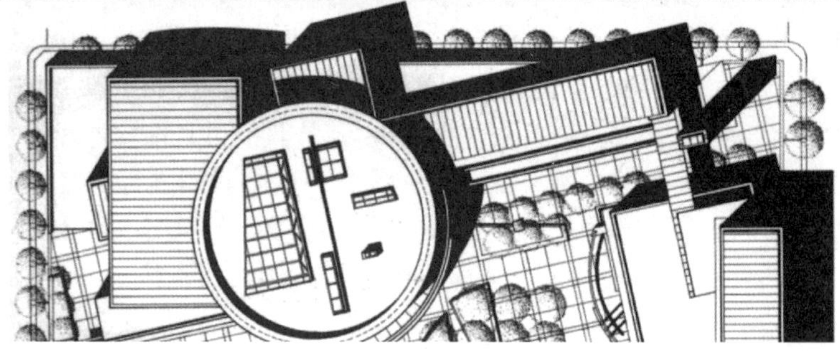

KPF 设计的某校园中心方案，利用特异的圆形将方直的矩形及 L 形衔接起来，削弱了二者之间模糊的角度关系及矛盾冲突，并且由于圆形的体量较大，成为占统摄地位主导体形。

第 5 章 建筑方案设计方法入门

Chapter 5 Introduction to Architecture Design Method

- 认识设计和建筑设计
- 方案设计之第一阶段——调研分析与资料收集
- 方案设计之第二阶段——设计构思与方案优选
- 方案设计之第三阶段——调整发展和深入细化
- 方案设计过程的表达
- 方案设计学习的要点

本章立足于低年级学生的专业知识水平，针对在课程设计训练中最常见、最基本的问题，系统而概要地阐述建筑设计的性质特点、操作步骤、过程表达、学习方法等关键内容，力求为方案设计方法的入门构筑基石。

5.1 认识设计和建筑设计

讨论建筑设计方法，必然会涉及什么是“设计”，什么是“建筑设计”的问题。但是，给设计下一个严谨的定义是比较困难的，因为现实生活中存在着各种类型的设计，除建筑设计外，还有工程设计、工业设计、公共艺术设计、广告设计 、服装设计等，并且有不断扩大的趋势，如近年来出现的包装设计、平面设计 、形象设计 、网页设计、动画设计、人机界面设计、通用设计等等，任何对设计的界定都难以做到自然而圆满。因此，列举一些具体的例子也许比归纳一个抽象的定义更容易说明设计的内涵。大家知道所有的设计都与造物、造型活动相关，但并不是所有的造物、造型都需要设计，那么，首先需要回答的问题是：什么样的造型活动属于设计呢？比如，有两个匠人分别制作了一件陶器，匠人甲在制作之前已经想好了这件陶器是用来汲水的，而匠人乙完全是即兴发挥，直至陶器完成仍不清楚它的用途和目的。那么，甲的工作就属于设计，乙则不是，因为设计是有目的的，无论是功利上的、形式上的还是两者兼有；第二个问题是：甲的这个造型是怎么构想出的呢？制作这个汲水陶器，甲会考虑到它的容积、重量以及两者间的关系，会考虑到汲水、运输以及倒水时的便利等。最终他设想的陶器形状可能是球形和圆锥形的组合，上部有把手和喇叭形开口，表面绘有图案——这是他综合各种已知的知识、理论而构想出来的可能形象。因为球体的容积效率最高，锥体便于倾倒汲水等。这种综合各种道理去生成形象，而不是用形象去阐释哲理的思维特征是设计所独有的；问题三是：这个造型是怎么制作出的呢？要想把这个陶器真正制作出来，甲还需要预先对制作的方法、步骤，以及材料、工具、设备和工艺细节进行必要的规划和设想。这种预先的计划既是设计工作的基本内容也是设计属性的本质体现。至此，对设计应该有个大致的印象了。

上述对设计的解释是启发和指导认识、理解建筑设计的钥匙。设计是“有目的”的，那么建筑设计的目的是什么？这关系到建筑设计的工作方向；建筑的标准又是怎样？这关系到建筑设计的评价标尺；建筑设计的制约因素有哪些？这关系到建筑设计的前提条件；建筑设计的内容有哪些？这关系到建筑师的工作重点。设计又是“有计划”的，那么建筑设计该怎样运作？这关系到建筑设计的职责范围及其工作背景；建筑设计的特点又是怎样？这是认识和学习建筑设计的基本路径……有些问题在前面的章节中已有比较系统、深入的阐述，如建筑的目的、建筑的标准、设计的内容等，在此不再赘述。但作为初学者必须认识到：透彻地理解与领悟这些知识，并灵活运用于自己的设计创作，绝非一时一日即可做到的，而是需要在今后的学习和实践中不断体会、反复思考，这也包括那些由基本问题所衍生出来的更多的子问题。

本节重点对建筑设计的运作程序、方案设计的特点和基本步骤等问题进行论述。

5.1.1　建筑运作的程序与建筑设计的职责

在阐述建筑设计的职责之前，有必要粗略介绍一下建筑工程项目从筹划、设计、施工直至投入使用这一完整运作程序，以便更深入、透彻地了解建筑设计的工作背景。

1）一般建筑工程项目的运作程序

一个建筑从开始策划直到投入使用大致经历“十个环节”即“五个阶段”（参见“一般建筑工程项目运作程序示意图”）。其中，第一环节即项目策划阶段，第二～四环节即建筑设计阶段，第五～六环节即施工招标和设计交底阶段，第七～九环节即建筑施工阶段，第十环节即竣工验收阶段。它们又可被归纳为“两大过程”，即设计过程（第一～五环节）和施工过程（第六～十环节）。

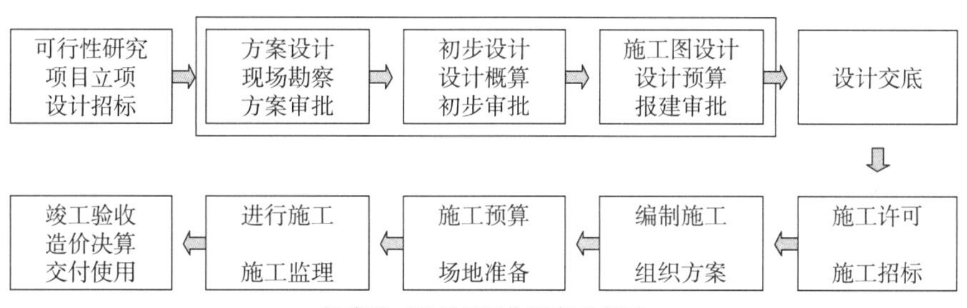

一般建筑工程项目运作程序示意图

整个运作程序的各个过程、阶段及其环节，皆有明确的工作重点，彼此间又有严谨的顺序关系，以保障建筑工程项目科学、合理、经济、可行、安全地实施。

2）建筑各设计阶段的工作职责

广义的建筑设计是指设计一个建筑物或建筑群所需要的全部工作，一般包括建筑学、结构工程、给水排水工程、暖通工程、强弱电工程、工艺流程、园林工程和概预算等专业设计内容（参见“建筑设计专业分工示意图”）。其中建筑师负责建筑专业方案的构思与设计，主要进行建筑总图设计和平面布局，解决建筑物

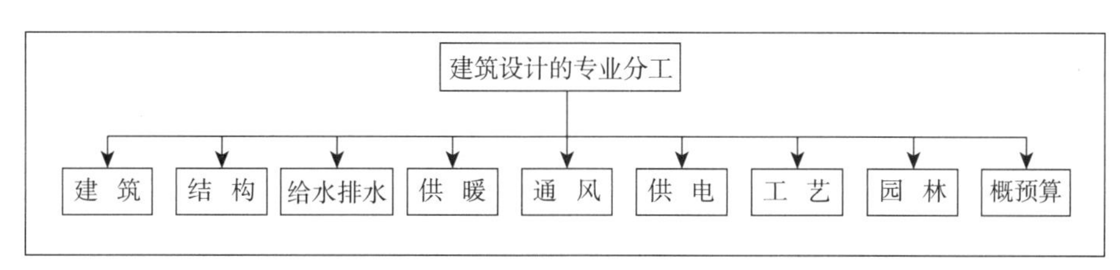

建筑设计专业分工示意图

与地段环境和各种外部条件的协调配合，满足建筑的功能使用，处理建筑空间和艺术造型，以及进行建筑细部的构造设计等，这就是通常所特指的建筑设计或称建筑专业设计。而其他专业的工程师则分别负责结构、水、暖、电等工种的设计与布局，并将设计成果一一汇总，反映到建筑师的工作范畴中来——即反映到建筑的平面、空间中来。因此，一般情况下多由建筑师担任设计主持人，来统筹工作、协调关系、综合化解设计汇总所带来的具体功能、形象、技术上的矛盾与冲突。

为保障建筑设计、施工的质量水平和时间进度，除了与各专业设计人员进行密切合作外，建筑师还必须与业主、城市规划管理部门、施工单位等保持良好的合作关系。因此，善于与人合作，树立团队精神，是建筑学专业学生应有的基本素质之一。

从“一般工程建设项目运作程序示意图”可知，每一个建设项目的设计从时间顺序上又可以分为方案设计、初步设计和施工图设计三部分工作，它们在相互关联、制约的基础上有着明确的职责分工。其中，“方案设计”作为建筑设计的第一步，担负着确立设计理念、构思空间形象、适应环境条件、满足功能需求等职责。它对整个设计过程所起的作用是开创性的和指导性的。与方案设计相比较，“初步设计”和“施工图设计”则是将方案设计所确立的建筑形象从经济、技术、材料、设备，以及构造做法等诸多方面逐一细化、落实的重要环节，并为建筑施工提供全面、系统而详尽的技术指导。

正是由于方案设计于整个建筑设计过程中的意义、作用重大，并且方案设计的学习需要一个系统而循序的漫长过程，因此，建筑学专业 1~4 年级的系列设计课程更多地集中在方案设计的训练上，而初步设计和施工图设计训练则主要通过建筑师业务实践来完成。本章所重点论述的设计方法与设计步骤等基本内容亦界定于“方案设计”范围之内。

5.1.2 方案设计的特点

正确了解和把握方案设计的基本特点是了解并逐步认识建筑设计所需要的。方案设计的特点可以概括为创作性、综合性、双重性、社会性和过程性五个方面。

1）创作性

设计是“有计划、有目的的创作行为”，建筑方案设计自然亦属于创作之列，具有创造性。所谓创作是与制作相对照而言的，制作是指因循一定的操作技法，按部就班的造物活动，其特点是行为的重复性和模仿性，如建筑制图、工业产品制作等；而创作属于创新、创造范畴，所仰赖的是主体丰富的想象力和灵活开放的思维方法，其目的是以不断的创新来完善和发展其工作对象的内在功能或外在形象，包括创造一个全新的功能或形象，这些是重复、模仿等制作行为所不能及的。

建筑设计的创作性是人（包括设计者与使用者）及设计对象（建筑）的特点属性所共同要求的。一方面，建筑师所面对的是多种多样的功能需求和千差万别的地段环境，必须表现出充分的灵活开放性才能够解决具体的矛盾与问题；另一方面，人们对建筑空间和建筑形象有着高品质的要求，只有仰赖建筑师的创新意识和创造能力才能够把纯粹物质层面的材料、设备转化成为具有象征意义和情趣格调的建筑艺术形象。

建筑设计作为一种高尚的创作活动，它要求创作主体具有丰富的想象力和较高的审美能力、灵活开放的思维方式以及勇于克服困难、挑战权威的决心与毅力。对初学者而言，创新意识和创作能力的培养应该是专业学习的目标。

2）综合性

建筑设计是一门综合性学科。建筑师在进行设计创作时，需要面对诸多制约因素，如经济、技术、法规、市场等；需要调和并满足不同人的需求，如管理者、建设者、使用者、一般市民等；需要统筹组织并落实多种要素，如环境、空间、交通、结构、围护、造型等。正因为如此，综合解决问题的能力便成为一个优秀建筑师所应具备的、最为突出的专业能力，也是建筑学专业学习、训练的核心所在。

要学会面对众多因素、满足不同需求、落实各种要素，不可能通过有限的课程设计去一一实现，学习并掌握一套行之有效的设计方法和学习方法就显得尤为重要。另外，建筑师所面对的建筑类型也是多种多样的，如居住建筑、商业建筑、办公建筑、学校建筑、体育建筑、展览建筑、纪念建筑、交通建筑等，这要求学生不仅要学好本专业的课程，而且对社会、经济、文化、历史、环境、艺术、行为、心理等众多相关学科知识都要有一个基本的了解，只有这样才能胜任本职工作，才能游刃有余地驰骋于设计创作之中。

3）双重性

工程与艺术相结合是建筑学专业的基本属性，因而也决定了建筑设计思维方式的双重性。建筑设计过程可以概括为分析研究、构思设计、分析选择、再构思设计，如此循环发展的过程。在每一个“分析”阶段（包括设计前的功能、环境分析和各个阶段的优化选择分析）所运用的主要是分析概括、总结归纳、决策选择等基本的逻辑思维方式，以此确立设计与选择的基础依据；而在每一个“构思设计”阶段，主要运用的则是形象思维，即借助于个人的丰富形象力和创造力，把逻辑分析的成果发展、升华成为建筑语言——空间和形象，从而完成方案设计的基本意图。因此，建筑设计的学习、训练必须兼顾逻辑思维和形象思维两个方面而不可偏废。在建筑创作中如果弱化了逻辑思维，建筑将缺少存在的合理性和可行性，成为名副其实的空中楼阁；反之，如果忽视了形象思维，建筑设计则丧失了创作的灵魂，最终得到的只是一具空洞乏味的躯壳。

4）社会性

尽管不同建筑师的作品都有着不同的风格特点，从中反映出建筑师个人的价值取向与审美爱好，并由此成为建筑个性的重要组成部分；尽管建筑是一种商品，开发商可以通过对它的策划、设计、建设、销售，乃至运营，获得丰厚的经济效益。但是，建筑不是一般意义上的商品，更不是私人的收藏品。不管是什么性质和类型的建筑，从它破土动工之日起就已具有广泛的社会性，已成为城市空间、环境的一部分，周围的居民无论喜欢与否，都必须与之共处，它对居民的影响（包括正反两个方面）是客观实在、不可回避的，也是长久的，可以持续数十年，乃至上百年。

画家可以随心所欲，开发商可以唯利是图，但一个合格的建筑师应该具有社会良知和职业操守，并以此去平衡、把握建筑的社会效益、经济效益和个性特点三者的关系。只有正确认识建筑及建筑设计的社会性，才能创作出尊重环境、关怀人性的优秀作品来。

5）过程性

对于需要投入大量人力、物力、财力的建筑工程而言，具有严谨的设计程序是十分必要的，因为它是保障建筑设计和建设能科学、合理、可行的基本前提。无论是施工图设计阶段，还是方案设计阶段，皆需要系统、全面的调研、分析，需要大胆而深入的思考、想象，需要不厌其烦地听取使用者、管理者的意见，需要在广泛论证的基础上优选方案，需要不断地调整、发展、细化、完善。这是一个相当漫长的过程，在这过程中的每一阶段、每一环节都具有明显的前因后果的内在逻辑关系，概不可逾越或缺失。设计是需要激情的，但又是没有任何捷径可走的，只有持续地、不懈地、踏踏实实地遵循设计的过程才能到达完美的彼岸。

5.1.3 方案设计的基本步骤

完整的方案设计过程按其先后顺序应包括调研分析、设计构思、方案优选、调整发展、深入细化和成果表达六个基本步骤。建筑院校的设计课程也大致遵循了这一基本过程，只是在具体的教学安排上稍有调整。比如，课程设计一般分为“一草”（建筑院校习惯叫法，即第一阶段草案设计，其他阶段依次类推）、“二草”“三草”和“上板”（正式图纸表达）四个阶段。其中，一草的主要任务是“调研分析”、“设计构思”和“方案优选”，二草是“调整发展”，三草是“深入细化”，上板即“成果表达”。基于相同的原因，第 5.2~5.4 节对方案设计过程的论述也基本沿用了这一次序，即“调研分析与资料搜集”（第 5.2 节）、“设计构思与方案优选”（第 5.3 节）和“调整发展与深入细化”（第 5.4 节）。

需要指出的是，无论是院校的课程设计还是真实的建筑设计，其方法、步骤并不是唯一的、一成不变的，而是会随着训练时间、训练目的、设计要求和设计重点的变化而灵活调整。比如，有的完成到二草即开始上板；有的属于半快速设计，仅要求达到二草的深度；有的训练属于快速设计，可能只给几天甚至几个小时的时间来完成，等等。

无论按照什么样的具体步骤去实施设计，都会遵循“一个大循环”和“多个

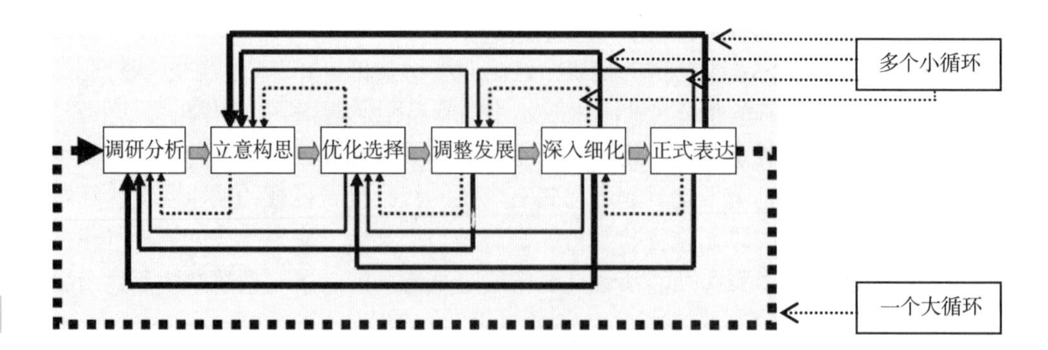

小循环”的基本规律（参见左页图）。“一个大循环”是指从调研分析、设计构思、方案优选、调整发展、深入细化，直至最终表现，这是一个基本的设计过程。严格遵循这一过程进行操作，是方案设计科学、合理、可行的保证。过程中的每一步骤、阶段，都具有承上启下的内在逻辑关系，都有其明确的目的与处理重点，皆不可缺少。而“多个小循环”是指：从方案立意构思开始，每一步骤都要与前面已经完成的各个步骤、环节形成小的设计循环。也就是说，每当开始一个新的阶段、步骤，都有必要回过头来，站在一个新的高度，重新审视、梳理设计的思路，进一步研究功能、环境、空间、造型等主要因素，以求把握方案的特点，认识方案的问题症结所在并加以克服，从而不断将设计推向深入。

5.2　方案设计之第一阶段——调研分析与资料收集

调研分析作为方案设计过程的第一步，其目的是通过必要的调查、研究和资料搜集，系统掌握与设计相关的各种需求、条件、限定及其实践先例等信息资料，以便更全面地把握设计题目，确立设计依据，为下一步的设计理念和方案构思提供丰富而翔实的素材；调研分析的对象包括设计任务、环境条件、相关规范条文和实例、资料等。自本节起，为配合设计步骤的陈述将列举两个小设计范例，演示其完整的操作过程。

5.2.1　任务分析

方案设计的任务要求主要是以“设计任务书”的形式出现的，在课程设计中称为“作业指示书”，它包括物质需求和精神需求两个方面。其中，物质需求的基本内容有空间单元需求、功能关系需求、动线需求，以及相应的工程和技术需求；精神需求则主要体现为对建筑空间、形式、风格的特定要求。在针对初学者的小建筑设计中，为了突出训练重点，简化设计内容，任务分析主要侧重于功能空间要求和形式特点要求两个方面。

1）功能空间要求

（1）空间单元要求

建筑通常是由若干空间单元所组合而成的，每个空间单元都有自己明确的功能需求。为了准确理解、把握设计任务，应该对各空间单元进行系统的分析和研究，内容包括：

- 体量大小：功能活动对空间单元平面大小与空间高度（三维）的要求；
- 基本设施：功能活动对家具、陈设等基本设施的要求；
- 位置关系：空间单元的地位、作用以及与其他单元的关系；
- 环境要求：对声、光、热等物理环境条件，以及对景观、朝向等自然环境条件的要求；
- 空间属性：了解其功能活动是私密的还是公共的，所对应的空间是封闭的还是开敞的。

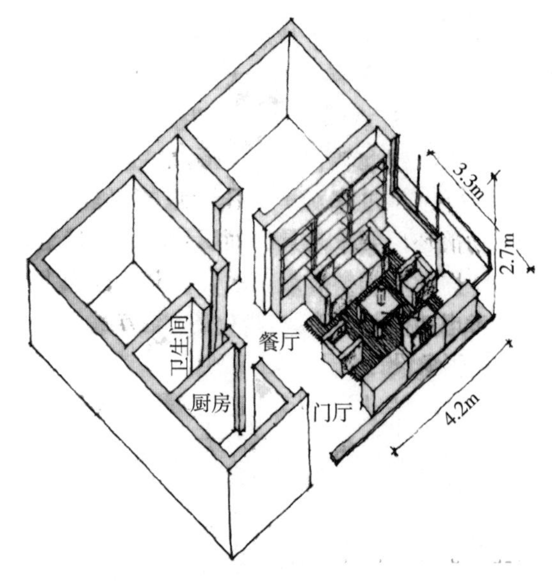

以住宅的起居室为例，它是家庭会客、交往和娱乐等居家活动的主要场所，其体量不宜小于 3m×4m×2.7m（即面积不小于 $12m^2$，高度不小于 2.7m），以满足诸如沙发、茶几、电视机、陈列柜等基本家具、陈设的布置要求；它作为居住功能活动的主体内容，应位于住宅的核心位置，并与餐厅、厨房、门厅以及卫生间等功能空间有着密切的联系；它要求有较好的日照朝向和景观条件；相对住宅其他空间而言，起居室属于公共性空间，多为开敞式布置。

（2）整体功能关系要求

各空间单元是相互依托、密切关联的，它们依据特定的内在关系共同构成一个有机整体。在方案设计中常用功能关系框图来准确而形象地描述这一关系，并确立如下内容：

● 整体关系模式：单元之间所呈现的是主次关系、并列关系、序列关系还是混合关系，则在平面布局上相应体现为放射、树枝、串联或混合等不同组织形式。

● 关联程度定位：单元之间的功能联系是密切的、较密切的、一般的还是疏远的，反映到具体建筑平面上则体现为距离上的远近，以及采用直接、间接或隔断等不同的动线联系方式。

附文 1：小型游船码头设计作业指示书——小设计范例之一

永久性小型游船码头内容构成及设计要求如下：

（1）售票及管理用房：建筑面积 $25m^2$，包括售票间、管理用房和储藏室三部分。三者可分可合，具体面积依据实际需要自行分配。其中，管理用房要求朝湖面方向有开阔的视野，与岸线及候船空间有直接的联系，便于监控和管理。

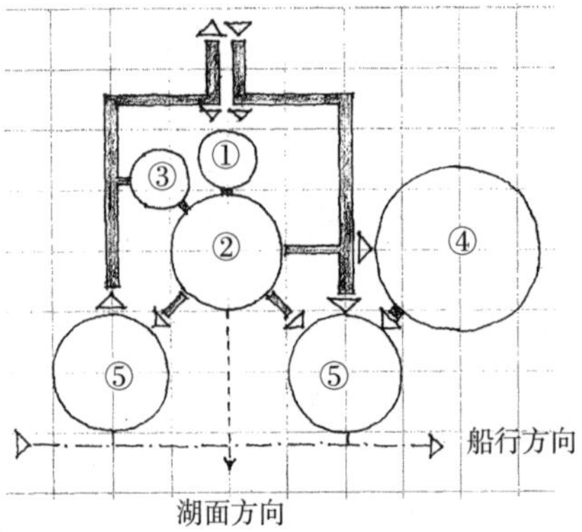

（2）开敞式候船及休息空间：带顶面积 $35m^2$，设置不少于 15 人的休息座位。该部分要求具有良好的景观朝向，并能满足候船、排队等使用要求。

（3）码头岸线的设计应满足一定数量的小划船及大游船的停发之使用要求。允许方案对现状岸线进行适度改造，但凹凸范围应控制在 2m 以内。

（4）通过必要的绿化及场地处理，将该建筑设计成为公园的一个重要景点和观景点。

出口 入口
①
②
③
④
⑤
⑤
船行方向
湖面方向

游船码头功能关系框图

游船码头空间单元功能需求分析一览表　　附表 1

空间单元	面积	基本功能	条件要求
① 售票空间	$3m^2$	售票及押还证件	1~2 人工作空间
② 管理空间	$14m^2$	停发船秩序管理及水上安全监督	3 人办公空间，有监控湖面的良好视野
③ 储藏空间	$8m^2$	储藏及小部件修理	搬运方便
④ 候船空间	$35m^2$	候船、观景、休息	遮阳、避雨、座位
⑤ 集散空间		游船的停、发及游人集散	岸线凹凸改造不大于 2m

附文 2：艺术家工作室设计作业指示书——小设计范例之二

艺术家工作室建筑面积为 $200m^2$，层数 1¯2 层均可，建筑物总高度不大于 9m。内容及要求如下：

（1）工作部分：包括工作、陈列和会客空间等，要求具有良好的景观朝向、自然通风与采光条件。各功能空间的大小应根据艺术家的具体工作而定，使用面积约 $80m^2$。

（2）生活部分：包括单人卧室、厨房、餐厅及卫生间等，使用面积约 $35m^2$。

（3）辅助部分：单车位车库一个，使用面积约 $20m^2$。

（4）户外部分：包括必要的户外活动空间及庭院绿化等。

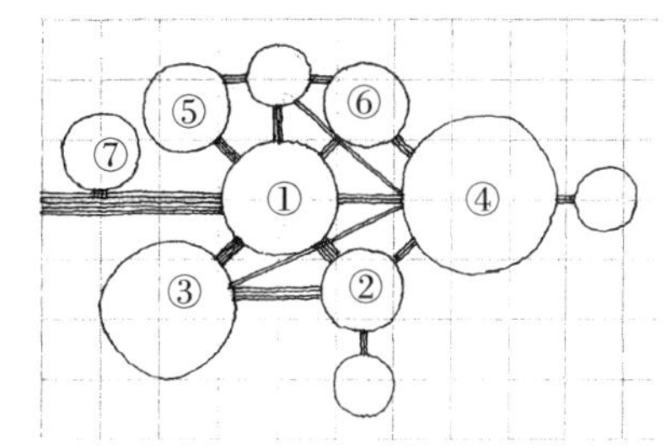

艺术家工作室功能关系框图

艺术家工作室空间单元功能需求分析一览表　　附表 2

空间单元	面积	基本功能	条件要求
① 门厅	$12m^2$	内外过渡	含卫生间
② 会客	$18m^2$	接待参观者	多人就座，景观、通风
③ 陈列	$60m^2$	画作陈列	实墙面及光线要求
④ 画室	$60m^2$	构思、创作	北向采光、储藏、陈列
⑤ 餐厨	$12m^2$	多于 4 人就餐	
⑥ 卧室	$20m^2$	单人休息	独立卫生间
⑦ 车库	$18m^2$	单车停放	应与门厅或厨房相通

2）形式特点要求

（1）类型特点：不同类型的建筑有着不同的性格特点。例如纪念性建筑给人的印象往往是庄重的、肃穆的和崇高的，因为只有这样才足以寄托人们的崇敬和仰慕之情；而居住建筑是亲切、活泼和宜人的，因为这是一个居住环境所应具备的基本品质。如果把两者颠倒过来，那肯定是难以接受的。因此，准确地把握并体现建筑的类型特点对方案设计和方案构思都是十分重要的，它可以在一定程度上确定了该建筑的形式特点，是活泼的还是工整的，是亲切的还是肃穆的，是轻巧空灵的还是浑厚坚实的，从而避免了设计的盲目性。

（2）使用者特点：除了应对建筑的类型进行分析外，还应对建筑的使用者进行必要的研究，包括其职业、年龄、兴趣爱好等，因为这些将直接或间接地影响到设计者对建筑功能、空间、形式和风格的基本判断与定位。例如，同为别墅，艺术家的情趣所在与企业家会迥然不同；同样是活动中心，老人活动中心和青少年活动中心在功能和形式也会有很大的差别。现实中有人喜欢安静，有人喜欢热闹；有人喜欢简洁明快，有人喜欢曲径通幽。只有准确地把握使用者的个性特点，才能创作出为人们所喜爱的建筑作品来。

（3）时代特点：时代特点也是影响建筑形式特点的重要因素，其影响体现在功能、技术、价值和审美四个层面上：

●新时代会出现新的功能需求和职能活动，这需要新的建筑类型和形式与之相适应；

●新时代会产生新的材料、技术、设备乃至设计手段，也必将导致全新的建筑形式；

●新时代会带来新的理念，如绿色、节能、环保、生态，以及自由、平等、和谐、富裕等新思想，这些将催生出新的建筑理念和建筑形象；

●新时代会赋予人们新的审美观念和审美态度，快节奏、大强度、高效率的工作、生活方式，使人们在享受经典艺术的同时，更加向往简约、追求概念，欣赏“非线性”所涌现出的梦幻，感叹“建构”所雕琢出的新的经典。

立足时代当前，设计出富有时代特点的建筑形象是时代赋予建筑师的义务和责任。

（4）环境特点：“环境塑造了人”是一句至理名言。同理，环境亦塑造了建筑，不同环境会产生不同形态特点的建筑：

●气候条件的影响：南亚地区高温、潮湿，建筑多为干阑式竹楼；中东地区干燥、酷热，建筑多为厚墙平顶；西伯利亚地区寒冷、多雪，建筑多为木墙尖顶等。

●地形地貌的影响：平原建筑、山地建筑、滨水建筑、沙漠建筑皆有很大的差别。

●景观朝向的影响：四面风景的建筑、单面风景的建筑、没有风景的建筑；朝阳的建筑、背阴的建筑、西晒的建筑等均有不同的表现形式。

●场所位置的影响：城市建筑、乡村建筑、风景建筑；居住区中的建筑、办公区中的建筑、商业区中的建筑、校园中的建筑等其形式特点自有变化。

理想的环境观应是在尊重的基础上积极利用与发展。

5.2.2 环境分析

环境条件是方案设计的客观依据。通过对环境条件的调查、分析，可以很好地把握、认识地段环境的质量水平及其对方案设计的制约影响，分清哪些条件、因素是应该充分利用的，哪些条件、因素是可以通过改造而得以利用的，哪些不良因素又是必须予以回避的。具体的调查、研究应包括场地环境、城市环境两个方面。

1）场地环境

●气候条件——四季温度、湿度、风力、雨雪等天气情况；

●地质条件——地质构造是否适合建设，有无抗震要求等；

●地形地貌——是平原、丘陵、山林还是滨水，是否具有有价值的地貌特征等；

●景观朝向——自然景观资源及日照朝向条件；

●周边建筑——地段内外相关建筑的状况（包括现有建筑及未来规划的建筑）；

●道路交通——周边现有道路及未来规划道路，交通流量及公共交通状况；

●城市方位——处于城市的空间方位及交通联系方式；

●市政设施——水、暖、电、讯、气、污等市政管网分布及供应情况。

据此可以完成该地段比较客观、全面的环境条件分析。

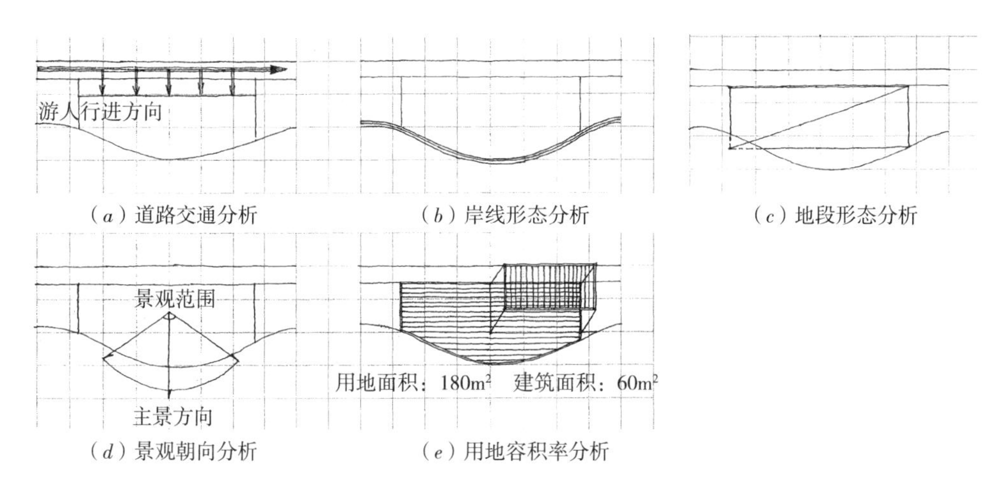

（a）道路交通分析　（b）岸线形态分析　（c）地段形态分析

（d）景观朝向分析　（e）用地容积率分析

游船码头地段环境分析图：对小设计而言，场地环境分析主要包括道路交通、地段形态、景观朝向和用地容积率分析等。

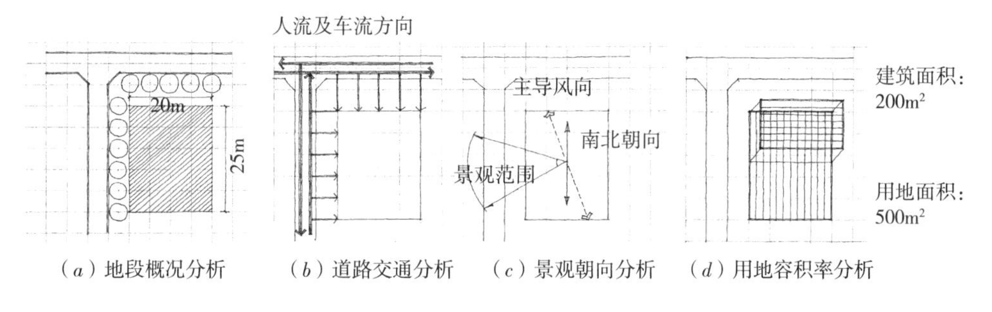

（a）地段概况分析　（b）道路交通分析　（c）景观朝向分析　（d）用地容积率分析

艺术家工作室地段环境分析图

2）城市环境

●地方风貌特色：包括文化风俗、历史名胜、地方建筑等；

●城市性质规模：包括城市类型（市、镇、乡）、城市属性（政治、文化、商业、旅游……）和城市规模（大、中、小）；

城市环境为建筑、尤其是大城市或地区性的标志建筑，创造富有个性特点的空间、形象提供了必要的启发与参考。

5.2.3 规范条文分析

1）城市规划设计条件

城市规划设计条件是由城市规划管理部门依据法定的城市总体规划，针对具体地段、具体项目而提出的规范性条文，目的是从城市宏观角度对建设项目提出限定和要求，以保证城市整体环境的良性运行与发展。主要内容如下：

●后退红线限定：为了满足与地段相关的城市道路、市政管线的正常通行，以及与相邻建筑的消防间距、日照间距和通视间距的要求，限定新建建筑后退用地红线的距离，它是该建筑的最小后退红线指标；

●建筑高度限定：建筑有效层檐口的高度限制，它是该建筑的最大高度；

●容积率限定：地面以上总建筑面积与总用地面积之比，它是该用地的最大容积；

●绿地率要求：用地内有效绿化面积与总用地面积之比，它是该用地的最小绿化指标；

●停车量要求：用地内停车位总量要求，它是该项目的最小停车量指标。

2）建设法规和设计规范

建筑设计规范是为了保障建筑的质量水平而制定的，建筑师在设计过程中必须严格遵守这一具有法律意义的强制性条文，在课程设计中同样应做到熟悉、掌握并严格遵守。对方案设计影响最大的规范有日照、消防、交通规范，以及建筑设计类型通则等。

5.2.4 实例资料分析

学习并借鉴前人正反两方面的实践经验，既是避免走弯路、走回头路的有效手段，也是积累各种建筑资料的有效方法。因此，为了学好建筑设计，必须学会相关实例的调研和相关资料的搜集。结合具体设计任务的进展情况，资料和实例的搜集、调研可以在第一阶段一次性完成，也可以贯穿于整个设计过程，有针对性地分阶段进行。

1）相关实例调研

相关实例的选择应本着性质相同、内容相近、规模相当、方便实施，并体现多样性的原则。调研内容包括一般的技术性了解，即对设计构思、总体布局、平面组织和造型处理的基本了解，也包括对使用、管理情况的调查、研究，重点了解使用、管理过程中的优、缺点及其原因。最终调研的成果应以图、文形式尽可能详细、准确地表达出来，形成一份永久性的参考资料。

2）相关资料搜集

相关实例调研与相关资料搜集有一定的相似之处，只是前者在技术性了解的基础上更侧重于实际运营情况的调查，后者仅限于对设计构思、总体布局、平面组织和造型处理等一般技术性了解，但简单方便和资料丰富是后者的最大优势。

设计前期的调研分析和资料搜集工作可谓内容繁杂，头绪众多，实施起来也比较枯燥乏味，并且随着设计的逐步推进，会发现有相当一部分的工作成果并不能直接运用于具体的方案之中。之所以仍坚持如此严谨细致、一丝不苟地开展，是因为虽然目前尚不清楚哪些调研分析是有用的，哪些调研分析是无用的，但是应该明白一个显而易见的道理，那就是只有在力所能及的范围内深入、系统地实施调研、分析，才可能获得对设计构思和设计处理至关重要的信息资料。

5.3 方案设计之第二阶段——设计构思与方案优选

完成第一阶段工作后，设计者对设计要求、环境条件以及相关实例已有了一个比较系统而全面的了解与认识，并得出了一些原则性的结论，在此基础上即可开始第二阶段的工作——确立设计理念、进行方案构思、实施多方案比较与优选。

5.3.1 确立设计理念

1）什么是设计理念

理念即理性的概念或观念，它可以是一种主张，如尊重历史文化遗产之主张；是一种愿望，如成为城市地标、象征之愿望；是一种追求和一个梦想，如追求阳光、开放、机器美等；是一种理论，如有机建筑之理论等等。概括而论，设计理念就是立足于具体设计对象的类型特点、环境条件及其现实的经济技术因素，预先定位一个足以承载和实现的建筑理想和信念，作为方案设计的指导原则和境界追求。

优秀建筑作品都有其明确的设计理念。例如流水别墅，它所追求的不是一般意义上的视觉美观和居住舒适，而是把建筑融入自然，与大自然进行全方位对话作为别墅设计的最高境界追求。其具体构思，从位置选择、平面布局、空间处理和造型设计，无不围绕着这一理念展开的。又如朗香教堂，它的理念定位在“神圣”与“神秘”的塑造上，认为这是一个教堂所应体现的最高品质。也正是先有了对教堂“神圣”“神秘”性的深刻认识，才有了朗香教堂随意的平面、沉重而翻卷的深色檐口、倾斜而弯曲的洁白墙面、耸起的形状独特的采光井，以及大小不一、形状各异的深邃的洞窗……，由此构成了这一充满神秘色彩和神圣光环的旷世杰作。再如卢浮宫扩建工程，由于原有建筑重要的历史文化地位，决定了最为恰当和可行的设计理念应该是无条件地保持历史原貌的完整性，而竭力避免新建、扩建部分喧宾夺主。

2）理念确立的原则

判断一个设计理念的好坏，不仅要看它所体现出的境界高度，还应该判别它对应具体建筑类型、环境条件的恰当性、适宜性和可行性，这是确立设计理念的基本原则。

例如，期望一个公共性建筑，如美术馆、图书馆、剧场、教堂等成为一个街区甚至是一个城市的地标、象征，是适宜的也是可行的。但是，如果将其作为一个居住建筑，如别墅或公寓的设计理念肯定是不恰当的，也是不可行的，因为该类型建筑不足以承载起这样的理想和追求。又如，卢浮宫扩建工程和毕尔巴鄂古根姆博物馆，两个同属于博览建筑，都是鼎鼎大名的传世之作。但前者体现的是尊重、谦和、秩序和约束，后者传递的是个性、张扬、震撼和石破天惊。两种截然不同的价值趋向既是建筑师个性、风格的表现，也是所处的环境特点和建筑地位的直接反映。大胆设想一下，如果将两个建筑互换位置，那会是怎样的一番景象呢？

现实中存在着基本的和高级的两个层次的设计理念。前者是以指导设计、满足功能、适应环境为目的的，后者则是在此基础上通过对设计对象深层意义的理解与把握，谋求把设计推向一个更高的境界。对于初学者而言，设计理念不宜确立得太高、太空泛而难以实现，应该从如何适应并体现类型特点、环境特点来把握和定位更为恰当。

5.3.2　进行方案构思

构思是实现建筑设计根本目的重要的思辨过程（包括启发、切入、策划、判断、选择、修正等），它综合运用抽象思维、形象思维乃至灵感思维，具有从局部到整体、从特殊到一般、从粗略到成型的渐进而循序的特点。构思具有双重含义，一是“广义的构思”，表现于方案设计的整个过程，每一阶段、每一环节的发展、推进都需要借助构思来完成；二是“狭义的构思”，也称为“大构思”，特指方案设计初始阶段（一草阶段）对方案大思路、大想法的酝酿成型过程，即本节所重点阐述的“方案构思”。

1）方案构思的定义

方案构思作为方案设计的重要环节，其目的是通过深入而透彻的思考、思辨，正确理解并把握功能、环境等重要因素的属性、特点，从中提取有价值的造型素材，据此发展并确立起建筑空间、形象的大轮廓、大模样。如果说设计理念侧重于抽象思维，并呈现为抽象语言，那么方案构思则是遵循理念的指导，在抽象思维和形象思维的双重努力下，最终将设计意图落实为空间和形象——即方案的雏形。

2）方案构思的过程

方案构思的过程可以分为基本判断和深入构思前后两个环节。

(1) 基本判断环节

在调研分析的基础上，进一步归纳、整理任务要求和环境条件，可以初步形成四个方面的基本判断，作为下一步深入构思的功能性框架。

●其一，确立方案的聚集程度——基于对用地容积率的分析、判断，明确该方案适合单层、多层还是高层，适合分散设置还是集中组织，等等；

●其二，确立方案的平面关系——基于对功能单元需求的分析（表）和功能关系的分析（框图），可以按比例生成一个或多个粗略的侧重于满足功能需求的研究性平面，作为该阶段平面设计的起点（参见下图）；

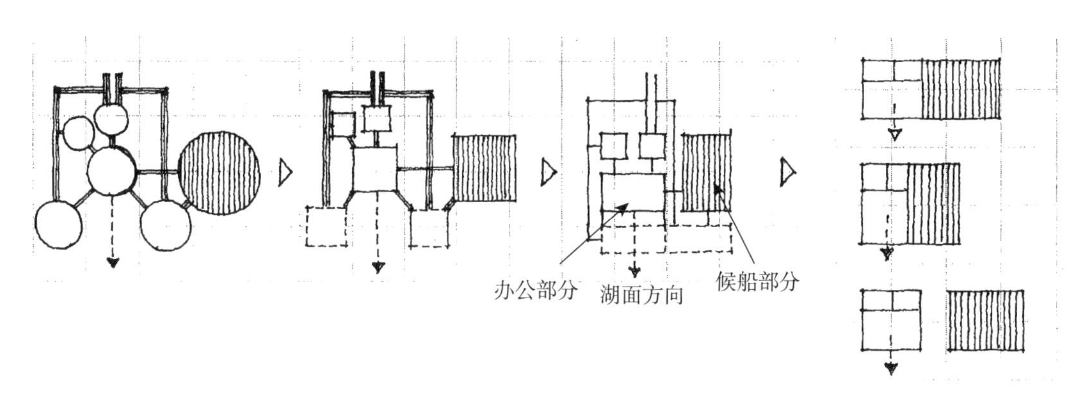

（*a*）功能关系框图；（*b*）按比例体现各单元大小；（*c*）按内外、动静进行区划；（*d*）生成多种研究性平面

游船码头多种研究性平面生成过程示意

●其三，确立方案的总体布局形式——基于对地段环境的分析，将研究性平面置于场地之中，比较并确立一种或多种理想的布局形式；

●其四，确立方案的造型原则——基于对建筑类型特点、环境特点，乃至使用者特点和时代特点等相关因素的分析，粗线条勾画出该建筑造型的基本原则。

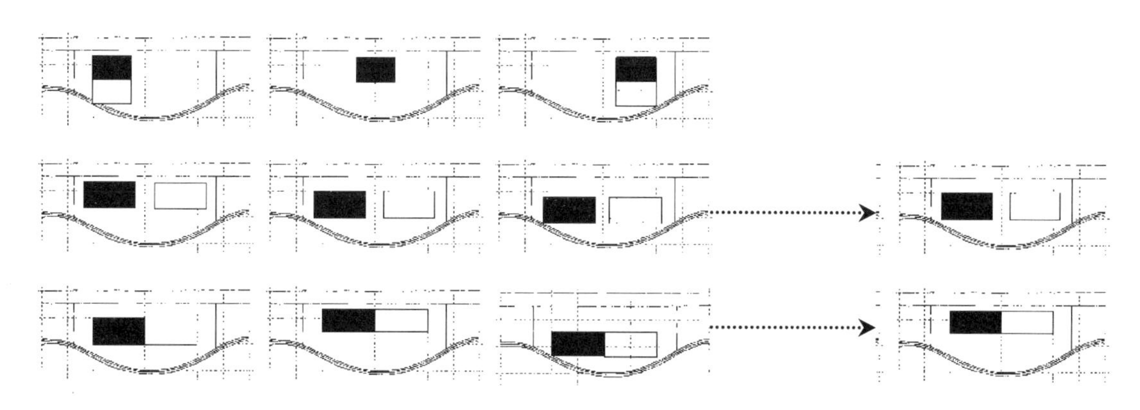

游船码头布局形式研究：将三种研究性平面置于用地之中，通过分析比较，选择出两种理想布局。

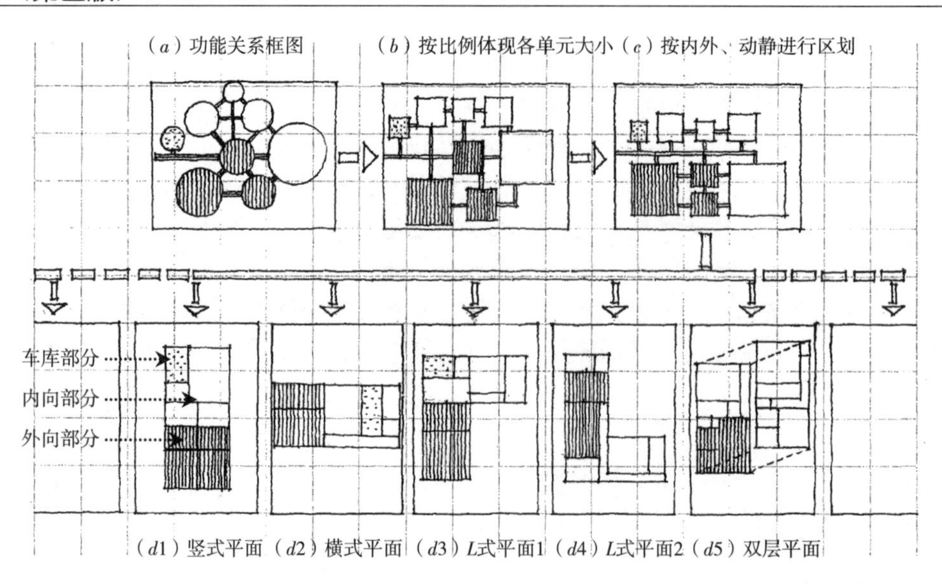

艺术家工作室多种研究性平面生成过程：从功能关系框图开始（a），依照比例体现各单元大小（b），然后按照内外及动静关系进行区划（c），最后生成多个侧重功能需求的研究性平面（d）。

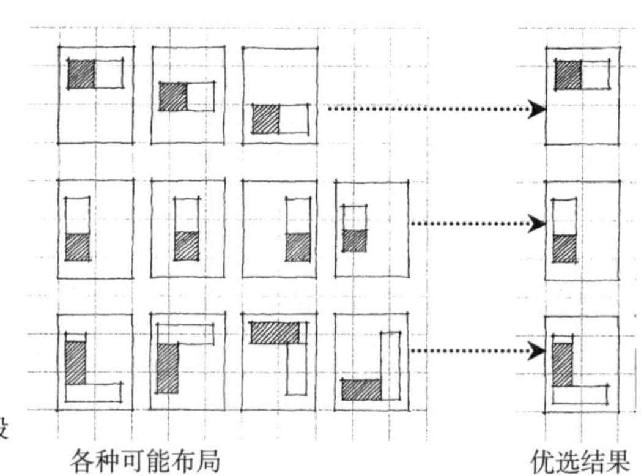

艺术家工作室布局形式研究：将其置于地段中，比较选择出三种较好布局。

(2) 深入构思环节

当完成基本判断、确立功能性框架后，即可进入方案的深入构思环节。这是一个持续、深入而紧张的思考状态和思辨过程，其中任何构思成果的获得，既有灵光闪现的偶然性，也有按逻辑层层推进的必然性，从中很难归结出一条恒定不变的思维轨迹和方法，用于指导每一个设计构思。但是，无论经历怎样的思辨过程，最终要完成构思就必须牢牢地抓住从分析到切入，从关联到提取，从造型到调整这三个关键点。

• 从分析到切入

由于影响和制约建筑设计的因素众多，在方案构思中不可能做到齐头并进、全面对接。最常用的也是最可行的操作方法就是在那些最为重要的因素中，如环境、功能、经济、技术、文化、历史等，寻求一个切入点。比如选择场地环境中的地形地貌、景观朝向、道路交通或气候条件，研究如何使它们在方案中得以充分利用和体现；又如选择功能需求中的空间单元、相互关系或动线组织，研究如何进一步提升它们的品质，拓展它们的功能等。在对环境因素的“利用”和对功能因素的“拓展”过程中，设计者脑海中所浮现出的任何“形式”或“概念”，一旦与所构思的建筑空间、形式形成有益的关联和启发，成为“造型素材”，即实现了构思的“切入”。

• 从关联到提取

欲提取“造型素材”，需要借助“关联”的方法。所谓“关联”就是把分析、研究的对象与“形式”直接或间接地联系起来。比如，从地段的轮廓、形状中直接提取构思方案所需要的抽象或具象形式，那么这种从“形”（存在于地段的形状）到“形”（用于设计中的形式）的关联就是直接形象关联；又如，地段的某个方向有很好的景观，你会思考如何把它利用起来，是将院子的开口面向风景呢，还是将主要房间开窗面向风景呢？最终你可能选择其中之一或两者兼顾，那么这种从“因”（存在景观）到“理”（空间如何借取景观）再到“形”（具有特定开口、开窗方向的空间）的关联则是间接逻辑关联；再如，面对一块坐落于碧波荡漾的湖畔地段，你会很自然地联想到船、帆、水纹、浪花、贝壳等等一切湖畔所带给你的景物与景象，那么这种从“场”（场景）到“物”（联想景物如船）再到“形”（用于设计中的形如船形）的关联属于场景关联或场所关联。以上是从环境因素切入时的三种关联方式。当从功能因素切入时，多采用间接逻辑关联，即从“因”（拓展功能或提高品质之目的）到“理”（为此所采取的具体措施），再到“形”（实施措施后所呈现的空间及形态）。在构思过程中应灵活运用不同的关联方法，以求提取更多的“造型素材”。

• 从造型到调整

利用关联所提取的“形式”和“概念”，即可着手方案空间和形式的塑造及其反复的适应调整以完成方案构思。具体操作中有两种不同的方法可以选择：

其一，立足于基本判断所确立的研究性平面、总图布局等框架原则，有选择地引入“造型素材”对其进行重新塑造，由点及面，逐步完善，直至获得完整而满意的形式为止，这就是“先功能后形式”的构思方法。该方法的优点有二，一是由于功能、环境的要求具体而明确，与造型设计相比，从功能性平面入手更易于把握、操作，因而对初学者最为适合；二是因为功能满足是方案成立的首要条件，从平面入手优先考虑功能势必有利于尽快确立方案，提高设计效率。由于空间、形象设计处于后滞位置，难以突破既有框架的束缚而提供丰富、多样的可选形式是该方法的明显不足。

其二，先脱离基本判断所确立的框架和原则，直接运用“造型素材”进行造型设计，当取得完整而满意的形式后，再来填充、完善功能，并对造型进行相应的调整，如此从外到里，再从里到外反复循环适调，直到满足为止，这就是“先形式后功能”的构思方法。它的优势在于，设计者可以与功能需求等限定条件保持一定的距离，更益于发挥想象力和创造力，产生富有新意的、多样的空间、形象。其不足在于后期的“填充”、调整工作有一定的难度，对于功能复杂、规模较大的建筑有可能会事倍功半，甚至无功而返。因此，该方法比较适合那些功能简单，规模较小，造型要求较高，而设计者又比较熟悉的设计类型。

需要指出的是，上述两种方法并非截然对立，对于那些具有丰富经验的建筑师来说，二者甚至是难以区分的。当他着手于形式设计时，他会时时注意以功能调节形式；而当他着手于功能组织时，则同时迅速地构思着可能的形式效果。最后，他可能是在两种方法的交替运用中找到一条适合自己的完美的途径。

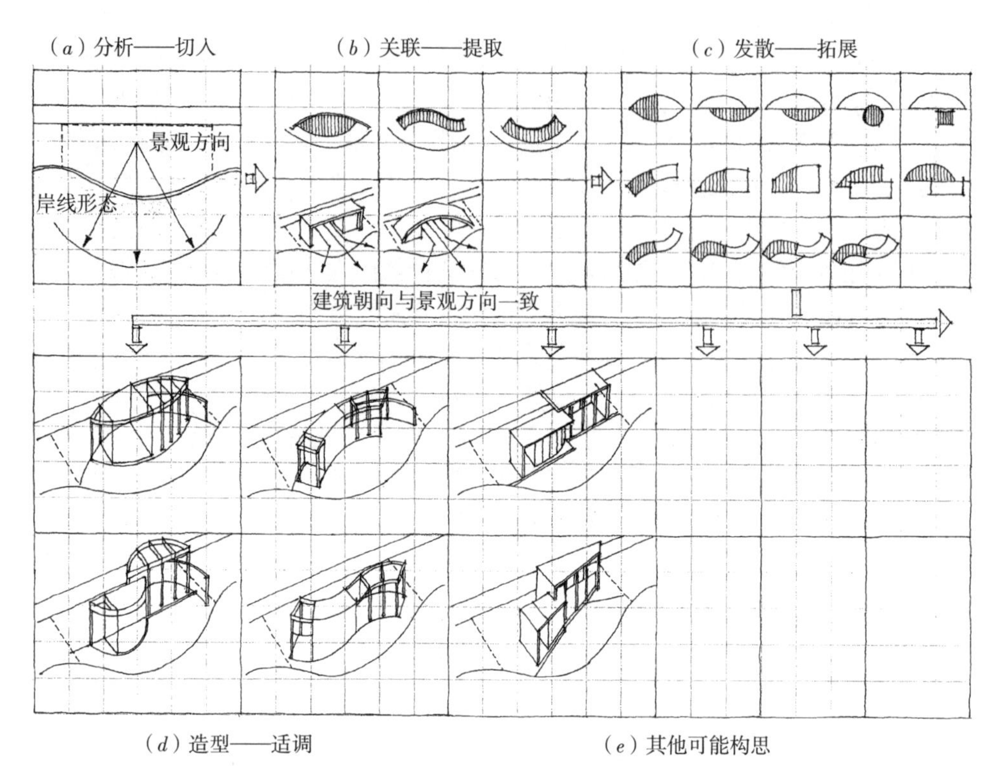

游船码头——从环境因素切入之方案构思过程：(*a*) 分析具有突出特点的地段岸线形态和景观朝向；(*b*) 通过直接形象关联和间接逻辑关联，提取曲线造型素材和形体主体方向；(*c*) 利用发散思维进一步拓展造型素材数量；(*d*) 最后结合基本判断所获得功能性框架，通过造型和适调获得多个构思雏形；(*e*) 如果时间、条件允许，可进一步拓展构思数量。

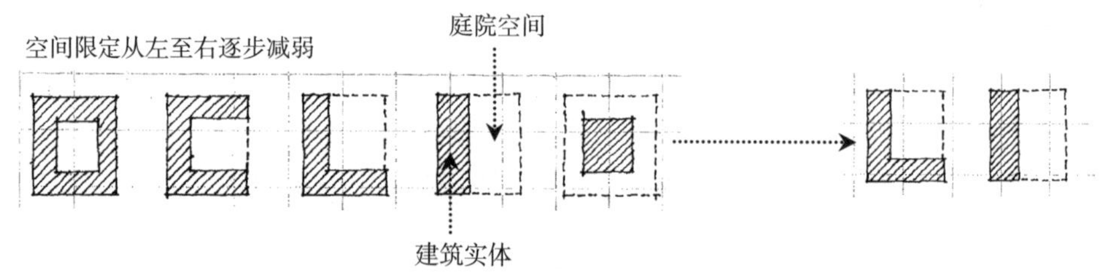

艺术家工作室——从功能因素切入之方案构思步骤（一）：研究外部空间形式，获得两种理想模式。

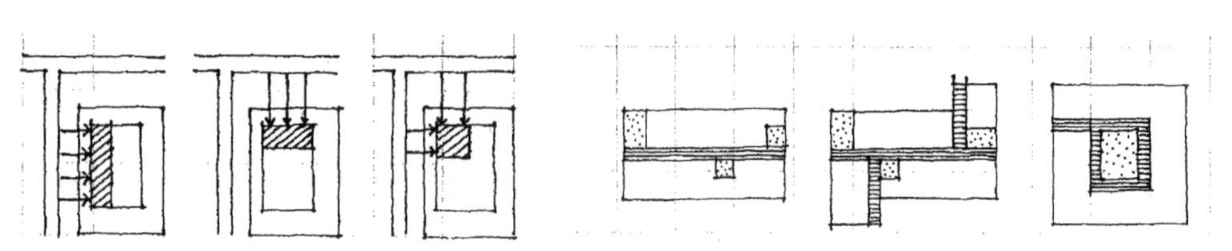

艺术家工作室——从功能因素切入之方案构思步骤（二）：陈列空间及其展示方式研究。集中组织模式，便于对外开放（左）；与走廊结合，将展示贯穿于整个空间序列之中（右）。

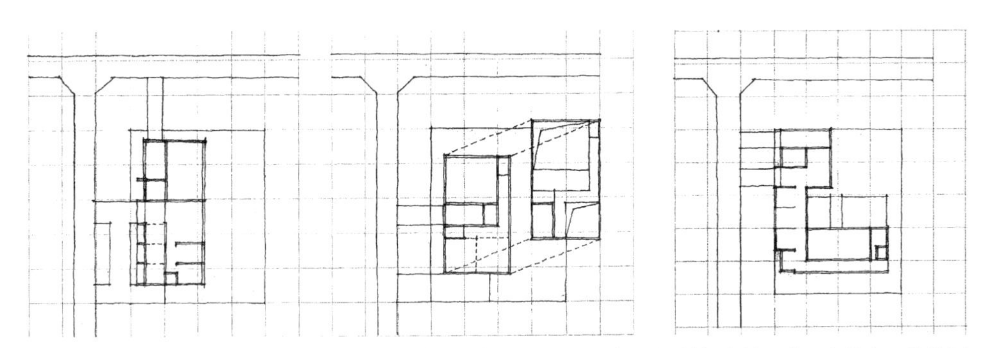

艺术家工作室——从功能因素切入之方案构思步骤（三）：选择运用研究成果，进一步落实三种总图及平面关系。

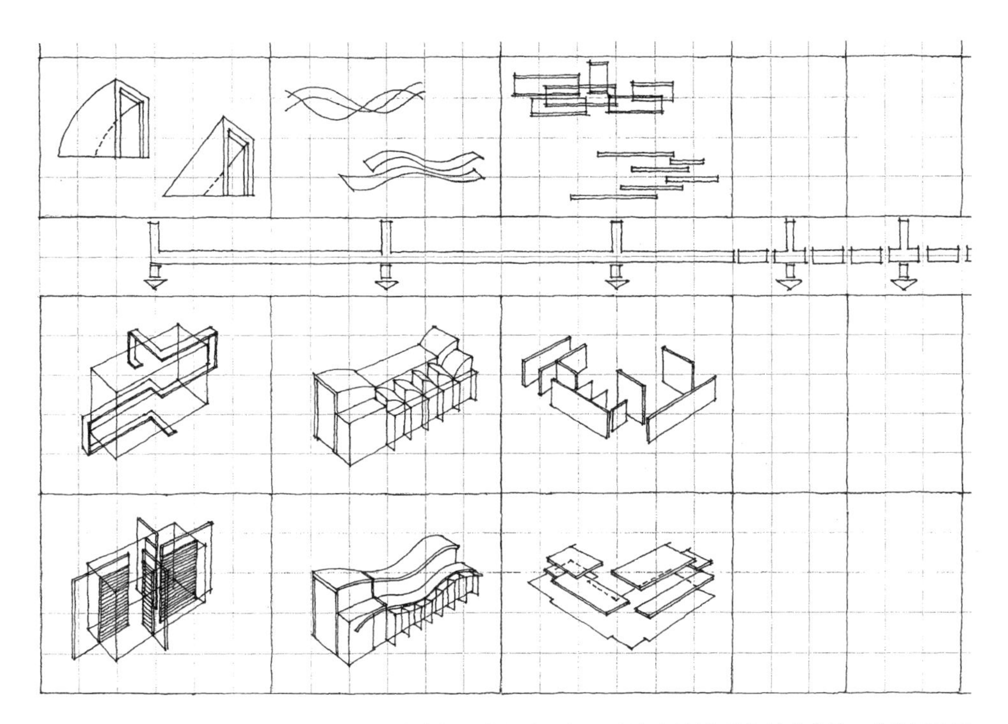

艺术家工作室——从功能因素切入之方案构思步骤（四）：立足拓展研究所归纳形成的三种总图及平面关系，进一步广泛提取“造型素材”，如画室采光窗形态，以及代表艺术家个性的曲线、曲面形态和体现创作工作状态的安静、平实之水平线、平行面形态等，进行重构和适调，最终获得多个构思雏形。

3）构思切入的方法

如上所述，寻找构思的切入点是方案构思过程中的重点也是难点，下面将结合优秀实例的剖析，对常见的几种构思切入方法进行概括和总结。

(1) 从功能因素切入

更好地满足功能需求一直是建筑师所梦寐以求的，在具体的设计创作中，动线组织、主体空间以及功能关系等往往是方案构思的理想突破口。

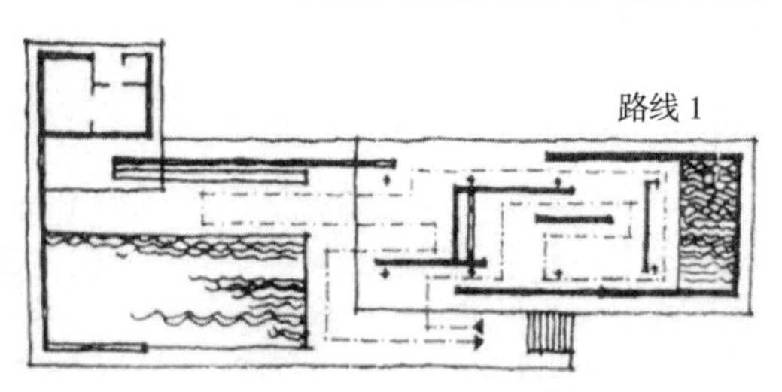

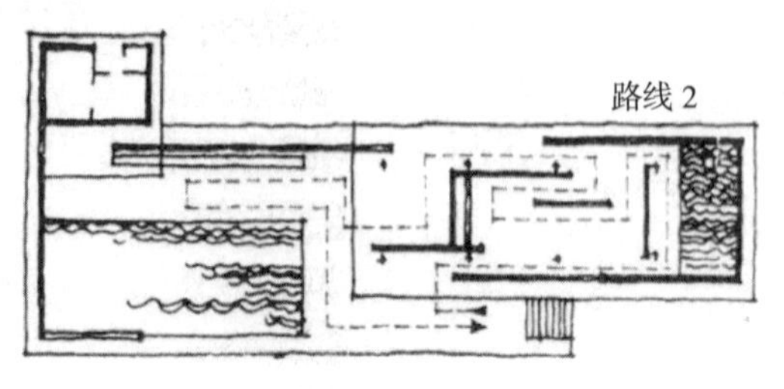

密斯·凡·德·罗设计的巴塞罗那国际博览会德国馆，它之所以成为近现代建筑史上的一个杰作，功能的突破与创新是其主要原因。序列空间是展览性建筑空间的主要组织形式，即把各个展示空间按照一定顺序依次排列起来，以保障观众参观浏览的流畅和有序，因而其参观路线往往是固定的也是唯一的。在德国馆的设计中，设计者基于让参观者可以拥有更多自由选择这一理念，开创出自由甚至无序的“流动空间”，既打破了传统展览空间整体的序列关系，也突破了传统展览空间单元的封闭形态，给人以全新的视觉和心理感受。

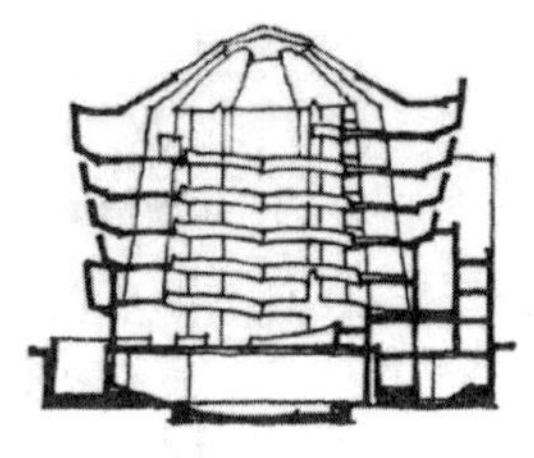

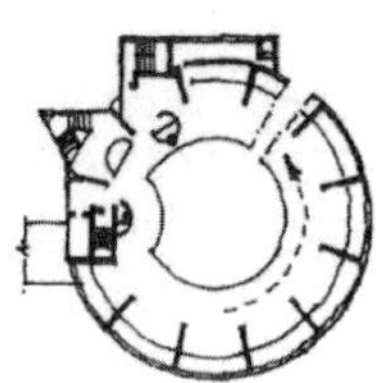

同样是展览性建筑，弗兰克·劳埃德·赖特设计的纽约古根海姆博物馆却有着不同的构思切入点。由于用地紧张建筑只能建为多层，参观路线会因分层而打断。对此，设计者创造性地把展览与动线合二为一，形成一环绕圆形中庭连续的“线型”展览空间，使得参观路线一气呵成，亦使建筑造型别具一格。

北京四中教学楼设计是另一个从功能因素切入的成功范例。一般的教室平面多为矩形，但矩形教室存在着不是后排视距偏远（纵向长时）就是两侧视角偏大（横向长时）的弊端。设计者通过深入分析研究教室的使用特点，摒弃了常用的矩形而采用六边形平面，取得了大容量、短视距、小视角的综合最佳效果。另外，因多个六边形教室单元组合而自然形成的走廊空间的收放变化，既满足了交通疏散要求，也为学生提供了课间交往、娱乐的理想场所。

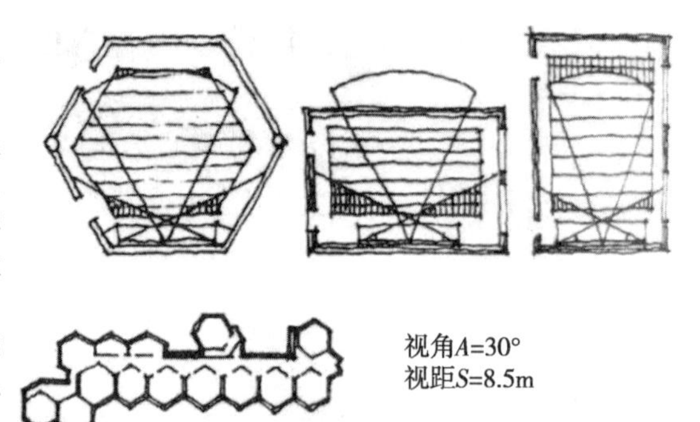

（2）从环境因素切入

富有个性特点的环境因素如地形地貌、景观朝向以及气候条件、场所领域等均可以成为方案构思的启发点和切入点。

例如流水别墅，在认识并利用环境方面堪称典范，其构思切入既有直接的形象关联，也有间接的逻辑关联。该建筑选址于风景优美的熊跑溪边，四季溪水潺潺，林木幽幽，两岸层层叠叠的巨大岩石构成其独特的地形、地貌特征。赖特在处理建筑与环境的关系上，不仅考虑到对景观利用的一面——使建筑的主要朝向与景观方向相一致，成为一个理想的观景点，而且有着融入自然、增色环境的更高追求——将建筑设置于瀑布之上，为熊跑溪平添了一道新的风景。利用地形高差，将建筑入口设于二层，不仅车辆可以直达，也缩短了与室内上下层的联系。最为突出的是，流水别墅富有构成韵味的独特造型与溪流两岸层叠有序、棱角分明的岩石形象有着显而易见的视觉关联，真正体现出有机建筑的思想精髓。

在华盛顿美术馆东馆的方案构思中，地段环境，尤其是地段形状起到了举足轻重的作用。该用地轮廓为一直角梯形，位于城市中心广场东西轴北侧，其底边面对新古典式的国家美术馆老馆（该建筑的东西向对称轴线贯穿新馆用地）。在此，严谨对称的大环境与非规则的地段形状构成了一定的冲突。设计者采用了直接形象关联的方式，将新建筑与周边环境关系处理得天衣无缝。其道理分析如下：其一，建筑平面轮廓与用地形状呈对应关系，形成建筑与环境的最直接有力的呼应；其二，分割梯形体块为一等腰三角形和一直角三角形，将作为主体形象的等腰三角形与老馆置于同一轴线之上，并于新老建筑之间设置过渡性广场，从而建立起新老建筑之间的对话与关联。由此所产生的雕塑般有力的切割形象、简洁明快的虚实变化，使得该建筑富有独特的个性和强烈的时代感。

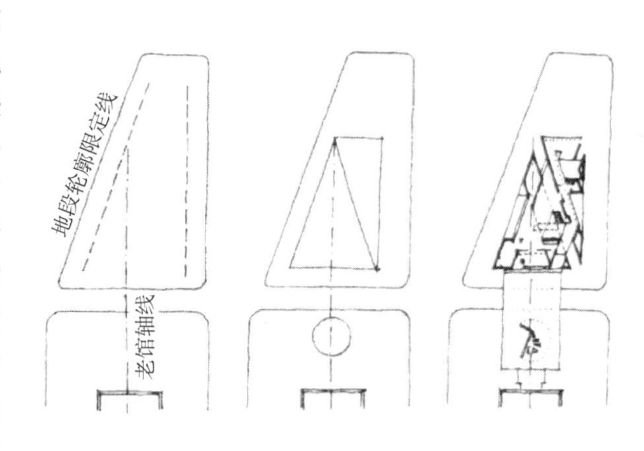

又如卢浮宫扩建工程，建筑师为了实现尊重人文环境，保护历史遗产的设计理念，采用间接逻辑关联的方法，为了最大限度地减少扩建部分的体量，保持原有建筑的主导地位，而将扩建部分全部埋于地下，外露形象仅为一置于水池中的晶莹剔透的玻璃金字塔。

（3）从其他因素切入

除了从环境、功能入手进行构思外，造型、结构、经济、技术、历史、文化、心理乃至地方元素等均可以成为设计构思可行的切入点与突破口。另外需要特别强调的是，在具体的方案设计中，同时从多个方面进行构思，寻求突破（例如同时考虑功能、环境、经济、结构等多个方面），或者是在不同的设计构思阶段选择不同的侧重点（例如在总体布局时侧重于环境，在平面设计时侧重于功能需求）都是最实用、最普遍的构思手段，这样既能保障构思的深入与独到，又可避免构思流于片面，走向极端。

5.3.3　实施多方案比较和优选

1）多方案的必要性

多方案是方案设计的目的所要求的。方案设计是一个过程而不是目的，其最终目的是取得一个理想而满意的实施方案。如何验证某个方案是好的，最有说服力的方法就是进行多个方案的分析和比较。绝对意义上的最佳方案是穷尽所有可能而获得的，但在现实的时间、经济及技术条件下，人们不具备穷尽所有方案的可能性，能获得的只能是“相对意义”上的，即有限数量范围内的最佳方案。这是进行多方案构思的意义所在。

多方案也是实现民众参与所要求的。让使用者和管理者真正参与到设计中来，是落实建筑以人为本这一追求的具体体现，多方案构思所伴随而来的分析、比较、选择的过程使其成为可能。这种参与不仅表现为评价、选择设计者提出的设计成果，而且应该落实到对设计的发展方向乃至具体的处理方式提出质疑，发表意见，使方案设计这一环节真正担负起应有的社会责任。

2）多方案的可行性

多方案构思是建筑设计的本质反映。中学的教育内容与学习方式在一定程度上养成了学生认识事物和解决问题的定式，即习惯于方法与结果的唯一性与明确性。然而对建筑设计而言，认识与解决问题的方法和结果是多样的、相对的和不确定的。这是由于影响建筑设计的客观因素众多，在把握和处理这些因素时，设计者任何细微的侧重就会导致不同的方案对策结果。但是，只要设计者遵循正确的建筑观，所产生的不同方案就不会有简单意义上的对错之分，而只有优劣之别了。

3）多方案的基本原则

为了实现方案的优选，多方案构思应遵循如下原则：

首先，应提出数量尽可能多、差别尽可能大的选择方案。如前所述，供选择的方案的数量大小以及差异程度，是决定方案优化水平的基本尺度——一定的差异性保障了方案间的可比较性，而相当的数量则保障了科学选择所需要的足够空间范围。为了达到这一目的，必须学会从多角度、多方位来审视题目，把握环境，通过有意识、有目的地变换构思侧重点来实现方案在整体布局、动线组织以及造型设计上的多样性。

其次，任何方案都必须是在满足功能与环境需求的基础之上产生的，否则，再多的方案也毫无意义。为此，在方案的尝试阶段就应该进行必要的筛选，随时否定那些不现实、不可取的构思想法，以避免时间、精力的无谓浪费。

4）方案优选的基本方法

当完成多方案后，将展开对方案的分析比较，从中选择出理想的发展方案。

分析比较的重点应集中在三个方面：

其一，比较设计要求的满足程度。是否满足基本的设计要求（包括功能、环境、流线等诸因素）是鉴别一个方案是否合格的起码标准。无论方案构思如何独到，如果不能满足基本的设计要求，设计方案就不足可取。

其二，比较个性特点是否突出。鲜明的个性特点是建筑的重要品质之一，富有个性特点的建筑比一般建筑更具吸引力，更容易脱颖而出去打动人、感染人，更容易为人们所认可、接受和喜爱，因而是方案选择的重要指标性条件。

其三，比较修改调整的可行性。任何方案都难以做到十全十美，或多或少都会有一些这样或那样的缺陷，但有的缺陷尽管不是致命的，却是难以修改的，因为如果进行彻底的修正不是带来新的更大的问题，就是完全失去了原有方案的个性和优势。对这类方案的选取必须慎重，以防留下隐患。

5）方案优选范例

（1）游船码头多方案设计的比较与优选

由于该设计题目给定的地段环境个性特点十分突出，三个方案皆以此作为方案构思的切入点，因此，在其设计成果的分析、比较中，除了着眼于基本的功能布局（包括总图和主要层平面）、空间组织和造型处理外，应对地段形态与方案造型之间的关联成效进行重点评价，以充分体现该设计的构思特点。具体评价如下：

在功能组织上，三个方案的设计各有其特点，都较好地满足了功能分区、平面布置和动线组织的设计要求，三者成绩均为优（4.5 分）。

在空间组织上，方案 2、3 皆设有比较成型的入口空间和岸边集散空间，与游船码头的功能活动基本吻合。而方案 1 的建筑轮廓与岸线平行，造成岸边空间相对狭长，在一定程度上影响了人流集散的能力。该项得分方案 2、3 为优(4.5 分)，方案 1 为良（3 分）。

在体块造型上，三个方案差距较大：方案 2 整体形象不够完整，需要进行比较大的调整方能成型；方案 3 形象完整而均衡，但过于规整、平直而与园林建筑类型特点稍有差距；方案 1 相对而言做到了形象完整而有变化，并较充分地体现了类型特点。故该项成绩中方案 1 得分最高为优（4.5 分），方案 2 为良（3 分），方案 3 居中为良 +（3.5 分）。

在与场地环境应对上，三个方案各有千秋：方案 1 既做到了与岸线的直接形象关联——曲岸对曲线，也做到了场景关联——梭形曲面即取自游船形态。并且，体块所呈现的主导方向与主要景观方向（湖心岛）是一致的；方案 2 的（或中）体块形态与岸线呈同形反向关系，很自然地限定出了形态完整的（梭形）集散空间，其形象主导方向与景观方向也取得了一致；方案 3 在体块主导方向上做到与景观方向相一致，并有曲面成分与岸线形成一定程度的呼应，但总的关联程度比 1、2 方案略显不足。该项得分，方案 1 最高为优（4.5 分），方案 2 次之为良 +（3.5 分），方案 3 稍差为良（3 分）。

概括三个方案的设计特点如下：

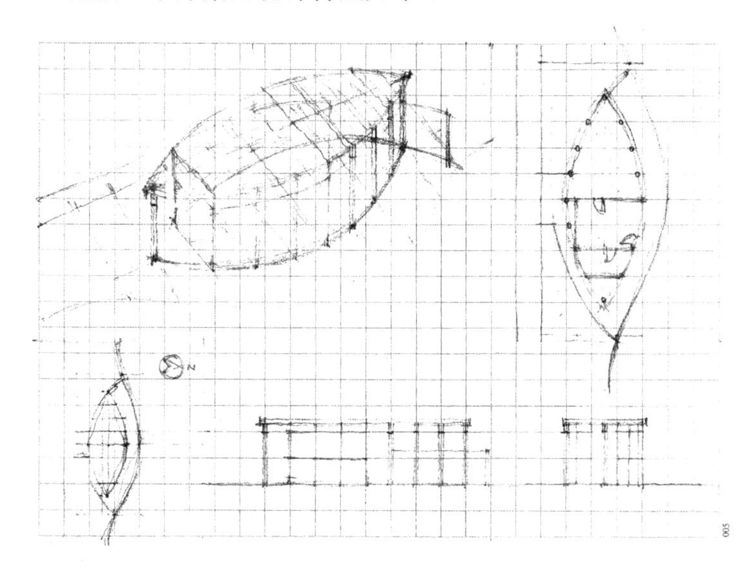

方案 1 形象完整有个性，并能实现与场地环境的多方面关联应对，唯有岸边空间组织稍显不足，需要进行必要的调整，合计得分为 16.5。

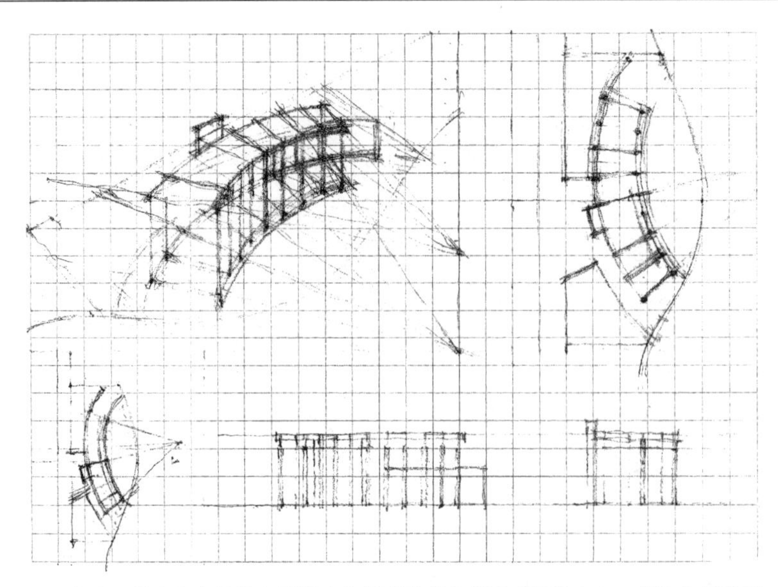

方案 2 最为突出的特点是岸边空间形象完整并形成视觉中心，其缺点是造型不够完整，合计得分为 15.5。

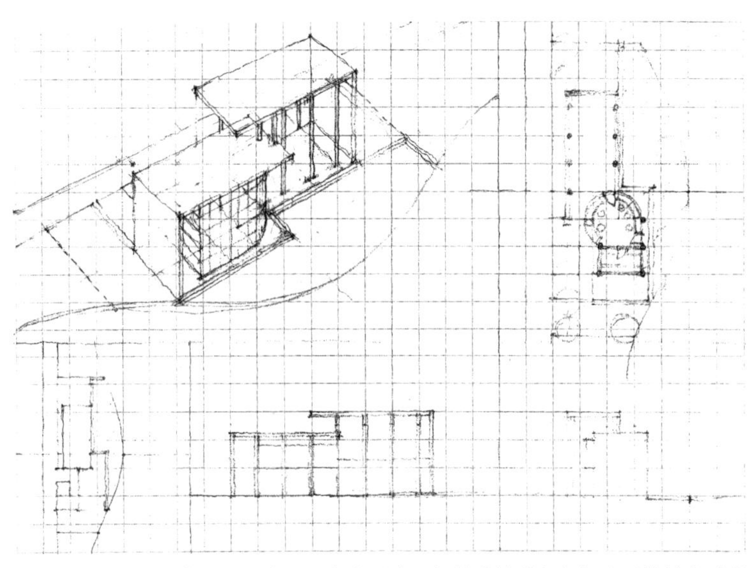

方案 3 的空间序列组织实用而富有层次，但其建筑形象与场地环境的应对程度明显不足，合计得分为 15.5。最终确立方案 1 为游船码头的发展方案。

(2) 艺术家工作室多方案设计的比较与优选

与游船码头方案设计所不同的是，艺术家工作室的设计构思不是从环境因素入手，而是从功能因素切入的。这既是设计训练所要求的，也是与其场地环境相对平淡、功能要求相对复杂等具体设计条件有直接关系。在方案的分析、比较中，功能需求的应对成效是关键因素之一。

在功能组织上，方案 1 表现最为突出，无论是功能分区、动线组织、画室朝向，还是画作的陈列方式，均做到了合理、紧凑而有效；方案 2、3 完成情况基本相当，不同于方案 1 将陈列空间集中并独立设置，而是采用了走廊空间与陈列空间相结合的方式，故在动静区划上稍有不足。该项成绩方案 1 最高为优（4.5 分），其余皆为良 +（4 分）。

在空间组织上，三个方案差距较大。方案 3 表现最好，通过走廊兼容画廊这一思路，将内部各主要空间单元完全串联为一个富有转折变化的空间序列，其外部空间（内院）亦保持安静而完整，得分最高为优（4.5 分）；方案 2 次之，主要差距体现在外部空间形态不够完整，得分为良 +（4）；方案 1 位末，不仅外部空间限定不足，而且内部各主要空间单元相互分离，难以形成一个有机整体，得分为良（3.5）。

在造型处理上，三个方案旗鼓相当：在大的体块关系、虚实关系上均能做到完整成型并富有变化，在类型特征上三个方案亦有一定程度的体现，该项成绩皆为良 +（4 分）。

在场地环境的应对和利用上，方案 3 表现最佳，无论是景观、朝向的利用，与地段形状的呼应，街道形象的满足，还是场地特点的体现，皆有较充分的应对；方案 1 紧随其后，其最突出的特点是沿街西立面完整而富有层次，优势明显，不足之处在于日照朝向考虑不够充分；方案 2 问题相对较多，日照朝向、街道形象、场所特点均体现不足。三者得分，方案 1 为良 +（4 分），方案 2 为良（3.5 分），方案 3 为优（4.5 分）。概括三个方案设计特点如下：

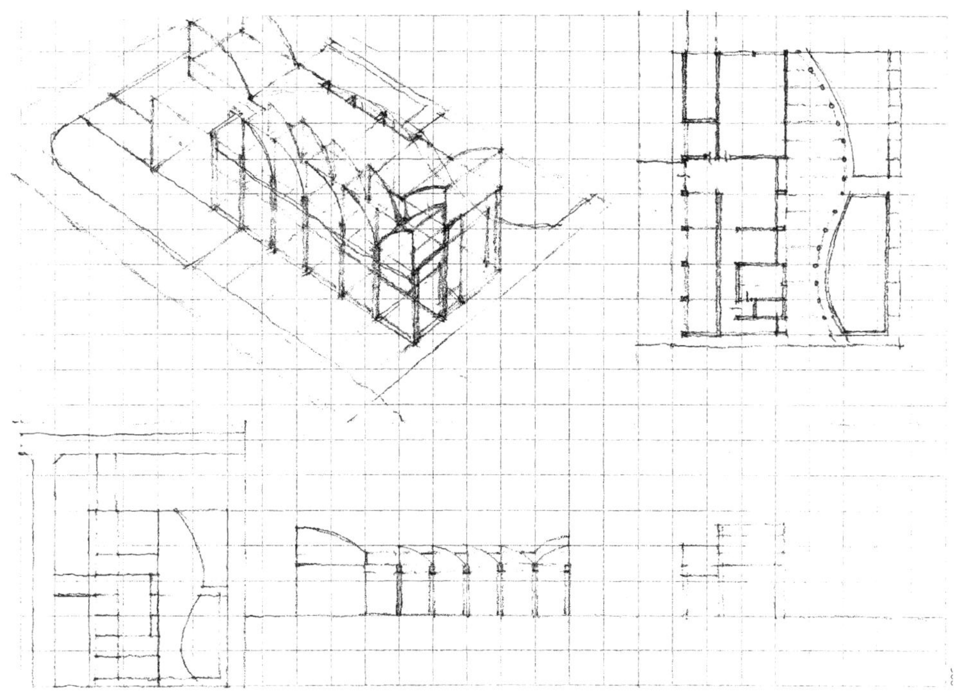

方案 1 的画作陈列采用了集中、独立和完全开放的形式，有效缓解了展示与创作间的冲突与矛盾，是其一大特色；选取画室采光窗的造型母题并形成完整的沿街（西）立面，是其另一特点。合计得分 16 分。

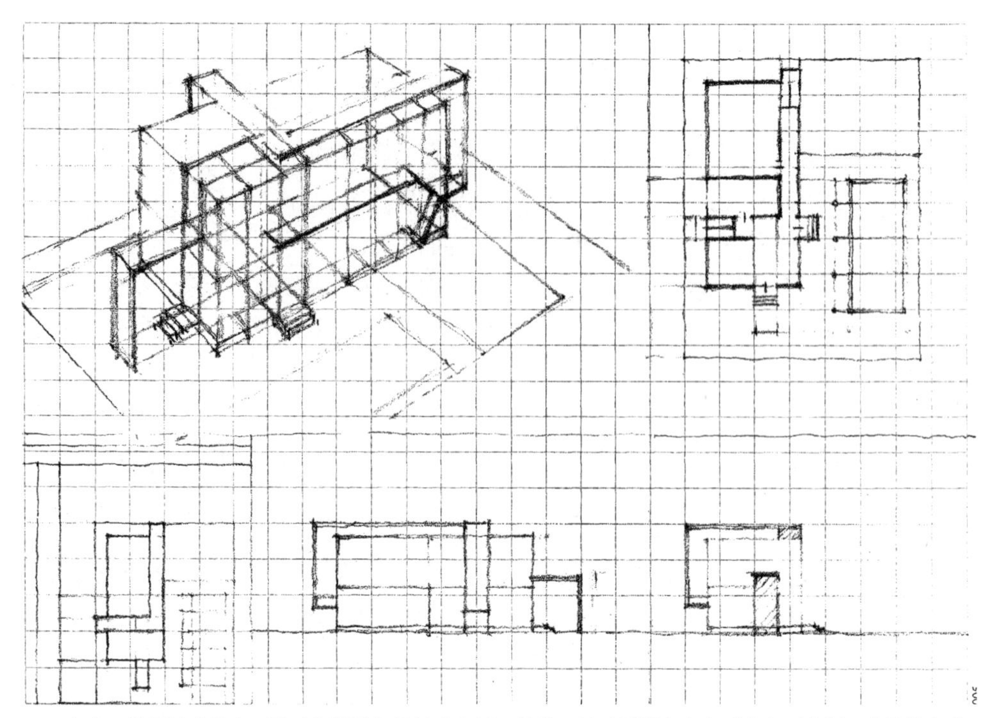

方案 2 设置最为集中，因而获得最大的绿地空间。另外，通过强调和突出画廊上下穿行、连接的方式，使工作室的功能地位与特点得到了充分的展示。合计得分 15 分。

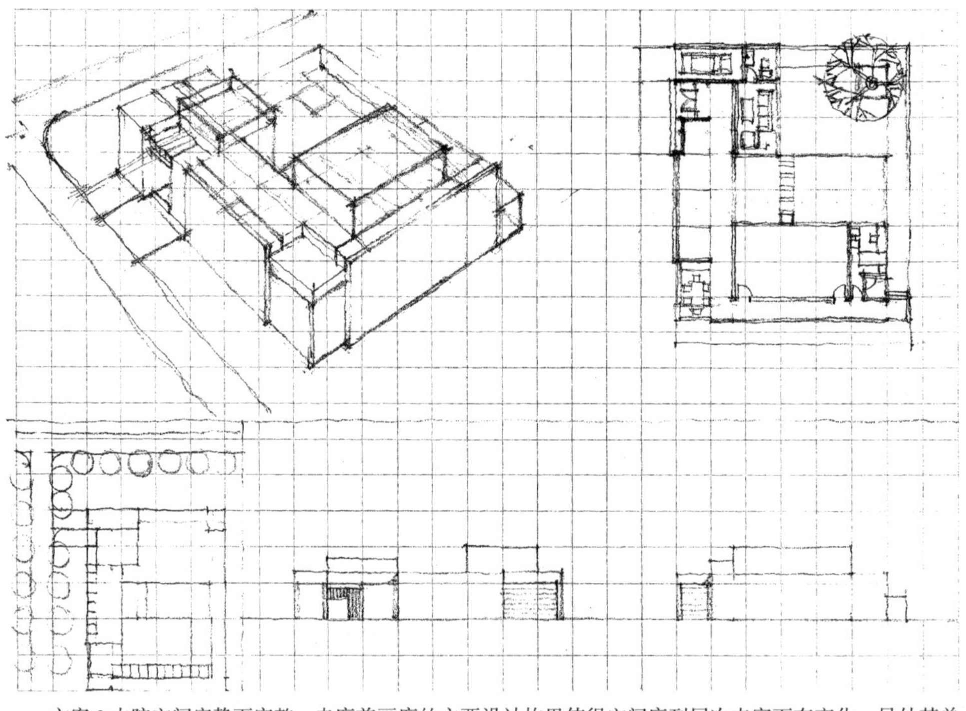

方案 3 内院空间安静而完整，走廊兼画廊的主要设计构思使得空间序列层次丰富而有变化，另外其单层造型平实而亲切，与周边建筑在尺度和形态上都有很好的契合感。合计得分最高为 17 分，故确立方案 1 为艺术家工作室的发展方案。

5.4 方案设计之第三阶段——调整发展和深入细化

方案设计是一个从宏观到微观，从简略到细致，从定性到量化的不断发展、逐步推进的过程，方案的“调整发展”和“深入细化”是这一进程中的重要阶段。“调整发展”的核心任务是“基本”落实功能、量化形态、成型体系，而“深入细化”的主要目的则是“完全”落实功能、量化形态、成型体系。无论是方案的调整与发展，还是方案的深入与细化，都应树立全局观念和综合意识，明晓“牵一发而动全身”，调一点需整全局的道理。

5.4.1 调整发展阶段的基本任务

一草阶段所确立的发展方案是从多个方案优选出来的，有着比较突出的个性特点和造型优势。但此时的设计尚处在大想法、粗线条的层次上，各个方面（平、立、剖、总图）、各个体系（空间、动线、围护、结构、造型）的设计还不全面，更未达到落实、量化的程度。放大图纸比例，将方案意图从宏观向中观全方位发展推进是二草阶段的主要任务。另外，正如前面对多方案所评价的那样，此时的发展方案还存在着这样或那样的缺陷和问题，尚需要设计者立足全局进行综合调整和修改，这应该是该阶段的首要工作。

1）调整修正方案

对发展方案的调整与修正，应是在全面分析、评价，从而掌握方案特点，明确设计方向基础上进行的，并针对其相应的方面和体系，进行通盘而综合的调整，力求从根本上解决问题。然而需要强调的是，发展方案的总体布局、动线组织和体块关系所体现的大的结构框架已基本成型，并通过了多方案比较的检验，对它的调整与修改应控制在适度的范围内，只限于个别问题的局部方面，不应影响或改变方案的大构思和大格局。

（1）方案调整的关注点

方案调整重点关注的是目前设计所存在的问题，如总图设计、平面设计以及模型所体现的造型设计等，而不是那些尚未开展的部分，如立面设计、剖面设计等。其中，总图的调整应着眼于理顺功能布局关系、各部分于地段中的位置关系、室外动线组织以及重要外部空间的位置、形状和大小等；平面调整的关注点应包括平面布局、内部动线组织和各空间单元的位置、形状和大小等；造型调整应重点关注大的体块关系和虚实关系等。

（2）对选定的方案进行调整

游船码头方案调整：

● 方案特点：其一，该方案构思源自岸线形态和游船形态，并充分领悟公园的场所特点，使其造型与地段环境有着直接的逻辑关联；其二，方案立足于对游船码头特有动线模式以及场地景观资源的分析，在满足基本功能使用的同时，利用借景、对景等手法有效改善各主要空间的品质；其三，方案布局紧凑，便于管理和使用。

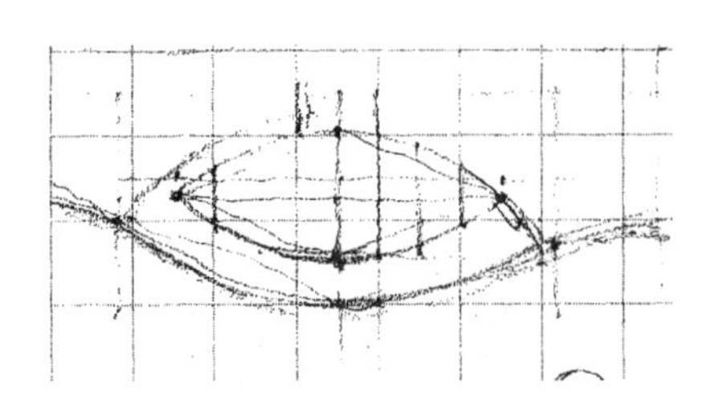

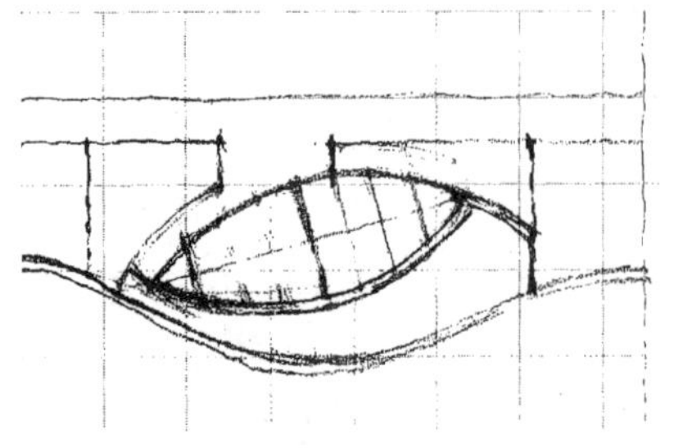

游船码头总图调整前（上）和调整后（下）

●总图调整：参见左图，总体布局上存在的问题是两处外部空间（售票集散空间和岸边集散空间）皆呈狭长形状，不利于人流集散。解决的办法是将建筑体块逆时针偏转约15度，利用建筑与道路及岸线呈现的夹角，形成前后两个相对集中成型的集散空间。

●平面调整：参见下图，平面设计上主要存在两个问题：一是管理部分窗口宽度有限，影响了管理人员对湖面状况的有效监控；二是售票与管理之间缺少必要的分隔，彼此间含有干扰。综合解决的办法就是在保持建筑整体形状不变的前提下，重新安排管理、售票和储藏三部分的位置关系，将半梭形平面等分为南北两部分，储藏和售票分居东西安排在南侧部分，管理位于北侧，面向湖面拥有开阔的视野。

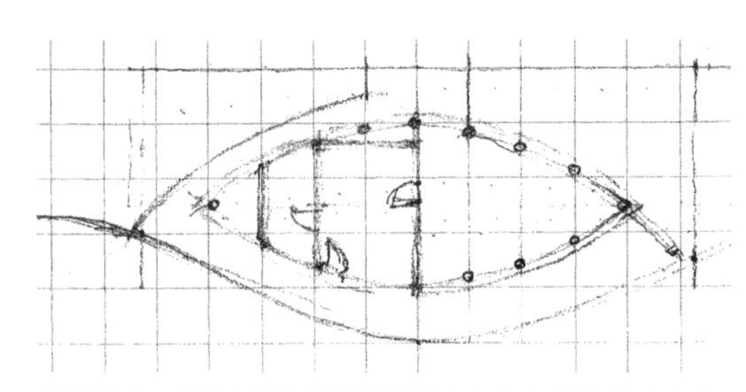

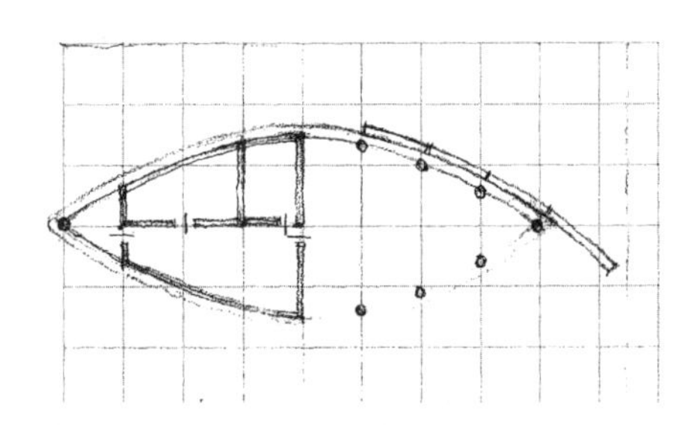

游船码头二草方案平面图调整前（左）和调整后（右）

艺术家工作室方案调整：

●方案特点：其一，曲尺形布局形成的内院空间安静而完整；其二，需要北向采光的画室位于南侧面向内院而不是面向街道布置，可以有效地避免外部交通噪声及行人视线对艺术家工作的干扰；其三，交通走廊与画作陈列相结合，既提高空间使用效率，又为工作室带来空间序列层次上的变化，增加了建筑的艺术氛围；其四，单层建筑的造型平实而亲切，与周边建筑环境在尺度和形态上做到很好地契合。

●总图调整：由于建筑偏向地段北侧布置，不仅制约了内院的大小，而且造成了车库北向转弯半径不足的问题。解决办法是将建筑整体南移，以扩大内院北向长度，并可满足进出车库北向转弯的要求（参见右页图）。

●平面调整：平面上存在的问题主要是入口空间处理过于平直，缺少必要的转折过渡，并造成会客空间东西向进深不足4m，难以从容布置家具、组织活动。具体解决办法是将西向入口调整为内凹式的北向入口，这样通过增加灰空间和改变行进方向，既解决了空间层次单一，缺少过渡的问题，又可以有效改善会客空

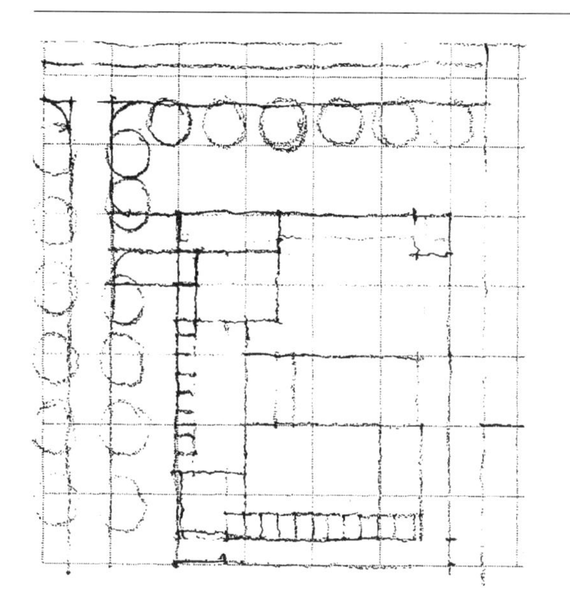

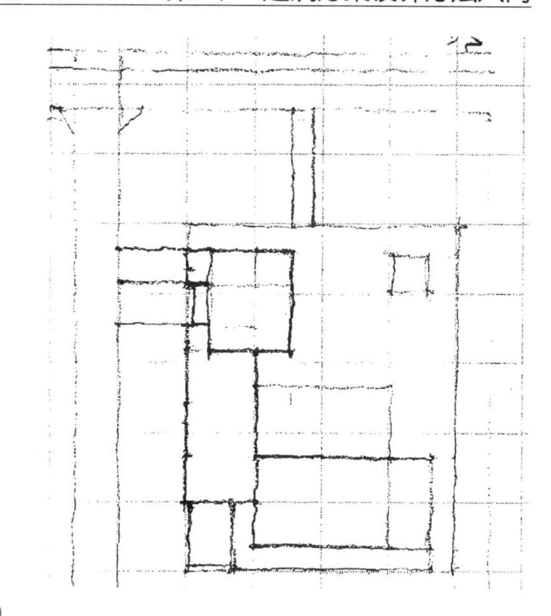

艺术家工作室二草方案总图调整前（左）和调整后（右）

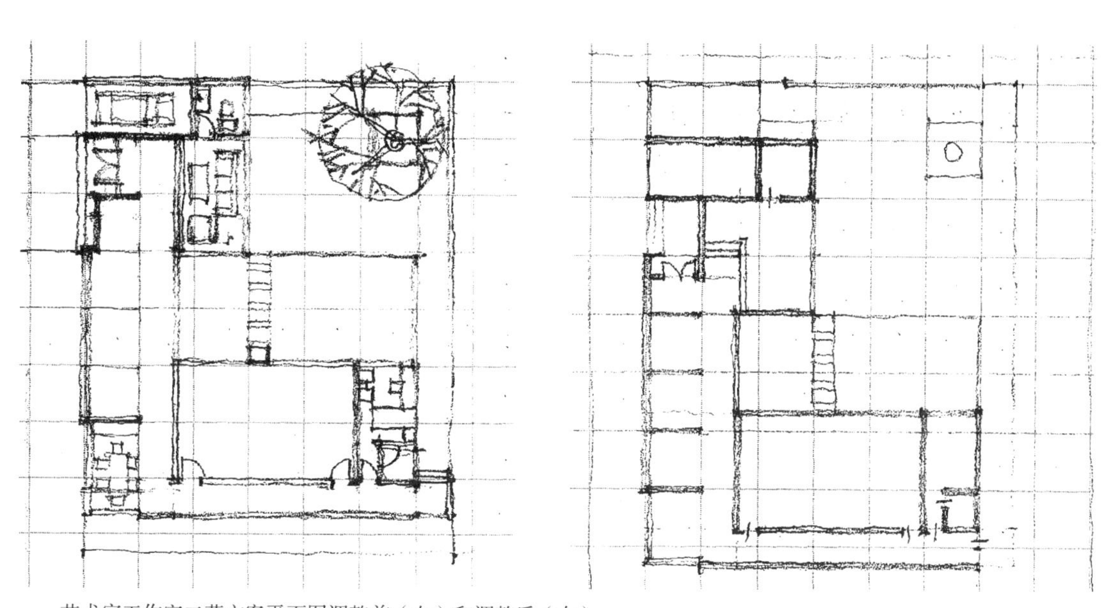

艺术家工作室二草方案平面图调整前（左）和调整后（右）

间的形状，扩大东西向进深，使其更为宽敞、实用（参见上图）。

2）发展设计意图

进一步发展设计意图是二草阶段的核心任务，其宗旨就是在保持方案个性特点的前提下，通过放大图纸比例和模型比例，将已经确立的“粗线条”和“大轮廓”，分层次、分步骤地落实其功能、量化其形象，并反映成为总图、平面、立面、剖面等具体设计成果，从而推进在空间、动线、围护、结构、造型等各个体系上的设计意图的发展。

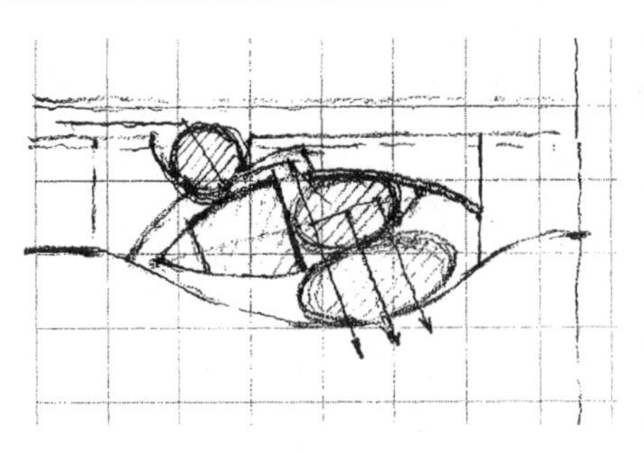

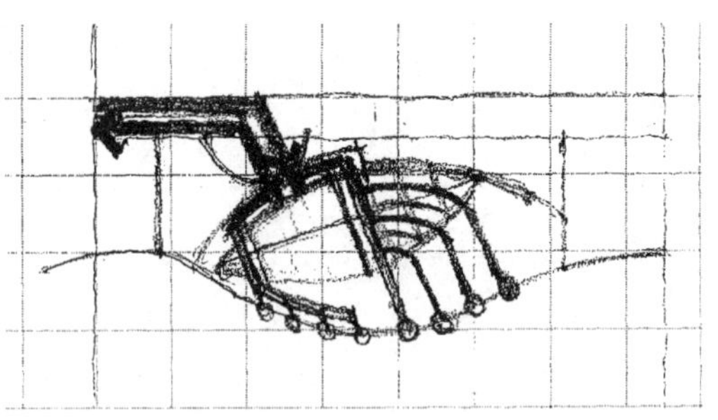

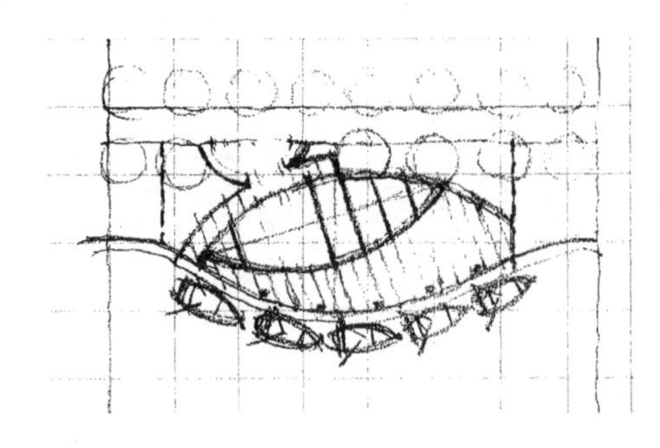

左上图：主要空间构成分析
右上图：出入动线组织分析
左下图：在空间及动线系统分析基础上的总图设计

游船码头二草方案总图设计的发展

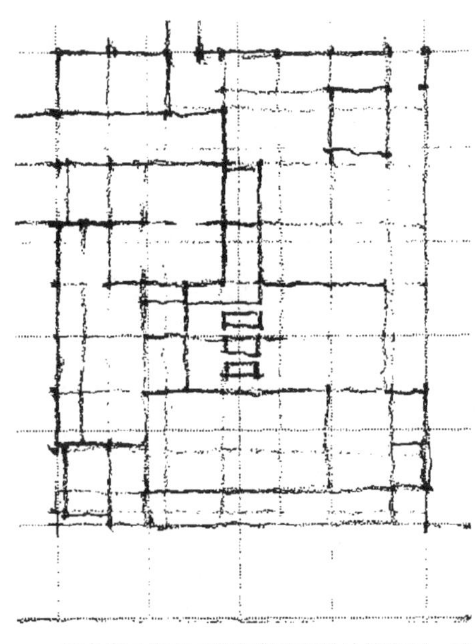

艺术家工作室二草方案总图设计的发展。重点推敲并落实建筑、空间的位置、形状、大小及其与其他部分的关系。

(1) 总图设计的发展

● 推敲并确定建筑于地段中的位置，落实与地段内主要入口、道路、空间、绿化的衔接位置与衔接方式，明确与地段外相邻建筑、空间的关系；

● 推敲并落实场地内主要外部空间（庭院、广场等）的大小、位置、形状，及其与主要建筑、道路、入口、景观之间的关系；

● 推敲并落实场地内动线组织形式，以及道路宽度、出入口位置等；

● 推敲并确立地段内的基本高程设计，落实外部空间各构成要素的平面形状和组织方式，包括道路、铺地、草坪、树木、水系及小品等。

(2) 平面设计的发展

● 从重点关注空间的整体关系、整体组织向重点关注单元内部的设计、处理转变，进一步推敲并落实各空间单元的大小、形状、位置及其家具需求和环境条件需求，尤其是落实家具布置形式，以验证并实现空间单元设计的合理性和可行性；

● 推敲并完善动线结构，落实门厅、走廊、楼梯等交通空间的大小、形式，以及各空间单元内部的“流动”与“滞流”组织；

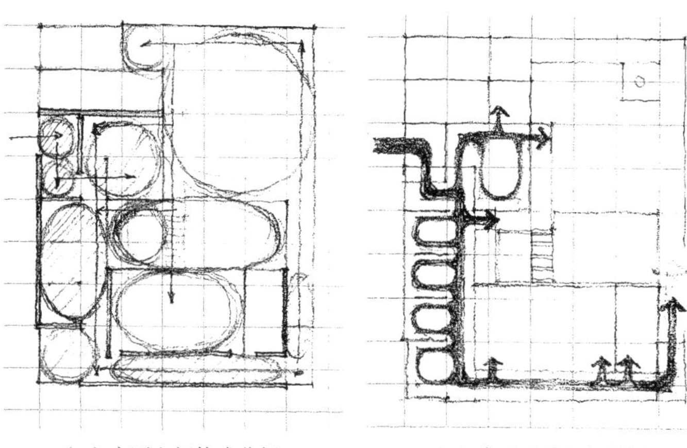

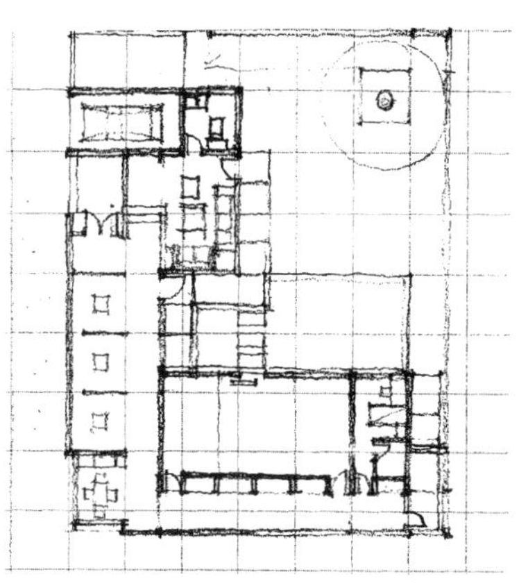

（a）主要空间构成分析　（b）参观动线组织分析　（c）在分析基础上的平面设计发展

艺术家工作室二草方案平面设计的发展

●推敲并确立方案的结构类型，是框架结构、混合结构、承重墙结构还是其他。量化与结构相关的主要尺寸，包括开间、进深大小、墙体厚度以及梁柱截面等；

●结合进深和开间的确定，推敲并落实门、窗宽度和（实）墙体长度，并逐步实现建筑平面尺寸的模数化；

●计算并控制建筑面积指标及其他各项技术经济指标。

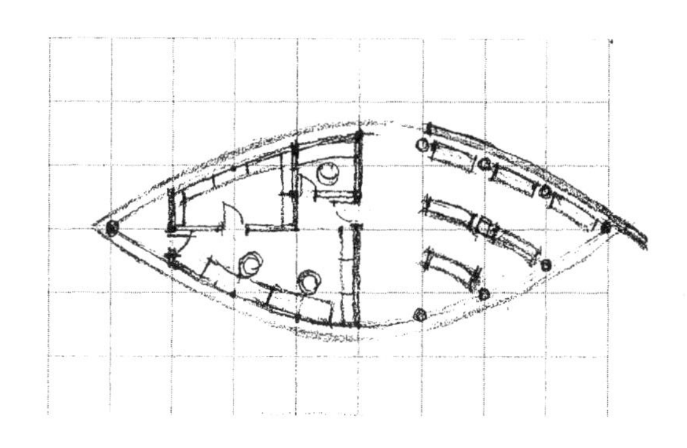

游船码头二草方案平面设计的发展

在动线和空间分析的基础上，进一步推敲并落实各空间单元的大小、形状、位置及其家具需求和环境条件需求，落实家具布置形式，以验证并实现空间单元设计的合理性和可行性。

（3）立面设计

一草阶段所构思的造型只是大的体块关系和虚实关系，真正的立面设计是从二草开始的。二草阶段的任务是在完善已确立的基本体块、虚实的基础上，结合功能需求，落实形态要素，开展立面造型的层次设计，精心推敲比例关系和尺度关系。立面及造型设计的基本原则是遵循并灵活运用所学过的形态构成方法、视觉心理学原理和一般形式美法则，综合考虑时代特点、类型特点、环境特点，及其使用者特点，努力塑造出完整与变化、对比与统一相和谐的富有个性、特色的建筑形象。

●首先应研究并明确建筑造型总的形态特点，是突出强调水平因素还是竖直因素，是趋向轻巧还是厚重，是趋向大尺度还是小尺度等；

●应结合具体空间的采光、通风及动线等功能需求，进一步落实立面上的虚实关系，精心推敲其各种比例关系和尺度关系；

●逐步明确线、面、体等视觉要素，确立并强化建筑造型的个性特点；

●在落实虚实关系并明确视觉要素的基础上，推敲并逐步确立立面造型的层次关系；

●结合平面模数的落实，逐步实现立面门窗、墙体尺寸的模数化，为形式统一创造条件。

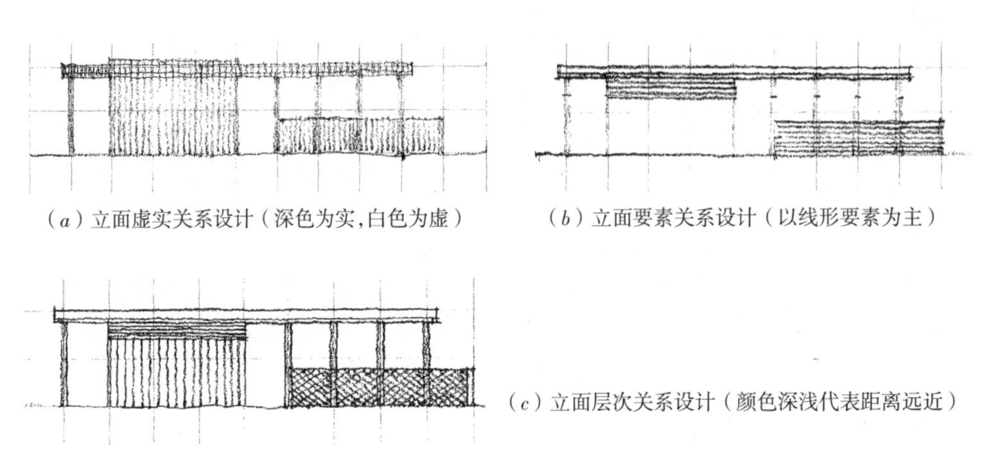

（*a*）立面虚实关系设计（深色为实，白色为虚）

（*b*）立面要素关系设计（以线形要素为主）

（*c*）立面层次关系设计（颜色深浅代表距离远近）

游船码头二草方案立面设计分析。在一草所确立的体块关系的基础上，完善虚实关系，深入推敲其要素关系和层次关系。

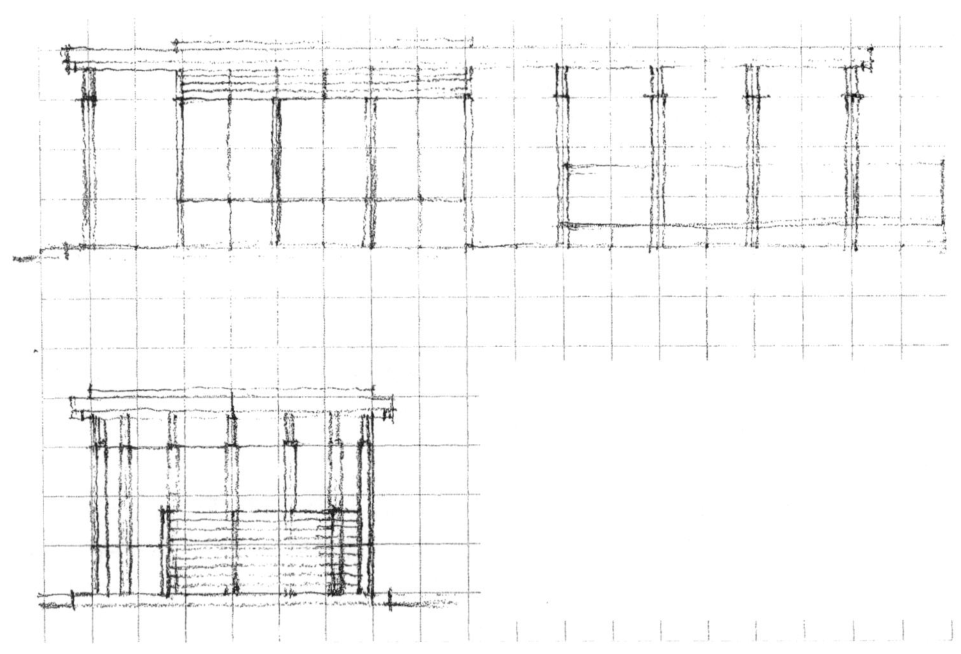

游船码头二草方案立面设计成果（上为北立面，下为西立面）

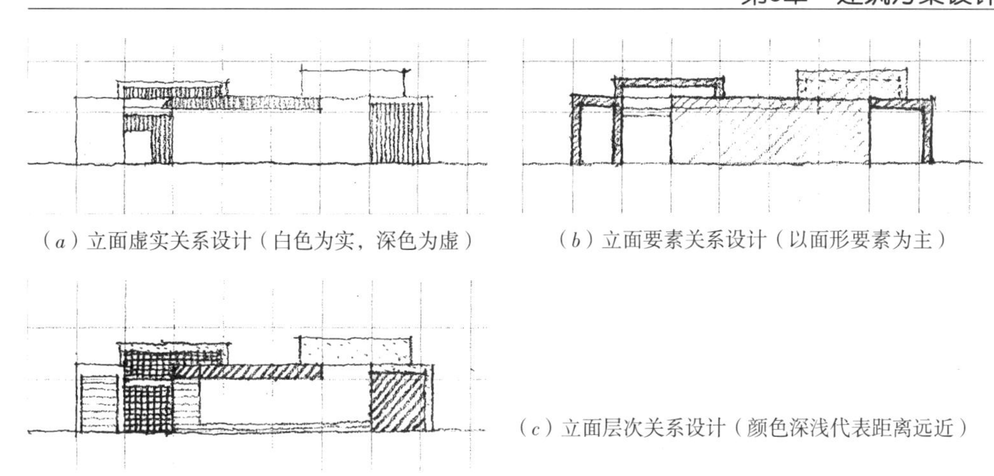

（a）立面虚实关系设计（白色为实，深色为虚）　（b）立面要素关系设计（以面形要素为主）

（c）立面层次关系设计（颜色深浅代表距离远近）

艺术家工作室二草方案立面设计分析。在一草所确立的体块关系的基础上，完善虚实关系，深入推敲其要素关系和层次关系。

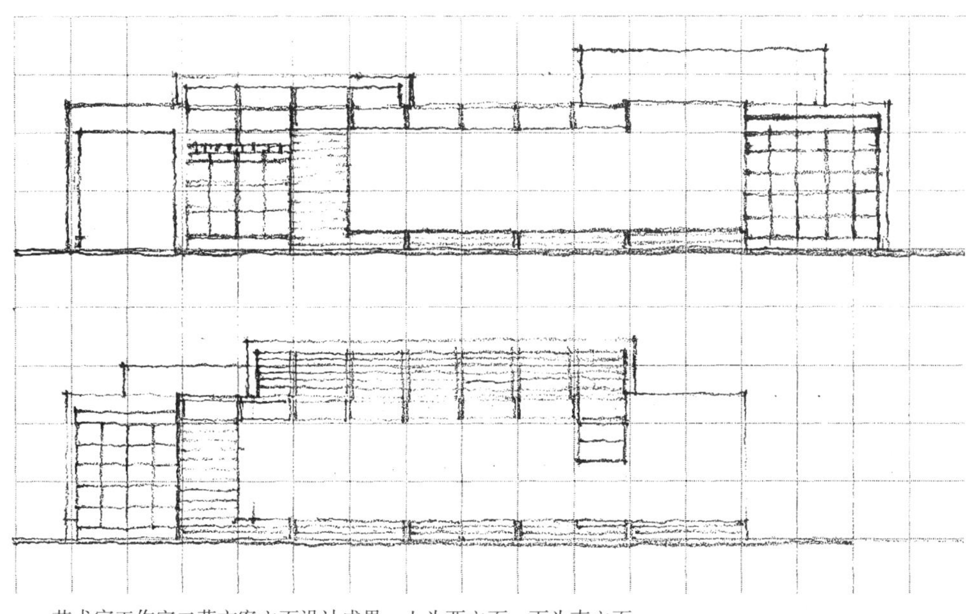

艺术家工作室二草方案立面设计成果。上为西立面，下为南立面。

（4）剖面设计

同立面设计一样，剖面设计也是从二草开始起步的。具体设计主要包括以下内容：

●推敲并落实建筑各层层高、净高尺寸，建筑空间尺度大小、相互位置和形态关系；

●推敲并落实室内外高差及其竖向交通连接方式；

●对照平面上的结构（承重墙、柱）分布形式，推敲并落实剖面上的结构关系及其表达，尤其是落实屋面（顶）的大致结构形式和构造型式；

●深入推敲并落实楼梯、踏步、吹拔、跃层等重要构件、重要部位的常规结构构造型式及其尺度、尺寸。

至此，方案总图布局上各部分的位置，平面上的柱网、墙体、门窗、家具等的大小、形状，立面上的虚实、层次、比例、尺度，剖面上的高差、尺度等均已落实并量化，方案的空间体系、动线体系、围护体系、结构体系、造型体系等也已基本成型。二草阶段的收尾工作就是借助透视草图和方案草模，将该阶段调整、发展之后的建筑空间、形象，如实而充分地呈现出来，成为客观评价二草设计成效，下一步深入、细化设计的重要依据。

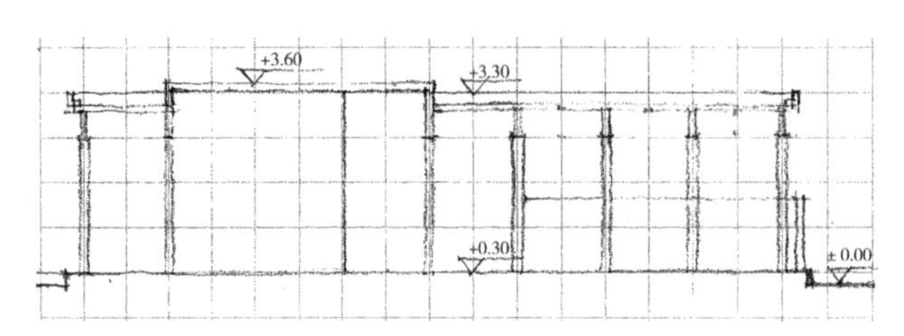

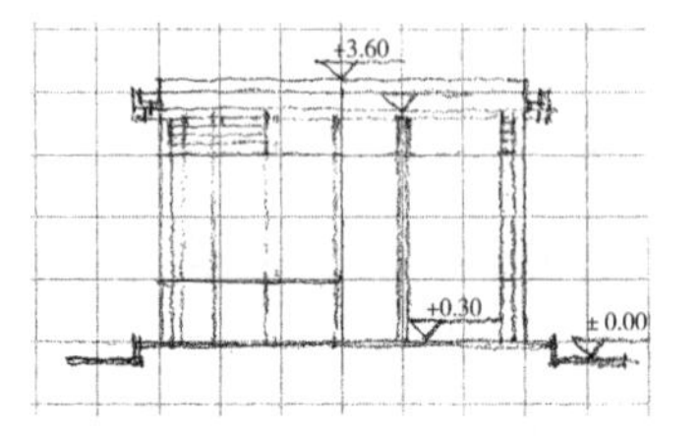

游船码头二草方案剖面设计。左为 1–1 剖面，右为 2–2 剖面。

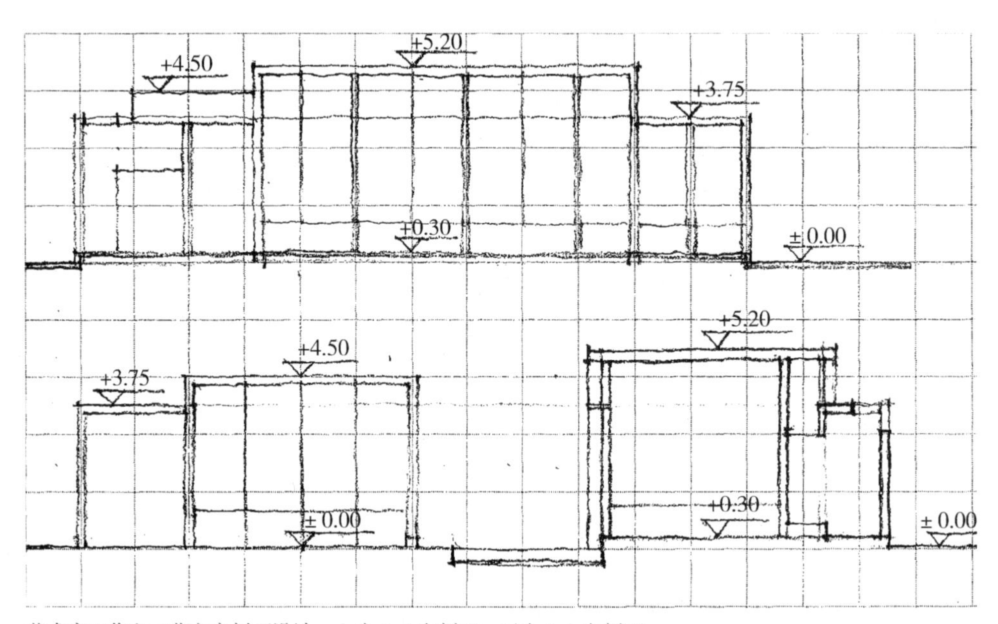

艺术家工作室二草方案剖面设计。上为 1–1 向剖面，下为 2–2 向剖面。

5.4.2 深入细化阶段的基本任务

至二草结束，方案已达到了功能基本落实、体形基本量化、体系基本成型的设计深度。在此基础上，三草的核心任务就是进一步将方案向深入、细化推进，实现最终设计意图，即功能完全落实，体形完全量化和体系完全成型。

1）方案的深入

方案的深入主要是借助室内外透视的绘制和空间视线分析而完成的，其设计重点包括方案的主要外观形象、重点空间单元，以及空间序列效果等。由此引发一系列局部适调，将方案设计全面推向深入。具体任务如下：

●参照对二草设计成果的分析与评价，针对方案依然存在的不足，在各个方面（总、平、立、剖）、各个体系（空间、动线、围护、结构、造型）进行适度调整，并肩负其拾遗补缺的作用；

●借助室外正常视角透视图的绘制，深入推敲建筑外形设计，重点完善沿街立面、主入口方向及主景观方向的造型效果（参见下图：艺术家工作室室外正常视角透视图）；

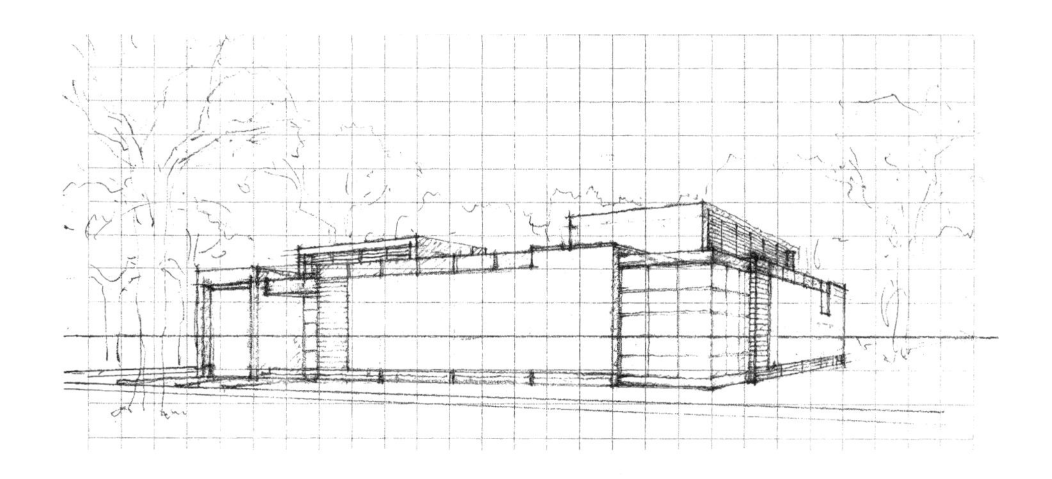

●借助室内正常视角透视图的绘制，深入推敲重点单元的空间设计，细致处理其限定要素、家具陈设、景观资源，以及空间尺度、比例、方向等重要内容。游船码头设计中的重点空间单元主要是候船空间；艺术家工作室设计中的重点空间单元包括门厅、会客厅、画室及其陈列空间等；

●开展空间视线分析，深入推敲相邻空间之间的视觉形象关系，重点处理并完善那些通过交通路线序列展开的各空间单元之间的衔接与过渡，进一步增强空间整体的艺术效果和品质，改善人们使用空间时的过程感受。游船码头设计中的主要空间序列是从入口空间开始，经过售票空间、候船空间，最后到达岸边集散空间；艺术家工作室设计中的主要空间序列是从门厅空间开始，经过会客空间、集中陈列空间、餐厅、画室外展廊，直至室外庭院（参见下页“艺术家工作室三草方案空间视线分析”）；

●该阶段的工作还包括进一步统计并核对方案设计的技术经济指标，如用地面积、建筑面积、容积率、绿地率等，若指标不符合任务要求，须及时对方案进行相应的调整。

2）方案的细化

方案的细化就是在进一步放大图纸、模型比例的基础上，引进材料及其衍生的质感、肌理、颜色等因素，丰富并完善立面造型的层次关系，逐步将方案设计的重点引向细部造型处理上，并实现方案设计的完全量化。

建筑的各个实体部分，最终必然落实为具体的建筑材料（如砖、石、木、金属、玻璃、混凝土，乃至沙、土、水、草等），并呈现具体的质感（如透明、半透明、不透明，或表面光滑、粗糙等），具体的肌理图样和具体的颜色（如冷、暖及深、灰、浅色调，调和、对比关系等）。不同的材料意味着不同的个性对比，形成不同的层次，反之亦然，这为调控建筑形象偏向简单或偏向复杂提供了有效的手段。

细化设计的基本原则是在强化方案既定构思、基本特点的前提下，积极发挥层次调控功能，并为人们近距离体验、观赏建筑提供细节形象。细化设计着重处

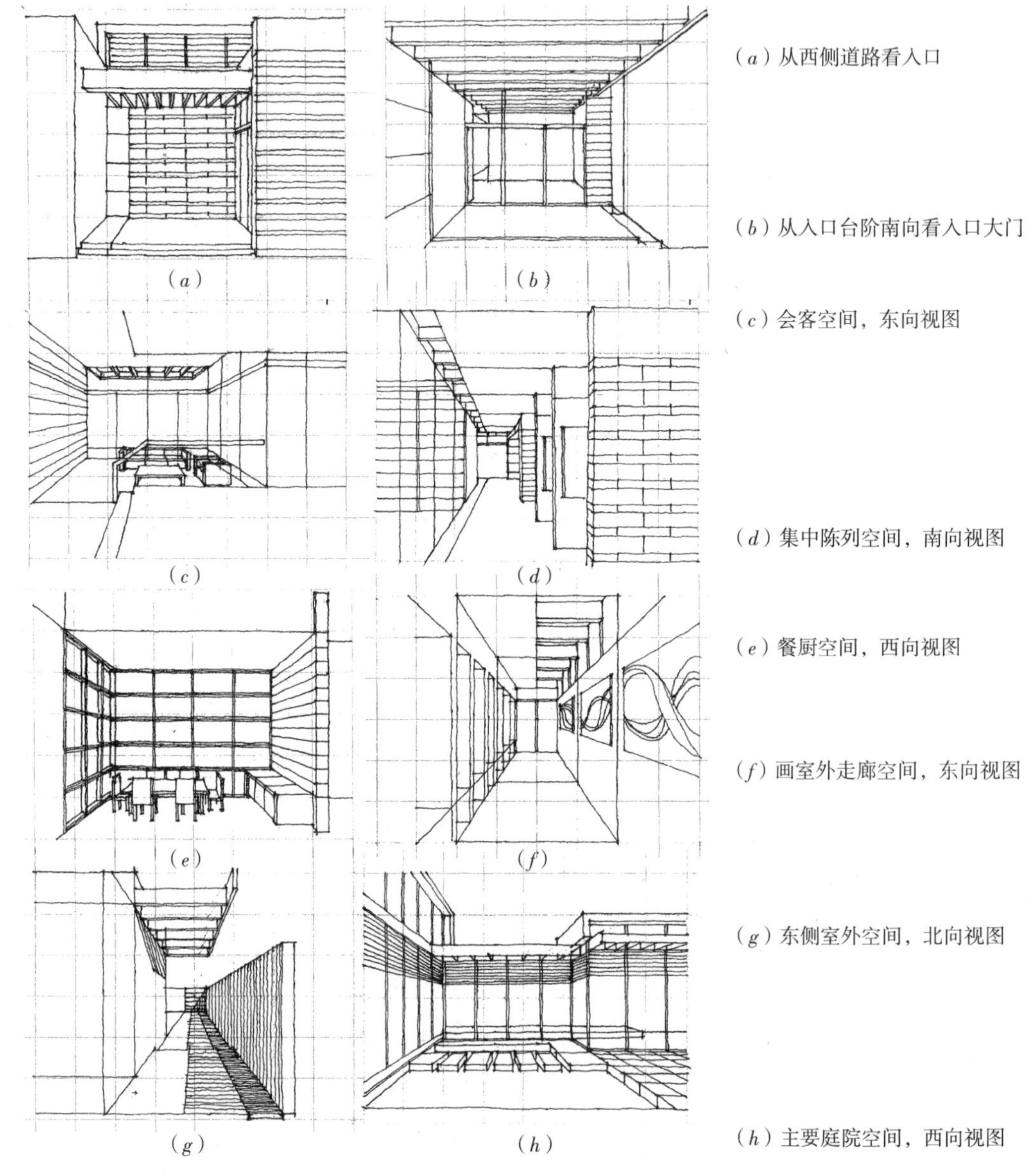

（*a*）从西侧道路看入口

（*b*）从入口台阶南向看入口大门

（*c*）会客空间，东向视图

（*d*）集中陈列空间，南向视图

（*e*）餐厨空间，西向视图

（*f*）画室外走廊空间，东向视图

（*g*）东侧室外空间，北向视图

（*h*）主要庭院空间，西向视图

艺术家工作室三草方案空间视线分析。深入推敲相邻空间之间的视觉形象关系，重点处理并完善那些通过交通路线序列展开的各空间单元之间的衔接与过渡，进一步增强空间整体的艺术效果和品质，改善人们使用空间时的过程感受。艺术家工作室设计中的主要空间序列是从门厅空间（*a*）、（*b*）开始，经过会客空间（*c*）、集中陈列空间（*d*）、餐厅（*e*）、画室外展廊（*f*），直至室外庭院（*g*）、（*h*）这一完整过程。

理的内容如下：

●总图中的道路、广场、庭院及平台的铺地形式，台阶、坡道的处理方式，以及相应绿化、水系、小品、陈列等具体形式；

●平面中的家具、陈设造型，室内的铺地形式等；

●立面中的墙身高度、檐口厚度、柱距大小、墙面、门窗细部划分形式，以及立面材质、色彩、光影所构成的层次对比处理等。

●剖面设计中的楼梯、踏步、栏杆、吹拔、跃层、楼板、屋顶（面）等重要构件、重要部位的常规结构、构造型式，并完全量化。

至此，方案的“设计”工作已告完成（后边即开始上板前的准备工作：进行图纸布图设计，模型材质、颜色选择，透视图角度确立，设计思路梳理等）。应该特别强调的是，无论是方案的调整、发展，还是方案的深入、细化，其每一过程，每一步骤必然伴随着一系列新的调整和变化。除了各个系统自身需要相应调整外，各系统之间必然也会产生相互作用、相互影响，因为各个系统、各个方面皆是建筑这个整体的有机组成部分。如：局部平面的深入不仅会影响到平面其他部分需要进行相应调整，也会影响到立面、剖面乃至总图作出相应调整。同样，立面、剖面、总图的细化也可能会影响到平面的处理，对此应有充分的认识。

另外，方案的发展、细化过程不是一次即可完成的，需要经历深入、调整、再深入、再调整多次循环的过程，其中所体现的工作强度与工作难度是可想而知的。因此，要想完成一个理想的方案设计，除了要求具备较高的专业知识、较强的设计能力、正确的设计方法、极大的专业兴趣和饱满的创作激情外，细心、耐心和恒心是其必不可少的素质品德。

5.5 方案设计过程的表达

建筑设计表达是建筑设计基础训练的重要内容。

建筑设计表达的基本任务是将方案设计过程和设计成果按照一定规则如实而充分地“呈现”出来，以此作为内部研究及对外交流的媒介和依据。设计表达是否充分、美观、得体，不仅关系到方案的设计效果，而且会影响到方案的社会认可。

建筑设计表达主要包括图形表达和语言表达两大类，其中图形表达又分为正式表达和非正式表达。本书有专门章节（第3章）系统而全面地介绍建筑设计的表现技法，尤其是设计成果的正式表达和各种形式效果图的表达。本节重点介绍方案设计过程表达（非正式表达）的基本职能、基本形式和基本原则，并对日趋重视的分析图的表达作一简述。

5.5.1 过程表达的基本职能

同正式表达一样，方案设计过程表达的基本内容亦包括工程图（含总平面图、平面图、立面图和剖面图），分析图（如设计构思、功能分区、动线组织、空间组织、造型设计等专项分析图）和效果图（含各种视点透视图、轴侧图、模型及三维动画等）三部分。方案设计过程表达的基本职能概括为两种，一种是过程推敲性表达，即为内部的分析、研究、归纳、判断、选择等设计活动提供形象依据；另一种是阶段展示性表达，是对外展示、说明、交流、讨论等互动活动的重要媒介语言。

过程推敲性表达主要是为建筑师自己服务的，它适用于方案设计各阶段的酝酿、构思环节，是建筑师形象思维活动最直接、最真实的记录与呈现，因而也是建筑师创作活动最主要的外化表达形式。它的重要作用体现在两个方面：其一，在建筑师的构思过程中，推敲性表达可以以具体的空间、形象来呈现并强化建筑师的形象思维，从而利于启发生成新的构思；其二，推敲性表达的具体成果为建筑师分析、判断、抉择方案确立了具体对象与依据。因此，如实、自由、不拘一格是推敲性表达的基本特点。

阶段展示性表达是指建筑师针对阶段性的讨论、汇报所进行的阶段性设计成果表达。它适用于各阶段的成果展现，如一至三草阶段成果图等，是设计者与使用者、管理者进行交流、互动的主要媒介语言。在如实呈现的基础上，可读性和美观性是展示性表达的基本要求，以保障将方案的设计理念、设计构思、空间形象效果充分表达出来，从而最大限度地赢得评判者的认可。

在整个方案设计进程中，推敲性表达和展示性表达两者往往是周期性交替进行的（详见“方案设计各阶段职能与过程表达关系分析表”）。

5.5.2　过程表达的基本形式

方案设计过程的表达主要借助草图（包括徒手草图和工具草图）、草模和计算机三维草模（亦可理解为模型的一种）三种基本形式。

1）草图（包括徒手草图和工具草图） 是一种传统的，但亦被实践证明是行之有效的设计过程表达形式。徒手草图的突出特点是快捷方便，粗略概括，模糊而有变化。因此，徒手草图最适合方案设计早期的推敲性和展示性表达，包括调研分析阶段的功能分析、动线分析和场地分析表达，大构思阶段的总图关系、平面关系和体块关系的推敲性表达等。当辅助以绘图工具而成为工具草图时，虽然表现的速度较徒手草图有所降低，但表达效果更趋细致和明确，因而可以进行比较深入的细部刻画，特别是对局部空间、造型的推敲性表达，包括平面上的功能关系和空间关系的推敲，立面上的虚实和比例推敲，以及细节的深入刻画等处理。徒手草图的不足在于它对表达技能有较高的要求，必须经过严格而系统的钢笔或铅笔徒手线描训练方能做到得心应手。另外，在表现空间和体形关系时，一幅透视草图只能表现一个角度、一个场景，这在一定程度上制约了它的表达能力和效率。

方案设计各阶段职能与过程表达关系分析表

	前期	一草	二草	三草
阶段任务	调研分析	1. 立意构思 2. 一草讨论	1. 调整发展 2. 二草讨论	1. 深入细化 2. 三草讨论
表达目的	1. 推敲构思过程 2. 展示阶段成果	1. 推敲构思过程 2. 展示阶段成果	1. 推敲构思过程 2. 展示阶段成果	1. 推敲构思过程 2. 展示阶段成果
表达内容	分析图： 包括功能、环境、动线分析等	1. 工程图 包括总图和平面图 2. 效果图 包括模型或透视图 3. 分析图 包括理念、布局、动线分析等	1. 工程图 包括总图、平面图、立面图和剖面图 2. 效果图 包括模型或透视图	1. 工程图 包括总图、平面图、立面图和剖面图 2. 效果图 包括模型和透视图 3. 分析图 包括理念、布局、动线、空间和造型
表达形式	1. 徒手草图 2. 地段草模	1. 徒手草图 2. 方案草模	1. 徒手或工具草图 2 方案草模或机模	1. 工具草图 2. 机模或精细草模

2）草模　是另一种十分重要的过程表达方式。与草图相比较，草模则更为直观、形象和真实。由于具有三度空间的优势，可以多角度、全方位地对设计成果进行呈现，从而便于对整体空间关系和造型关系的分析、研究。在方案初始阶段，草模适合表现造型的大体量、大虚实，以及内部空间关系和外部环境关系。在方案中后期随着设计的逐步深入，亦可对立面层次、材质、肌理、颜色进行有效的表达。草模的缺点在于，由于模型大小的制约，观察角度以“空对地”俯瞰为主，过分突出了建筑第五立面的地位和作用，而有误导之嫌。另外，由于具体模型制作技术，及设备、材料的限制，草模对细部的表现有一定的难度。

3）计算机三维草模　近年来随着计算机技术的发展，计算机三维草模又为方案设计增添了一种全新的表达形式。计算机草模兼顾了草图和草模两者的优点，并在一定程度上弥补了它们各自的不足。比如，计算机草模既可以像工具草图那样进行较深入的细部刻画，又可以使其表达做到直观、具体而不失真；既可以如手工草模那样多角度、全方位地呈现空间、造型的整体关系与环境关系，又可以有效地改善模型比例偏小带来的局限性等。另外，它所具有的动态（动画）表达能力是其他表达形式所不具备的。

对于方案设计而言，矢量化是一般计算机草模的特点，也是它的缺点。因为方案设计的早期阶段，包括大构思阶段，不可能也不应该做到空间和形态的完全量化，计算机模型自然就失去了用武之地。随着方案的步步深化，并实现从基本定性到完全量化的转变时，计算机草模方展露出它的作用和效能。中后期的造型细化设计和空间视线设计应是计算机草模最为擅长的。当然，制作计算机草模所要求的硬件、软件条件较高，其操作技术又有一定的难度，确是它的不足所在。

5.5.3 过程表达的基本原则

1）表达应以空间形体塑造为核心

方案设计的根本目的在于探索与塑造能满足具体环境条件、功能要求的空间和形象，那么，设计表达包括设计过程表达，应该努力寻求有效的方法将设计的结果——空间、形态——如实而充分地呈现出来。在两大类型的设计表达中，语言表达擅长于呈现设计理念、设计思路的抽象逻辑，而更直接、更形象，因而也是更有效地对空间和形象意图的呈现是图形表达的优势所在。为了把空间、形象的设计意图如实、充分而有效地呈现出来，就应该在方案设计过程中倚重草图表达和草模表达。设计辅导中教师时常会强调“方案构思无论深浅、好坏，都应该先画出来、做出来再作他论”体现的就是这个道理。因为光靠思维和语言是不足以呈现并完善你的设计意图的，只有借助草图、草模，把你所构思、设想的空间和形体“画”出来了，“做”出来了，你附加于空间和形体中的设计理念、设计意境方得以完整呈现，下一步的分析、比较、判断、选择才得以进行，方案才得以发展与深入。

2）表达应利于启发思路拓展构思

首先，利于启发思路、拓展构思的表达应该是得心应手的，这是对设计过程表达最基本的要求。大脑的所构所思皆可借助熟练而流畅的草图如实而充分地呈现出来，做到达意而不失真，这要求设计者必须拥有扎实的徒手草图功底。

其次，能够启发思路、拓展构思的表达应该是活泼生动而又不拘一格的。“草图就应该画得草”看似是一句完全多余的话，却道出了一个基本的道理。在习惯上所说的草图阶段，也就是方案大构思阶段，“涂鸦”式的草图恰恰是进行分析思考和方案构思的最佳方法。因为，在此阶段设计者为了更多、更广、更快地获取灵感，思维活动呈现发散性、跳跃性乃至顿悟等显著特征，由此所产生的思维成果也应是丰富的、多样的、生动和变化的。对这种状态和过程的表达不是一板一眼、循规蹈矩、工整而精确的工具图形所擅长的，涂鸦式草图的粗略概括、变化模糊、自由活泼等基本属性则是完全契合了该阶段的思维特征，使启发思路、拓展构思成为可能。

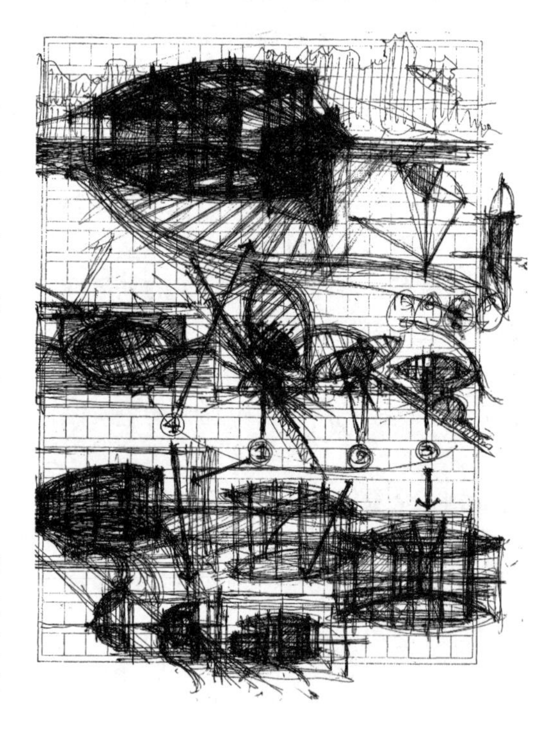

另外，还应该强调“草图应该用草图纸来画”，这是由于设计的复杂性和综合性，致使直至正式成果表达之前，方案一直呈现相对模糊、变化的不完全确立状态，需要持续不

断地修改、调整，使其逐步趋向明确和完善。对于反复调整方案，修改草图，轻薄、透明并有韧性的草图纸有着其他种类的纸张所不具有的突出优势。

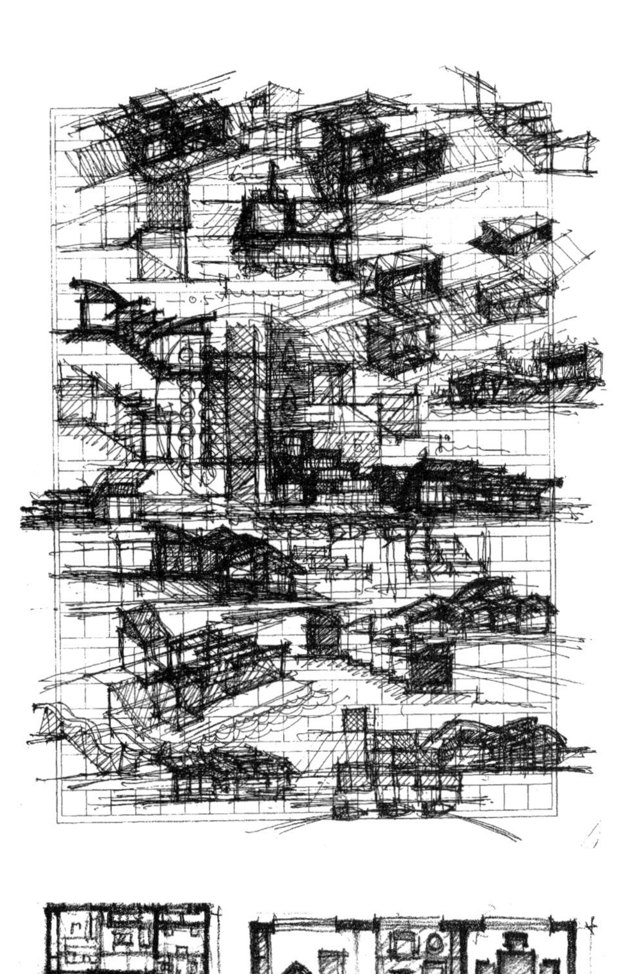

3）表达应与设计的阶段性相适应

方案设计的过程是一个从粗到细，从模糊到清晰，从确立大关系、大模样到落实层次、细节乃至材质、肌理的发展、演变过程。每一阶段的设计都有不同的处理重点和深度要求。为了保证效率，突出重点，设计的表达也应该遵循从模糊、粗放到明确、精细的变化过程 。那么，综合表达形式就是一个很好的选择。所谓综合表达是指在方案设计过程中，依据不同阶段对深度和重点的不同要求，灵活运用各种表达形式，以达到提高表达功效，节省表达时间之目的。例如，在方案初始阶段的构思环节采用徒手草图的方式进行推敲性表达，以发挥其灵活、便捷和粗放的特点；而一草、二草阶段成果的展示皆采用徒手草图配合草模的方式，以发挥其在整体空间关系、环境关系上的表现优势；在方案设计中后阶段的推敲性表达和展示性表达则采用工具草图与草模甚至计算机草模相结合的方式，以充分发挥其刻画深入、明确、细致之特点。

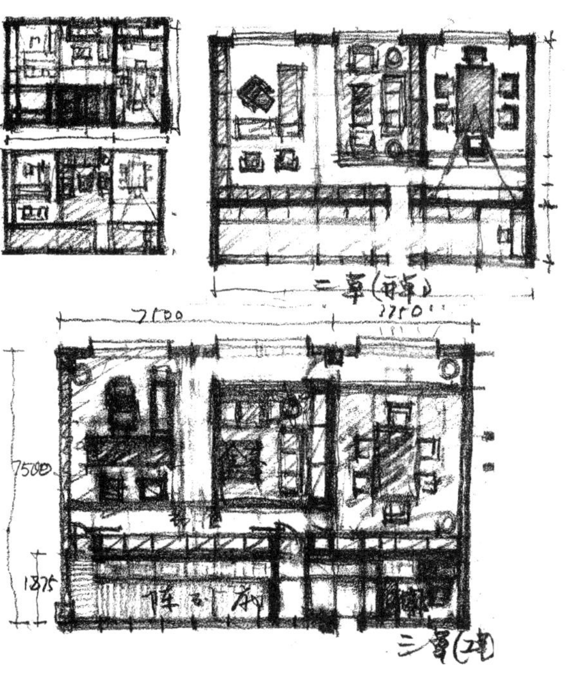

5.5.4　分析图的表达

1）分析图的基本职能

顾名思义，分析图是对方案设计过程和成果所包含的内在理念、意图、逻辑、关系等的形象呈现与说明。在一般设计中分析图重点呈现三个方面的内容：

（1）呈现并说明前期调研分析的过程和成果。如环境分析、功能分析、相关实例分析等，作为设计构思的重要依据；

（2）呈现并说明方案设计理念之研究、确立的过程和具体成果；

（3）呈现并分析说明方案构思的过程和方案设计的最终成果。如功能分区示意图、动线组织示意图、空间序列分析图、造型设计分析图等。

2）分析图绘制的基本原则

（1）把握主题：把握分析对象及其基本组成；

（2）强调结构：强调分析对象各部分之间的内在组织关系；

（3）突出重点：突出分析的核心重点；

（4）简明形式：简明分析的表达形式。

下面以“食品亭场地环境分析图”和“住宅功能关系分析图”为例进行详细说明。

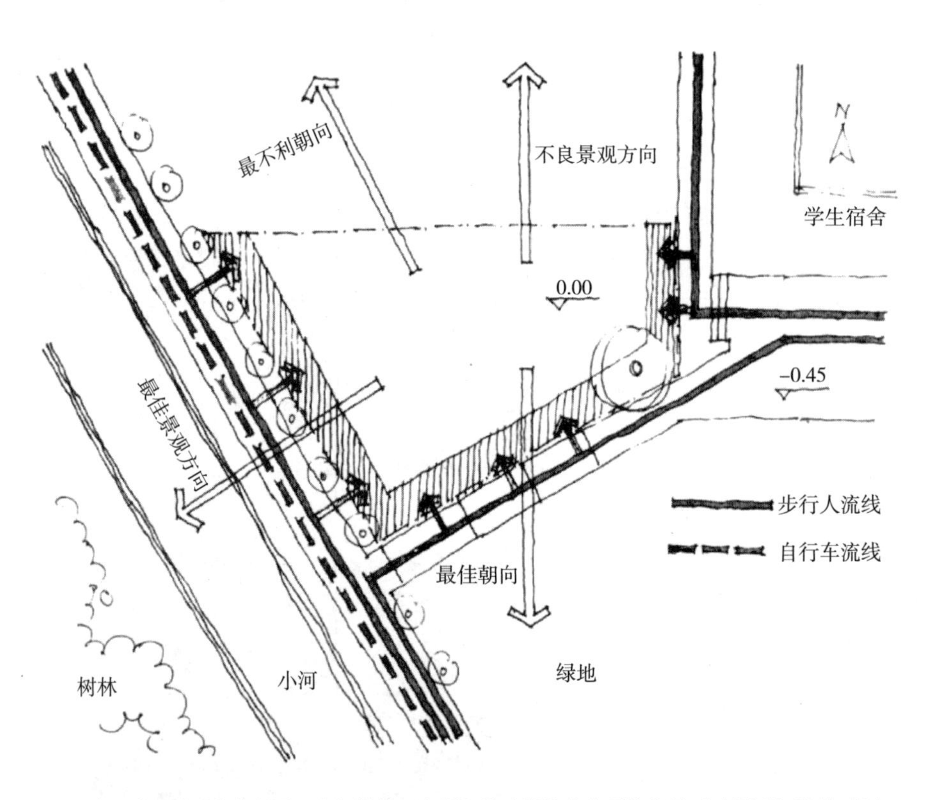

“食品亭地段环境分析图”应把握的“主题”是地段的基本环境状况，包括地形、地貌、朝向、景观以及周边道路及其交通形式等内容；应强调的“结构”是各种环境条件与地段的关联形式。比如周边的道路与地段的关联形式，是单边（道路）、双边、三边，还是四边环绕等；应突出的“重点”是各种环境条件对地段的影响程度。

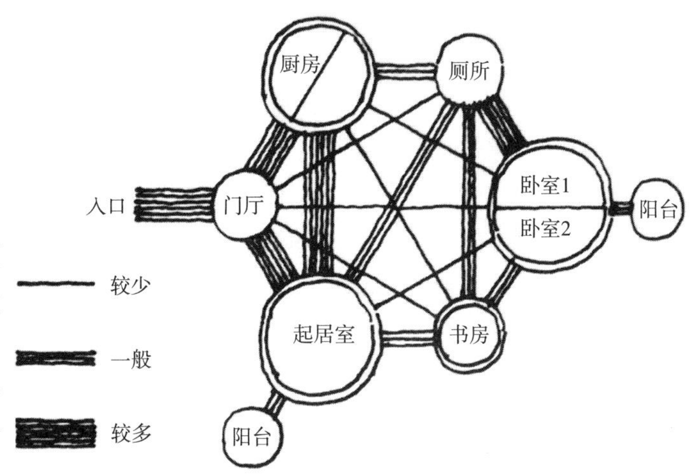

"住宅功能关系分析图"应把握的"主题"是住宅的功能关系，包括居住活动的组成内容、各功能组成间的相互关系；应强调的"结构"是住宅功能的整体组织形式，并判断其基本类型，是主次关系、并列关系、序列关系，还是混合关系；应突出的"重点"是相互关联程度的强弱，呈现为密切、一般还是疏远。

5.6　方案设计学习的要点

与其他课程相比较，建筑设计学习的入门过程更为艰辛和漫长，这是由其创作性、综合性、双重性等自身特点所决定的。如何提高学习的效率，如何尽快摸索出一套适合自己的学习方法乃至设计方法，是每一个初学者所殷切期望的。为此，下面从如何培养专业兴趣、如何提高自身修养和如何改进工作方法三个方面提供一些参考性建议。

5.6.1　培养专业兴趣

热爱建筑学专业是学好建筑设计的基本前提。因为建筑创作是一项艰苦而繁重的工作，要达到预期的境界高度和设计水平，就必须投入相当大的时间与精力，需要进行持续而高强度的工作，需要具有过人的工作毅力和敬业精神。只有那些热爱本专业，并将设计建筑作为一生事业追求的人，才可能为之进行不懈的努力和探索，并取得成功。

培养专业兴趣需要从多方面入手，首先应该深入地了解对象。例如，借助实地参观和资料阅读等形式逐步认识和理解建筑，尤其是那些优秀建筑作品，了解它们的目的意义、思想境界、设计理念、构思意图，空间艺术和造型艺术，从而真切地为它们的魅力和价值所折服、所感动，激发起学习建筑、创作建筑的热情和渴望；其次在设计实践中培养兴趣。通过参与具体的设计活动（包括课内、外多种设计实践形式），获得对建筑设计的生动体验和鲜活感受。当你亲历过艰苦而认真的调研、分析、构思、调整、发展、深入而最终完成设计方案的时候，那种油然而生的成就感，不仅使你忘却了设计的艰辛，而且更坚定了你的创作信念，激励你百尺竿头，更上一层楼。

5.6.2 提高自身修养

要想学好建筑设计，将来成长为一名优秀的建筑师，除了学习并逐步提高自己的专业知识水平、技法水平和设计能力外，还要重视和加强自身人文素质的培养与提高。因为自身修养是建筑师境界高度和内涵深度的具体体现，是指导设计创作的灵魂所在。设计理念的高低、设计构思的优劣、设计方向的偏正、设计处理的拙巧，无不取决于此。

人文素质的养成与提高不是一时一日即可做到的，它必须经历一个潜移默化的漫长过程。初学者应该具有持之以恒的决心和毅力，明确学习方向，通过不懈的努力日积月累逐步得以实现。提高自身修养的有效方法可以概括为如下三点：

一是博览群书：由于建筑设计具有突出的社会性、综合性的特点，知识渊博成为建筑师的重要专业功底。因此，初学者不仅要大量阅读建筑学科的专著名作，而且要在力所能及的范围内广泛涉猎哲学、文化、历史、社会、经济、心理、文学等领域的理论知识。这是站在前人的肩膀上，利用前人的智慧和经验，拓展视野，提高境界的有效方法。从低年级开始就结合自身的具体情况，做一个五年乃至更长时间的读书计划是十分必要的。

二是关注前沿：学科前沿不仅代表着专业创作与专业研究的发展趋势，也代表着专业设计的最高水平。充分发挥大学的资源优势，通过阅读专业杂志、参加专业讲座、浏览各种专业报道等方式，持续追踪学科前沿发展，了解国内外建筑师的创作热点和关注重点，既可以逐步拓展眼界，又可以不断加深对学科发展的认识力度与深度。由于初学者知识积累有限，开始阶段有些讲座听起来似懂非懂，有些文章读起来似云似雾，这是很正常的；只要听多了，读多了，并且通过自己的思考、消化，一切会逐渐清晰起来，明朗起来。

三是留心生活：社会生活是建筑创作的源泉之一，因为建筑创作从根本上说是为人们的工作、生活服务的，真正了解了鲜活的现实生活，了解了其中人们的行为规律和心理特点，也就接近把握了建筑的本质内涵，创作出具有生命力和感染力的建筑作品。生活处处是学问，只要用心留意，平凡细微之中皆有不平凡的真知存在。许多成名建筑师无论走到哪里都会把速写本、笔记本、照相机带在身边，对感兴趣的所见所闻随时随地地记录下来。事业上的辉煌成就离不开平日的这些点滴积累。

5.6.3 改进工作方法

1）尽快进入设计状态

所谓设计状态泛泛而言是指设计者在进行高效率的设计活动时身心所呈现的一种工作状态，表现为主观上对该任务的重视程度和客观上时间、精力的投入程度都已达到了一个相当高的水平。

让初学者学会尽快进入设计状态十分重要，因为建筑设计的创作性和综合性决定了一个建筑无论繁简、大小，其工作都是永无止境的。通俗而言，设计题目所给定的时间与学生所期望达到的设计深度、质量相比较总是紧张的、不足的。

因此，学会尽快进入设计状态，即养成一旦开始设计就要全身心投入并坚持下去的作风，才能最大限度地提高工作的效率，弥补时间的不足，从而保障设计作业的进度。常言道“功夫不负有心人”，其中功夫的大小既取决于身心投入的多少，也关乎于坚持时间的长短。只有尽快点燃起建筑创作的激情，呈现出对设计任务朝思暮想，废寝忘食，念念不忘的工作状态，才能真正开始认识问题，把握问题，不断尝试、采取可能的方法解决问题，最终收获设计的成果。古今中外许多建筑名作无不是设计者如痴如醉，“疯狂”工作的结果。

2）学习借鉴他人经验

学习借鉴他人经验也是十分重要的学习内容和学习方法。初学者在进行方案设计时会遇到这样的情况，即尽管对设计任务和环境条件都做了比较详尽的调研、分析，但对设计构思仍然毫无头绪。这时，如果拿出一定的时间去剖析一些相关的设计实例，会对设计构思起到很好的启发作用。因为每一个设计作品背后都存在着一套明确的思维逻辑与思考脉络，而这种逻辑和脉络是具有一定的普遍性、规律性意义的。只要认真、系统地进行分析、概括，就可以从中找出值得学习并足以启发设计思路的闪光点来。

相关实例剖析的启发作用不只限于方案构思阶段，在方案设计的各个阶段、环节，有针对性地进行相关实例的分析、研究都是十分有益的。例如，在一草阶段针对总体布局进行剖析，在二草阶段针对平面处理进行剖析，在三草阶段针对细部、材质设计进行剖析，等等。通过这些有针对性的剖析，不仅可以使自己的设计作业得到直接的启发和帮助，而且，对这些相关实例的整理、分类，亦会逐步积累起自己宝贵的设计资料。

应该强调的是，剖析相关实例最好选择那些优秀的设计作品，因为优秀设计作品乃至大师名作具有多方面值得学习的优势。比如，名作的立意境界更高，比一般建筑更为关怀人性，关注时代；名作对环境、功能有着更为深入、正确的理解与把握；名作构思独特，富有真见卓识，体现出更为成熟、系统的处理手法与设计技巧；另外，名作的造型美观而得体，更富有个性特色和时代精神。总之，名作所体现的设计理念、设计方法，更接近于对建筑本原的认识，是人们模仿、学习的最佳对象。

在理念、方法、手法上模仿名作是行之有效的学习设计的方法。但是，正确的模仿学习必须是以理解为前提的，并且应该是变通的甚至是批判性的。其重点在于学习和了解功能需求、环境条件与方案应对方法之间的关系，在于总结不同条件影响产生不同方案的一般性规律。应避免那种生搬硬套、追求时尚而流于形式的模仿。因为非理解的模仿往往是把名作的外在形式与其内在的功能需求和环境应对剥离开来，会产生对名作的误读。

3）注重训练手脑配合

应养成手脑配合，思考与图形表达并进的设计构思方法与习惯——即用草图辅助思维乃至用草图引导思维。由于建筑设计的相关因素繁多，期望设计者完全想好了、理清了，最终将方案一次性绘图表达出来是不现实的，也是不科学的。设计构思和设计处理必然会经历从酝酿构思—图形表达—分析评价—再调整构思—再图形表达之循环往复的过程。在这个过程中，学会把思考中的不成熟的阶段性成果用草图即时且如实地表达出来，不仅可以帮助理清思路，不断把思维引向深入，而且具体而形象的过程图形，对于及时验证思维成果，矫正构思方向起到了单靠思考所不及的作用。此外，由于思考与图形表达不可能是完全一致的，两者之间的些微差别往往会对思维形成新的启发点，这对于拓展思路，加速完成方案构思是十分有利的。

任何有趣的构想如果没有画出来，做出来，它最多只是一个不错的想法而已。只有用手（大脑与眼的延伸）画出来（草图）、做出来（草模），再通过眼睛的直观感觉和大脑的理性思考双重检验，才真正称得上是一个好的构思。

4）不断梳理设计思路

如前所述，要保障方案的质量水平，一般的设计都要经历多次循环往复的过程，对有经验的建筑师是如此，对初学者更是如此。这是因为建筑设计所涉及的因素众多，自身体系复杂，要把这些相关因素及其相互关系摸清、吃透并提出对策方案，必然经历一个反复琢磨、思考的过程。初学者由于缺乏实践经验和有效方法，在设计过程中常常会出现迷失发展方向，茫然不知所从的情况：众多制约因素应如何区分对待？多种发展可能应如何判断选择？方案的特点如何强调？方案的发展方向又在哪里？等等。这个时候就有必要回过头来，站在一个新的高度，重新审视、研究设计的前提依据，梳理设计构思的内在逻辑和发展脉络，以求更全面、更准确、更清晰地把握方案的特点，分析问题的症结，并获得新的灵感、启发，从而理清思路、明确方向，为不断提升方案的质量水平积蓄条件。

在课程设计过程中不断梳理设计思路亦有助于逐步探索适合自身特点的设计方法。无论设计思路是完整的还是片断的，其中都包含着一些反映设计本质的、一般性和规律性的成分。通过深入而细致的梳理和反思，准确地把握住设计过程中哪一步选择正确，哪一步出了偏差，哪一步对策得当，哪一步走了弯路，研究其原因及其应有对策，从而在系统总结正反两方面经验、教训的基础上，逐步探索并积累起可行的设计方法。

5）积极进行设计交流

常言道"兼听则明"，说明做任何事情都应该多方听取不同意见，从而辩明是非得失，避免做出错误判断。学习建筑设计也是如此，应该在力所能及的条件下多方听取不同意见，才能使自己的设计不断得到修正、改进、完善与提高。因此，讨论式设计交流就成为建筑学专业特有的一种学习方法。

首先应重视开展同学间的设计交流。同学间的交流有着先天的优势，因为大家的年龄、学识、经验相近，彼此熟悉，利于大家放下包袱，形成畅所欲言、勇于发表独立见解的理想氛围；其次，同学间的互评交流必然形成不同角度、不同立场、不同观点、不同见解的碰撞，它既利于同学之间取长补短，促进提高设计观念，改进设计方法，又利于相互启发，学会通过改变视角而更全面、更深入、更真实地认识问题、把握问题，进而达到更完美地解决问题的目的。同学间交流的形式不拘一格，人数可多可少，时间可长可短，但是无论采取什么形式，都应本着平等与开放的交流原则。

应特别珍惜并充分利用那种与教师面对面的、有同学参与的、讨论式课堂交流。虽然与教师进行交流的形式并非只局限于课上，但设计辅导课仍然是学生与教师进行专业互动的最重要的平台。在这一对话过程中，学生需要详细介绍其设计方案的具体理念、构思、处理及其表现，并提出自己在设计过程中所碰到的问题与困惑，而教师则对方案进行剖析和评价，明确特点，指出不足，对方案发展提出原则或具体的修改意见，并针对疑惑与问题进行讲解和引导。古人云“师者，所以传道授业解惑也”大概就是这个样子。学生陈述事实、提出问题于前是为主，教师据此进行评价、解答于后是为辅。可以说学生课前准备的充分与否（包括设计作业完成的深度、思路梳理的程度、相关的专题阅览、思考的广度等），将直接影响到教师辅导的深度、广度及其针对性，从而影响了学生学习收获的大小。故可以说，因材施教是教师的责任，亦是学生的责任，两者缺一不可。

6）严格遵守设计进度

除快题外，一般的设计作业都需要持续较长的时间，少则两三周，多则七八周，有的甚至长达一个学期，这是由于方案设计内容综合、步骤复杂、训练重点多样造成的。要从容地组织、安排这一系列的设计环节，并能做到每一环节重点突出，最终实现既定的教学目标，必然需要一个相当长的操作过程。为了保障这一过程训练的效率，设计作业皆配有详细而严格的时间进度表，其制定原则是：强调均衡——教学计划安排的每一环节、步骤均应得到训练；突出重点——充分考虑设计训练的要点、难点的时间要求；保障可行——总的时间及各阶段时间安排均顾及到设计的深度和难度。在实际训练中部分同学虽已十分投入，但仍然不能完成设计进度，究其原因除了自身缺乏必要的条理性和计划性外，更多的是由于对设计认识偏颇所造成的。由于对建筑和建筑设计了解不足，认识不够，部分学生片面强调设计过程中的某一环节，例如过分夸大方案构思的意义和作用，把方案构思“环节”与方案设计“过程”等同起来，常常为获得一个满意的构思而忽略进度限制，反复推倒重来，导致其他环节训练时间的不足，从而影响到课程设计训练的整体效果。为了解决这一问题，除了应加强自身计划性、条理性的培养外，关键在于端正对方案设计过程性的认识，认识到这一过程中每一步骤、每一环节都具有承上启下的内在逻辑关系，都是不可替代和逾越的，这样，问题则可迎刃而解。

建筑设计教学的核心任务是培养并逐步提高学生的设计能力，包括探索出一套适合自己的学习方法和设计方法，这必然是一个循序而漫长的过程。只有坚持从一点一滴做起，滴水穿石，细水长流，三五年后终将会有一份丰硕的收获。

附录：历年学生作业选

Appendix: Selected Works of Students

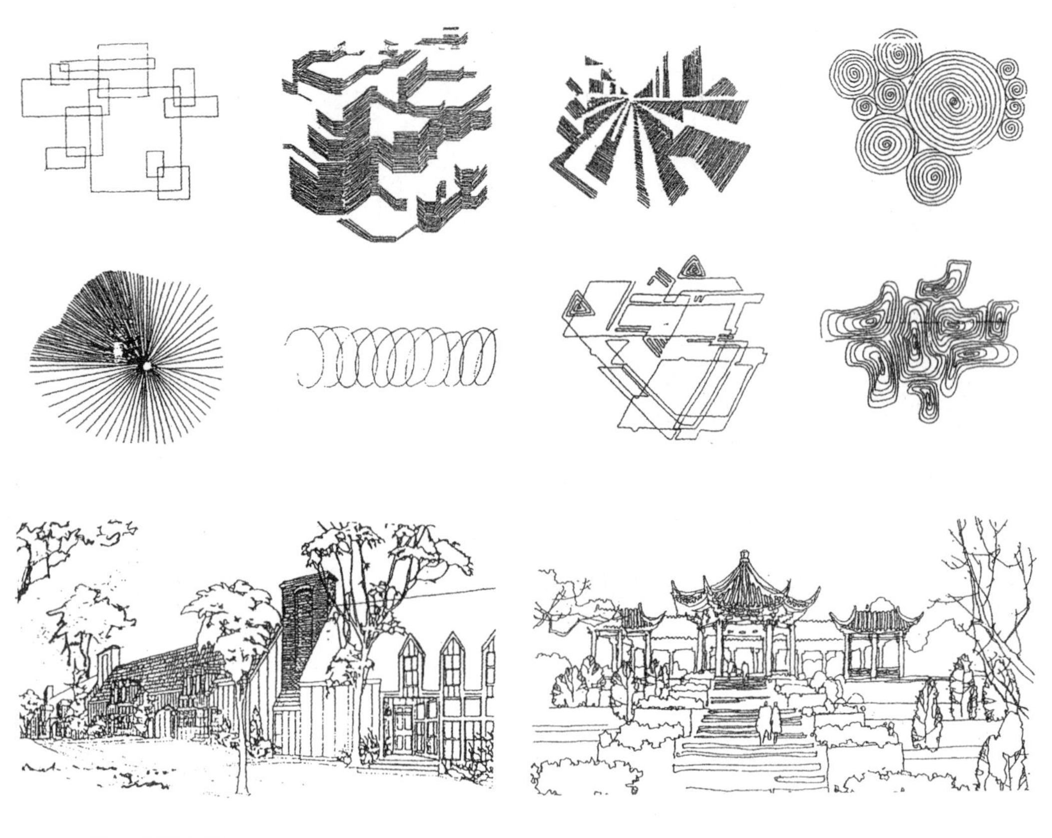

图 1　钢笔画练习

图 2　钢笔淡彩练习

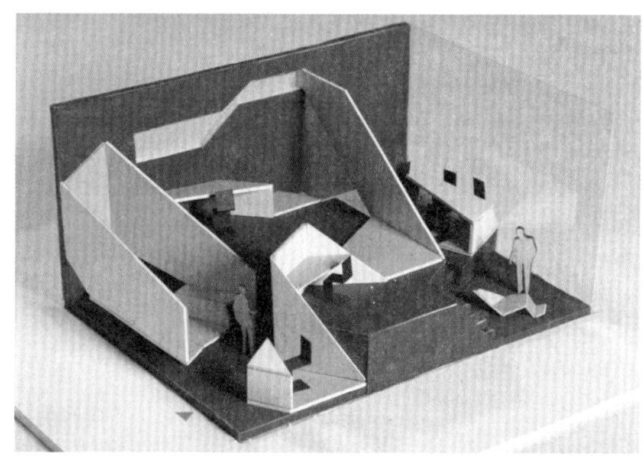
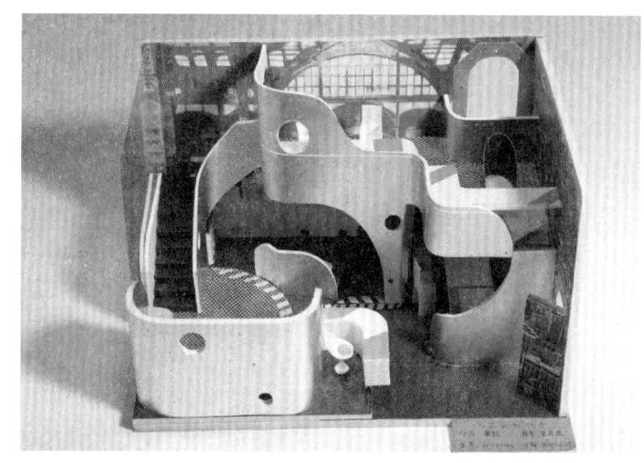

图 3　基本空间单元设计 2009-2017 年

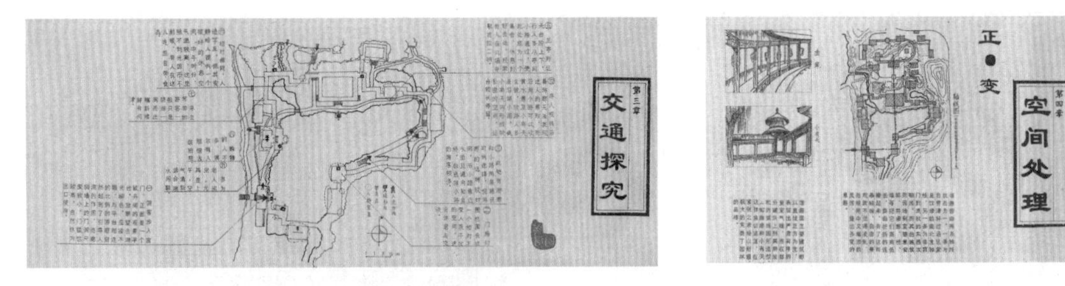

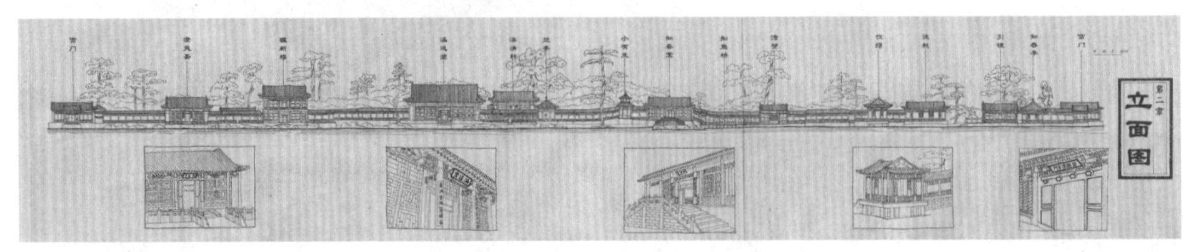

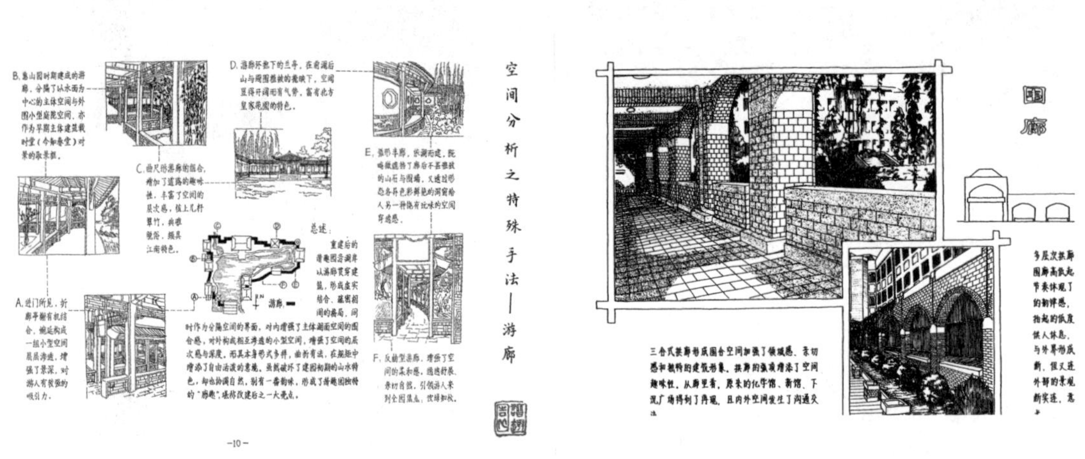

图 4　外部空间体验分析 2006 年

图 5　居家调研 2009–2017 年

图 6　平面构成 2002-2009 年

图 7　立体构成及室内空间构成 2006-2016 年

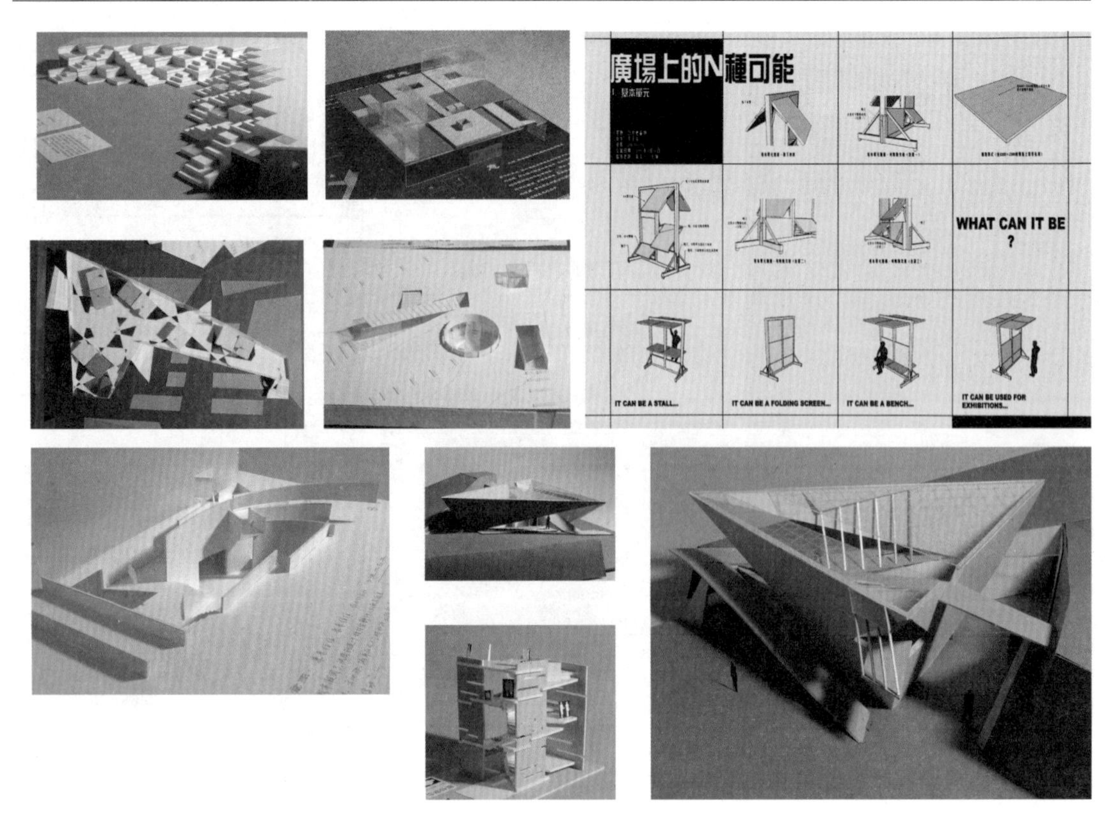

图 8　概念性设计 2005 年

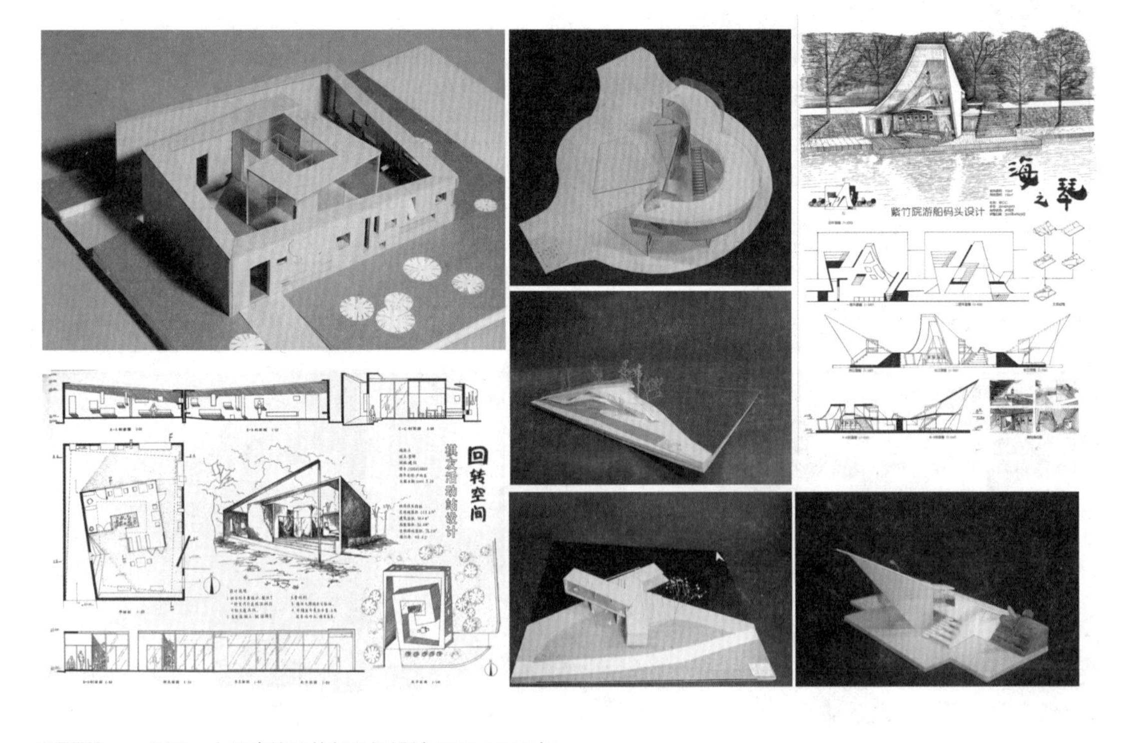

图 9　小品建筑及外部空间设计 2005-2014 年

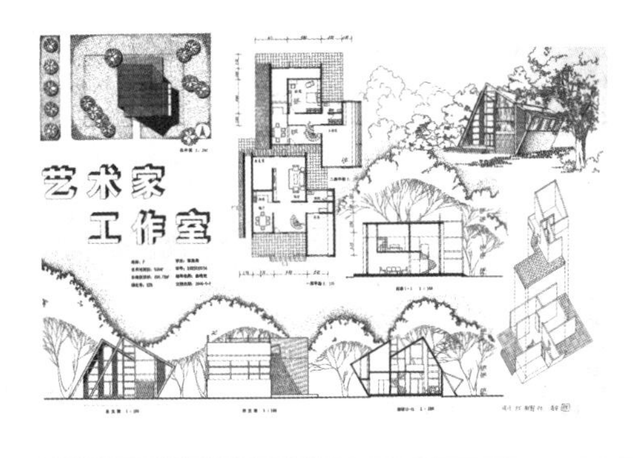

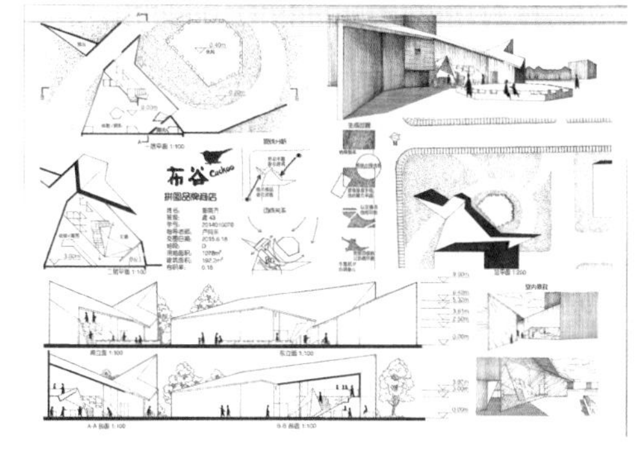

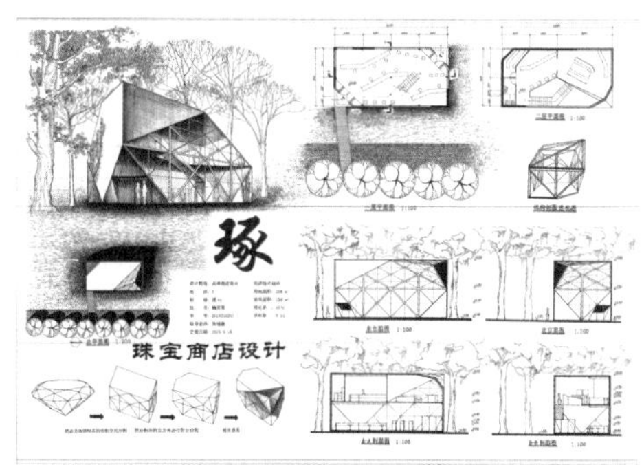

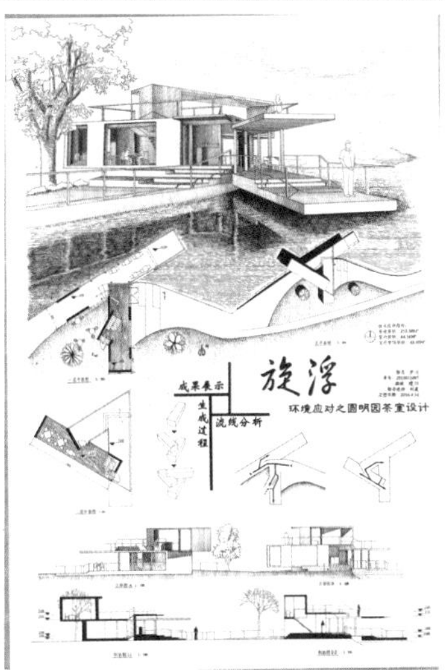

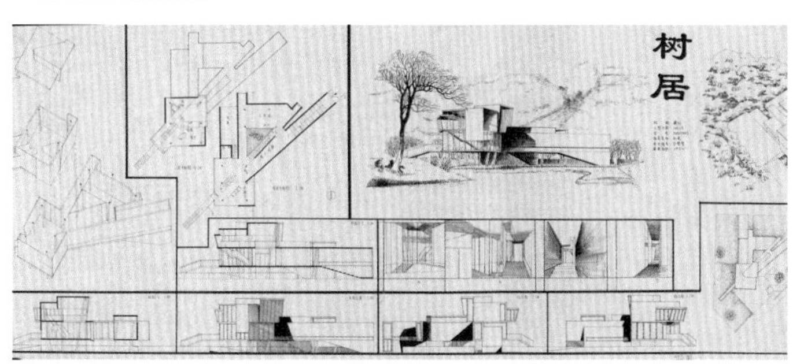

图 10 小型建筑设计 2005-2017 年 之一

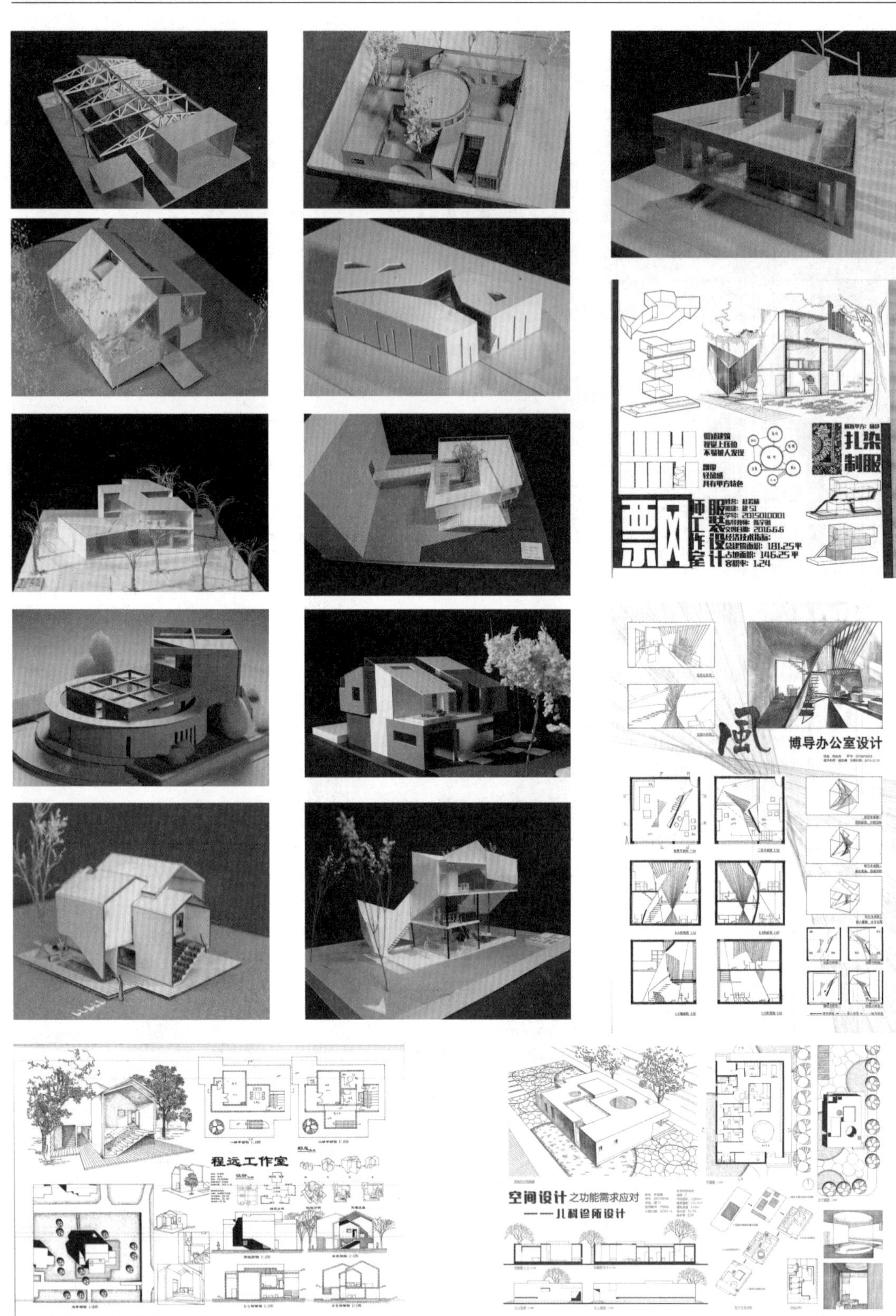

图 11　小型建筑设计 2005–2017 年 之二

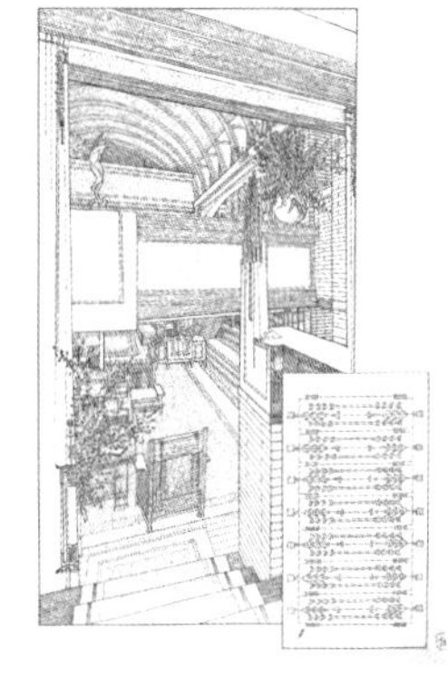

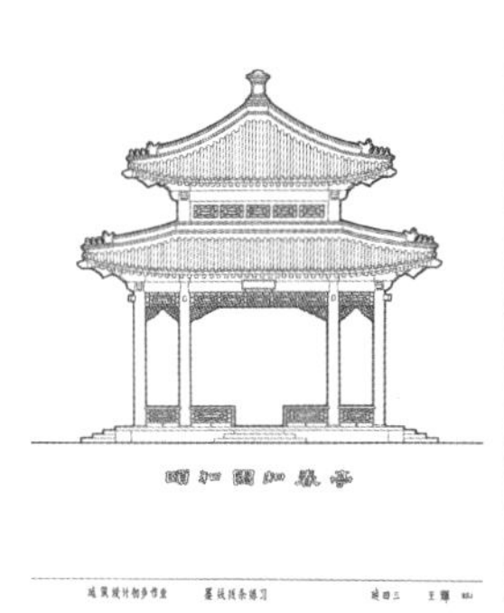

图 12　传统技法训练历年作业选

第三版后记

《建筑初步》一书自1981年出版以来，受到广大读者的欢迎，迄今已发行631880册。1999年进行了一次重大修订，10年之后的今天再次修订，以适应建筑学发展的需求。

在新版第3章表现技法中，引用了一些同行的建筑表现作品作为范例，图上均注明了作者及来源；新版附录以缩图的形式对清华大学六十余年来的建筑初步教学发展脉络进行了梳理，其中引用了本院各个阶段有代表性的学生作业；在此对相关作者及同学一并表示谢意！

此次修订得到了潘彤先生、孙姗女士、邹欢先生、程晓青女士、吴立忠先生和洪跃冰女士的帮助，他们担当了部分插图绘制及文字、图片处理工作，特此向他们表示谢意。

几代编写人员为此教材付出了辛苦的努力。在此次修订期间，主编田学哲教授于2009年3月1日因病去世，主要作者之一的胡允敬教授也于2008年2月因病去世，我们对此万分惋惜。编者相信，新修订出版的《建筑初步》是对逝者的最好纪念。

编　者

2010年7月